희귀 핵에 담긴 우주

Universe behind the Exotic Nuclei

희귀 핵에 담긴 우주

별의 일생과
원소 탈바꿈 이야기

문 창범 지음

Universe behind the Exotic Nuclei

The story of star lives and
the elements transformation

온 우주를 안고 있는 인숙에게

여는 글

이 책은 과학에 대한 내용을 담고 있다. 과학이라 하면 우선 어려움이란 인식을 주게 된다. 여기서 어려움이란 사람이 성장하면서 배움터(학교)에서 익히는 과정 중 나타난다. 그리고 그 어려움이란 자연 속에 내재되어 있는 속성을 파악하고 그 비밀을 풀이할 때 수반된다. 물론 학문에는 크게 인문학-사람들이 이룩해 놓은 역사와 사회 그리고 인간성-과 자연과학으로 나눌 수 있다. 사람에 따라 배움의 과정에서 이러한 두 개의 틀 중 한 곳은 부드러움으로 작용하고 다른 한 곳에는 불편함으로 작용한다. 사람의 두뇌 작용의 필연적 결과이다. 이때 보통은 자연 과학 방면에서 어려움과 불편함이 반사적으로 크게 드러난다. 그것은 자연이 내뿜는 모습 중 규칙성과 질서가 법칙으로 규정되고 수학적으로 표현되기 때문이다.

현재의 인간 사회를 보면 과학에 의한 물질문명이 대세를 이루고 있다. 그것은 과학의 창을 통하여 자연의 성질을 파악하는 과정에서 만들어진 관측 기기들의 출현에서 비롯되었다. 특히 하늘에 나타나는 별들-태양, 달, 행성 포함-의 관측은 아주 먼 옛날, 지금으로부터 5000년 전부터 이루어져 왔다. 물론 처음에는 자연의 재해와 혜택이 주어지는 주기성을 파악하는데 주된 목적이 주어졌다. 이제 우리는 아무리 과학에 대하여 멀리하는 사람들도 태양과 지구와의 관계에서 1년이라는 주기가 나오고 달의 위상 변화에서 한 달의 주기가 나온다는 정도는 알고 있다. 그리고 조금 더 들여다보면 태양과, 밤에만 나타나는 별들이 같은 식구라는 사실도 익히 알고 있다. 더욱이 생명이라는 근원적인 명제에 들어가면 그 모든 것이 태양, 즉 태양 에너지에서 비롯된다는 진실과도 만난다.

에너지!

한글이 아닌 말이 그대로 한글 단어가 된 이 용어에서 인간의 끝없는 욕망이 투영되는 것이 현 세상이다. 인류는 태양 에너지–석탄 (화력), 물 (수력), 바람 (풍력)–를 이용하여 문명을 이룩하였다. 이제 그 너머 원자력 에너지까지 만들어 사용하고 있다. 여기서 원자력이란 사실 원자핵에서 나오는 에너지를 말한다. 따라서 실제적으로 핵 에너지라고 할 수 있다. 흔히 탄소 배출 에너지는 화력을 의미하며 지구의 온난화의 주범으로 떠오르면서 기피의 대상이 되고 있다. 그러면서도 핵발전소는 방사능 오염이라는 위험 때문에 또한 기피의 대상으로 취급받는다. 그렇다면 문제의 해결은 어디에 있을까? 답은 간단하다. 인류가 에너지에 대한 욕망을 버리는 길이다. 그러나 인간이라는 동물은 무척 이기적이고 이중적이다. 절대로 포기하지 않을 것이다.

이 책은 원자핵들에 대한 이야기가 중심을 이룬다. 태양 에너지, 별들의 탄생과 죽음 그리고 원소의 탄생과 변환이 모두 원자속의 씨인 핵들의 상호작용에서 비롯된다.

이 책의 목적은
자연 속에 내재되어 있는 질서와 조화로움에서 나오는 아름다움을 전하고,
자연이 내뿜는 에너지에 대한 경건함을 전하는 데 있다.

별들의 일생을 통하여
원소의 기원을 찾고,
원소가 어떻게 탈바꿈하는지,
그리고
그 과정에서 뿜어져 나오는 온갖 에너지의 진짜 얼굴과
우주의 참 모습을 보일 것이다.

글쓴이 문 창범.
2023년 4월 30일.
'기초과학연구원 희귀핵연구단'에서.

일러두기

- 글을 접하다 보면 특수한 용어나 현상에 대하여 반복되는 설명이 나온다. 이러한 겹치는 내용은 각 장을 독립적으로 읽을 때, 즉 앞 장을 건너 뛰어 독자가 원하는 흥미로운 부분을 먼저 선택하여 들어갔을 때 쉽게 이해할 수 있는 여지를 남기기 위한 것이다. 특히 부록 부분이 두드러진다.

- 용어에 대하여 그 뜻을 정확히 전달하기 위해 한자 단어는 특별한 경우 한자(漢字)도 같이 달아 넣었다.

- 현재의 국어 맞춤법과는 어긋나게 표현된 단어와 문장들이 있다. 특히 띄어쓰기와 사이시옷 관계에서 두드러진다. 정도에서 벗어난 사이시옷 첨가는 피하였다.

- 본문에 등장하는 별자리 그림 (사진 제외)은 컴퓨터 프로그램을 활용하여 얻은 것이다. 그 출처는 다음과 같다.

  CyberSky, Stephen Michael Schimpf. Version 1.0a (사실상 처음 판)이며 1995년 6월 22일자 배포된 공개 판으로 오직 'Windows 95' 혹은 'Windows 98'에서만 동작한다. 여기에 실린 별자리 그림도 'Windows 98'에서 실행하여 얻은 자료임을 밝혀 둔다.

차례

1장

우주와 별

이 책의 딸린 제목이 '별의 일생 과 원소의 탈바꿈'이다.
일생이라 함은 태어나고 자라고 마지막으로 사라짐의 과정이다.
원소는 별의 일생을 통하여 생겨난다.
해(태양)도 별이다.
과학은 해와 별들이 주기적으로 나타나고 사라지는
하늘(우주)의 움직임을 바라보는 과정에서 탄생하였다.
해와 별들을 쳐다보면서
과학의 창을 연다.
그리고
우주를 본다.

1.1 과학이라는 창

그림 1.1 해돋이. 아침 해의 솟아오르는 위치가 시간에 따라 변하였다. 이러한 변화에는 자연 속에 내재되어 있는 질서와 규칙성을 담고 있다. 그 속을 들여다보는 학문이 자연과학이다.

아침에 일어나 떠오르는 태양을 바라보기로 하자. 그림 1.1은 동녘 하늘에 해가 뜨는 모습을 약 20일의 간격을 두고 촬영한 것이다. 떠오르는 **위치**가 확연히 달라졌음을 알 수 있다. 또한 모습을 드러내는 **시간**도 달라졌다. 왜 떠오르는 위치와 시간이 바뀌는지 스스로 질문해 보았는가? 사진에서 보듯이 해가 떠오르는 동녘 하늘은 낮에 보는 하늘과 달리 붉은 색을 띠고 있다. 왜 그러한지 궁금하지 않는가? 낮과 밤은 왜 존재하며 하루는 왜 24시간인가?

해가 서쪽으로 기울며 사라지면 밤이 된다. 그러면 달과 별들이 나타나 밤하늘을 수놓는다. 여러분은 반짝이는 별들과 태양은 같은 것으로 보는가 아니면 다른 것으로 보는가? 태양은 왜 빛나며 지구에는 왜 생명체가 존재하는가? 이러한 궁금 중은 인류가 보편적으로 품어왔던 의문이며 이러한 의문을 풀고 싶은 욕망이 과학으로 발전했다.

위와 같은 물음들에 대한 답은 자연이 갖고 있는 고유한 질서와 조화로운 규칙성을 탐구하는 인류의 지난한 몸부림으로부터 나온다. 고대로부터 인류는 자연의 질서를 경이감과 지적 호기심을 갖고 들여다보아 왔다. 그리고 마침내 그 질서 속에 깃든 자연의 조화로움(법칙)을 발견하게 되었다. 우주선(船; 배의 뜻이다)을 띄워 달이나 태양계의 행성에 정확히 보낼 수 있는 것은 자연에 내재되어 있는 질서-힘과 관계되는-의 법칙을 파악했기에 가능하였다.

인간은 아름다운 대상물을 보면 미적 감각을 느낀다. 예술의 주된 영역이다. 그렇다면 우리가 보는 것들에 대해서만 미적 감각을 느끼는 것일까? 아니다. 인류사를 바꾼 일단의 과학의 천재들은 자연 속에 있는 질서의 조화로움에 더욱 큰 미적 감각을 가졌던 사람들이다. 다음의 글은 프랑스의 수학자 **앙리 뽀욍까레**(*Henri Poincaré*)가 한 말이다.

> 과학자는 자연을 연구합니다. 왜냐하면 자연 속에서 즐거움을 얻기 때문이죠. 또한 자연이 아름답기 때문에 그 속에서 즐거움을 얻습니다. 자연이 아름답지 않다면 자연의 비밀을 추구할 가치는 없을 것이고 생명 또한 살아갈 가치가 없을런지 모릅니다. 물론 여기서 나는 우리가 보고 느끼며 감각을 자극하거나 외모로 드러나는 아름다움을 얘기하는 것이 아닙니다. 그렇다고 그러한 외적인 아름다움을 무시하는 것도 아닙니다. 다만 그러한 외적인 아름다움은 과학과는 아무 관계가 없다는 것을 말하고 싶습니다. 내가 말하고자 하는 아름다움은 보다 근원적인 것으로 자연 속에 내재되어 있는 조화로운 질서

로부터 나오는 아름다움입니다. 그리고 그러한 조화로운 질서는 우리 인간의 순수지성이 자연 속에서 끌어낼 수 있는 지고한 아름다움이라고 생각합니다.

(The scientist studies nature because he takes pleasure in it, and he takes pleasure in it because it is beautiful. If nature were not beautiful it would not be worth knowing, and life would not be worth living. Of course I am not speaking of that beauty which strikes the senses, of the beauty of qualities and appearances. I am far from despising this, but it has nothing to do with science. What I mean is that more intimate beauty which comes from the harmonious order of its parts, and which a pure intelligence can grasp.)

요즘은 워낙 영어가 유행하는 시대인지라 영어 문장도 함께 넣어 보았다. 한글 단어를 쓰면 더 멋스럽고 의미전달이 명확함에도 일상 대화에서 조차 불필요한 영어 단어가 등장하는 세태에 일말의 안쓰러움을 느낀다. 글쓴이는 여러분들에게 인류가 이룩해낸 지적 성취 중 자연의 질서와 그 조화로움을 조금이나마 맛볼 수 있는 기회의 장을 제공하고 싶다. 그러한 미적 감각을 가질 수 있는 토양은 질서 속에 포함되어 있는 규칙성(pattern)을 이끌어 낼 수 있는 과학적 사고와 직결된다.

1.2 생명의 탄생

우리는 살아 있는 생명체다. 오늘날 지구는 생명체가 탄생할 수 있는 최적의 조건을 갖춘 행성으로 평가 받는다. 그리고 생명체의 출현은 지구에서의 복잡한 대기환경을 거친 결과로 본다. 그러한 대기의 환경 변화는 태양 에너지를 받아야만 가능하다. 그렇다면 생명의 탄생은 오로지 태양의 존재로부터 시작된다. 그림 1.2를 보자.

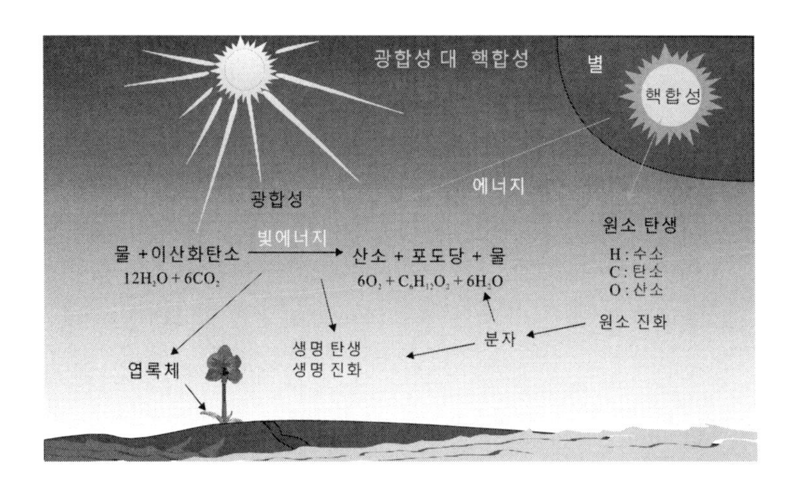

그림 1.2 광합성(photosynthesis) 과정과 핵합성(nucleosynthesis 혹은 nucleogenesis). 광합성은 식물이 태양에너지를 받아 동물에게 필수적인 산소와 포도당을 합성하는 과정이다. 핵합성은 별들에서 일어나는 원소제조 과정이다.

지구에서의 생명 탄생에 대한 명확한 과학적 설명은 아직도 명확하지는 않다. 그럼에도 불구하고 태양에너지에 의한 분자들의 화학반응에 따른 특수 분자형성이라는 기본 골격은 변하지 않은 진리로 받아드린다. 그리고 광합성에 의해 생물의 다양성이 전개되었다. 즉 태양 에너지가 생명 탄생의 씨앗이며 밑거름이라는 의미이다.

태양 에너지는 **핵합성**이라는 물리적 반응을 거치면서 나오는 방사선 덩어리를 말한다. 태양은 별의 일종이다. 이러한 핵합성은 밤하늘에 보이는 숱한 별들에서 다양하게 일어난다. 그리고 에너지들과 합성된 원소들이 우주 공간을 떠돌며 지구와 같은 천체에 쌓인다. 우리 몸을 이루는 탄소, 산소, 철은 물론 심지어 금도 별들에서부터 온다. **희귀 핵에 얽힌 과학**은 이러한 원소들의 고향인 별들의 탄생과 죽음을 그려나가고, 별들에서 일어나는 핵합성을 지구에서 만드는 과정을 담는다. 지구에서 별들의 원소합성 과정을 만드는 것이 입자 가속기이다. 입자 가속기는 다양한 핵종을 이온 상태로 만들어 가속시키는 장치이다. 특히 희귀 핵종에 의한 핵합성은 우주의 역사, 별의 일생, 원소들의 기원은 물론 원자핵들의 기묘한 성질과 그에 따른 에너지 방출 등에 대한 자료를 제공한다. 우리가 경험하지 못하는 별들에서의 빛과 에너지 방출, 원소 탄생, 마침내는 생명으로 이어지는 그 별들을 먼저 밤하늘에서 바라보기로 하자.

1.3 별과 인류의 문명

우선 우리 조상들이 그 토록 사랑하고 아꼈던 별무리 '북두칠성'을 더듬자. 그림 1.3은 여름이면 어김없이 나타나는 밤하늘의 별들의 모습이다. 조금만 신경 쓰면 북쪽에 별 일곱 개가 국자처럼 모여 있는 것을 볼 수 있을 것이다. 이 북두칠성은 사실상 동양에서 죽음을 관장하는 신으로 여겨졌다. 그래서 우리 조상들은 집안의 안녕과 자식의 건강을 비는 마음으로 이 북두칠성을 그토록 섬겼었다.

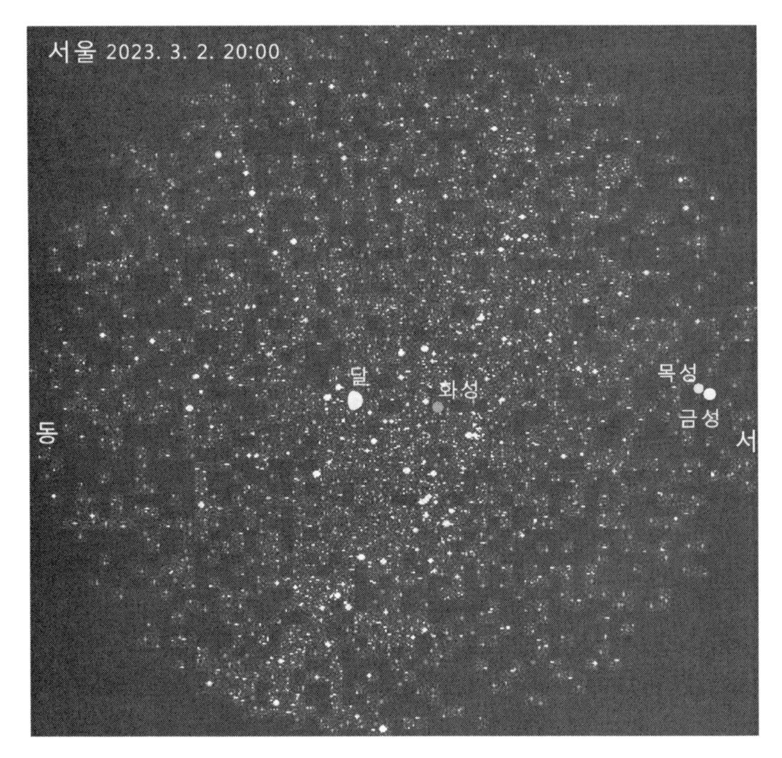

그림 1.3 2023년 3월 2일 저녁 8시 우리나라 서울에서 쳐다본 밤하늘. 많은 별들이 점점이 박혀 있다. 남쪽을 향해 바라다 본 모습이다. 따라서 왼쪽이 동쪽 오른쪽이 서쪽이다. 서녘 하늘에 두 개의 밝은 별들이 빛나는데 사실은 금성(金星; Venus)과 목성(木星; Jupiter)이다. 두 행성(行星; 떠돌이별; Planet)이 아주 가깝게 만나는 특별한 날이다. 달(Moon)이 떠 있고 붉은 화성(火星; Mars)이 빛나고 있다. 우리에게 친근한 북두칠성(北斗七星)이 위에

늠름하게 자리 잡고 있다.

인간은 물론 동물들조차 자기나 가족의 생명을 지키는 것은 생명을 잇는 자연의 섭리작용이다. 그림 1.4를 보면 북두칠성은 보면 볼수록 멋지게 생겼다. 누가 보더라도 '아름답다'할 것이다. 이 글을 읽다보면 겉으로 드러나는 자연의 겉모습에서 아름다움을 보는 것이 아니라 자연의 속 모습에서 아름다움을 보는 것이 곧 과학이라는 사실을 깨닫게 된다.

그림 1.4 북두칠성. 위에서 여섯 번째 별 옆에 작은 별이 거의 붙어 있는 것이 보일 것이다. 옛날 아랍에서는 병사들의 눈의 좋고 나쁨을 시험했던 별이다. 즉 맨눈으로 이 두 개의 별을 볼 수 있으면 그 눈은 아주 좋다고 판명을 하였다.

별자리에 대해선 많이 들어보고 또 어떤 것이라는 것은 알고 있을 것이다. 우리가 흔히 이야기하는 별자리는 우리 것이 아니라 서양 세계가 중동의 역사까지를 포함시켜 만든 서양 문화의 단편이다. 그림 1.5는 앞에서 나온 밤하늘에 대한 별자리를 나타낸다. 우리 인간이 만들어 낸 일련의 상상도를 보여주고 있다. 이 상상도는 밝은 이웃 별들을 묶어 특정의 동물들과 특정의 인간상들의 모습을 나타내고 있으며 고대인들의 전설과 신화를 담고 있다. 이러한 별들의 묶음 그림을 별자리 즉 성좌도(星座圖; Star Constellation))라고 부른다. 고대 이집트와 아라비아(오늘날의 중동 아시아) 그리고 유럽인들에 의해 만들어진 인류의 문화유산 중 하나이다.

물론 동양(중국)에도 동양신화에 따른 성좌도가 존재 한다. 그러나 위와 같은 서양 별자리에 비해 현실적인 면에서 미흡하여 제대로 알려져 있지 않다. 사실 **큰 의미가 없다**는 것이 현실이다. 첫째, 동양 별자리를 이루는 별들 대부분이 예외는 있지만 어두운 별들(보통 4에서 5등급)로 이루어져 있다는 점이다. 여기서 4-5등급이라면 맑은 밤하늘이라 해도 뚜렷이 감지하기 어려운 별들에 속한다. 예외적인 것이 위에서 본 부두칠성으로 대부분 2-3 등급에 속한다. 왜 밝은 별은 제쳐두고 어두운 별들을 골랐는지는 명확히 밝혀진 바가 없다. 두 번째는 동양 별자리를 대표하는 소위 28 수(宿; 원래 한자로 발음은 숙이지만 수로 나타낸다. 이른 바 별의 집을 의미한다)에 대한 경계 설정이다. 달이 지나가는 길을 토대로 되어 있으며 따라서 하늘의 적도대에 해당된다. 태양의 길과는 다르다.

그런데, 나누어 진 모습은 그야말로 들쭉날쭉할 뿐 만 아니라 실제 별들의 존재와는 무관하게 그린 것들이 많다. 그렇다면 어떠한 이유로 그렇게 만들었는지 그 유래를 알 수 있어야 하는데 현재까지 알려진 바가 없다. 각 종 동양 혹은 우리 별자리에 대한 전문 서적 혹은 일반 서적들을 보면 신화 적인 혹은 특정 종교(예를 들면 도교)에 대한 옛 이야기에 그 기반을 두어 기술하고 있다.

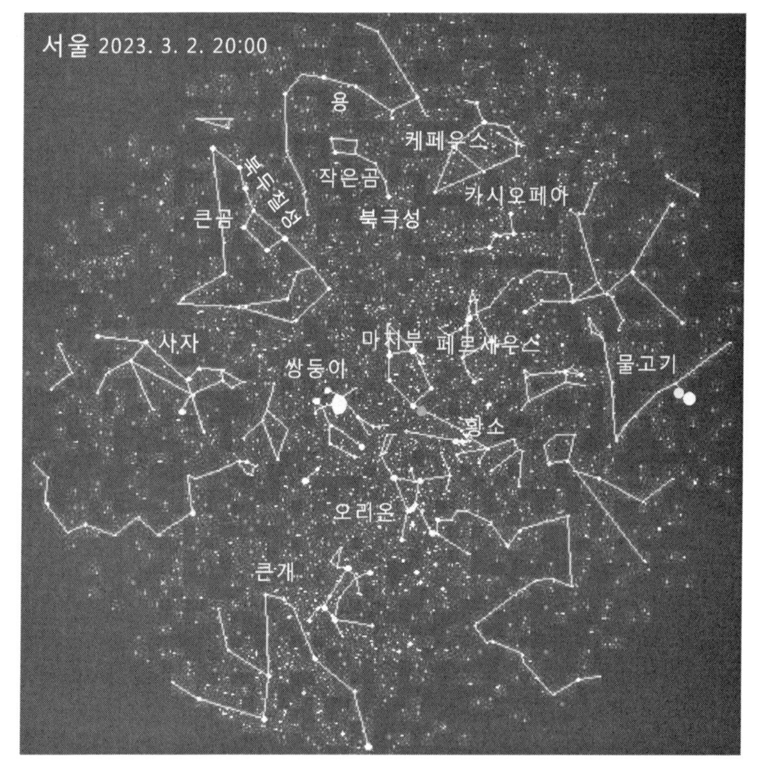

그림 1.5 앞에서 나온 별들을 이리저리 선으로 연결한 모습. 이른바 별자리를 나타낸다. 서양이나 중동에서 발생한 신화를 바탕으로 이루어진 것이다. 북두칠성은 곰 자리에서 곰의 등을 이루고 있다. 작은 곰 자리 으뜸별이 북극성이다.

고대인들은 이와 같은 별자리들이 계절, 즉 시간에 따라 나타나는 위치가 다르고 또한 태양의 위치가 같은 위치에 나타나는 시간, 다시 말해 1년의 주기로 변한다는 사실을 알게 되었다. 여기서 고대인들은 주로 사막이나 넓은 강가-이집트, 현재의 중동, 아라비아 반도-에서 거주한 사람들을 가리킨다. 이것이 태양력의 발생을 가져오며 농사는 물론 인류의 역사가 1년 주기로 기록되는 원천이 되었다. 물론 오늘날은 태양이 중심에 있고 그 주위를 지구가 돌고 있다는 사실은 누구나 알고 있다. 그런데 인간은 하늘에 나타난 별들의 모습 중 태양이 지나가는 길에 나타나는 별자리들을 특히 주목하게 된다. 지구가 밤이 되었을 때 지구가 도는 원의 위치에 따라 일 년을 주기로 별들이 나타나는데 이를 황도 12궁이라고 한다.

그런데 여기서 흥미로운 점은 큰곰자리와 북두칠성과의 관계이다. 사실 북극에 가까운 지역민(우리를 비롯한 현재의 시베리아 지역과 스칸디나비아 반도 영역에서 활동한 민족들)에서 나타나는 기록을 보면 곰의 형상은 없고 분명 7개의 별에 대한 신화적인 기록만이 주를 이른다. 이와 반면에 곰자리의 설정은 중동이나 유럽 문명에서 나오는데 신기하게도 **그 기원은 모른다**. 여기서 7개의 별의 모양에 따라 각종 신화적 이야기가 양산된다. 예를 들면 이집트에서는 황소 뒷다리(이 황소 뒷다리가 그 당시 북극성에 잡혀 돌고 있다고 설정된다), 수레, 국자 등이다. 당연히 고개가 끄덕여 질 것이다. 우리나라에서 북쪽 일곱 별(北斗七星; 여기서 斗(두)는 곡식의 양을 재는 되-됫박-를 말한다) 과 남쪽 여섯

별(南斗六星)에 대한 전설은 사실 도교의 영향이다. 신화의 뿌리는 인간이 죽음을 인식하게 되면서 뻗어 나온다. 따라서 죽음과 삶의 신을 설정하여 삶의 연장과 자식의 탄생을 염원하는 행위가 인류의 보편적 가치를 지닌 문화를 발생시키는 샘물이다. 여기서 글쓴이가 과학적 맥락에서 볼 때 다소 동 떨어진 이야기를 하는 이유가 있다. 그것은 모든 학문에 있어 그 원류를 파악하고 왜곡되어 전달되는 사실 아닌 사실을 제대로 바로 잡아야 한다는 진리에의 소망 때문이다. 가장 객관성을 담보로 하는 과학 사회에서 조차 굴절된 보고서(논문 및 저서)들이 많다.

그림 1.6은 일 년 중 봄(춘분), 여름(하지), 가을(추분), 겨울(동지) 날들에서 나타나는 밤하늘을 12궁의 별자리로 나타내 본 것이다. 여기서 궁(宮)은 한자어로, 영어의 'Zodiac'에 해당된다. Zodiac은 동물을 뜻하지만 실상 그 어원은 잘 모른다. 하여튼 태양의 집으로 이해하면 좋다. 그림을 보면 이러한 별자리들은 계절에 따라 자리를 바꾸고 있음을 알 수 있다. 물론 태양을 도는 지구의 공전 운동 때문이다. 만약 게자리가 밤에 나타나면 그 대칭에 있는 염소자리는 낮에 태양의 길을 따라 흐른다. '게'를 지나면 하늘의 왕 '사자'가, 그 다음으로 '처녀자리'가 이어진다. 봄의 별자리 중 가장 화려한 것이 사자, 처녀 그리고 목동자리이다. 특히 봄에서 여름에 걸쳐 빛나는 목동자리 으뜸별 '아르크투르스(Arcturus)는 우리나라에서 보더라도 그 찬란함은 감탄을 자아내게 한다. **북두칠성과 연계하면 그 보는 맛**이 더해진다.

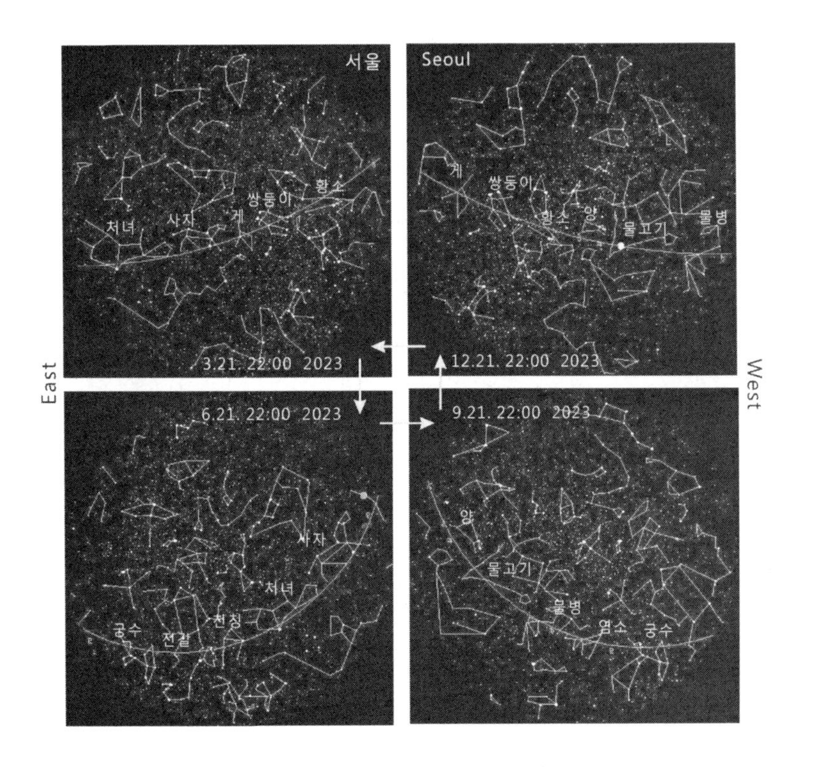

그림 1.6 계절별로 나타나는 황도 12궁의 별자리들. 2023년도 춘분(春分), 하지(夏至), 추분(秋分), 동지(冬至) 날 밤 10시 서울에서 남쪽을 향해 바라본 모습이다. 초록색 선이 태양의 겉보기 길이며, 이를 황도(黃道; the ecliptic)라고 부른다.

그림 1.7이 이러한 서양식 황도 12궁의 모습이다. 위와 같은 별자리들은 서양 역사에 있어 점성술(Astrology)과 접목되어 인간의 삶을 지배하는 역할을 하기도 하였다. 특히 주목받은 현상이

이러한 황도대에 가끔 불규칙하게 나타나는 별들이다. 그런데 사실 별이 아니라 태양계에 속하는 행성들-화성, 수성, 목성, 금성, 토성-이다. 이른바 떠돌이 별(wandering stars)이다.

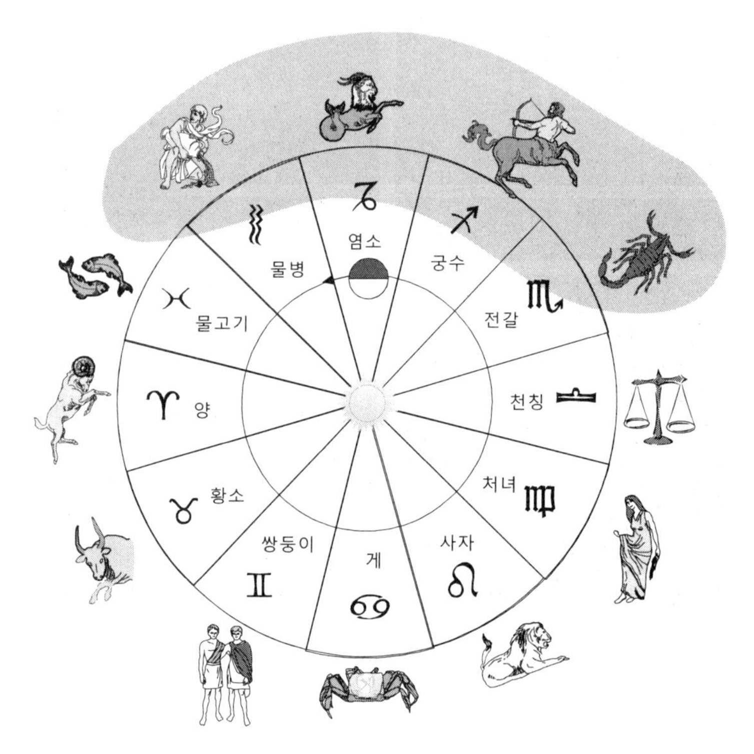

그림 1.7 서양 별자리 중 황도 12궁의 모습. 여름인 경우 회색 영역이 초저녁 밤에 보이는 별자리들이다. 지구에서 보았을 때 태양은 게자리에 위치한다. 이를 하지선(the Tropic of Cancer)이라고 부른다. 이와 반면에 겨울이 되면 태양은 염소자리에 위치한다. 이를 동지선(the Tropic of Capricorn)이라 한다. 이러한 별자리와 태양과의 위치는 낮과 밤에는 불가능하며 새벽 동이 트기 전에 관측될 수 있다. 물론 봄과 가을은 각각 양자리와 천칭자리에 해당된다. 뚜렷이 구분되는 것은 아니다. 이러한 구분 선은 장기간-1000년 이상-이

지나면 바뀐다. 지구의 세차 운동 때문이다.

그림 1.3을 다시 보기 바란다. **간혹 행성이 아닌 혹성이라고 부르는데 이는 일본사람들이 잘못 정한 용어를 무분별하게 가져다 쓰는 결과에서 비롯**된다. 아마도 wandering을 wondering으로 잘못보아 이름을 붙인 듯하다. 정식 영어 명칭은 Planet-그리스어로 떠돈다(방랑하다)는 뜻-이다. 이러한 행성들의 출현은 우리가 속한 동양에서도 중요한 사건으로 취급된다.

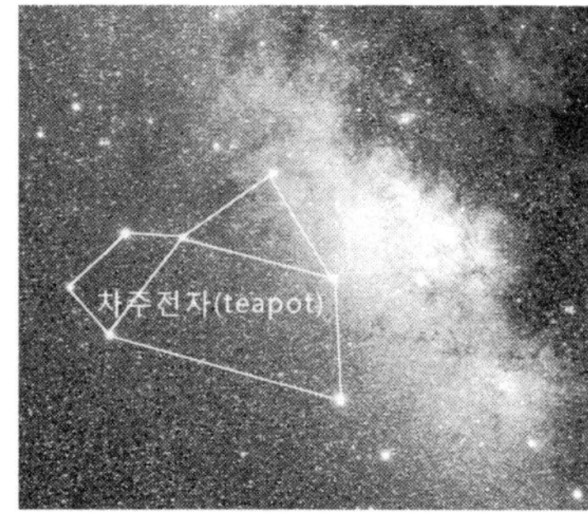

그림 1.8 우리 은하의 중심. 별자리로는 궁수자리에 속한다. 동양문화에서 창조한 남두육성의 모양과 서양문화에서 만든 찻주전자의 모양을 비교하자.

황도 12궁 별자리 중에서 남쪽에 있는 궁수자리를 보자. 이 영역은 우리 은하의 중심부분이다. 궁수자리는 소위 반은 사람이고 반은 말의 형상을 한 형상으로 화살을 쏘는 모습으로 나온다. 서양에서 나오는 신화를 바탕으로 하는데 사실 상 그 옛날 말을 아주 잘 타고 활을 잘 쏘는 동양인이 서양을 침범했던 상황을 그리고 있다. 그림에서 말의 방향과 궁수(사람)의 방향이 반대임을 주목하기 바란다. 말을 잘 타고 화살 쏘기에 능한 초원지대 민족이 서양을 침략한 사실을 묘사한 것이다. 그런데 이 궁수자리에 바로 남두육성이 있다. 여기서 재미있는 사실이 나온다. 그림 1.8을 보자. 구름처럼 보이는 것은 우리 은하 중심의 별들에서 나오는 빛이다. 워낙 수효가 많아 구름처럼 보인다. 그런데 이 궁수자리 별자리에서 특정의 별을 묶어 보면 서로 다른 문화적 특성이 나타난다. 하나는 동양에서 만든 여섯 개의 별들로 이루어진 '남두육성', 다른 하나는 7개로 엮어 만든 찻주전자이다.

여기서 핵심적인 결론이 나온다. 이러한 별들의 주기적인 운행이 우주 속에 포함된 질서에서 나오며 결국 이러한 질서를 알아내고자 노력한 결과로 과학이 탄생하게 되었다는 사실이다. 오늘날의 현대문명을 이끌어 낼 수 있는 토대가 된 것이다. 특히 지구상에서의 별들에 대한 정확한 위치 정보는 대항해 시대를 열 수 있는 주춧돌을 제공하여 전 지구적인 문화, 과학, 기술의 전파가 이루어지게 된다. 오늘날과 같은 과학의 탄생은 위와 같은 별들의 **관찰**과 함께 **측정**이 이루어진 자료들의 꾸준한 집합 그리고 그 자료들에서 찾아낸 자연의 질서와 규칙성의 인식에서 비롯되었다. 즉 실험에 의한 자연현상의 재현과 그 운동의 원인을 밝혀내면서 과학이 탄생하였다. 그런데 이러한 과학의 출발이 "자연의 질서는 신(神; God)에 의해 이루어졌다"는 신념에 의해 시작되었다는 사실이다. 대단히 흥미로운 일이라고 할 수 있다. 자연의 질서가 신의 존재를 증명하는 수단으로 이어진 것이다. 이와 반면에 동양, 즉 우리를 비롯한 중국과 일본의 천문에 대한 문화와 역사는 과학과는 다른 방향으로 갔다. 그러면 서양과 동양의 별자리는 어떻게 다를까? 그림 1.9를 보자.

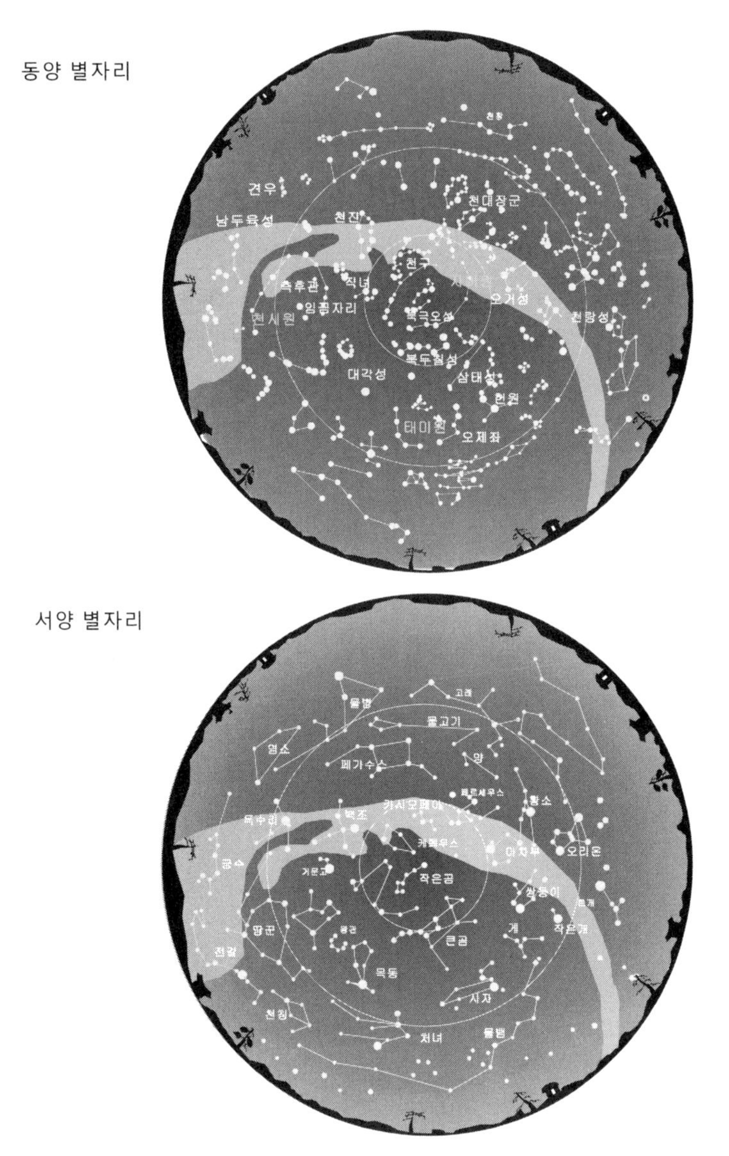

그림 1.9 동양 별자리와 서양 별자리. 강물처럼 보이는 것이 은하수(銀河水; Milky Way)이다.

그림 1.9를 보면 동양 별자리는 서양과는 다르다. 동양 별자리는 사람이 살아가는 사회, 특히 지배자의 사회 조직과 일치시키는 방향으로 만들어졌다. 인간 사회뿐만 아니라 모든 생물에서 가장 두드러진 현상이 생명의 이어짐이다. 생명체의 진화는 사실상 암컷과 수컷의 짝짓기에 의한 자손의 번식 방법에 따라 이루어졌다. 동물이든 식물이든 특색 있는 모양과 각기 다른 생식 방법 등은 주어진 환경에 따라 유전자 번식의 효율성을 얻기 위해 태어난 결과이다.

인간의 역사에서도 마찬가지이다. 우선 자기 자신과 함께 가족의 생명을 어떻게 하면 안전하게 지키고 또 오래 살 것인가에 의한 투쟁이라고 해도 과언이 아니다. 물론 이 과정에서 가장 중요한 것이 종족 번식임은 두말할 나위가 없다. 그런데 생명을 위협하는 것은 한두 가지가 아니다. 특히 자연 현상에 의한 위협은 도저히 인간으로서 해결할 수 있는 것이 아니었다. 그 중에서도 가뭄과 홍수는 반대의 자연 현상이면서 가장 위협적인 존재이다. 이에 따라 지배자들–이른바 왕–이 가장 중요하게 여겼던 것이 가뭄이 일면 비를 내리게 하는 행사, 홍수가 나면 비를 그치게 하는 행사였다. 여기서 또 하나 중요한 자연 현상에 대한 신화가 등장하게 된다. 곧 구름과 바람이다. 구름은 물론 비를 내리게 함과 동시에 과하면 홍수를 일으키는 존재로, 바람은 자연의 노여움으로 받아들인 존재이다. 이러한 자연현상에 대한 매개체들이 하늘에도 새겨진다.

그림 1.9에서 무엇보다 장관을 이루는 것이 은하수의 모습이다.

이제 한국에서는 이러한 은하수의 흐름을 거의 볼 수가 없다. 공기가 탁해졌기 때문이다. 드넓은 들판, 사막, 강가에서 지평선을 대하며 도도히 흐르는 은하수의 모습을 보는 것이 글쓴이의 평생소원이다. 동양에서는 은하 중심의 두꺼운 부분을 물이 풍부한 우물로 생각하여 하늘 못으로 설정한다. 그곳에서 나와 하늘내(天江)가 흐른다. 사실 현재 '물'이라는 단어는 무르, 미르, 미리, 메르 등으로 발음될 수 있는데 옛날에는 미리로 발음되어 '미리내'라고 불렀다. 은하수를 이렇게 부른 것이다. 서양에서는 젖줄(Milky Way)이라고 하는데 한자로는 은하수(銀河水;수은의 강)라고 하는 것 등 비슷한 점이 많다. 전갈자리 으뜸별의 이름을 안타레스라고 하는데 '화성에 대항하는 자'라는 뜻이다. 종종 이 근처에 화성이 나타나는데 화성도 붉게 빛나 안타레스의 붉은 색과 대비되기 때문이다. 안타레스는 대표적인 붉은큰별(적색거성; Red Giant)에 속하는 거대별이다. 동양에서는 화성이 안타레스 근처에 출현하면 정변이 일어날 조짐으로 생각하였다. 동서남북 각각에는 용, 범, 새, 거북 등을 내세워 집안의 안녕과 행복을 빌며 많은 신화를 만들어 낸다.

1.4 별 관측과 과학의 탄생

과학 특히 순수 자연과학은 기본 현상에 대한 연구를 주제로 하며 자연계를 지배하는 타당한 법칙을 찾아내는 학문이다. 연구의 주제는 시대에 따라 변화해 왔지만 그 기본과 연구 접근은 바로 **관찰, 측정, 실험**이며 이 기본은 시대를 뛰어넘는다. 관측과 실험을 위한 고도의 정밀한 기기들의 창안이 오늘날 현대문명 시대를 연첨단정보기기들의 출현을 가져다주었다. 현미경, 망원경 등을 우선 떠올리자.

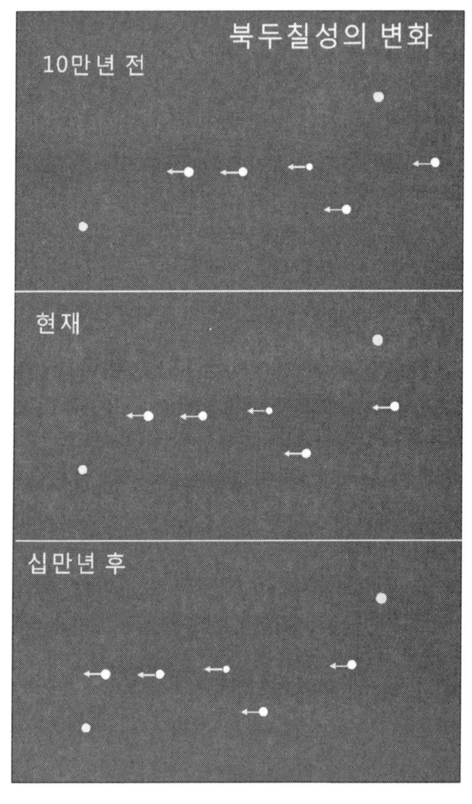

그림 1.10 북두칠성과 별무리(성단)의 이동. 가운데 다섯 개의 별들은 같이 태어난 가족이며 화살 방향으로 떼를 지어 이동 중이다. 초속 29 km로 움직인다.

우리에게 익숙한 북두칠성이 현대과학으로 어떻게 변화를 일으키는지 보자. 그림 1.10은 지금의 북두칠성과 10만 년 전 그리고 십만 년 후의 모습이다. 왜 변할까? 사실은 북두칠성에 있어 가운데

5개의 별은 같이 태어난 식구들이다. 이러한 별들을 별무리(cluster)-한자로 성단(星團)-라고 부른다. 분석한 바로는 나이가 약 30억년이다. 가장 대표적인 별무리가 겨울날 황소자리 바로 옆에서 보이는 플레이아데스(Pleiades) 별무리이다. 북두칠성인 경우 밖의 두 개의 별은 지구에서 보았을 때 다섯 개의 별무리와 같은 곳에서 관측되는 다른 식구의 별들이다. 따라서 많은 시간이 흐르면 다섯 개의 별들이 함께 움직이며 이동하여 현재와는 다른 모양을 갖는다. 이 별들의 독립된 궤도 운동에 의해 그 모양이 바뀌게 되는 것이다. 별들이 움직이고 태어나고 사라지고 하는 일생이 있을 줄이야 그 옛날 사람들이 알았겠는가? 카메라 역할을 하는 측정 기기들의 발달에 따른 현대과학이 낳은 놀라운 자연의 모습이다.

희귀 핵을 기반으로 하는 과학에서 중심을 이루는 것이 가속기이다. 즉 입자 가속기가 별들의 내부에서 일어나는 사건들을 만들고 관측하는 가장 중요한 측정 장치이다. **별의 격렬한 몸부림을 재생시키고 우리 몸을 형성하는 원소를 만들어 내며 태양 에너지를 만들며 우리들에게 별의 탄생과 죽음 그리고 우주의 신비를 밝혀주는 역할**을 한다. 이 과정에서 과학자들은 우리 너머에 있는 별들의 집단을 찍고 별들의 탄생 순간을 포착하고 별들이 죽는 최후의 순간까지도 촬영을 하였다. 우선 우주의 역사부터 간략하게 알아보자.

1.5 우주의 탄생

지구상에서 생명이 탄생할 수 있었던 것은 생명에 필요한 원소들이 존재했기 때문이다. 예를 들면 유기체에 반드시 포함되는 탄소(C), 대기 중의 산소(O), 피(혈액)에 함유되어 있는 철(Fe) 등이 대표적이다.

그렇다면,

"이러한 원소들은 어디에서 왔을까?"라는 의문이 나올 수밖에 없다. 이러한 물음에 답하는 길이 별들의 근원과 우주의 신비를 밝히는 길로 안내 한다. 우주의 생성과정과 생명의 근원을 탐구하는 것은 인간의 지적 탐험 중 가장 숭고하고 원초적인 활동 중의 하나라고 하겠다. 그렇다면 별들은 어떻게 태어났을까?

우주는 영원히 존재하는 것일까?

아니면 그 탄생이 있었을까?

그림 1.11 안드로메다 은하(銀河, Galaxy). 우리 은하와 비슷하게 생겼으며 약 2배의 크기를 가지고 있다. 새끼 은하 2개를 가진 것도 닮았다. 앞의 별자리 지도에서 안드로메다자리에 있으며 약 200만 광년 떨어져 있다.

이러한 의문과 질문은 자연스레 우주의 기원으로 거슬러 올라가게 된다. 오늘날 우주는 그 탄생이 있었던 것으로 받아드려지고 있다. 그리고 그 우주(현재의 우주)의 탄생을 대폭발, 즉 **빅뱅(Big Bang)**이라고 부른다. 여기서 그 우주(현재의 우주)라고 부르는 것은 현재의 우주가 탄생되었다면 빅뱅 이전에는 현재와는 다른 우주가 존재했던가? 아니면 빅뱅을 일으킨 씨앗은 무엇인가? 하는 끝없는 존재의 물음으로 이어지기 때문이다. 결론적으로 말한다면 현재의 우주, 정확히는 빅뱅 이전과 그 순간의 상황은 상상조차 할 수 없는 미지의 영역이다.

우리 은하는 약 2천억 개의 별들로 이루어진 소우주의 하나이다. 그림 1.11에서 보이는 안드로메다 은하 역시 우리 은하와 같은 소우주의 하나이다. 우주에는 이러한 소우주인 은하 집단이 무려 다시 1천억 개가 있는 것으로 알려지고 있다 (그림 1.12). 물론 관측된 범위 내에서의 숫자이다. 상상을 초월하는 규모이다. 그렇다면 우주에도 역사가 있을까? 시초가 있었을까?

이미 앞에서 말했지만 우리의 우주의 역사는 대폭발(빅뱅) 이론에 의해 설명된다. 빅뱅 이론에 의하면 우주는 지금으로부터 약 140억 년 전에 대폭발에 의해 형성되었다고 한다. 대폭발이 있고 난 후 우주는 계속 팽창하고 있다. 더욱이 최근에 초신성의 밝기의 변화를 분석해본 결과 현재의 우주는 약 50억 년 전부터 그 팽창이 가속화 되고 있다는 것이 밝혀졌다. 즉 초신성 빛을 관찰 하여 분석한 결과 우주에는 끌어당기는 중력과는 반대인 밀어내는 암흑 에너지가 존재하며 이로부터 팽창이 가속화 된다는 것이다. 현재 암흑 에너지는 암흑 물질과 함께 그 존재의 당위성은 인정받고 있으나 그 정체는 밝혀 지지 않았다. 중력과는 반대인 척력을 일으키는 암흑 에너지의 정체를 밝혀낸다면 우주의 탄생과 그 운명이 명확히 밝혀질 것으로 예견되고 있다. 그렇다면 우주는 앞으로 계속 팽창만 거듭할까? 우주는 어떻게 진화하고 어떠한 운명을 맞이할 것인가?

그림 1.12 우리 은하와 같은 은하들이 뭉쳐 있는 은하단의 모습.

놀랍게도 우리 은하와 가장 가까이 있는 안드로메다 은하가 사실은 멀어지는 것이 아니라 우리에게 가까워지고 있다는 사실이 밝혀졌다. 우주의 팽창에 따르는 것이 아니고 그 반대로 행동하는 것이다. 어떻게 된 일일까? 우리 은하는 물론 안드로메다 은하는 별들이 소용돌이치면서 운동하고 있다. 은하도 회전한다는 뜻이다. 태양계를 보자. 지구를 기준으로 삼아 지구보다 안쪽에 있는 행성들과 바깥쪽에 있는 행성들의 속도를 비교해보면 어떠한 결과를 볼 수 있을까? 그것은 안쪽에 있는 행성들일 수록 빠르다는 결론이 나온다. 중심에 태양이 있어 상대적으로 중력이 세고 그에 대한 구심력이 강해야 하기 때문이다. 그렇다면 은하에 있어서도 중심부일수록 중력이 강하고 그 결과 안쪽에 있는 별들일 수록 회전속도가 빨라야 한다. 그러나 그렇지 않다는 관측 결과가 나왔다. 안쪽이나 바깥쪽이나 대략 초속 200에서 300 km로 나왔기 때문이다. 즉 모든 별들이 거의 같은 회전속도(보통 각속도라고 정의를 내린다)로 돈다는 사실이다. 이것은 마치 놀이터의 회전판에 있는 것과 같다. 어디에 있든 도는 속도가 같기 때문이다. 왜 이런 현상이 나올까? 이것은 안드로메다은하에 있어 질량이 중심부에 치우쳐 있지 않다는 의미이다. 따라서 별 이외의 보이지 않는 물질, 그것도 중력을 유발하는 물질이 존재해야한다는 결론이 나온다. 이른바 '암흑 물질(dark matter)이라고 불리는 수수께끼 같은 물질의 존재 이유이다. 사실 이러한 암흑물질의 존재는 현재 우주에서 발견되는 은하들의 존재와도 직결된다. 즉 발견된 은하들과 그 별들의 질량만으로는 현재의 우주 형태를 유지할 수 없다는 것으로 판명되었기 때문이다. 그러면 암흑물질의 정체는 무엇인가? 물론 아직까지는 밝혀진 것이 없다. 더욱이 중력과는 반대 세력인 암흑 에너지가 존재해야만 한다면 **도대체 우주는 어떠한 구조로 되어 있는 거야?**

하고 강하게 의문을 제기해야할 판이다.

그전에 더 흥미로운 상황이 우리를 기다리고 있다. 그것은 우리 은하와 안드로메다 은하가 결국 충돌한다는 사실이다. 안드로메다가 가까이 온다는 사실은 안드로메다에서 오는 불빛을 관측한 결과이다. 이른바 청색으로 색이 편향된다는 사실이다. 이른바 도플러 효과라고 하는 것인데 자동차의 경적 소리가 가까이 올 때와 멀어질 때 그 주파수가 다르게 관측된다는 법칙이다. 가까이 다가오면 주파수가 높아지고 소리가 세어진다. 그와 반면에 멀어지는 경우 주파수가 늘어나면서 그 소리의 세기는 약해진다. 우주가 팽창한다는 사실도 이러한 원리에서 나왔다. 즉 거의 대부분 먼 은하들에서 나오는 빛들이 적(빨간)색으로 기울어져 관측이 되었다. 이는 주파수가 늘어났다는 의미이며 곧 멀어진다는 결론을 내릴 수 있다. 그러나 안드로메다는 그 반대로 나왔다. 어떻게 된 일일까? 사실 우리 은하에는 안드로메다 말고 다른 작은 은하들이 몇 개 더 모여 있다. 이른바 국부은하군이라고 부른다. 별들이 같이 태어나 모인 성단과 비슷하다. 앞에서 나왔던 북두칠성 그림을 다시 보기 바란다. 안드로메다와 우리은하가 이렇게 묶여 있는 은하이다 보니 중력 작용으로 서로 끌어당기며 가까워지고 있는 것이다. 물론 빛으로만 관측된 별들만의 질량으로는 끌어당기지 못하고 반드시 암흑물질이 존재해야만 이 사실이 설명될 수 있다. 따라서 이 결과로부터도 **암흑물질은 존재하여야 한다**.

그럼 언제쯤 우리은하와 안드로메다가 충돌할까? 계산에 따르면 40억년 후 쯤이다. 그런데 서로 합쳐지는 것이 아니라 그냥 서로 통과한다. 왜일까? 이것부터 알고 가자. 왜냐하면 나 중 나오지만

원자의 크기와 핵의 크기 차이에서 오는 물리적 상황이 별들의 진화는 물론 별의 구조를 파악하는데 결정적 역할을 하기 때문이다.

태양은 가장 가까운 별과 얼마나 떨어져 있을까? 놀라지 마시라. 관측에 따르면 4.3광년이다. 1 광년(光年)은 빛이 1년간 이동한 거리이다. 어마어마하게 먼 거리이다. 실제로 우리은하이든 안드로메다이든 은하 가장자리에 있는 별들의 평균 거리는 약 3광년 정도로 관측되고 있다. 그와 반면에 은하의 중심부 우리가 별들을 하나하나 셀 수 없을 정도로 발게 빛나는 영역에서는 어느 정도 떨어져 있을까? 약 0.03 광년이다. 2800억 km로 계산된다. 그림 1.13을 보자.

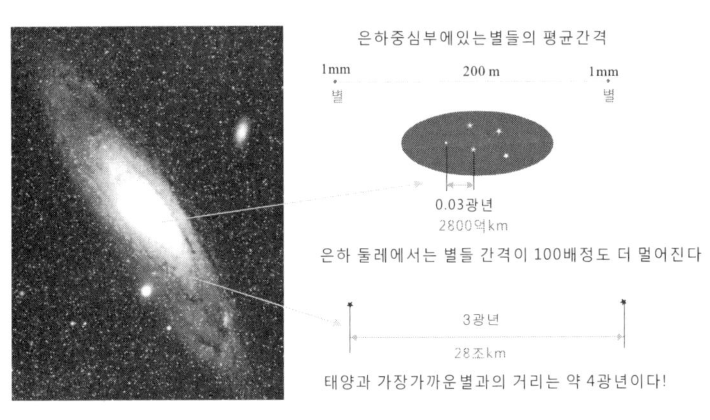

그림 1.13 안드로메다 은하와 별들 간의 거리.

만약에 별의 크기를 1 mm로 하면 중심부에 있는 별들이라 할지라도 무려 200 m 정도에 별이 있게 된다. '**사실 상 텅 비어 있다**' 해도 과언이 아니다. 중심부를 벗어난 팔 근처에서는 그 100배 거리를 두고 별들이 위치해 있다. 어떻게 생각하는가? 별들이 빽빽이 서로 붙어 있는 것으로 생각을 했는데 전혀 그렇지 않다는 사실을 두고. 우리 은하와 안드로메다 은하사이가 지금 200만 광년이라면 20만 광년의 폭을 가진 안드로메다 은하인 경우 약 20개가 들어서면 꽉 차게 된다. 물론 우리 은하가 10만 광년의 폭을 가졌다면 약 20개가 들어갈 거리이다. 이러한 결과는 은하와 은하들이 모여 있는 은하단에서는 은하들이 아주 가깝게 모여 있고 이와 반면에 은하를 이루는 별들은 너무도 멀리 떨어져 분포하고 있다는 모습이 나온다. 여러분들이 생각했던 그림과는 완전히 반대일 것이다. 과학은 이런 것이다. 그러면 다음 질문에 답해보자.

"우리 은하와 안드로메다가 은하가 충돌하면 어떻게 될 것인가?"
답은
"그냥 지나간다!"

이다. 왜냐하면 별들의 사이가 너무도 멀기 때문이다. 충돌할 확률이 0에 가깝다. 그러나 두 은하는 서로 멀리 떨어질 수는 없다. 어느 정도 지나면 50억년 후 쯤 되면 다시 모이며 충돌한다. 그리고 60억 년 후에 비로소 하나로 된다. 그러나 구조가 바뀐다. 별들간에 있는 성간 물질들이 서로 합쳐지면서 별들을 새로이 생산하고 안에 있는 별들도 고르게 분포되면서 둥그런 타원 은하가 되는 것이다. 이러한 타원 은하는 우주에서 많이 관측된다.

빅뱅을 넘어

여기서 잠깐 현재의 우주 탄생이라는 빅뱅에 대하여 차분하게 돌아보기로 하자. 그 이유는 우선 다음과 같은 질문이 나올 수밖에 없기 때문이다.

“그렇다면 빅뱅 이전은 무엇인가? 시간도 공간도 없다는 점이란 무엇인가?“

과학자가 아니라도 무언가 모순되는 주장이라고 생각하지 않을 수 없다. 물론 **존재의 이유**–보통 이 단어는 철학계에서 프랑스어 'Raison d'Etre'라고 하며 영어로 Reason of Being이라는 의미이다–를 답하는 것은 논리적으로는 불가능하다. 왜냐하면 하나의 기둥을 세워 그 기둥을 기초로 모든 현상을 논리적으로, 과학적으로 전개해나가야 하기 때문이다. 그럼에도 불구하고 현재의 빅뱅 이론(물리학계에서 주장하는)은 최초 대폭발이라는 기둥 설정에 많은 모순을 포함하고 있다.

우선 빅뱅 순간의 온도는 물론 그 순간의 물질에 대해서는 엄밀하게 보자면, 증명할 수 없는 상태이다. 빅뱅 이론의 기둥뿌리는 우주가 팽창한다는 사실에 두고 있다. 그 팽창에 대한 관측으로부터 나이가 매겨지고 소위 우주배경복사라는 온도의 관측사실로부터 빅뱅은 마치 불변의 진리로 자리매김해 버렸다. 그렇다면 반박의 여지는 없어야 한다.

물리학에서 가장 중요한 물리적 요소는 모순되게도 **반물질**이라는 존재이다. 흔하게 관측되며 현실에서 접할 수 있는 것이 전자와 그 반물질에 해당되는 반전자, 즉 양전자이다. 전자의 전하가 음인 것을 감안하여 양전자라는 이름이 붙었다. 전자와 양전자 즉 물질과 반물질은 만나기만 하면 에너지로 변하며 높은 에너지를 가진 광자인 감마선으로 나온다. 이른바 아인슈타인의 질량-에너지 공식이 그대로 적용되는 경우이다. 그리고 핵을 이루는 양성자와 중성자도 반물질 즉 반양성자, 반중성자가 존재한다. 여기서 문제는 태초 빅뱅이 일어났을 때 물질과 반물질은 같은 확률로 태어났어야 한다는 사실이다. 현실적으로는 반물질은 인위적으로 만들지 않는 이상 자연계에 존재하지 않는다. 그런데 천체는 물론 우리가 존재하는 것은 양성자와 중성자가 반양성자와 반중성자 수보다 많기 때문이다. 이에 관여하는 물리학자들은 태초에 양성자가 반양성자에 비해 1000개당 하나 꼴로 많다고 주장한다. 도대체 이러한 논리적(다분히 작위적인) 주장이 과연 타당한 것인가? 그렇게 우연히 아니 교묘하게 사건이 일어날 수 있을까? 더욱 놀라운 것은 반물질로 이루어진 반우주의 설정이다. 상상력의 도를 넘는다.

대폭발이 일어난 지 10^{-34} 초 후의 온도는 얼마인가? 하는 질문과 계산이 과연 어떠한 설득력을 가지고 있을까? 상상해보자. 처음 설정은 그렇다 치고 10의 마이너스 34승 초? 이러한 설정과 함께 다양하게 쏟아지는 현란하기 짝이 없는 숱한 수학적 계산에 따른 상상의 물질계와 우주 구조-특이점, 9차원 10차원 구조, 인플레이션, 실과 같은 끈 구조, 반우주, 심지어 벌레 구멍 등-를 접하게 되면 혼란스럽기 짝이 없다. 그리고 현재의 우주의 상태를 재현하기 위해 빅뱅 이론에서 제기되는 정교한 보편상수들의 정밀한 조화는 물리학을 넘어 이미 미학이나 **철학**(metaphysics)의 단계라고 볼 수밖에 없다. 사실 이러한 증명될 수 없는 논점은 이미 25년 전 John Horgan의 과학의 종말(The End of Science)에서 명확하게 지적 된바가 있다. 몇 년 전 이러한 우주론에 입각하여 만든 영화 'The Inter-Stellar; **별 사이를 건너**' 를 기억할 것이다. 글쓴이가 이 영화포스터를 본 순간 제목은 **별-건너**가 아니라 **마음-건너(The Inter-Mind)**가 옳다고 바로 느낀 적이 있다. 물론 영화를 보고 난 후에 더욱 명확해졌지만. 사실 과학을 핑계 삼은 인간의 정신적 교감을 다룬 심리 영화가 아닌가. 그러한 물리학적 논리들을 철학이나 미학으로 보고 또 수긍한다면 인류의 지적 유산으로의 가치는 높다고 본다. 굳이 과학이라는 창을 들이댈 필요가 없다. **문학, 철학, 미학**이 있어 진정한 인류의 문화가 꽃피기 때문이다.

빅뱅 이론을 떠받치는 두 개의 기둥, 우주의 팽창과 우주배경복사는 빛을 관측하여 얻은 것이다. **사실은 현재의 모습을 보는 것이 아니라 과거의 모습만이 담긴 정보물**이다. 그리고 그렇게 먼 곳에서 오는 그 빛들은 무수한 천체들을 거치며 건너오는 것으로, 도중에 어떠한 사건을 거쳤는지 알 수는 없다. 중력 즉 질량이라는 관점에서 암흑물질과 암흑에너지를 설정하지 않으면 안되는 것이 현재 우주의 모습이다. 그 비율이 무려 95%(암흑물질; 22%, 암흑에너지; 73%)에 달한다. 도대체 아무것도 반응하지 않고 그 모습을 보이지 않으면서도 중력은 일으키는 물질이-그것도 **차가운** 암흑물질이라는 호칭이 붙는다. 대단히 주관적인 용어이다- 그리고 에너지가 존재할 수 있을까? 더욱이 그것들이 우주의 대부분을 차지한다면 이제까지의 과학, 특히 물리학의 존재는 초라해질 수밖에 없다. 더욱이 중성미자(뉴트리노)의 정체는 무엇이 길래 이토록 과학자들을 혼동에 빠뜨리는 것일까? 암흑물질을 발견했다고 했을 때 과연 그것으로 우주에 대한 의문이 해결될까?

여기서 분명한 사실은 '빅뱅'이 우주의 시작이 아니라는 점이다. 물리학은 우주의 시작에 대해서는 답할 수 없다.

우주에 대하여 우리가 아직도 모르는 것이 많다고 실망해서는 안된다. 우리의 뇌를 보자. 바로 우리의 뇌의 작동에 대한 연구도 아직 갈 길이 먼 것이 현실이다. 어디 뇌 뿐이겠는가? 그토록 온 인류를 공포분위기로 몰아 세운 코로나-비루스(보통 바이러스라고 부르나 영어의 단점이 여기서 나온다. 그냥 'i'를 '이'로 발음하면 될 것을 굳이 '아이'로 발음하는 이유를 모르겠다.-를 보자. 이렇게 준 생명체의 작동원리조차 몰라 제대로 대처하지 못하는 것이 현실이다. 그토록 정교하게 장시간에 걸쳐 관측기기들을 설치하여 측정을 하여도 지진 혹은 화산 폭발을 제대로 예측하지 못한다. 중성자별, 이 책의 주제인 별 내부의 구조를 논하고 다양한 이론이 나오지만 정작 지구 내부에 대한 물질의 변화와 그 활동에 대한 연구는 아직도 갈 길이 멀다. 갈 길이 멀기에 과학이라는 창의 역할이 그만큼 크다고 말 할 수 있다. 그러한 **창의 역할 중 하나가 여기에서 다루는 희귀핵종에 대한 연구**이다.

그건 그렇고 우주의 탄생과 그 과정은 물론이고 별들의 탄생과 원소 합성 등의 비밀을 파헤치려면 단단히 준비해둘 것이 있다. 이름 하여 힘의 법칙이다. 자연에 존재하는 힘의 종류와 그 작용 그리고 매개 입자들이다.

1.6 자연계의 힘

우주의 기원을 이야기하고 그 과정을 설명하기 위해서는 자연 속에 존재하는 '**힘**'을 알지 않으면 아니 된다. 자연계에는 물질의 운동과 상호작용을 결정하는 기본적인 힘이 존재한다. 이러한 힘들은

중력 (重力; Gravitational Force)
전자기력 (電磁氣力; Electromagnetic Force)
강력 (强力; Strong Force)
약력 (弱力; Weak Force)

등이다.

중력은 고대로부터 알려진 힘이며 **질량**(Mass)을 갖는 두 물체 사이에 인력으로 작용하는 힘이다. 지구와 같은 천체 크기에 비로소 그 영향을 알 수 있는 힘이며 천체의 운동이 이러한 중력에 의해 지배된다. 보통 만유인력 법칙 (萬有引力 法則; The Universal Law of Gravity, 영어로는 **중력의 보편적 법칙**이다. 중력은 오직 끌어당기는 힘으로 따라서 인력이라는 한자어를 그리고 온 우주에 적용되는 보편적 힘이라는 것을 만유라는 한자로 표기되었다. 모두 일본에서 만들어진 용어이다.) 으로 알려진 힘이다. 두 물체 사이 거리의 역 제곱으로 힘의 크기가 변한다. 이러한 중력은 네 가지 기본 힘 중에서 가장 약하다. 중력법칙과 물체의 운동에 대한 **뉴턴(Newton)의 운동법칙**은 모든 과학의 기반을 이룬다.

전자기력은 자연 현상에 있어 번개, 벼락, 자석 등으로 나타난다.

여기서 전기와 자기를 묶어 전자기력이라고 하는 것은 전기와 자기는 같은 종류의 힘이며 그 힘을 전달하는 데는 빛(광자), 즉 전자기파이고 빛은 일종의 전자기파임을 밝혀졌기 때문이다. 다시 말해 전기력(전기장)과 자기력(자기장)은 현상만이 다를 뿐 같은 성질의 힘이라는 것이다. 여기서 같은 성질의 힘이라고 하는 것이 **전하**(Charge)라고 하는 물질 고유의 성질에서 나온다. 흔히 화학에서 다루는 이온이 전하의 속성에서 나오며 양이온과 음이온이 있듯이 전하에는 양전하와 음전하가 존재한다. 그런데 질량과는 다르게 이러한 전하는 기본단위 크기로 존재한다. 그 기본단위를 갖는 입자가 원자를 이루는 전자와 양성자이다.

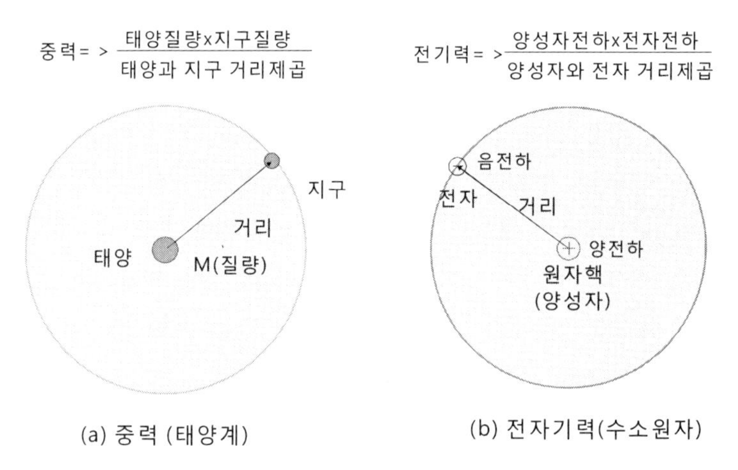

그림 1.14 중력과 전(자)기력의 비교. 중력과 전기력은 두 물체사이의 거리의 제곱에 역비례하는 공통점을 가지고 있다. 중력은 두 물체의 질량의 곱에, 전기력은 두 물체의 전하의 곱에 비례한다. 여기서 양성자와 전자는 전하라고 하는 기본 단위의 주체이다. 하나, 둘 씩 셀 수 있는 기본 값을 가진다.

그림 1.14는 전자기력 특히 전기적인 힘을 이해시키기 위해 도입된 수소 원자 모형이다. 아울러 중력과의 닮은 점과 차이점을 비교하기 위해 태양과 지구의 태양계도 그려 넣었다.

수소원자의 핵은 오로지 양성자 하나로 이루어져 있으며 양성자는 양전하의 기본 값을 가지며 그 주위를 도는 전자는 음전하의 기본 값을 갖는다. 원자들의 성질은 원자핵과 전자들과의 전기적인 상호작용에 의한 결과라고 할 수 있다. 그런데 여기서 반드시 언급하고 넘어가야 할 중요한 점이 있다. 그것은 원자 속에서의 전자들의 운동에 대한 것이다. 오늘날의 양자역학 이론에 따르면 전자는 입자이면서도 파동적인 성질을 가질 수 있으며, 태양주위를 도는 지구와 같은 결정된 궤도를 따라 운동하는 것이 아니라, 원자핵 주위를 **구름과 같이 확률적인 분포**를 이루며 운동한다는 사실이다. 이렇게 미시적인 세계-원자 혹은 분자와 같이 눈으로는 볼 수 없는 아주 좁은 세계-에서의 입자들의 운동은 우리가 경험하는 운동과는 다르다는 점을 강조해 둔다. 또한 **전자기력은 원자들의 성질뿐만 아니라 원자들이 결합된 분자결합, 원자들의 집합체인 결정이나 액체 등의 성질에 직접 관여되는 힘**이다. 더욱이 오늘날 우리가 사용하고 있는 전기에너지는 물론 통신에 이용되는 전파(엄밀하게는 전자기파) 등도 모두 전자기력을 이용한 것이다. **가속기 역시 이 힘을 사용하여 입자를 가속시키는 장치**이다.

네 가지 힘 중 나머지 두 종류는 20 세기에 들어서야 알려지게 된다. 즉 **양자역학**이라고 하는 현대물리학의 탄생으로 알려진 힘들이다. 1932년도에 들어서 원자핵은 양성자와 중성자로 이루어져 있으며 원자를 이루는 전자의 결합력에 비해 무려 수백만 배의 크기로 결합되어 있음이 밝혀지게 되었다. 이러한 강력한 결합력을 강한핵력 혹은 강력이라고 부르게 되었다. 강력을 1로 보았을 때 전자기력은 1/137이다. 그리고 중력은 전자기력에 비해 무려 10^{40} 배 이상 약하다. 강력은 오늘날 원자력 발전에 쓰이는 에너지로 쓰인다. 여기서 강한 핵력의 의미는 네 번째 힘인 약한 핵력이 있기 때문이다. 이러한 약한 핵력을 약력이라고 부르는데 약력이라고 하여도 중력보다는 훨씬 강한 힘에 속한다. 약력의 크기는 강력에 비해 1/100000 정도이며, 전자기력에 비해서는 약 1/1000 정도이다. 이러한 약력은 원자핵의 변화 다시 말해 방사성 붕괴에 관여되는 힘이며 중성미자에 의해 상호 작용되는 힘이다. 즉 방사성 동위원소들의 베타붕괴를 유발하는 힘이다. 나중 **방사성 동위원소를 이해하는데 직결되는 힘**이다. **희귀 핵종은 모두 방사성 동위원소에 속한다.** 이와 같은 네 가지 기본 힘들과 이에 관여되는 입자들을 표 1.1에 분류해 놓았다.

표 1.1 자연계에 존재하는 네 가지 기본적인 힘들과 물리적 성질들.

기본 힘	상대적인 힘의 세기	작용 범위; 미터(m)	중요한 물리현상
강력	1	10^{-15}	원자핵 구성과 핵력
전자기력	10^{-2}	무한대	전자기파 발생
약력	10^{-5}	10^{-17}	원자핵 붕괴
중력	10^{-40}	무한대	천체 운동

아울러 이와 같은 힘들에 대한 물리적 법칙과 설명이 나오는 곳도 표기했다.

여기에서 다루는 희귀 핵에 얽힌 과학에서 가장 중요하고 이해를 구하여야 할 힘이 강력과 약력이다. 아울러 전자기력 역시 중요한 몫을 차지한다. 가속기의 원리는 물론 빛의 속성, 원자, 분자, 물성 등의 성질을 알기 위해서는 전자기력을 이해하여야 한다. 편의를 위해 전자기력을 종종 '전기력'이라고 표기하여 사용하기로 한다.

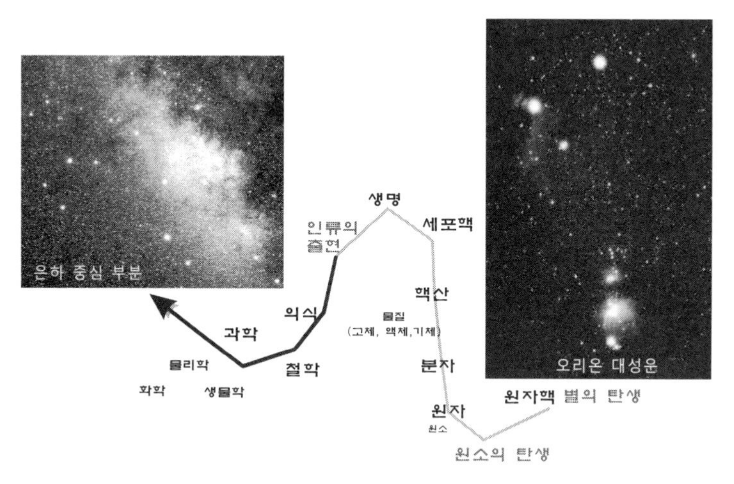

그림. 1.15 과학이라는 창에 비친 우주의 진화 모습. 오른쪽의 오리온 대성운 -the Great Nebula-은 오리온자리에 있는 거대 별구름의 이름이다. 별들이 탄생하는 곳으로 유명하다.

그림 1.15는 망원경으로 쳐다본 우리 은하의 중심과 별들이 탄생하는 곳을 보여주고 있다. 별들의 탄생에 의해 원소가 태어나고 원소가 존재하기에 생명이 나타난다는 우주 진화를 그리고 있다.

인류는 이제 과학이라는 창을 통하여 우주의 탄생부터 생명의 비밀까지 파헤치고 있다.

"원자핵은 무엇일까?"에 대한 물음 전에 우선 **"과학이란 무엇일까?"**를 머릿속에 간직하며 과학이라는 창을 통하여 과학의 의미를 더듬어 보기로 한다.

참고 문헌

- **The End of Science**, John Horgan (Broadway Books, 1996). **과학의 종말**, 김 동광 옮김 (까치글방, 1997).
- **오류와 우연의 과학사**, 패터 크뢰닝, 이 동준 옮김 (이마고, 2005).

2장

과학이란

우리는 해와 함께 한다.

빛이 있어 생명은 있다.

빛은 그림자를 만든다.

햇빛을 따라 한해를 가르고,

그 그림자를 쫓아 봄, 여름, 가을, 겨울을 나누고,

하루의 시간을 재었다.

그림자의 흐름을 읽어내는 우리의 해시계를 통하여

과학을 이야기 한다.

그리고

빛을 과학으로 분해한다.

2.1 해시계에 담긴 과학

이제부터

'과학이란 무엇인가?'

라는 주제를 놓고 과학의 본질에 대하여 설명해 보이겠다. 우리나라에서 과학이라 함은 계산하고, 실험하면서 무엇인가 복잡하고 어려운 것만 파고드는 전문가 집단의 영역이라고 생각한다. 과학은 자연 속에 내재되어 있는 질서와 규칙성을 찾아내어 그 원인을 밝히는 학문이다. 따라서 우선적으로 규칙성과 이에 따른 자연의 현상을 이해하는 것이 무엇보다 중요하다. 이때 규칙성 중 우리에게 가장 익숙하고 그 지배를 받는 것이 일 년이라는 시간의 주기성이다.

여러분들은 **앙부일구(仰釜日晷;** 한때 이를 앙부일귀라고 한 적이 있다. 구(晷)는 그림자의 뜻으로 귀로 새김하면 안된다.) 라는 해시계(그림 2.1)의 이름을 한번쯤은 들어 보았을 것이다. 초등학교 교과서에도 등장하기 때문이다. 이해를 돕기 위해 태양을 중심으로 하는 지구의 공전과 지구 자전축의 기울어짐에 의해 나타나는 주기적인 현상을 우리나라 고유 해시계인 앙부일구를 통하여 탐구해보기로 한다.

우리나라 고유 해시계 모델이 얼마나 뛰어난 과학적 발명품인지 알게 될 것이다.

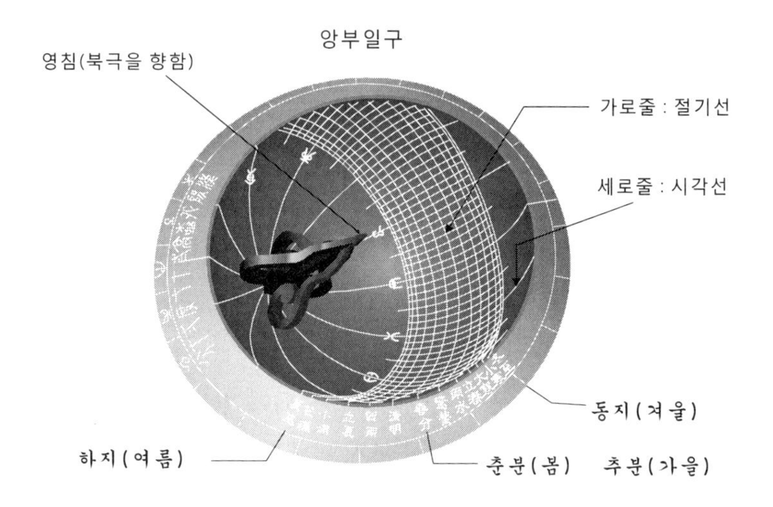

그림 2.1 앙부일구(仰釜日晷) 혹은 앙부일영(仰釜日影). 오목 해시계이다. 앙부는 뒤집혀진 솥뚜껑을, 일구 혹은 일영은 해의 그림자를 뜻한다. 세로줄은 하루의 시간을 나타내며 가로줄은 계절을 알려준다. 여기서 영침(影針)은 그림자 바늘을 뜻한다. 그리고 춘분 (春分; the vernal equinox), 하지 (夏至; the summer solstice), 추분 (秋分; the autumnal equinox), 동지 (冬至; the winter solstice) 등의 한자와 영어 표기도 상식적으로 알아두기 바란다. 여기서 equinox는 낮과 밤을 동등하게 가른다는 뜻으로 그래서 나눈다는 분(分)이 사용되었다. 그리고 vernal은 봄(spring)의 뜻이다. solstice는 태양(solar)이 다다른다는 의미이며 따라서 다다른다는 의미의 한자말 지(至)가 사용되었다. '북회귀선(北回歸線)', '남회귀선(南回歸線)'이 이와 상관된다. 고대로부터 가장 중요하게 여긴 것이 춘분점과 하지선이었다.

2.1.1 앙부일구

조선시대의 대표적 해시계이며 솥 모양을 하고 있다고 하여 앙부일구라 한다. 일종의 **오목해시계**이다. 특히 세종은 앙부일구를 공공장소에 설치하여 일반 백성들도 시간을 알 수 있도록 하였을 뿐만 아니라, 그 제작까지도 독려하여 공중 해시계로 거듭날 수 있도록 하였다. 한 마디로 오늘날의 손목시계와 같이 가장 사랑받았던 대중화된 해시계였다. 이제 이러한 앙부일구를 통하여 지구의 공전과 주기적인 운동인 진동운동과 어떻게 연관이 되는지 살펴보기로 하자. 우선 앙부일구의 구조부터 알아보기로 한다.

구조 및 원리

그림 2.1에서 보는 것처럼 반원형으로 되어 있으며 안쪽에 시각선(세로)과 함께 절기선(가로)이 표시되어 있다. 해 그림자를 만들어주는 이른바 영침(影針; 그림자 바늘)이 서울(옛날의 한양)의 위도 방향 즉 37.5° 각도로 기울여 설치되어 있다. 위도에 따라 북극을 향하는 영침의 방향은 달라진다. 일반적으로 평면해시계의 시각선은 낮12시를 중심으로 방사선 모양이 되는데, 앙부일구와 같은 오목해시계는 평행하게 등분 되어 있다. 시간은 아침 6시(卯時)에서 저녁 6시(酉時)까지 측정 가능하도록 되어 있으며 시간 간격은 15분단위로 알 수 있다. 절기선인 경우 가장 안쪽이 하지 가장 바깥쪽이 동지에 해당되며 24절기를 13개의 위선으로 나타내었다.

2.1.2 앙부일구와 지구의 공전 운동

그림 2.2는 앙부일구가 놓여 져 있는 곳을 중심으로 삼은 천구의 모습이다. 현재 위치를 중심으로 했을 때 위쪽을 천정(Zenith)이라 부른다. 하지, 추분과 춘분 그리고 동지 때의 해의 일주 운동 (실제

적으로는 지구의 자전운동)을 나타내며 앙부일구에서의 영침에 의한 해 그림자가 시간 및 계절에 따라 어떻게 변화하는지를 쉽게 이해할 수 있다.

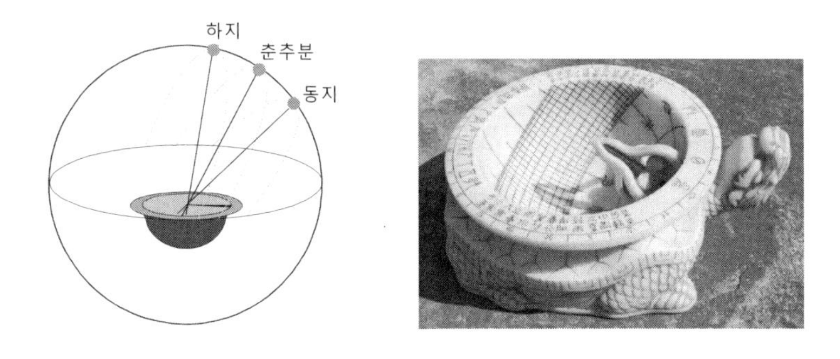

그림 2.2 앙부일구와 태양의 일주운동과의 관계. 오른쪽 사진은 실제로 태양빛이 앙부일구에 비친 모습이다.

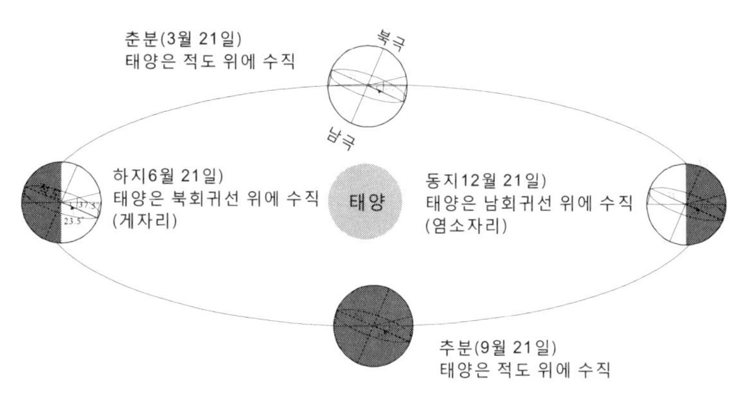

그림 2.3 지구의 공전 운동과 자전축 기울기에 대한 계절의 변화.

지구에 있어 계절의 변화는 지구의 자전축이 공전 축에 대하여 기울어져 있는 구조에서 나온다. 즉 그림 2.3에서 보는 것처럼 자전축은 공전 축에 대하여 23.5° 기울어져 있다. 지구가 적도에 비해 북쪽으로 23.5° 에서 햇빛이 수직으로 내려쬐는 시기가 북반구에서는 하지 즉 여름에 해당된다. 하지가 지나 적도에 햇빛이 수직으로 비추는 시점이 추분이며 남쪽 23.5° 에서 햇빛이 수직으로 비출 때가 북반구에서는 동지에 해당된다. 다시 남쪽 23.5° 를 지나 적도에서 햇빛이 수직으로 비출 때 춘분이 되며 이후에는 북쪽 23.5° 되는 지점까지 수직이 되는 지점이 올라간다. 따라서 북위 23.5° 를 **북회귀선**(Tropic of Cancer; 게자리) 남쪽 23.5° 를 **남회귀선**(Tropic of Capricornus ; 염소자리)이라고 부른다. 여기서 회귀(回歸)는 되돌아온다는 뜻이다.

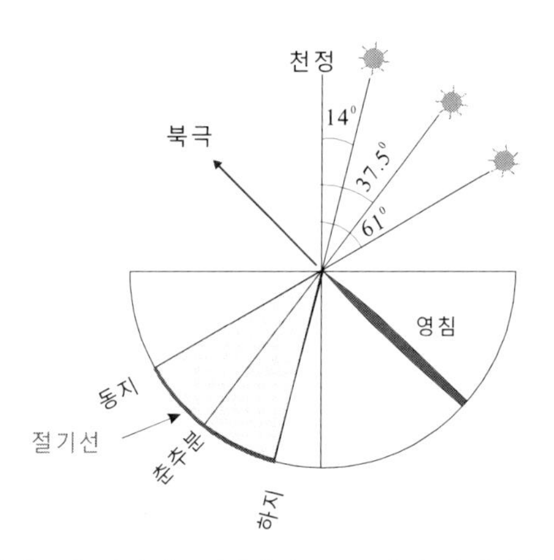

그림 2.4 앙부일구와 절기선. 절기선의 두 끝점이 북회귀선과 남회귀선에 해당된다. 여기서 회귀(回歸)의 되돌아간다는 의미가 뚜렷이 나타난다.

그림 2.4는 앙부일구와 하지, 춘추분 그리고 동지에 있어서의 태양의 위치와 그에 따른 영침에 의한 그림자의 위치를 나타낸다. 서울의 위도를 북위 37.5°로 잡았을 때 하지에는 서울에서 바라보는 천정에서 남쪽으로 14° 위치에 해당되며 춘추분 시에는 37.5° 그리고 동지에는 61° 되는 지점에 위치하게 된다. 이와 같이 앙부일구는 천문학적으로 보았을 때 지구의 운동에 의한 태양의 고도 변화를 가장 잘 나타내는 천문시계가 된다..

2.1.3 앙부일구와 단진자 운동

이번에는 과학적인 관점 중 주기운동에 대해서 논의해 보기로 한다. 물리학에서 단진자(simple pendulum) 운동은 자연에서 일어나는 주기적인 운동을 기술하는데 필수적인 모형이다. 벽시계의 시계추를 생각해보면 쉽게 이해가 될 것이다. 그러나 길다란 벽시계가 거의 사라져 버린 오늘날 이러한 보기(example)가 적절한지 모르겠다. 원자의 구조 및 원자 속에 포함되는 전자의 에너지도 이러한 단진자 모형으로 설명이 가능하다. 그림 2.5의 왼쪽은 앙부일구에서 계절선의 범위를 나타낸다. 하지 때에는 천정에 대해 14°, 춘추분 때는 37.5°, 동지 때에는 61°이다. 이때 이러한 계절선은 전체각도로 47°가 되며 춘추분을 중심으로 23.5°이다.

이것을 간단한 단진자에 적용해 보자 (그림 2.5의 오른쪽). 그러면 이러한 추는 중심에 대해 23.5°의 각도로 주기적인 운동을 하며 그 주기는 365일이 된다. 즉 지구의 자전축이 공전 축에 비해 23.5° 기울여져 있는 것이 곧 계절 변화를 일으키는 원인이며 365일이라는 주기가 태양주위를 도는 공전주기임을 알 수 있다.

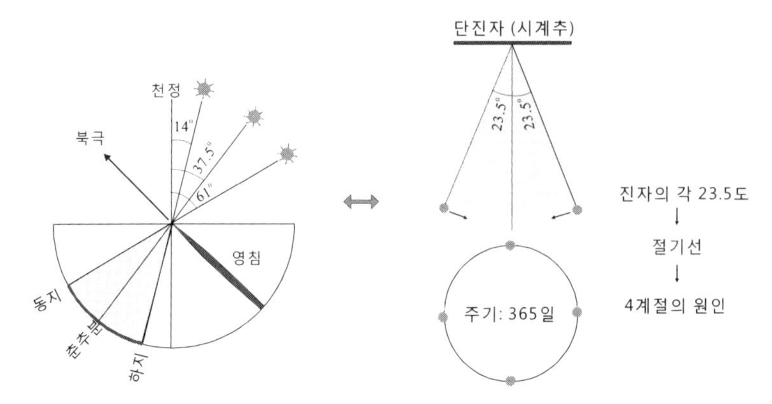

그림 2.5 앙부일구와 단진자 운동. 앙부일구에 나타나는 절기선의 그림자 운동을 단진자(시계추) 운동으로 나타낸 모습이다.

2.1.4 또 다른 주기: 세차 운동

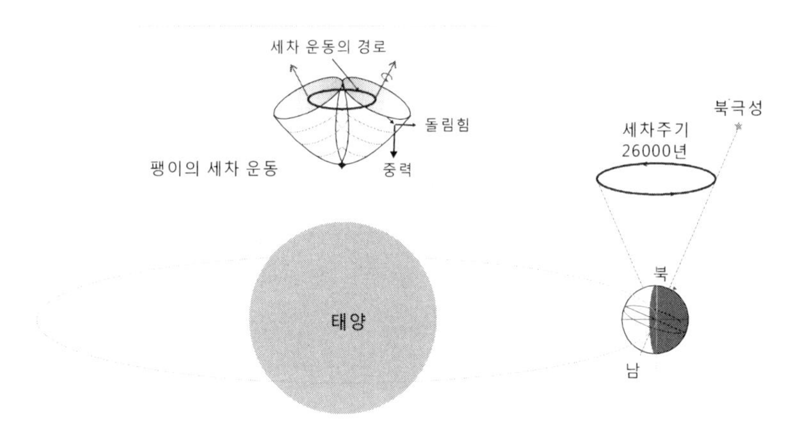

그림 2.6 지구의 세차(歲差) 운동 (precession). 이해를 돕기 위해 팽이의 운동 모습도 그려 넣었다. 지구의 자전축은 고정되어 있지 않다. 즉 현재 북극의 별을 의미하는 북극성(영어로는 Polaris라고 한다)은 과거에는 다른 별이었다.

물론 미래에는 다른 별이 그 자리를 차지한다. 지구 북극이 움직이는 길을 세차 경로라 하며 한 바퀴 도는데-앞에서 주기라고 한-약 26000년이 걸린다. 이러한 세차운동은 태양과 달의 인력에 의하여 지구 자전이 흔들리기 때문이다.

그림 2.6은 지구의 세차 운동을 보여주고 있다. 세차 운동을 이해하기 위해서는 팽이의 운동이 적격이다. 우리가 팽이를 돌리기 위해서는 그 팽이를 끈으로 감았다가 풀어주거나, 돌아가는 팽이를 한 방향으로 쳐주면 된다. 그런데 똑바로 돌아가는 것이 아니라, 돌아가는 축 방향(각운동량에 해당)이 고정되지 않고 기울어진 채로 일정하게 돌아간다는 사실을 발견하게 된다. 이것은 우리가 가해준 돌림힘(물리학 용어로 토크라고 부르며 일상생활에서도 사용된다)과는 다른 힘이 돌아가는 팽이에 작용하기 때문이다. 그것은 지구에 의한 중력이다. 이때 이러한 세차운동의 경로와 한 바퀴 도는 주기는 팽이의 질량, 크기, 도는 힘 등에 의해 좌우된다. 지구인 경우 이러한 세차운동의 주기는 약 **2만 6000년**이다. 그 이유는 다음과 같다. 관측된 바로는 세차의 크기가 각도로 약 50초(50'')이다. 1도(1°)는 60분(60')이고 곧 3600초이다. 그러면 1도 변하는 데는 3600/50 = 72년이 걸린다. 따라서 360*72 = **25920년**이 되는 것이다. 그리고 12 궁에서 하나의 궁으로 세차 이동하는 데에는 30도에 해당되므로 72*30 = 2160년이 걸린다. 따라서 지금으로부터 2000년 전, 4000년 전에는 춘분점에 해당되는 별자리가 달랐다는 것을 알 수 있다. 현재의 북극성은 대략 1000년 전부터 사용되고 있다.

지금으로부터 5000년 전(BC. 3000)에는 북극성이 용자리에 있는 으뜸별이었다.

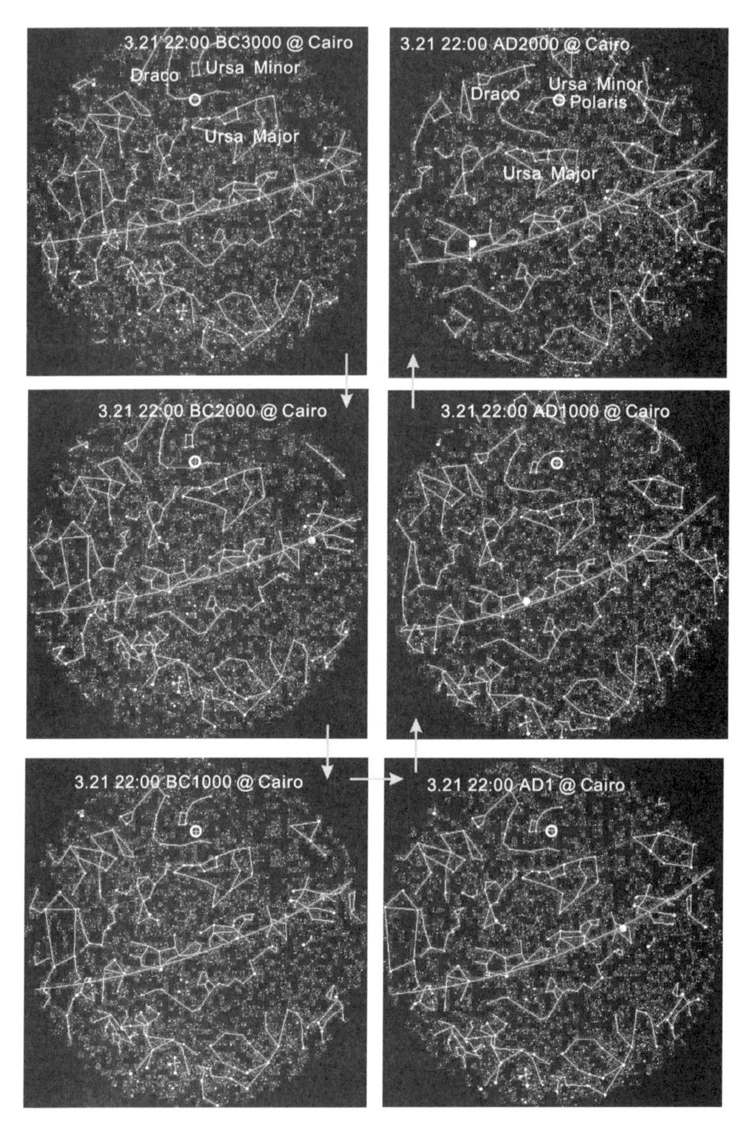

그림 2.7 5000년 전부터 현재에 이르기까지의 별자리 이동 모습. 이집트의 카이로에서 춘분 날 밤 10시에 바라본 밤하늘이다. 지구의 세차운동에 따라

북극점이 다르다. 5000 년 전에는 용자리 알파별 (Thuban)이 북극성의 역할을 하였다.

그림 2.7을 보자. 별들의 모습은 지금의 이집트의 수도인 카이로에서 쳐다본 것이다. 현재의 별자리들은 주로 아라비아 반도, 메소포타미아나, 이집트의 고대 왕국에서 만들어낸 것이 효시를 이른다. 특히 북극점을 중심으로 북두칠성의 운동을 눈여겨 본 곳이 고대 이집트 왕국이었다. 따라서 한반도를 기준으로 하는 것보다 고대 이집트 왕국의 피라미드 근처에서 쳐다보는 밤하늘이 별자리나 그 신화를 읽는데 현실감이 있다.

5000년 전부터 1000 년씩 단위별로 나타나는 별자리의 모습이다. 특히 북극점이 바뀌었다는 사실을 알게 될 것이다. 여기서 5000년 전, 그러니까 서기전 3000 (BC3000, BC는 예수탄생 전이라는 뜻으로 Before Christ의 약자이다)이다. BC3000년은 인간의 역사가 비로소 기록으로 뚜렷이 나타나는 시기로 수메르 문명과 이집트의 문명으로 대표된다. 고고학 발견과 기록상의 문건으로 보면 수메르 문명이 앞선다. 그 당시 북극점은 현재 용자리(Draco)에 속하는 '뚜반(Thuban)'이라 불리는 으뜸별(보통 알파로 표기됨)이었다. 지금의 작은 곰 자리 북극성과 비교하면 많은 차이가 있음을 알게 된다. 이 별은 사실상 별의 등급으로는 3.6으로 베타 나 감마 별보다 밝기가 낮다. 그럼에도 으뜸별로 지정된 것은 북극점 별이라는 상징 때문이다. 사실상 농사의 시기 그러니까 강물의 범람이나 우기 등이 나타나는 시기를 특정의 별이 동쪽에서 떠오르는 때로 잡아 예측을 하여 대비하는 것이 인류 문명의 시발점이다. 그러한 예측 능력이 결국 과학으로 이어짐을 알 수 있다. 여러 번 강조하지만 이러한 자연의 규칙성과 주기성에서 우리는 드디어 현대 과학의 길목을 더듬게 된다. 다음을 보자.

2.2 자연의 주기와 규칙성

이번에는 다른 관점에서 쳐다보자. 그림 2.8은 앞에서 소개한 지구의 공전 운동, 즉 태양계 안에서 태양을 중심으로 주기 운동하는 모습을 모형화 한 것이다. 지구의 운동은 엄밀히 이야기하여 원운동이 아니지만 우선 원운동으로 가정하기로 한다. 이러한 원운동은 주기적인 운동의 하나로, 일정한 시간이 지나면 원래 출발점으로 되돌아오게 된다. 이를 주기 운동이라고 하며 시간적으로 일정한 간격을 **주기**(Period)라고 부른다.

그런데 이러한 원운동을 운동이 일어나는 평면(보통 x, y 좌표로 나타냄)에서 어느 한쪽을 향해 쳐다보면(혹은 어느 한 축으로 물체의 그림자가 생기면) 직선의 주기적인 반복 운동으로 나타난다. 이러한 주기적인 반복 운동은 마찰이 없는 평면에서 용수철(spring)에 매달려 반복적으로 운동하는 물체의 운동 궤적과 같다고 볼 수 있다. 중력은 두 물체 사이에서 작용하는 힘으로 끌어당기는 힘 즉 인력이며 우주 전체에 보편적으로 적용되는 힘이라고 이미 앞에서 설명을 하였다. 뉴턴의 중력 법칙을 적용하면 만유인력 법칙이라고도 부른다. 이러한 중력은 돌멩이를 끈에 매달아 돌릴 때 끈의 세기에 해당된다고 보면 이해가 쉽다. 끈이 끊어지면 돌멩이는 운동하던 방향, 즉 일직선(원의 접선 방향)으로 날아가 버리고 더 이상 원운동을 하지 못한다. 그런데 이렇게 용수철에 매달린 물체의 운동을 나타낸 이유는 용수철에 의한 주기적인 운동 모형이 **자연 현상을 해석하는데 중요한 역할**을 하기 때문이다.

이러한 자연의 질서에 따른 주기적인 성질이 바야흐로
원소의 주기율표, 원자핵의 주기율표, 별의 주기율표
등으로 나타난다.

지구의 주기적인 운동을 기술하는데 간단한 용수철 운동(단진자 모형이라고 부름)으로 주기적인 성질을 좀 더 깊이 있게 이야기 해보자.

그림 2.8을 주목하기 바란다. 이제 단진동하는 물체에 연필을 꽂았다고 가정하고 그 밑에 종이를 넣고 물체가 운동하는 동안에 종이를 잡아당겼다고 하자. 그러면 물체의 움직임에 따른 궤적은 그림에서 보는 것과 같은 모양을 그리게 된다. 그런데 이러한 운동의 궤적은 수학에서 배우는 사인(sine) 혹은 코사인(cosine) 모양이 된다는 사실을 알 수 있다. 즉 주기적으로 같은 모양을 그리며 나타나는데 이러한 이유로 사인 혹은 코사인 함수를 주기함수라고 부른다. **무엇인가 머리를 강하게 치는 느낌**이 들 것이다. 그렇다면 이러한 결과는 무엇을 의미하는 것일까? 그것은 다름 아니라

"자연 현상에서 반복적이며 질서 있게 나타나는 운동과 이에 따른 규칙성은 수학적으로 기술될 수 있다는 것."

이다. 여기서 수학은 자연과학과 공학에서 기본 언어의 역할을 한다. 이것이 학교에서 수학을 배우는 진짜 이유이다.

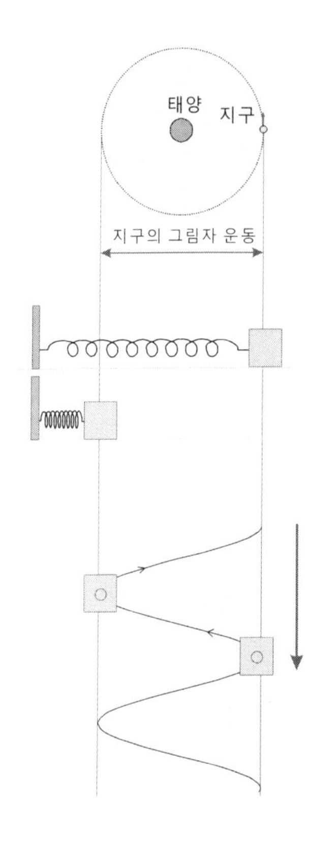

태양을 중심으로 지구는
주기적인 운동(약 365일)
운동을 한다.
이러한 운동은 원운동으로
간주할 수 있다.

지구의 운동을 운동하는
평면의 밖 에서 바라보면
일직선상에서 주기적인
반복 운동으로 나타난다.

위와같은 일직선의 반복 운동은
용수철에 메달아 있는 물체의
운동인 단진자로 기술될 수 있다.
이때 용수철의 세기가 두 물체의
상호작용을 유발하는 결합력에
해당된다.

진동하는 단진자에 연필을
꽂아 놓고 밑에서 종이를 잡아
당기면 시간에 따라 진동하는
곡선이 만들어진다.

이 곡선은 주기적으로 같은
모양(규칙성;pattern)을 이룬다.

이른바,
사인 혹은 코사인 곡선이다.

그림 2.8 지구의 공전운동과 규칙성 그리고 주기성의 출현.

규칙성(패턴)의 수식화와 과학 해석

이번에는 그림 2.9를 보자. 이와 같은 주기 운동은 중력에 의한 지구의 운동뿐만 아니라 원자에 있어서도 나타난다. 원자는 그 중심에 핵(核; 씨에 해당되는 한자말, nucleus)이 있고 그 둘레를 전자들(electrons)이 운동하고 있는 구조를 갖는다고 하였다. 이러한 원자 안에서 전자가 운동할 수 있는 힘의 원천은 중력이 아니라 핵과 전자 사이에 상호 작용하는 전자기력으로부터 나온다는 사실도 이미 설명을 하였다. 즉 원자핵의 양전하와 전자의 음전하 사이에서 작용하는 힘이다. **지구의 공전 운동은 지구와 태양계에서 중력에 의해 일어나며 그 주기는 일 년이라는 시간 단위**로 나타난다.

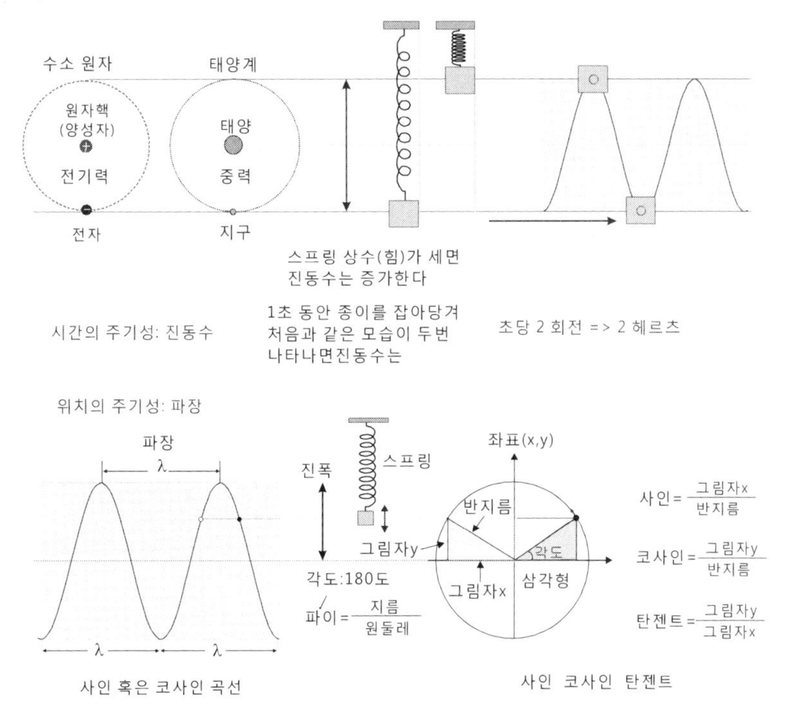

그림 2.9 태양계와 원자의 주기적인 운동. 위치에 대한 같은 모양의 거리를 파장, 시간에 대한 주기성을 초 당 회전으로 나타나는 규칙성을 진동수(주파수)라고 부른다. 그림에서 가로축(x)과 세로축(y) 좌표에서의 삼각형의 모양과 사인 혹은 코사인 곡선과의 관계에 주목하자.

이와 반면에 원자나 분자의 체계에 있어서는 전자의 전자기적인 에너지가 빛의 형태로 나오고 들어간다. 더욱 정확하게는 전자기파라고 부르는 형태로 에너지가 전달된다. 우리가 흔히 말하는 빛 즉 가시광선(可視光線; 보이는 빛이라는 한자어, visible light)도 전자기파 중 하나이다. 보통 원자 수준에서는 에너지를 얻으면 가시광선 보다 에너지가 높은 자외선이 나오며 분자 수준에서는 가시광선 또는 이보다 에너지가 낮은 적외선이 방출된다. 이러한 전자기파의 에너지는 사실상 원자나 분자의 핵인 양전하와 전자의 음전하 간의 진동 운동으로 나온다고 볼 수도 있다. 그리고 이러한 양전하와 음전하의 진동을 인위적으로 만들어 활용되는 것이 안테나이다. 그 결과 **라디오, TV, 위성 방송, 휴대전화 등의 송수신이 가능**하게 되었다. 그렇다면 이러한 빛의 운동을 기술하는 데는 어떠한 물리량이 필요할까? 주기적인 운동은 주기적인 함수로 표현될 수 있다고 하였다. 이때 주기적인 양을 나타내는데 시간의 주기성은 **진동수**(frequency)로 길이의 주기성은 **파장**(wave length)으로 기술된다. 앞에서 진동수를 주파수라고 한 바가 있다. 진동수는 1초 동안 몇 번의 주기가 반복되는가하는 양이며 파장은 주기의 길이에 대한 양이다. 진동이 빨리 일어난다면 그만큼 운동은 격렬해지며 이에 따라 운동 에너지는 높아진다. 따라서 진동수가 높으면 에너지가 높다고 할 수 있다. 이와 반면에 파장이 짧은 파가 파장이 긴 파에 비해 에너지가 높다. 스프링인 경우 스프링 세기가 이에 해당되며 과학적으로는 중력의 세기, 전기력의 세기에 대응되는 물리적인 양이다. 그리고 이러한 스프링의 세기가 분자들의 결합력과 직결된다.

2.3 에너지와 힘 그리고 운동

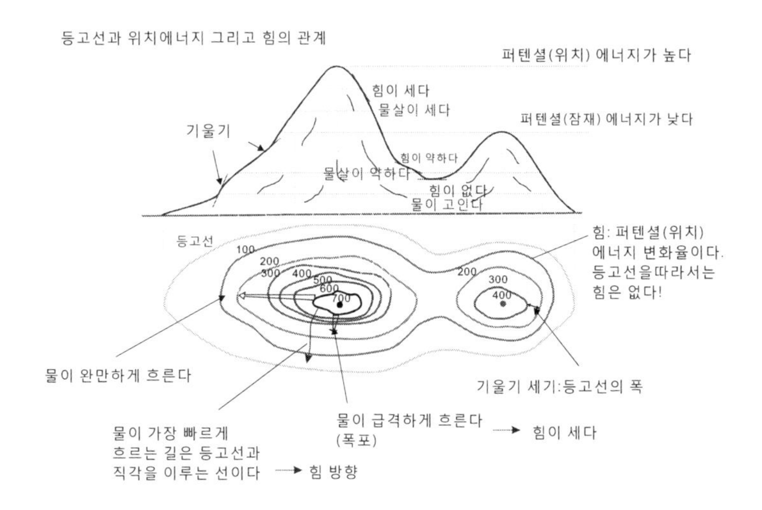

그림 2.10 산의 높이와 등고선(等高線; 같은 높이의 선)의 의미.

우리가 산에 올라갈 때면 힘이 든다. 왜 그럴까? 그것은 중력을 거슬러 올라가기 때문이다. 그림 2.10은 산과 산의 높이에 대한 등고선을 나타낸다. 물이 위에서 아래로 흐르는 것 또한 중력 때문이다. 그러나 같은 높이에서는 흐르지 않는다. 이때 높이에 대한 중력 에너지를 위치 에너지라고 부른다. 그러나 공식적으로 **위치라는 학술 용어는 없다**. 정식적으로는 잠재적 에너지 (potential energy)라고 한다. 여기서 potential은 겉으로는 드러나지 않지만 에너지를 머금고 있어 다른 형태의 모습으로 나타날 수 있다는 뜻이다. 물이 흐르면 이러한 물로 풍차를 돌려 에너지를 얻을 수 있다는 것을 상상하면 이해가 갈 것이다. 물론 어떠한 물건을 위에서 밑으로 떨어뜨리는 것도 같다. 이때 잠재적 에너지가 운동 에너지로 변환되었다고 한다. 여기에서는 '위치' 혹은 영어 번역인 '잠재적' 대신 그냥 '**퍼텐셜**'이라는 용어를 쓰기로 하겠다.

그런데, 그림 2.10에서 등고선(等高線), 즉 등 퍼텐셜 에너지 곡선에 대하여 직각인 방향이 중요하다. 이러한 방향으로 물체들(물, 돌 등)이 움직이기 때문이다. 사실상 곡선에 대한 접선에 90도를 이루는 방향이다. 그리고 등고선과 등고선의 간격을 유의깊게 보기 바란다. 만약 간격이 촘촘하면 기울기가 급격하고 간격이 넓으면 기울기가 완만한 것을 나타낸다. 우리는 경험적으로 기울기가 크면 오르기 힘들고 떨어지는 돌은 속도가 빠르다는 사실을 안다. 등고선, 즉 등 **퍼텐셜에너지 선에 직각으로 향하는 곡선이 이른바 중력에 따른 힘의 크기**를 나타낸다.

힘이란 또 무엇일까? 일상 생활에서도 우리는 에너지, 힘 그리고 가속도라는 말들을 자주 사용한다. 과연 과학적으로는 어떠한 의미를 가지고 있을까? 그림 2.11은 5층 정도의 아파트 옥상에서 떨어뜨린 사과가 땅에 떨어질 때까지 이동 거리를 시간적으로 측정한 그래프이다.

시간에 따라 측정된 거리를 살펴보자. 0.5초 마다 사진을 찍어(오늘날 카메라로는 0.1초 간격도 물론 가능하다) 위치를 알아내고 이동 거리를 재어보자. 놀랍게도 0.5초마다 이동 거리가 다르다. 그것도 증가한다. 만약에 시간과 이동거리에 대해 그래프를 그리면 오른쪽과 같은 곡선이 나온다. 이때 0.5, 1초, 1.5초, 2초 등의 점에서 곡선의 기울기를 보자. 기울기는 증가한다. 그러나 증가되는 비율은 같다. 이때 시간당 이동거리를 속도라고 부른다. 그리고 이러한 속도가 변화할 때를 가속도라고 부른다. 그렇다면 가속도가 생기기는 하는데 그 **값이 일정하다**는 결론이 나온다. 이 가속도가 바로 지구 중력에 따른 중력 가속도이다. 과학(물리학)자들은 위와 같은 곡선으로부터 지구의 중력가속도 값을 구한다. 그리고 중력가속도 값으로부터 지구의 질량을 구한다.

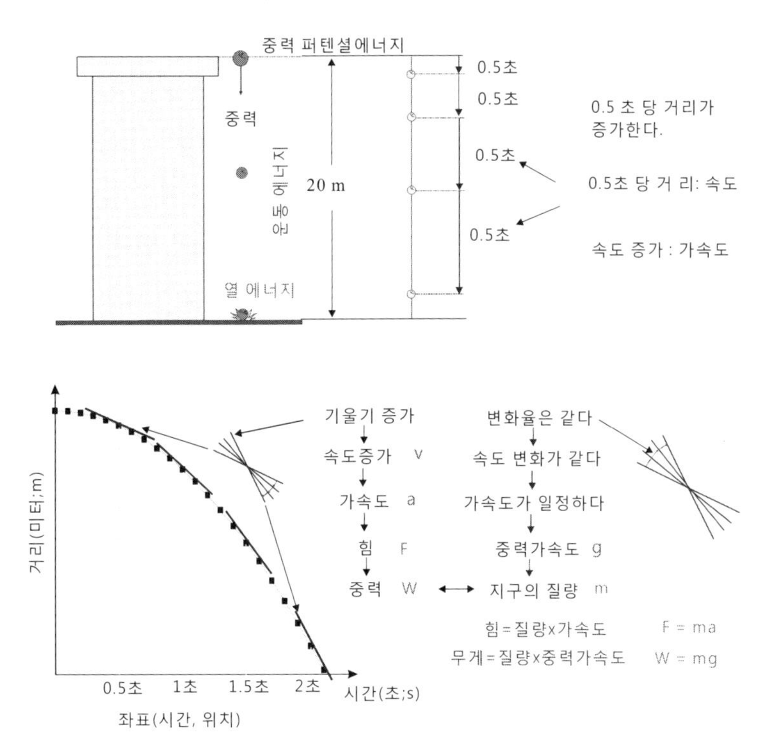

그림 2.11 20 미터에서 떨어지는 물체의 자유 낙하 운동과 그 해석. 좌표 설정이 중요하며 여기에서는 x축이 시간, y축이 위치이다. 기울기의 변화와 그 변화율에 주목하라. 여기에서 중요한 수학식과 물리량 그리고 법칙이 우러나온다.

지구와 같은 어마어마한 무게를 가진 것도 마치 몸무게를 재듯이 측정하는 것이다. 이때 측정기가 물리법칙(중력에 의한 만유인력 법칙)에 해당된다. 이것이 과학의 힘이다.

이러한 방법을 이용하여 지구는 물론 태양, 심지어 우리 은하의 질량까지도 알아낸다. 이 모든 것이 물리법칙 특히 뉴턴에 의한 만유인력 법칙으로부터 나온다. 오늘날 우주 탐사체(rocket)를 발사하여 달을 탐색하고 먼 행성 까지 도달하게 하는 것 모두가 이러한 과학의 법칙에 따른 수학 계산에 의해서만 가능하다.

이제 조금 더 에너지와 힘 그리고 가속도와의 관계를 알아보자. 이미 중력에 의한 퍼텐셜 에너지는 앞에서 언급을 하였다. 옥상에서 떨어지는 사과는 물론 움직인다. 이렇게 속도를 가지고 나타나는 에너지를 운동 에너지라고 부른다. 잠재되어 있던 퍼텐셜 에너지가 운동에너지로 변한 것이다. 그리고 바닥에 떨어지면 산산조각이 나는데 모두 열로 변했다면 열에너지로 변환되었다고 한다. 물론 산산이 조각난 조각들이 튕겨져 나오는 운동에너지 등이 포함되어야 한다.

여기서 중요한 것이 힘과 가속도와의 관계이다. 힘이라 함은 어떤 물체에 작용하여 속도의 변화, 즉 가속도를 유발시키는 작용이다. 멈추어져 있던 사과를 손으로 쳐서 움직이게 한다면 속도가 0에서 출발하여 속도의 변화가 생겨나고 이때 손의 작용이 힘에 해당된다. 여기서 주의할 점은 사과가 멈추는 것은 사실상 사과와 바닥과의 마찰력 때문이라는 사실이다. 마찰력 역시 사과에 작용하여 속도의 변화를 일으키는 힘의 한 종류이다. 이러한 마찰력이 없다면 사과는 처음 힘을 받아 생긴 속도로 계속 운동을 한다. 흔히 이야기하여 멈추어져 있던 것은 계속 멈추어 있고 움직이고 있던 것은 그 상태로 움직인다. 이 관계를 관성이라고 한다. 이러한 **관성을 무너뜨리는 것이 힘**이다.

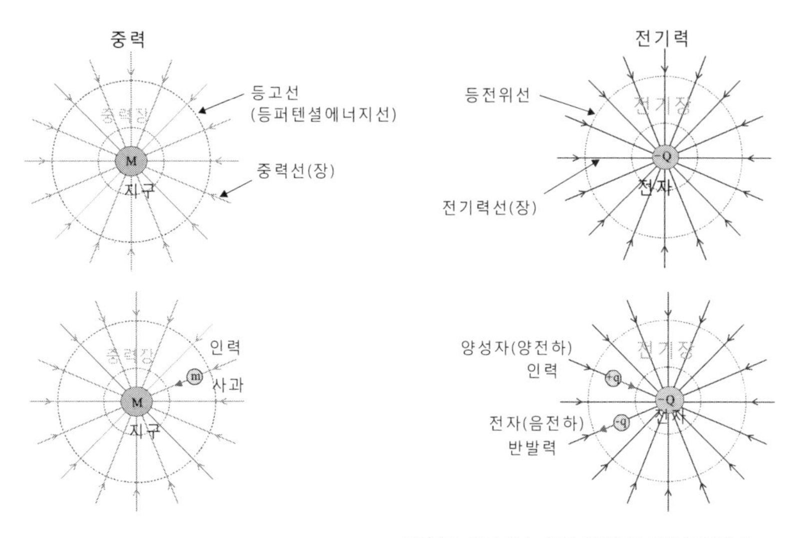

질량 M을 갖는 입자(지구)에 의한 등고선과 중력선의 모습. 중력선들이 모여 있는 곳을 중력장이라 부른다. 이러한 중력장에 입자(사과)가 놓이면 중력의 힘으로 나타나며 서로 끌어당긴다.

음전하(-Q)를 갖는 입자(전자)에 의한 등전위선과 전기력선. 이러한 전기력선의 분포지역을 전기장이라고 부른다. 양의 전하에 의한 전기장의 방향은 반대이다. 만약 이 전기장에 양의 전하 입자(양성자)를 놓으면 서로 끌어 당긴다. 이와 반면에 같은 부호의 음의 전하 입자(전자)를 놓으면 서로 반발한다.

그림 2.12 중력과 전기력의 비교.

이제 그림 2.12를 보면서 중력이라는 힘과 전기력이라는 힘을 살펴보자. 질량을 가지는 물체(지구, 태양 등) 주위에는 중심을 향하는 힘의 마당이 존재하며 이를 중력장이라고 부른다. 중력은 질량을 가지는 두 물체 사이의 힘이며 무조건적인 인력으로 작용한다. 전기력은 전하에 의해 나타나며 전하의 부호에 따라 인력과 반발력으로 작용한다. 전하 주위에 중심을 향하여 나타나는 힘의 마당을 전기장이라고 부른다. 이러한 중력장과 전기장은 등 퍼텐셜 에너지 곡선과는 수직인 관계에 있다. 앞에서 다루었던 산과 등고선의 관계와 같다.

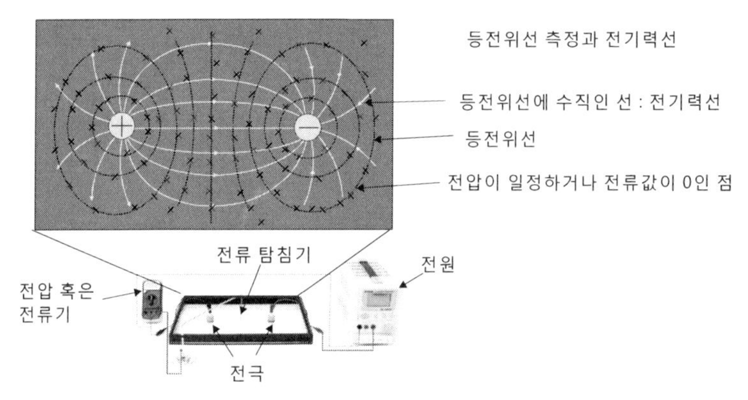

그림 2.13 등전위선을 구하는 실험 장치.

이제부터 실제적으로 전기적인 퍼텐셜 에너지와 전기력선을 직접 구해보는 실험을 하여보자. 그림 2.13이 등전위선을 구하는 실험 장치이다. 전원과 전극 역할을 하는 금속(일반적으로 구리 또는 구리합금)과 전압기(혹은 전류기)로 이루어져 있다. 사각형에는 전기를 통할 수 있도록 편리하게 물을 채워 넣는다. 이때 탐침기를 사용하여 전압이 일정한 선 혹은 전류값이 0일 때의 점을 표시한다. 여기서 전류가 '0'이 된다는 것은 두 개의 탐침이 등전위선에 있다는 뜻이다. 그러면 그림에 나와 있듯이 전극 근처에서는 원형을 따르지만 두 전극의 중간 지점에서는 거의 직선을 이룬다는 것을 알 수 있다. 이러한 선들이 등전위선이며 이러한 등전위선을 따라 직각으로 그려지는 선들이 전기력선에 해당된다. 이른바 전기장의 방향이다.

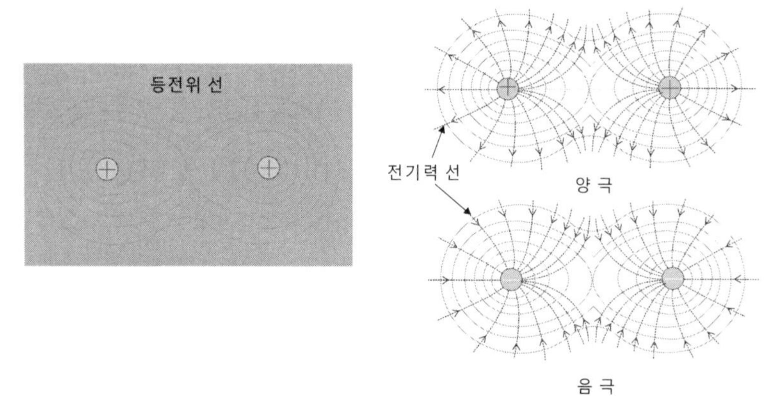

그림 2.14 전극의 부호가 같은 경우의 등전위선과 전기력선.

보통 실험에서는 위와 같이 양극과 음극으로 된 경우만을 다룰 때가 많다. 그러나 만약 같은 극 예를 들면 양극 또는 음극 두 개를 연결하여 위와 같은 실험을 하면 이번에는 그림 2.14와 같은 곡선을 얻는다. 그리고 곡선을 따라 직각인 선을 그리면 전기력선이 된다. 여기서 두 개의 음극을 택하여 실험을 한 것은 바로 중력과 유사한 점을 보이기 위해서다. 이러한 경우는 별들에 있어서 짝별 체계에서 볼 수 있다. 우선 양극으로 된 경우를 생각하자. 이러한 구조는 사실상 거의 모든 물질에서 찾아볼 수 있다. 왜냐하면 원자들이 모여 분자를 이루거나 원자들이 정렬하여 금속과 같은 재료를 형성하기 때문이다. 구리인 경우 구리 원자의 핵이 양이온으로 그 바깥을 자유롭게 운동하는 전자는 음이온으로 활동한다. 원자들의 결합 상태에 따라 달라지기는 하지만 간단하게 원자의 핵 주위를 도는 전자를 생각하자. 이때 전자들은 상황에 따라 등전위선을 타고 자유롭게 운동할 수 있다. 특히 고정된 영역 안에서 전자들이 거의 에너지를 소비하지 않고 돌아다닐 수 있다면 작은 에너지를 가지고서도 전류를 얻을 수 있게 된다. 이러한 재료를 이른바 초전도체라고 부른다.

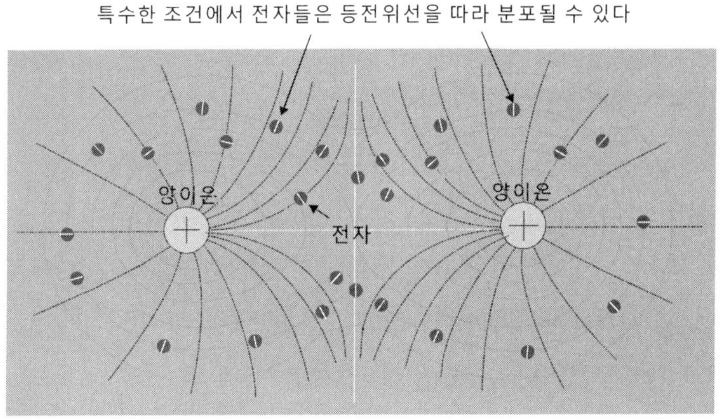

그림 2.15 두 개의 양전하에 의한 전기력선의 분포와 전자들의 운동. 양이온에 가까운 전자들은 전기력에 의해 붙잡힐 수 있으나 보다 바깥에 있는 전자들은 주위의 조건에 의하여 등전위선을 따라 운동할 수 있다.

이제 우리의 관심사인 우주 천체로 다시 눈을 돌려보자. 일반적으로 초신성 즉 별의 거대한 폭발은 두 개의 별로 이루어진 구조에서도 발생한다. 이러한 체계를 **짝별 체계**(binary system)라고 부른다. 이와 반면에 태양처럼 홀로 빛나는 별을 홑별계라고 한다. 사실 태양계에 있어서 목성인 경우 아주 특별한 존재이다. 만약 목성이 조금만 더 컸다면 자체적으로 빛을 발하는 다시 말해 내부에서 핵융합이 일어나는 두 번째 태양이 되었을 것으로 여겨지고 있다.

이제 그림 2.16을 보면서 앞에서 나왔던 두 개의 산과 이러한 짝별계의 유사점을 보자.

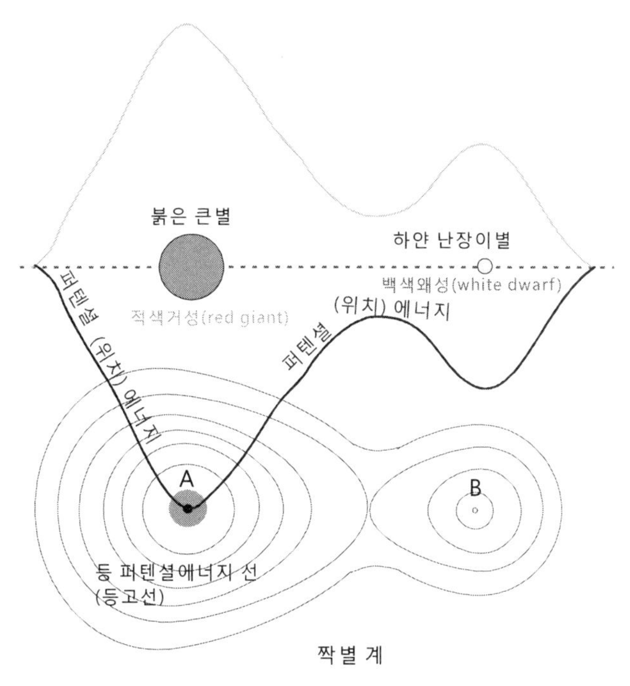

그림 2.16 별 두 개로 이루어진 짝별계(binary system). A별이 상대적으로 질량이 큰 별이다.

앞에서 그렸던 산을 거울이나 호수에 비추면 반대로 보인다.

이러한 반대 영상이 중력에 대한 실제적인 퍼텐셜에너지의 곡선에 해당된다. 산에 대한 등고선은 지구의 표면 (정확히는 해수면)을 기준으로 하여 설정된 것으로 지구 중심의 중력을 고려하면 지구 표면에서 멀어질수록 중력 에너지는 감소한다. 등고선의 개념은 이해를 돕기 위해 설정된 것으로 그 반대부호가 정확한 개념이다.

그림에서 만약 퍼텐셜 에너지 곡선에 공을 놓는다고 하면 당연히 밑으로 굴러 떨어질 것이다. 그리고 놓인 공의 처음 위치에 따라 A별 혹은 B별에 다다르게 된다. 그런데 이러한 짝별계에서 흥미를 끄는 것이 한쪽이 붉은큰별 다른 한쪽이 하얀 난장이별 혹은 중성자별인 경우이다. 그림 2.17을 보기로 한다.

짝별계에서 한쪽 친구인 큰 별이 부풀어 오르면서 팽창하게 되면 수소기체 분포가 어마어마하게 커진다. 그런데 부풀어 오르는 데는 한계가 있다. 즉 이러한 수소기체 덩어리가 두별의 공통 등 퍼텐셜 점에 이르면, 흐름이 하얀 난장이별로 향할 수 있기 때문이다. 두 개의 별이 통할 수 있는 구멍인 셈이다. 그러면 이러한 수소기체의 흐름이 하얀 난장이별로 흐르면서 높은 중력에너지가 점점 열에너지로 바뀌어 간다.

이러한 기체의 흐름은 빠른 회전을 동반하면서 하얀 난장이별 표면에 쌓이고 에너지는 계속 축적이 된다. 온도는 수백만 수천만 도 까지 상승하게 되는데 결국 핵융합 반응이 급속히 진행되면서 수소보다 무거운 원소들을 만들어 낸다. 최종적으로는 압력을 이겨내지 못하여 결국 폭발이 일어나며 강한 빛을 발한다. 이것이 신성 혹은 초신성의 출현이다.

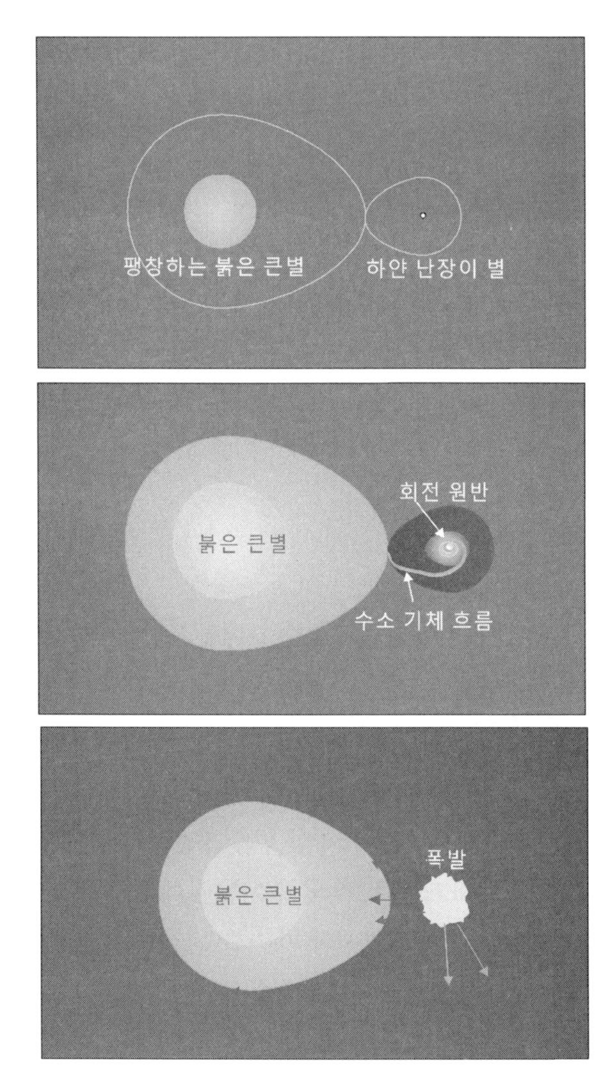

그림 2.17 짝별계에서의 신성 폭발 모습. 최종적으로 중성자별이 된다.

물론 **이 과정에서 우리 몸을 이루는 원소들이 우주 공간에 뿌려진다.** 지구에 있는 원소들도 몇 십억 년 동안 태양계가 형성되는 과정에서 이러한 신성 혹은 초신성에서 만들어낸 원소들이 쌓이고 쌓인 결과이다.

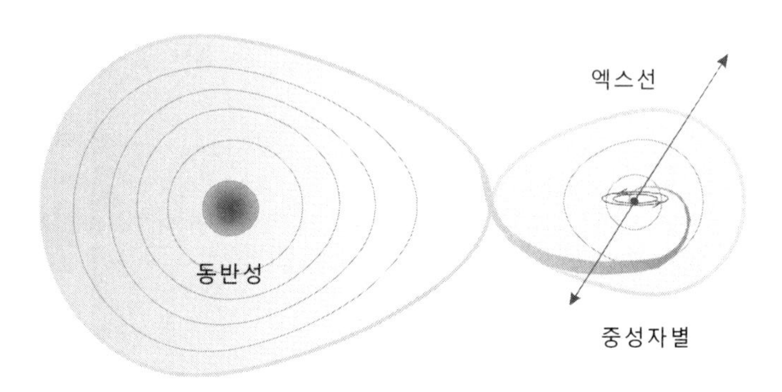

그림 2. 18 중성자별의 탄생과 중성자별에서 나오는 엑스선.

그림 2.18은 중성자별이 친구별(한자어로 동반성이라고 부름)로부터 쏟아져 들어오는 기체를 받아 엑스선을 발하는 모습이다. 중성자별이 기체를 강하게 흡수시킬 때는 아주 빠른 회전 상태가 형성된다. 모두 전하상태를 가진 플라즈마 기체이기 때문에 이러한 회전 상태는 필연적으로 전자기파인 빛을 방출시키게 된다. 중성자인 경우 그 회전 속도가 무척 빨라 아주 높은 에너지 빛에 해당되는 엑스선이 방출되는데 이 엑스선이 지구에서 관측되는 것이다. 전자를 회전 시키면 엑스선이 나오는 현상과 같다.

희귀 핵 연구에 담긴 과학이 별들의 폭발 현상과 그에 따른 원소 합성 그리고 중성자별의 정체를 밝히는 영역이다.

2.4 빛

2.4.1 빛과 전자기파

여기서 잠깐 "빛이란 무엇일까?"라고 질문을 해보자. 우선 그림 2.19를 보기로 한다.

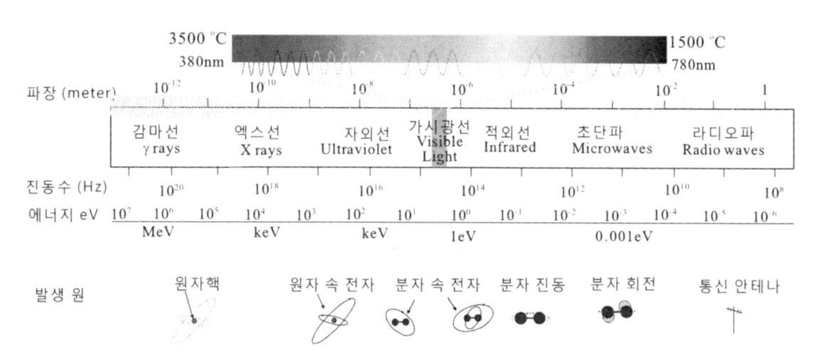

그림 2.19 빛의 스펙트럼. 빛은 전자기파이며 에너지에 따라 그 이름들을 달리한다. 역사적 산물이다.

빛이란 사실 전기와 자기적인 작용에 의해 나오는 파동 에너지이다. 이를 전자기파라고 한다. 보통 줄여서 전파라고 부르기도 한다. 우선 안테나의 원리를 살펴본다.

그림 2.20과 2.21이 통신 안테나의 원리와 발생되는 전파의 모습을 스케치한 것이다. 사실 양전하와 음전하가 교대로 왔다 갔다 하는 과정(진동)에서 전기장과 자기장이 발생하게 되는데 이때 진동의 빠름과 느림에 따라 이름을 달리 부르고 있다. 그리고 진동의 크기에 따라 에너지가 다르다. 다만 전파의 속도는 같고

이를 빛의 속도라고 부르고 있다. 흔히 1초에 30만 km라는 값이다.

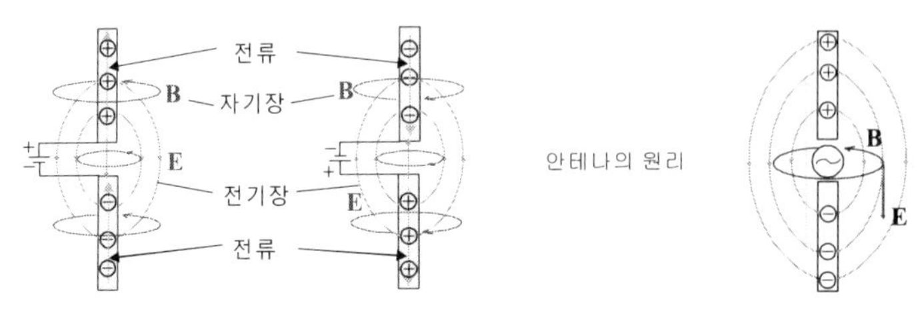

움직이는 전하는 전류이며 전류는 자기장을 발생시킨다. 전기장과 자기장은 직각을 이룬다.

전극을 반대로하여 전류가 방향이 반대가 되면 전기장과 자기장의 방향도 반대로 된다.

교류전류가흐르는 두개의 금속막대로 이루어진 안테나. 순간 전류의 방향이 위쪽일 때의 모습.

그림 2.20 안테나의 원리. 전극을 가하여 전하를 움직이게 하면 전류가 발생하고 이로부터 전기장은 물론 자기장이 생겨난다. 교류 전압을 이용하여 전류의 방향을 주기적으로 바꾸어 전파를 발생시키는 장치가 안테나이다. 이러한 안테나는 가속기에서 이온빔의 발생은 물론, 가두는 역할뿐만 아니라 가속시키는 데 일등 공신으로 활약한다.

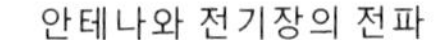

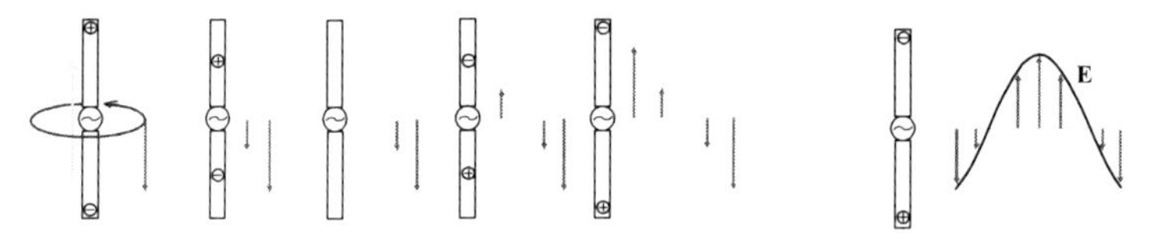

그림 2.21 안테나와 전기장의 전파. 진동하는 양전하와 음전하인 전기 쌍극자에 의한 전기장의 발생 모습이다. 양전하와 음전하 쌍을 전기쌍극자라고 부른다.

그림 2.22과 2.23이 이와 같은 사실을 보여준다. 이 그림들을 보면서 전자기파의 정체는 물론 전기장과 자기장 그리고 빛과의 관계를 이해하기 바란다.

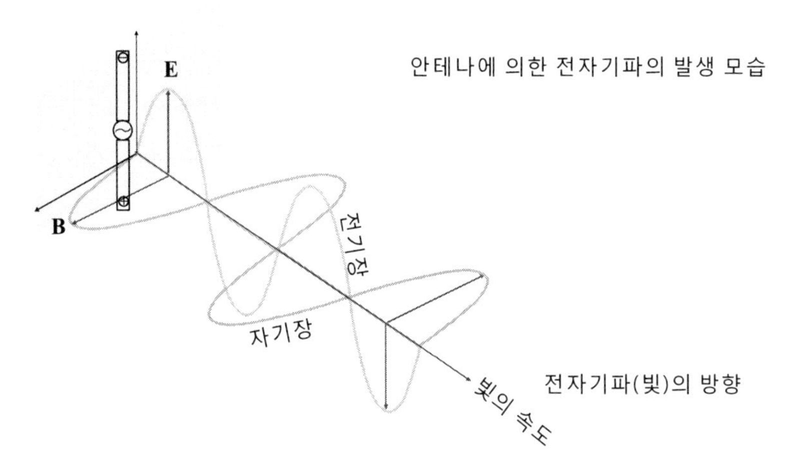

그림 2.22 안테나와 전자기파의 발생. 서로 전하 부호가 다른 두 개의 입자가 시간에 따라 진동을 하면 전기장과 자기장의 크기와 방향이 주기적으로 바뀌며 밖으로 퍼져 나간다. 이렇게 전기장(자기장)의 진동 방향에 수직으로 퍼져 나가는 파를 전자기파(보통 전파라고 부름)라고 한다. 이때 전자기파의 진동수에 따라 라디오파, 초단파 등으로 부른다. 빛도 전자기파이다.

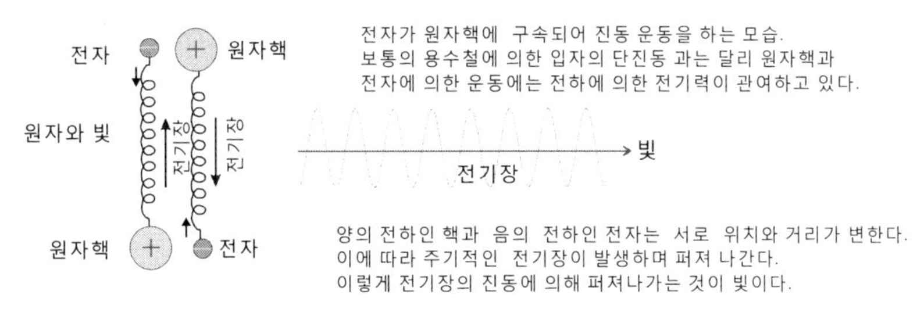

그림 2.23 빛의 정체. 원자를 이루는 양전하의 핵과 음전하의 전자가 마주 움직일 때 전자기파의 형태로 나온다. 이때 특별한 경우 사람의 안테나인 눈이 감지하는 영역의 전자기파가 가시광선인 빛이다.

2.4.2 빛과 에너지

이러한 전자기파는 에너지를 갖고 있고 그 에너지 차이에 따라 다른 이름을 가진다. 엑스선과 빛, 즉 우리가 흔히 이야기하는 가시광선과는 다른 것으로 생각하는 사람들이 많다. 그러나 같다. 감마선도 빛의 일종이다. 가시광선을 이야기 할 때 무지개 색깔을 열거하면서 파장이라는 용어를 등장시킨다. 이것은 파의 파동 성질 중 같은 주기의 길이를 뜻한다. 이미 앞에서 설명을 한 적이 있지만 강조하는 측면에서 다시 이야기를 한다. 원을 한 바퀴 도는데 원의 길이가 파장이다. 그리고 그 한 바퀴 도는데 걸리는 시간을 주기, 주기의 역을 **진동수**(frequency, 보통 f로 표기하나 높은 수준의 물리학에서는 그리스 글자 q로 표기하기도 한다,라고 부른다. 1초에 한 바퀴 돌 때 1 헤르츠(Hz)라고 한다. 그리고 일반사회에서는 이를 **주파수**라고도 부른다. 휴대 전화의 통신을 얘기할 때 이 용어가 나온다. 그리고 에너지 단위로도 구분이 되는데 **전자 볼트**(eV) 단위로도 구분한다. 나중에 설명이 나오지만 빛은 파동이면서 입자로도 취급된다. 빛의 입자를 광자(photon)이라고 부른다. 이때 에너지는 다음과 같이 주어진다.

$$E = nhf \ (n = 1,\ 2,\ 3 \text{ 등 정수})$$

여기서 f는 빛의 진동수이고 n은 광자의 수효이다. 그리고 h는 플랑크 상수라고 부른다. 그 값이 $h = 6.626 \times 10^{-34}$ Joule•second (주울•초)이다. 단위가 에너지 곱하기 시간이다. 앞에서 빅뱅을 이야기할 때 나왔던 10^{-34} 초가 이 상수에서 비롯되었다. 그리고 진동수와 빛의 파장과의 관계는 파장을 σ로 표시하면 σ= c/f 이다. 이때 파장은 길이, c는 빛의 속도, 초속 30만 km (3×10^{8} m/s) 이므로 속도 단위, 진동수는 시간의 역수이므로 1/f 는 시간의 단위로 보면 쉽게 이해된다. 즉 **'길이 = 속도 × 시간'**이라는 간단한 식을 적용하면 된다. 이제 가시광선에 해당되는 빛의 에너지가 어느 정도 되는지 계산해 보기로 한다. 파장이 500 nm인 초록 계통의 빛을 보자. 진동수는 빛의 속도를 파장으로 나누어 준 것이므로 (3×10^{8} m/s)/(500×10^{-9} m) = 6×10^{14} /s (헤르츠) 이다. 그러면 에너지는 약 4×10^{-19} Joule (J로 표기)이 된다. 무척 작은 값으로 생각할 수 있다. 그러나 이 값은 오직 입자 하나에 대한 값이다. 일상적으로 느낄 수 있는 영역의 입자의 수는 화학에서 다루는 몰(mole) 개념으로 흔히 **아보가드로수**, $N_A = 6.02\times10^{23}$를 적용할 때이다. 위의 n을 아보가드로수로 대체하여 정리하면 다음과 같은 관계를 얻는다.

E = NAhf, f = c/σ

여기에서, 파장, σ 을 나노미터 단위로 정리하면

E = 120000/σ(nm), kJ/mol = 28600/σ(nm), kcal/mol

이다. 그러면 위 500 nm를 적용해보면, 57.2 kcal/mol이 나온다. 그리고 **mol 당 1 kcal는 물의 온도를 1 °C (14.5에서 15.5 °C) 올리는데 소비되는 열 에너지로 주울로는 4.18 kJ이다**. 그리고 eV는 하나의 전자가 1 Volt 전압에 저장되는 에너지 단위이다.

하나의 전자는 1.6×10^{-19} 쿨롱이라는 전하를 갖는다. 그러면 그 에너지는 1.6×10^{-19} J이다. 이 값을 1 eV로 정의를 내린다. 그러면 500 nm의 에너지인 4×10^{-19} J은 2.5 eV 가 된다. eV 단위는 나중 자세히 설명 된다. 본의 아니게 여러 가지 숫자는 물론 관계식이 나오게 되었다. 그러나 이러한 숫자와 관계식은 상식적으로 외워두어야 할 과학적 지식에 해당되므로 부디 이해 바란다. 가시광선은 그 파장이 380 nm 에서 780 nm 이며, 진동수(주파수)는 10^{14} Hz 정도, 그리고 에너지가 2-3 eV 임을 알 수 있다. 이제 모두 이해가 될 것이다.

2.4.3 빛과 온도

이제부터는 별의 색깔과 별의 온도와의 관계를 알아보기로 한다. **온도가 곧 에너지**임을 잊지 말자. 우리는 태양 빛을 받으며 살고 있다. 그리고 태양 빛은 하얀색으로 표현된다. 이것은 우리 눈이 감지하는 소위 가시광선 영역에서 나오는 모든 색의 스펙트럼이 합쳐진 결과이다. 그러면 별의 온도, 즉 표면 온도와는 어떠한 관계를 가지는 것일까? 우리는 뜨겁게 달군 물체에서는 열 뿐만 아니라 빛도 나온다는 사실을 경험을 통하여 알고 있다. 태양표면 온도는 6000도(정확히는 절대온도이며 우리가 사용하는 섭씨온도에서 273을 더한 단위이다)로 밝혀지고 있다. 일반적으로 모든 물체는 사실상 빛을 발한다. 다만 온도에 따라 붉은색도 될 수 있으며, 파란색도 될 수 있으며 자외선도 가능하다. 그림 2.24는 별의 표면온도에 따른 별빛에 따른 광도의 세기를 보여주고 있다. 이러한 곡선은 물리학 법칙에 의해 해석이 된다.

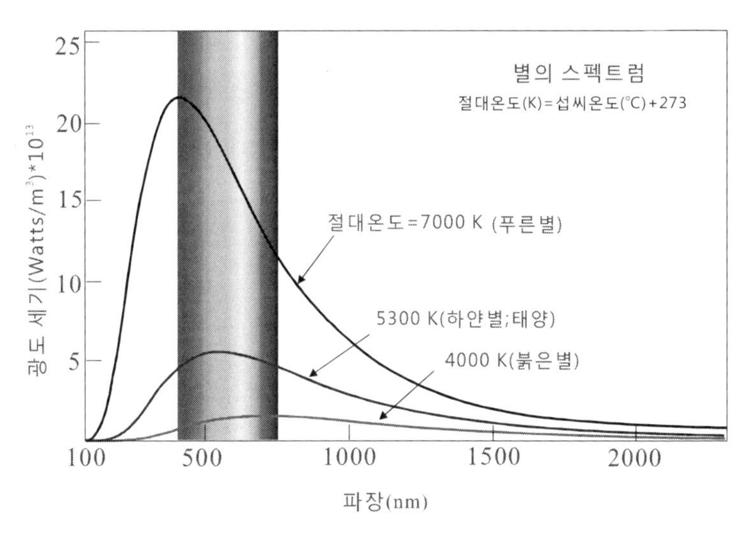

그림 2.24 별의 온도와 파장에 따른 광도 곡선. 별의 종류를 연구하는데 결정적 역할을 한다.

만약에 별의 표면 온도가 7000K이면 가장 광도가 센 부분이 가시광선 중 파란색 영역임을 알 수 있다. 따라서 푸르게 빛나는 별들은 표면 온도가 대략 7000도에 달한다. 이와 반면에 5300도 정도의 별의 스펙트럼은 가시광선의 중앙부분이 가장 세며 따라서 평균적으로 하얀색을 발하게 된다. 태양(6000도)도 이 범주에 속한다. 이제 왜 태양 빛이 하얀색의 빛을 발하는지 이해가 될 것이다. 만약에 4000도 정도의 별이라면 붉게 빛난다. 별들 중 보통 붉은 큰별(Red Giants)들이 이만한 표면 온도를 가지고 있다. 큰 별들 중 물론 푸르게 빛나는 것들도 있으며 오리온자리의 리겔이 이에 속한다. 다시 앞에서 나온 별의 주기율표 그림을 보기 바란다. 이제는 온도에 따른 별들의 자리매김을 쉽게 이해할 수 있을 것이다.

비로소 빛, 즉 전자기파는 다양한 물리적인 양(에너지, 진동수, 파장, 온도)으로 나타낼 수 있다는 것을 알 수 있게 되었다. 이를 통칭하여 전자기파 스펙트럼이라고 부른다. 다음에 독자들의 이해를 돕기 위해 스펙트럼의 종류를 소개한다.

2.4.4 전자기파 스펙트럼

복사에너지를 갖는 전자기파가 파장이나 진동수의 넓은 영역에 걸쳐 구분하여 나타내는 것을 전자기 스펙트럼이라고 부른다. 역사적인 사실로부터 7개의 영역으로 나누어 부른다. 파장이 긴 것에서부터 짧은 것으로 나열하면, 라디오파-초단파(마이크로파)-적외선-가시광선-자외선-엑스선-감마선 등으로 불린다. 그러나 이러한 영역은 진동수나 파장이 명확하게 구별되지는 않는다. 이러한 전자기 스펙트럼을 자세히 살펴보기로 하자.

라디오파(radio waves)

보통 전파라고도 부른다. 이 파의 근원은 도체에서의 전하(전자)의 진동이라고 할 수 있으며 이미 쌍극자에 의한 안테나의 원리와 전자기파의 발생에서 근원을 살펴보았다. AM(진폭변조 방식) 방송국에서 방출되는 진동수(주파수)는 535 kHz에서 1605 kHz 사이이다. FM (주파수변조 방식) 라디오는 이 보다 높은데 약 88 MHz에서 108 MHz 까지 해당된다. 텔레비전 방송은 소리뿐만 아니라 영상까지 출력해야 하는데, VHF(Very High Frequency) 채널(2에서 13까지)은 54 MHz에서 216 MHz 를 갖는다. UHF(Ultra High

Frequency) 채널(14에서 83까지)의 범위는 470 MHz 에서 890 MHz 까지이다.

마이크로파(microwaves)

마이크로파는 1 GHz(10^9 Hz)에서 3×10^{11} Hz 영역의 진동수를 갖는 파이다. 파장으로 대략 30 cm 에서 1 mm 범위에 해당된다. 이러한 마이크로파는 레이더 시스템과 주방에서 요긴하게 사용되는 마이크로오븐(전자레인지)에서 이용된다. 기상 레이더 시스템은 몇 cm 에 해당되는 마이크로파가 응결된 구름에 보내면 반사되는 파를 다시 수신하는 체계이다.

가속기의 이온 발생기에서 이온빔의 발생 혹은 가속관에서 이온빔의 가속에 쓰이는 파가 라디오파와 마이크로파 영역이다. 종종 이 영역의 안테나를 라디오-진동수 발생기 혹은 마이크로-진동수 발생기라고 부른다.

적외선(infrared)

적외선은 뜨거운 물체에서 발생되며 보통 적외선 복사의 형태로 잘 알려져 있다. 적외선이라 함은 그 진동수가 가시광선 영역내의 적색광선 바로 아래에 위치하고 있기 때문이다. 대부분의 물질들은 분자들의 열적요동에 의해 적외선을 방출하는데 이러한 적외선의 근본 원천은 분자들의 진동운동으로부터 나온다. 석탄이 탈 때나 나무가 탈 때 적외선이 다량 방출되며 태양에서 오는 복사 에너지 대부분이 적외선에 해당된다. 온도가 있는 물체라면 적외선을 방출하며 인간도 예외는 아니다. 한국의 고유 모형인 **온돌이 이러한**

적외선(실제적으로 더 낮은 원적외선)에 해당되는 열에너지를 내뿜는다.

가시광선(visible light)

우리가 흔히 빛이라고 부르는 영역의 파이다. 인간의 눈이 감지할 수 있어 볼 수 있는 파라는 의미이다. 빨간색인 진동수 384 THz(384× 10^{12} Hz, 파장; 780 nm) 에서 주황, 노랑, 녹색, 파랑을 거쳐 진동수 769 THz (파장; 390 nm)의 보라색까지의 영역이다. 우리가 백색(white)라고 감지하는 것은 위와 같은 영역의 파장들이 혼합되어 나타나는 햇빛이다. 그리고 단일 진동수 혹은 단일 파장의 빛을 단색광(단일 에너지 빛)이라고 부른다. 레이저 포인트에서 나오는 레이저 빔이 단색광의 일종이다. 빛을 입자형태인 광자로 보면 이러한 가시광선에 해당되는 **광자들의 에너지 범위는 1,6 eV에서 3.2 eV이다.**

자외선(ultraviolet)

자외선의 진동수 영역은 8×10^{14} Hz ~ 2.4×10^{16} Hz 이다. 이를 eV 에너지로 환산하면 3.3 eV ~ 100 eV 정도가 된다. 이러한 자외선은 에너지가 가시광선에 비해 상대적으로 높기 때문에 피부 속까지 침투해 들어갈 수 있다. 따라서 세포를 파괴시켜 암을 유발시킬 수 있다. 특히 가시광선 바로 옆에 해당되는 파장이 300 nm 이하의 자외선은 피부에 비타민 D를 생성시켜 피부를 검게 그을리기도 한다. 지구에 들어오는 많은 자외선들은 오존층에서 흡수되는 것으로 알려져 있다.

수소원자를 포함하여 모든 원자들에서 전자들이 점유하는 에너지 준위 배열이 자외선을 비롯한 가시광선 등의 주된 공급원이다. 분자인 경우에도 원자들이 서로 결합하면서 공유 결합의 형태를 갖게 되면 보다 단단히 묶여져 전자들의 에너지 준위는 자외선 영역이 되기도 한다. 특히 질소기체 (N_2), 산소기체 (O_2), 이산화탄소 (CO_2), 물 (H_2O) 등이 전자들의 에너지 준위가 자외선 영역에 속한다. 따라서 자외선을 강하게 흡수(공명 현상)하는 성질을 갖고 있다. **이러한 이유로 하늘이 푸르게 보인다.**

엑스선(X rays)

엑스선의 진동수 영역은 2.4×10^{16} Hz ~ 5×10^{19} Hz 범위이며 파장이 대략 1nm 에서 0.01 nm 정도에 해당된다. 따라서 엑스선의 파장은 원자 크기(0.1 nm ~ 0.5nm)보다 대부분 짧다고 할 수 있다. 광자 에너지로는 0.1 keV에서 200 keV 정도 사이이다. 이러한 엑스선은 높은 원자번호를 갖는 원자들의 전자 전이에서 나오며 고속으로 대전된 입자들의 가속에 의해서도 생성된다. **이렇게 엑스선은 에너지가 높기 때문에 투과력이 세어 몸의 내부를 촬영할 수 있는 용도로 쓰이기도 한다. 또한 물질 내부의 결정 원자 구조나 유전자 (DNA) 등의 분자구조 연구 등에도 사용된다. 싱크로트론에서 엑스선을 만들어 물질 분석에 이용되는 이유**가 여기에 있다. 또한 격렬한 별의 폭발 과정에서도 발생한다.

감마선(gamma 혹은 j rays)

감마선은 파장이 0.01 nm 이하이며 진동수가 10^{20} Hz 이상인 가장 높은 에너지 빛이다. 광자 에너지로는 주로 MeV (10^9 eV)에 해당된다. 이러한 높은 수준의 에너지는 원자핵을 이루는 핵자들인 양성자와 중성자의 구속(결합) 에너지에 해당되는 것으로 감마선은 이러한 핵자들이 핵 내에서 전이를 할 때 발생한다. 또한 핵의 분열이나 융합하는 핵반응에서 다량으로 생성된다. **희귀핵에 얽힌 과학에서 가장 중요하게 다루는 측정 대상**이다.

3장

원자핵 이야기

양자(量子)
그것도 이제는 '퀀텀(quantum)'이라는 단어까지 거침없이
유행하는 시대이다.
'무엇'을 의미하는지도 모르면서 한번 유행을 타면 너도 나도
그 흐름에 가세한다.
이 장에서는 양자 세계를 더듬는다.
그 양자적 세계가 원자요, 분자요 그리고 원자핵이다.
양자 우물을 나타내는 퍼텐셜 에너지를 소개하고
그 우물에서 양자적 에너지 사다리를 세운다.
그 사다리에서 뿜어져 나오는 원자핵, 원자, 분자의 에너지
선들을 펼친다.
그리고
희귀 핵의 붕괴를 통하여 원소의 탈바꿈을 그리고,
핵의 융합 반응을 통하여
별들의 일생을 찾는다.

3.1 원소, 원자, 원자핵

3.1.1 원소와 원자

원자의 씨에 해당되는 핵의 존재와 그 성질을 논하기 전에 먼저 **원소**라는 용어의 의미를 파악해보자. 원소라는 단어는 주로 화학에서 많이 나오는데 고등학교 교육과정을 통하면 그것과 함께 **주기율표**라는 용어가 자연스럽게 우러나온다. 이미 '과학이란 무엇인가?'를 다루면서 주기성에 대하여 알아보았다. 하루는 우리가 사는 지구 자체가 돌아서 같은 자리로 돌아오는 시간이다. 즉 24시간마다 주기적으로 돈다는 말이다. 흔히 한자말로 자전이라고 부른다. 그리고 하루 24시간을 자전 주기라고 한다. 그러면 1년은? 물론 이것은 지구가 태양주위를 한 바퀴 도는데 걸리는 시간이다. 공전주기라고 부른다. 여기서 주기(period)란 일정하게 제자리로 돌아오는 시간이다. 그리고 일반적으로는 시간뿐만 아니라 모양, 성질 등이 서로 같거나 비슷하게 배열되는 것도 주기적인 양상이라 할 수 있다. 우리는 앞에서 사인, 코사인 같은 주기 곡선도 그려보았다. 여기서 원소의 주기율표 (사실 **주기표**라고 하여야 더 옳다.) 는 원소들의 성질들이 일정하게 같은 것끼리 배열시킨 표이다. 나중 자세히 설명하게 된다. 그렇다면 원소와 원자는 어떻게 다를까?

그림 3.1을 보자. 물방울의 크기와 물을 이루는 분자, 분자를 이루는 원자, 원자의 씨에 해당되는 원자핵의 크기를 비교하고 있다.

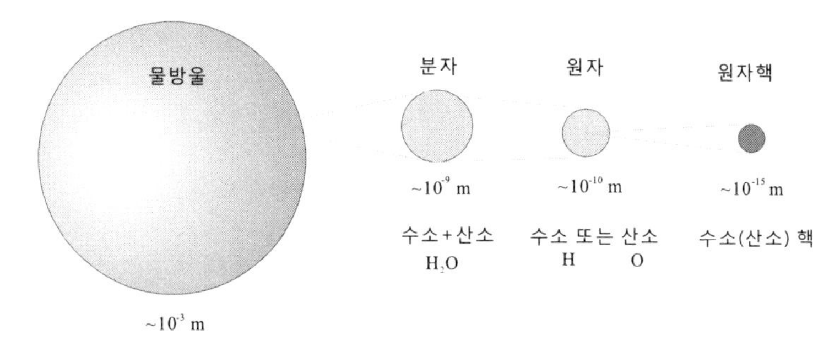

그림 3.1 물질의 층 구조. 물방울은 볼 수 있어도 분자부터는 맨 눈으로는 볼 수 없다. 분자는 나노미터 (10^{-9} m; nm) 크기로, 원자는 그 1/10인 0.1 nm로 보면 편리하다. 그리고 핵의 크기는 원자에 비해 거의 10만 배나 작다. 즉 10^{-15} 미터 정도로 이 단위를 펨토(femto) 미터라고 한다. 서양식 수의 체계는 1000 단위이며, 단위마다 고유 단어가 붙는다. 이에 반해 동양에서는 만(10000)단위이다. '만'이라는 영어 단어는 없고 따라서 만을 십(ten)천(thousands) 즉 10×1000식으로 읽는다. 만의 10배인 십만을 생각해보면 이해될 것이다.

물은 화학식으로 H_2O로 표시되며 이는 수소(H)와 산소(O)라는 원소로 이루어졌다는 의미이다. 주기율표에서 수소는 H, 산소는 O로 표기되는 것을 보았을 것이다. 우리는 상식적으로 물 하면 '에이치투오(H_2O)'라고 부른다. 물론 분자의 종류이다. 이러한 분자들이 다시 살짝 뭉쳐 덩어리를 이룬 것이 우리가 마시는 **물**이다. 그런데 이 분자를 세 개 두드리면 다시 산소와 수소 원자로 분리가 된다. 그런데 느닷없이 **원소**가 아니라 왜 **원자**라 할까? 그 다음에 원자핵의 존재를 그려 넣었는데 서로간의 크기를 미터 단위로 표시를 하였다. 그 크기 차이를 상상해 볼 수 있는가? 주어진 크기를 직접 그려보면 그 크기차이를 실감할 수 있다.

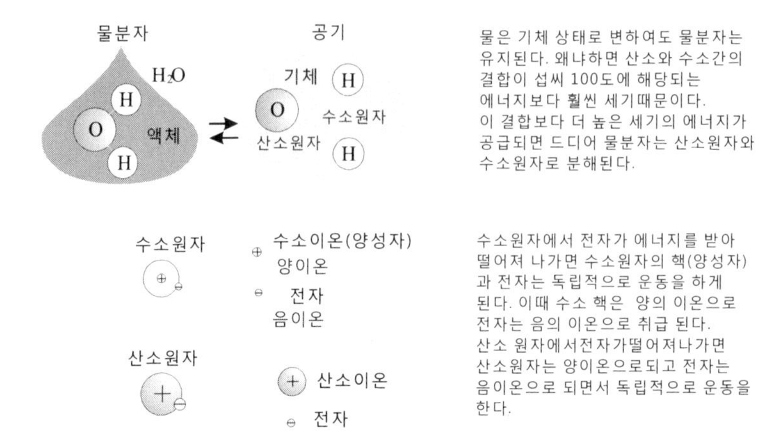

그림 3.2 물의 위상 변화. 물 분자는 에너지를 받으면 기체로 되면서 해체된다.

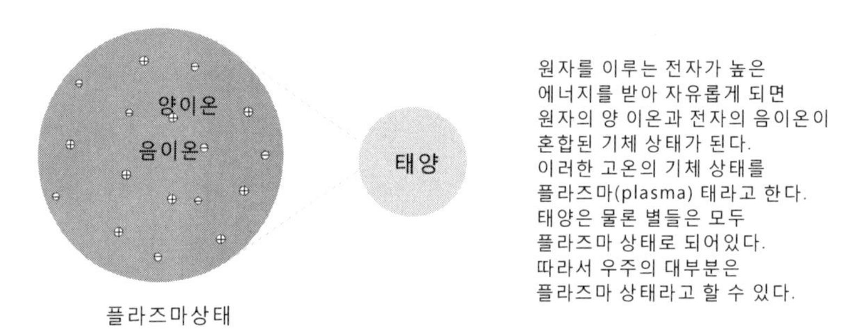

그림 3.3 태양(별)을 이루는 고온 기체 플라즈마.

이제 물의 얼굴 변화를 보기로 한다 (그림 3.2 와 3.3). 이른바 고체, 액체, 기체 그리고 더 뜨거운 플라즈마의 모습들이다. 먼저, **수소와 산소는 기체**라는 사실을 알자. 그런데 수소와 산소가 둘이서 결합을 했더니 무엇이 되었나. 여기서 무엇은 물을 뜻하는 것이 아니라 **기체가 아닌 액체라는 변화물**이다. 이러한 사실을 초등학교, 중학교 아니면 고등학교 때 느끼고 감탄을 한 적이 있는지 모르겠다. 아니면 지금 이 순간 이 글을 읽고 감탄을 하는 독자는 글쓴이의 마음을 읽고 있다고 본다.

이제 본격적으로 원자와 원소 용어의 차이 점 그리고 동위원소와 원자핵과의 관계를 알아본다.

3.1.2 원자와 핵

그림 3.4는 원자번호가 6번인 탄소 **원자**의 모습이다. 여기서 6이라는 번호는 탄소 원자 속에 있는 **전자**의 개수를 말한다. 그리고 핵 안에는 전자 수와 같은 양성자 수가 들어 있다. 그런데 핵은 **양성자**뿐만 아니라 **중성자**도 존재한다. 그림 3.4인 경우 중성자 수 역시 6개인 경우이다. 이렇게 양성자 수와 중성자 수를 합친 수를 원자의 **질량수(mass number)** 라고 한다. 여기까지는 쉽게 이해가 될 것이다. 여기서 중요한 점이 양성자 수와 전자 수는 언제나 같다는 점이다. 왜냐하면 양성자는 양의 기본 전하를, 전자는 음의 기본 전하를 가져 원자를 중성으로 만들기 때문이다. 전하(charge)는 물질의 기본 성질이다. 왜 존재하느냐고 묻지 말기 바란다. 무게(weight)와 상관되는 질량(mass)과 함께 물질의 기본 성질을 이룬다. 다만 질량과는 달리 기본 값을 가지는데 그 기본 값을 갖는 전하를 기본 전하라고 부른다. **질량**과 **전하**는 자연계의 기본 힘을 소개할 때 나왔던 과학 용어이다. **이온**이라 함은 원자가 전자를 잃어버리거나 얻을 때 양성자수와 전자수가 어긋나서 나타나는 전하 상태의 즉 전기를 띤 원자나 분자라고 보면 된다.

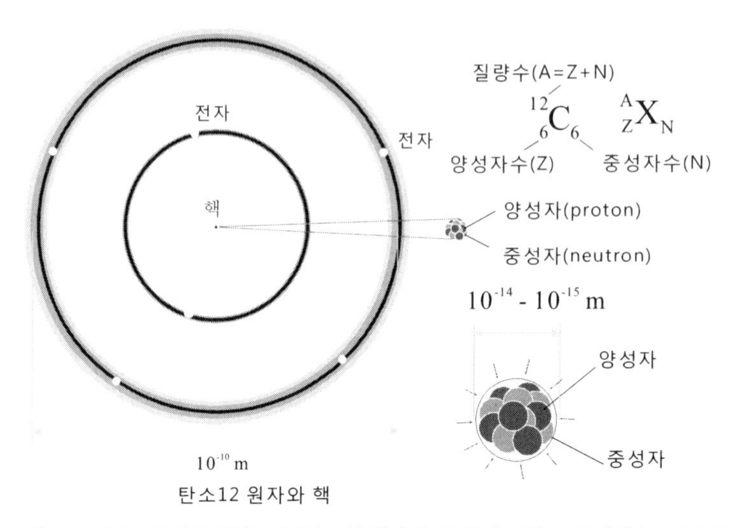

그림 3.4 탄소 원자와 핵을 이루는 양성자와 중성자. 핵을 표시하는 기호를 익히기 바란다. 원소의 종류, 양성자수, 중성자수, 질량수가 하나의 기호에 나타내어 핵종을 구별한다. 양성자수가 같으면 원소 기호는 같다. 원소기호는 같으나 중성자수가 다르면 핵종은 다르다고 한다. 이를 동위원소라고 부른다. 핵의 크기는 원자에 비해 약 5 만 배 작다. 보통 10만 배 차이로 보면 좋다. 핵 주위를 도는 원자들은 그림과 같은 모습은 아니다. 이해를 돕기 위해 태양계의 행성 궤도처럼 그렸을 뿐이다.

그런데 양성자와 전자는 같은 전하 크기를 갖는데 반하여 무게에 해당되는 질량은 엄청난 차이를 가진다. 무려 2000 배 가까이 양성자가 무겁다. 즉 전자가 훨씬 가볍다.

그럼 핵의 크기와 원자의 크기는 어떻게 될까?

이미 앞에서 물방울의 보기를 들면서 핵의 크기는 약 10^{-15} 미터, 원자의 크기는 약 10^{-10} 미터라고 하였다. 그리고 분자의 크기는

10^{-9} 미터 정도이다. 따라서 원자의 크기가 10^{-10} 미터, 즉 0.1 나노미터이면서 핵의 크기는 그보다 10만 배에서 5만 배 정도 작은 크기를 가진다. 이제 5만 배 크기로 작다고 하여 보자. **100은 10^2, 0.01은 10^{-2} 등으로 표기된다는 사실을 알자**. 그리고 간단히 수소원자를 보자. 그리고 다음과 같은 양들과 그 크기나 세기를 보자.

핵의 크기는 원자 즉 전자가 돌고 있는 공간에 비해 5만 배 정도 작다.
양성자의 무게는 전자에 비해 약 2000배 무겁다.
양성자의 전하 크기는 전자와 같다.

도대체 이러한 차이에서 어떠한 모습들이 나올까? 우선 크기를 보도록 한다. 이제부터는 미터는 m, 밀리미터는 mm 등으로 표기하기로 한다. 그림 3.5는 학교운동장의 크기를 반경 50 m 정도라고 가정한 원자의 크기와 원자 핵의 크기를 비교하는 그림이다. 여기서 핵의 크기는 연필심 정도의 1 mm이다. 100 m 달리기를 할 수 있는 운동장 한 가운데에 1 mm의 조그만 연필심이 원자핵의 크기이다. 상상이 가는가? 만약 독자가 핵이고 서울 광화문 앞에서 있다고 한다면 전자는 무려 50 km 밖에 떨어진 곳에서 돌고 있다. 만약 광화문 정도라면 원자는 한반도 전역을 거의 감쌀 정도의 크기가 된다.

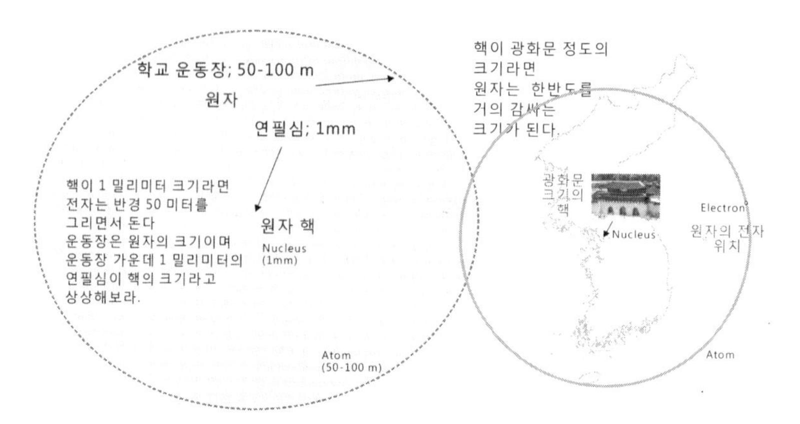

그림 3.5 원자와 원자핵의 크기 비교. 운동장을 쳐다보면 가운데 조그만 연필심이 보일까? 핵이 광화문이라면 원자의 크기는 거의 한반도를 감싼다.

이러한 사실, 보이지도 않는 미지의 세계를 파헤친 과학자들이 얼마나 대단한 것인가를 상상해 주기 바란다. 원자의 비밀을 파헤치고 핵의 존재를 알아내고 핵의 모양과 운동은 물론 에너지가 나오는 이유까지도 파헤치는 작업이 과학자들에 의해 이루여 졌다. 그러다 보니 별들의 탄생과 죽음은 물론 우리 몸을 이루는 원소들이 어디에서 왔고 어떻게 만들어졌는지도 알게 되었다. 그 과정에서 많은 과학자들, 특히 물리학자들이 노벨상을 타게 된다. 더욱이 이러한 조그만 세계를 파헤친 결과로 오늘날 누구나 손에 잡고 다니는 휴대 전화도 나올 수 있었다. 이것이 과학의 힘이다!

이번에는 무게를 비교해 보자. 물론 무게가 아니라 질량이라고 불러야 한다. 우리가 일상생활에서 **무게**라고 하는 것은 질량 값에 지구의 중력가속도 값을 곱한 양이다. 보기를 들면 60 kg의 몸무게를 가지는 사람의 무게는 실상 $60\text{kg}\times9.8\text{m/s}^2$ = 588 뉴턴이다.

무게는 힘의 단위이다. 달에 가면 질량은 그대로이지만 몸무게는 1/6로 줄어든다. 달의 중력이 지구의 1/6이기 때문이다.

앞에서 양성자 즉 수소 원자핵의 질량은 전자에 비해 약 2000 배 무겁다고 했다. **정확하게는 1860 배이다. 그리고 중성자 역시 양성자와 질량이 같다**고 보아도 좋다. 따라서 원자의 질량은 사실 상 핵의 질량이라고 보아도 된다. 앞에서 보기를 든 탄소 원자인 경우 양성자와 중성자 수는 12개이므로 수소에 비해 12배 무겁다. 그래서 질량수라고 부른다. 그런데 일상에서 접하고 느낄 수 있는 질량 단위는 사실 상 그람(gram, g; **여기에서는 a는 가능한한 '아' 발음으로 처리**한다.)단위이다. 화학과 생물학에서는 보통 이 단위를 사용한다. 실험을 하는데 실제적인 양이기 때문이다. 이때 원자나 분자 수준에서 보았을 때 g 단위는 어마어마한 수효가 들어가 있다. 여기서 기준으로 잡는 것이 몰(mole)이라는 단위이다. 1 몰은 수소 원자이면 1 g, 산소16이면 16 g 등의 질량을 가진다. 신기하게도 1 몰에 들어가는 숫자가 정해진다. 이 수를 **아보가드로 수**라고 하며, $N_A = 6.02 \times 10^{23}$ 와 같이 표기한다. 만약에 kg 단위라면 1000 배인 $N_A = 6.02 \times 10^{26}$ 이다. 그렇다면 수소 원자 하나의 질량을 보자. 간단하다. 그냥 아보가드로수로 나누어 주면 된다. 그 결과는? 1.66×10^{-27} kg이 나온다. 원자의 질량은 사실 핵의 질량과 거의 같으므로 결국 이 값이 양성자, 즉 핵자의 질량 값이 된다. 물론 아주 정확한 값은 아니지만 **이미 아보가드로수에 핵을 이루는 양성자와 중성자의 질량 정보가 들어 있었던 것이다**.

그런데 전하인 경우 양성자와 전자는 같은 크기를 가진다고 하였다. 물론 하나는 양(陽; +, positive이며 플러스라고 부르는 것은 잘못된 것이다.) 다른 하나는 음(陰; –, negative)의 전하라고 도 하였다. 그러면 우선 원자와 핵의 크기 차이와 핵과 전자의 질량 차이에서 어떠한 현상이 일어나는지 보자.

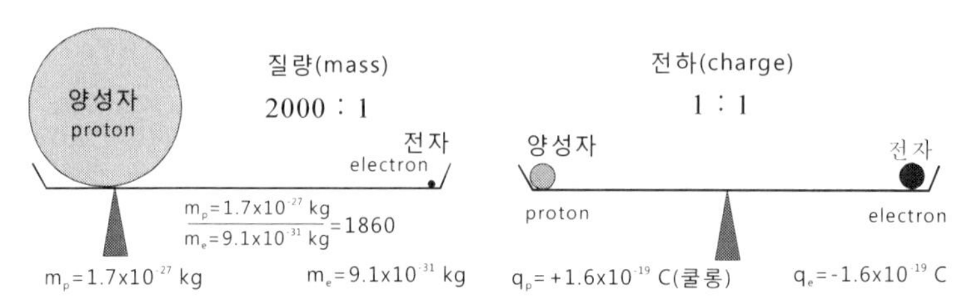

그림 3.6 양성자와 전자의 질량과 전하의 비교. kg은 질량 단위이며 C는 전하단위로 쿨롱이라고 부른다. 입자 하나에 대한 값들이기 때문에 무척 작은 값으로 나온다. 하지만 일상생활에서 접하며 느끼는 물질의 양, 예를 들면 그람(g) 단위로 볼 때 입자들의 수(원자의 수)는 무려 10의 23승(10^{23}) 개가 된다. 이 수가 화학에서 1 몰이라는 기본 단위로 나오는 아보가드로수, $N_A = 6.02 \times 10^{23}$, 이다.

여러분들은 확실히는 아니지만 물의 무게가 쇠(금속), 예를 들면 철의 무게보다 가볍다는 것을 알고 있다. 공기는 물론 더 가볍다. 여기서 상대적인 무게는 같은 면적이나 같은 체적(부피)을 고려하는 경우에 한한다. 다시 말해 1m, 1m, 1m 되는 정육각형 통에 물을 넣어 무게를 재고, 마찬가지로 철을 넣고 무게를 재는 식이다. 이때 부피당 무게를 밀도(단위 체적 당 질량)라고 부른다. 따라서 물의 밀도 보다는 철의 밀도가 높다고 한다. 그리고 과학자들은 이미 모든 물질이나 원자들에 대하여 밀도 값을 측정하여 두었다. 물인 경우 보통 1이라고 하는데 이것은 1cm, 1cm, 1cm 용기 안에 물을 넣으면 1g이라는 뜻이다. 이를

1m, 1m, 1m로 확장하면 1000kg이 되고 결국 1톤이라는 사실을 알게 된다.

여러분들은 1m, 1m, 1m 되는 통에 담긴 물을 들을 수 있다고 생각하는가? 한번 해보기 바란다. 그런 반면에 철은 55.85이며 이는 물에 비해 거의 56배 무겁다는 뜻이다. 이러한 밀도 값은 앞에서 나온 주기율표에 기록되어 있다. 그만큼 중요하기 때문이다. 이러한 밀도 값들은 어디까지나 물질 상태가 보통의 원자 크기를 유지할 때이다. 만약에 원자들이 전자를 모두 잃어버리고 핵만 남는다면 어떻게 될까?

우선 원자의 크기가 핵의 크기로 줄어든다는 가정, 즉 5만 배 이상으로 축소되었을 때를 생각해보자. 간단하게 말하자면 만 배라면 그 세제곱인 10의 12승, 즉 10^{12}, 5만 배라면 거의 10의 14승, 즉 10^{14}가된다. 무슨 말인가 하면 철인 경우 56 g이 적어도 56의 10의 14승 g이 된다는 말이다. 이것을 kg으로 고치면 1cm, 1cm, 1cm 용기안의 철의 무게가 5600억 kg이 된다. 상상이 갈까? 사실 이러한 고밀도는 지구에서는 존재할 수 없다. 오직 천체에서 그것도 중성자 별 정도에서만 가능하다.

왜 중성자별에는 이러한 고밀도가 존재할 수 있을까?

태양보다 훨씬 큰 별들(흔히 거성이라고 부르며 영어로도 giant star라고 한다)은 질량이 워낙 크다보니 중력이 강하다. 즉 끌어당기는 힘이 세다. 별 내부에서는 양이온에 해당되는 양성자가 있고 음이온에 해당되는 전자들이 어울려 독립적으로 돌아다니고 있다. 그런데 워낙 중력이 강하여 수축이 되면 어떻게 될까? 원자의 크기보다 더 작도록 내부 압력을 받으면 전자는 점점 양성자 근처로 내몰리게 된다. 그러다가 결국 양성자와 만나면 큰일이 벌어진다. 놀랍게도 중성자로 변해 버린다. 양과 음이 만나 중성인 입자 즉 중성자가 된 것이다. 그러면 원자의 크기라는 것은 이제 더 이상 존재하지 않고 핵의 크기만큼 줄어들었다는 것이다.

만약 **태양이 중성자별로 변하면 고작 반경이 10 km인 공**으로 변한다. 앞에서 원자의 크기와 핵의 크기를 비교할 때 소개한 운동장과 연필심의 상황과 거의 같다. 물론 지구에서 아니 사람의 관점에서 보면 10 km도 큰 것이지만 한번 태양 크기와 비교해보자. 아니 지구 크기와 비교해보자. 지구의 반경은 약 6400 km이다. 지구에 비해서도 약 1000 배 작은 공이다. **태양 반경은 무려 70만 km** 임을 상기하자.

이제 핵을 이루는 양성자와 중성자의 존재를 알았으니 그리도 자주 나오는 동위원소가 무엇인지 알아보는 시간이 되었다. 아울러 원자와 원소의 차이점도 쳐다보자.

그림 3.7을 보자. 보기로 수소와 탄소를 들었다. 그런데 같은 원자번호인데도, 즉 양성자 수는 같은데도 중성자 수가 다른 종류가 있다는 것을 알 수 있다. 수소인 경우 핵은 양성자 하나로 이루어진 것이 대부분인데 자연에는 중성자도 있는 것이 존재한다. 이를 중수소라고도 부른다. 이 용어는 보통의 수소보다 무겁다는 의미를 담고 있다. 하지만 영어식으로는 deuterium이라고 한다. 만약

중수소 핵 만을 가리킬 때 deuteron으로 부른다. 앞에서 이야기 했지만 양성자와 중성자의 수를 질량수라고 했으므로 보통의 수소는 1 중수소는 2가 된다.

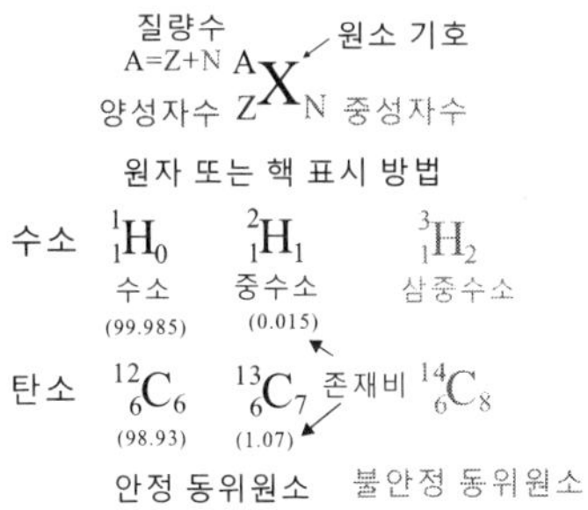

질량수 A=Z+N
원소 기호
양성자수 $^{A}_{Z}X_{N}$ 중성자수
원자 또는 핵 표시 방법
수소 $^{1}_{1}H_{0}$ $^{2}_{1}H_{1}$ $^{3}_{1}H_{2}$
수소 (99.985) 중수소 (0.015) 삼중수소
탄소 $^{12}_{6}C_{6}$ (98.93) $^{13}_{6}C_{7}$ (1.07) 존재비 $^{14}_{6}C_{8}$
안정 동위원소 불안정 동위원소

원자번호는 양성자수에 해당되며, 질량수는 양성자수와 중성자수의 합이다. 질량수가 다른 동종의 원소들을 동위원소(isotopes)라고 부른다. 동위원소 중에는 안정된 것과 일정시간을 갖고 다른 원소로 붕괴하는 방사성 동위원소로 분류된다. 존재비는 자연계에 존재하는 한 원소의 안정 동위원소 존재를 백분율(%)로 나타낸 양이다.

그림 3.7 원자와 원소 그리고 동위원소.

그런데 주기율표를 보면 1.008이라는 숫자가 표기된다. 이 숫자는 질량수가 1인 수소원자가 99.985%, 질량수가 2인 수소원자가 0.015% 존재하고 그 비율을 평균했기 때문이다. 만약에 두 원자들의 함유량이 각각 50%라면 (1+2)/2=1.5가 된다. 이러한 함유량의 비율을 **존재비(abundance)**라고 한다. 그리고 원자번호가 같은 원자들의 집합체를 원소라고 부르는 것이다. 사실 원소는 어떠한 것에 대한 기본이라는 뜻이 있는데 여기서의 원소는 **화학 원소 (chemical elements)에 해당된다. 그래서 영어로는 반드시 'the'를 붙여 'the elements'로 표기한다.** 상식적으로 알아두기 바란다. 덧 붙이겠다. 여기서 다루는 '핵'은 '원자핵 (atomic nucleus)'에 해당된다. 세포에도 핵이 있다. 그 세계-생명과학-에서도 그냥 핵이라고 부른다. 보통 자기가 속한 좁은 전문 분야에서는 이러한 보통 단어를 특수 단어 용어로 사용해 버리고 만다. 영어로는 the를 붙여 'the nucleus'로 표기하는 것이 정확한 표현이다.

분자를 만들거나 물질을 구성할 때는 원자번호가 같은 원자들, 즉 수소이든 중수소이든 같은 성질을 갖는다. 왜냐하면 원자를 이루는 전자의 수가 같기 때문이다. 이때 **원소는 화학적 성질이 같다**고 한다. 이와 반면에 물리적 성질은 확연히 다르다. 즉 수소핵에서 나오는 물리적 성질과 중수소핵에서 나오는 물리적 성질, 예를 들면 에너지는 다르게 나온다. 이는 **대단히 중요한 이야기**이다.

다시 말해 화학적 성질과 물리적 성질은 다르며 물리적 성질을 알아야만 최종적인 자연의 속성이 드러난다.

이번에는 탄소를 보자. 탄소는 양성자가 6개이며 물론 전자도 6개 그래서 원자번호가 6번이다. 탄소 역시 중성자인 경우 6개와 7개 등 두 종류가 존재한다. 따라서 탄소 원소에는 질량수가 12와 13번 등 두 종류의 원자로 이루어진 동위원소로 표기된다. 그 존재비를 보면 12번이 98.93%, 13번이 1.07%임을 알 수 있다. 그런데 여기서 중요한 사실이 있다. 그것은 탄소 12번의 질량수를 모든 질량수를 대표하는 기준으로 삼는다는 것이다. 여기서는 더 이상 자세한 설명은 생략하기로 한다.

그런데 그림에서 보면 **불안정 동위원소**가 나온다. 이건 또 무엇인가? 사실 희귀동위원소 혹은 방사성 핵종이라고 부르는 것들이 이에 속한다. **아울러 이 책의 주인공인 "희귀 핵종"에 해당된다.** 먼저 수소 동위원소 중 삼중수소를 보자. 이번에는 중성자가 2개

붙은 형태이다. 그래서 질량수가 3이 되었다는 의미로 삼중수소(tritium)이라 한다. 물론 핵만을 가리킬 때는 트리톤(triton)이라 부른다. 앞에서 중수소의 영어에서 deu는 2를 의미하는 접두어이다. 여기서 중수소라는 용어는 중수소핵으로 이루어진 물을 원자력 세계에서 중수(重水, heavy water)라고 불러 그대로 굳어진 말이다. 이 삼중수소핵은 불안정하여 헬륨3(^{3}He) 핵으로 변해버린다. 중성자가 많아 양성자로 변해버린 결과이다. 이번에는 탄소14를 보자. 중성자가 8개인데 역시 중성자가 많다. 따라서 중성자가 양성자로 변한다. 그러면 어떤 일이 벌어질까? 이제 중성자가 양성자로 변하였기 때문에 양성자는 하나 증가하고 중성자는 하나 줄어든다. 그러면 양성자가 7개, 중성자가 7개가 된다. 물론 질량수는 그대로 14이다. 그러면 이것으로 끝인가? 아니다. 여기에 엄청난 자연의 비밀이 드러난다. 이른바 자연에 존재하는 네 가지 힘 중 하나가 참여하고 있기 때문이다. 앞에서 이미 나왔었다. 약한 힘(약력)이라고 부르는 힘이다. 1장 자연의 네 가지 힘을 소개할 때 등장했었다. 먼저 다음의 질문에 답해보자.

"원자핵을 이루는 양성자와 중성자는 왜 뭉쳐 있을까? 그것도 그 좁은 공간에"

답은 '강한 힘(강력)이 존재하기 때문이다'이다. 양성자와 중성자를 꽁꽁 묶는 힘인데 엄청 세다. 가령 원자를 이루는 원자핵과 전자를 묶어주는 힘인 전자기력(사실 전기 힘이라고 이해하면 된다) 보다 몇 백만 배 세기 때문이다. 이 힘을 사용하는 것이 원자력

발전이다. 원래는 '핵발전'이라고 해야 하는데 핵폭탄의 부정정적인 이미지를 생각하여 살짝 이름을 바꾼 것이다. 그리고 또 하나 중요한 용어가 나온다. 그것은 **핵자(nucleon)**라는 단어이다. **핵자는 핵을 이루는 양성자와 중성자를 통칭하여 부르는 이름**이다. 보통 강력이라고 할 때에는 양성자와 중성자를 구별하지 않는 핵자끼리에 작용하는 힘을 뜻한다.

3.1.3 핵력: 원자력 에너지

원자의 안정성도 마찬가지이지만 가장 중요한 것이 원자든 핵이든 그 '구성 입자들이 얼마나 더 단단히 묶여 있는가?'이다. 이렇게 묶여진 에너지를 **구속(拘束) 에너지**(binding energy)라고 부른다. 종종 결합(結合) 에너지라고 하는데 사실 결합은 coupling으로 용수철의 결합 상수 등에서 사용되는 용어이다. 그림 3.8을 보자.

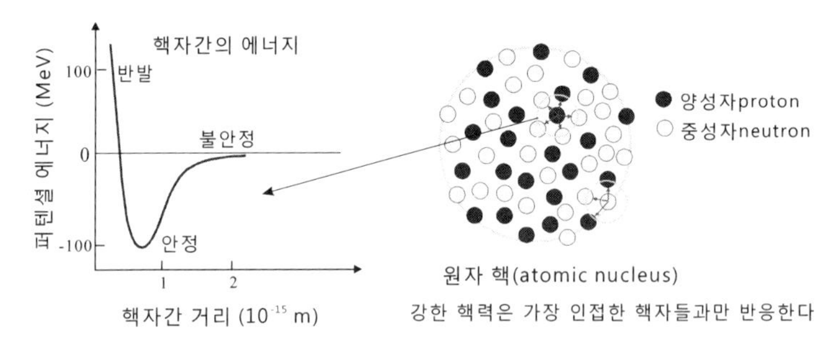

그림 3.8 원자핵의 강한 힘(강력). 왼쪽의 그래프는 두 핵자(양성자 혹은 중성자) 사이의 퍼텐셜 에너지 곡선이다. 낮을수록 안정된 상태이다. 너무 가까우면 반발을 하며, 멀어지면 그 에너지가 급격히 약해진다.

원자핵은 원자의 구조와는 근본적으로 다르다. 어디에도 중심이 없는 것이 가장 큰 차이점이다. 핵자 간에는 인력(당기는 힘)이 작용하지만 너무 가까우면 척(반발)력(밀어내는 힘)이 작용한다. 여기서 핵자는 양성자와 중성자를 가리키는 용어로 핵력을 다룰 때는 구별하지 않는다. 특별히 구별을 할 때 '아이소스핀'이란 용어를 사용하는데 나중에 설명된다. 핵자들은 바로 옆 이웃하고만 강력하게 반응한다. 그리고 자유스럽게 이동이 가능하다. 그럼에도 불구하고 **핵자들은 마치 중심에 기본적인 힘이 존재하고 그 주위를 운동하는 것과 같은 현상**이 나타난다. 이러한 성질로부터 물리학자들은 앞에서 나왔던 용수철(스프링)과 같은 운동을 가정하여 용수철에 해당되는 퍼텐셜을 도입하게 된다. 놀랍게도 이러한 가정이 핵의 구조를 밝히는데 일등 공신을 하게 되며, 이에 관여한 물리학자들에게 노벨상이 주어진다.

3.1.4 원소 주기율과 핵 주기율

원소 주기성과 핵 주기성 사이에는 어떠한 차이가 있을까? 이 차이를 아는 것이 대단히 중요하다. 원소 주기율표를 보면 2, 10, 18, 36 등에서 껍질이 닫히며 외부와는 반응하지 않은 안정된 원소가 나타난다. 이른바 불활성 기체의 등장이다. 이와 반면에 핵 주기율표에 있어서는 2, 8, 20, 28 번 등이 이에 해당되는 번호이다. 이 번호를 역사적인 사건에 따라 마법수(魔法數; magic number))라고 부른다. 그러면 왜 이런 차이가 날까? 그것은 원자 구조를 지배하는 힘과 핵의 구조를 지배하는 힘이 서로 다르기 때문이다. 당연히 물리 법칙에 쓰이는 수학적인 식이 다르다. 이를 **퍼텐셜 에너지**라고 부른다고 하였다. 이제 칼슘 원소를 들어 재미

있는 비교를 해보자. 칼슘은 양성자가 20개이며 마법수에 해당되는 안정된 핵종이다. 따라서 공 꼴을 가진다. 따라서 칼슘은 비교적 풍부한 원소족에 속한다. 그런데 원소의 주기율, 즉 원자 구조를 보면 꽉 찬 껍질(18번)에서 두 개가 더 많다는 사실을 알 수 있다. 즉 전자 2개가 가장 바깥 껍질 궤도(고등학교 등에서 **최외각**이라고 부르는 용어이다)를 돌고 있다. 이 조건에서 전자 두 개는 여차하면 밖으로 뛰쳐나갈 수 있다는 말이다. 이러한 성질은 우리 인체 내에서 칼슘이 +2가의 이온 상태로 반응하는 밑거름이 된다. 8번인 산소를 보자. 산소 핵 역시 공 꼴을 가진 마법 수 핵이다. 그런데 원소 주기율표 상에서는 16족이며 이는 안정된 전자 궤도에 있어 두 개의 전자가 모자란다는 뜻이다. 달리 말해 이번에는 전자 두 개를 어떡하든 채워 넣으려고 한다, 이 성질이 곧 강력한 산화 반응을 일으키는 원동력으로 작용한다. 물의 구조를 보면 알 수 있다. 앞에서 나왔던 H_2O에서, 산소가 두 개의 수소원자에서 전자 두 개를 가져가며 안정된 분자를 이루고 있음을 알 수 있다. 사실상 원소의 주기율이 왜 그렇게 나오는지에 대한 이해는 원자의 구조가 현대 물리학에 의해 밝혀지고 난 후 이루어졌다. 처음 주기율표를 만든 과학자는 그 이유는 모르고 쌓인 자료를 보면서 주기성을 발견한 것이다. 그 속에 들어 있는 원인을 알기 위해서는 보다 속을 들여다 볼 수 있어야 하며 이를 법칙에 적용하여야 한다. 이것이 과학의 속성이다. 어렵지만 이제 그러한 속성을 쳐다보기로 한다. 이른바 양자 세계에 관한 것이다.

3.2 양자우물의 세계: 입자 대 파동

여러분들이 필수적으로 가지고 다니는 휴대전화는 현대물리학의 산물이다. 여기서 현대물리학이라 함은 양자 물리학을 뜻한다. 그리고 양자적 세계는 눈에는 안 보이는 극히 작은 영역이다. 이른바 나노미터 크기 이하의 세계이다. 이제 나노미터, 나노 기술이라는 용어는 일상에서 자주 접하게 되는 세상이 되었다. 물론 나노는 10^{-9} 미터(nano meter; nm), 즉 앞에서 이미 언급했던 분자의 크기 정도이다. 원자는 이 보다 작은 0.1-0.5 nm이다. 그리고 핵은 0.00005 nm에서 0.000001 nm이다. 미터로 표시하면 $5 \cdot 10^{-15}$ - 10^{-15} m이다. 그런데 이와 같은 작은 세계(microscopic world, 極微世界)에서의 입자들의 운동과 이에 수반되는 에너지 흡수 및 발산 형태는 우리가 현실세계에서 접하는 모습과는 다르다. 가장 큰 차이가 **파동**이라는 운동 양태이다. 현실 세계에서 입자와 파동 운동은 엄연히 구별된다. 파동은 소리나 물결의 운동에서 쉽게 이해된다. 그리고 앞에서 소개한 **전자기파** 즉 빛의 운동도 파동으로 기술된다. 이제 양자 세계를 이해하기 위한 길로 들어서기로 한다. 알기 쉽게 원자에서 움직이는 전자나, 핵 내에서 운동하는 핵자들의 모습을 간단한 모형을 만들어 쳐다보기로 하자. 원자나 핵을 상자로 취급하는데 우선 원자 내에 하나의 전자를 가정한다. 이른바 수소 원자이다. 결론적으로 말하자면 우주를 이루는 원자나 전자들은 입자와 파동의 두 성질을 모두 갖고 있다.

그림 3.9를 보자.

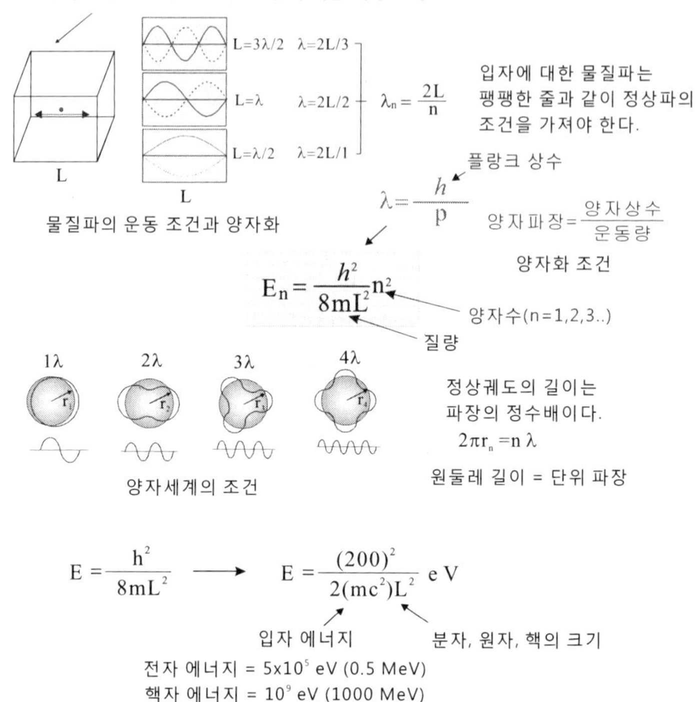

상자속의 입자 : 전자 혹은 핵자(양성자 및 중성자)

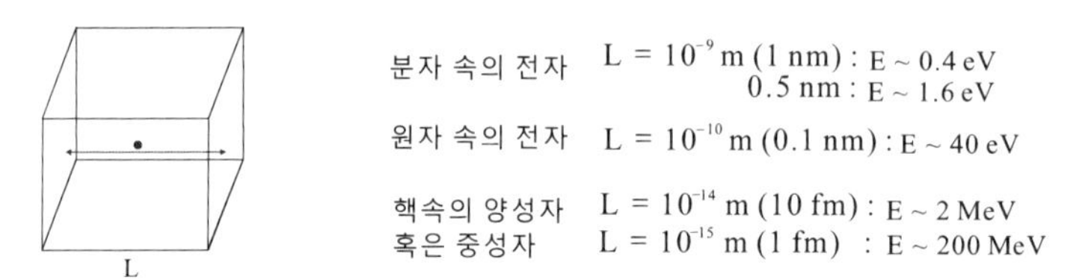

그림 3.9 양자세계를 모형화한 상자와 상자속의 전자 및 핵자 운동. 파동성의 출현으로 에너지가 띄엄띄엄한 상태로 나오며 이를 에너지 덩어리라고 하며 영어로 퀀텀(Quantum)이라고 부른다. 분자, 원자, 원자핵의 크기에 따라 에너지 크기가 주어진다. 이러한 간단한 양자 모형으로 분자, 원자, 핵들의 에너지를 바로 추정해볼 수 있다.

상자(원자) 속의 전자 하나가 운동하는 모습을 그린 것이다. 여기서 주목할 곳이 이 전자가 안정적으로 운동하는 조건이 마치 파동이 경계와 경계 사이에서 정확히 사인 혹은 코사인 형태의 모습을 가져야 한다는 사실이다. 이미 우리는 앞에서 전자의 운동과 용수철 운동을 비교하면서 이러한 사인 혹은 코사인 함수를 들여다 본적이 있다. 양자 세계를 기술해주는 물리학 방정식을 **파동 방정식**이라고 부른다. 슈뢰딩거라는 학자에 의해 도입이 되었다. 핵심은 에너지 보존법칙을 적용하는 물리량에 운동 에너지와 퍼텐셜에너지를 도입하는데 이러한 방정식의 해답 형태가 파동의 형태로 나온다는 사실이다. 엄밀하게는 수학의 이차미분방정식이며 이 방정식을 풀면 사인 혹은 코사인 함수가 나온다. 그림에서는 상자 속에는 자유롭게 움직일 수 있으나 밖으로는 전혀 탈출할 수 없는 상황을 그린 것이다. 이러한 조건에서 **퍼텐셜 에너지는 상자 속에서는 없는 것으로, 밖에서는 무한대로 설정**된다. 여기에서는 이러한 양자적 수식화는 피한다. 그 대신 쉽게 이해를 돕기 위해 입자가 파동의 성질을 가질 때 파동의 조건을 적용하여 설명하였다.

이때 파동에 있어 파장이 정확하게 상자의 폭(운동 방향을 의미)에 결 맞을 때 그 풀이가 가능하게 된다. 그리고 입자의 운동량이 파장에 관계되는 물리량을 도입하면 에너지가 양자화 되어 나타난다. 이를 물리적인 용어로 **물질파**라고 부른다. 이러한 파의 조건에서 원의 둘레 길이가 파장에 비례하는 조건을 주면 에너지 값이 결정된다. 그리고 그 에너지는 자연에 존재하는 상수 값-**플랑크 상수라고 부르며 보통 h**로 표기-과 입자의 질량에 해당되는 에너지 그리고 상자의 크기, 즉 원자나 핵의 크기에 관련된다.

$$E_n = \frac{h}{8mL^2} n^2 \quad (\mathrm{n} = 1,\ 2,\ 3\ \text{정수})$$

이때 에너지-질량 공식(아인슈타인의 상대성 원리에서 나옴)에 따라 질량 에너지를 mc^2, 여기서 c는 빛의 속도, 주면 분모에 hc^2의 형태가 되며 일정한 상수 값이 나온다. 정확히는 h를 2s로 나눈 값이 적용된다. 그러면 분자의 8이 2로 변한다. 그리고 **n으로 표기되는 정수**가 나오고 이 숫자가 양자화의 상징물 역할을 한다. 다시 말해 에너지 값이 연속적인 것이 아니라 띄엄띄엄 나오는 것이다. 이를 **에너지 덩어리라는 독일 단어에서 quantum**이라는 용어가 탄생하였다. 여기서 eV 단위로 환산하면 다음과 같은 결론을 얻는다.

$$E = \frac{(200)^2}{2(mc^2)L^2}\ eV$$

전자인 경우 질량 에너지, mc^2 는 약 500 keV, 핵자인 양성자와 중성자는 약 1000 MeV이다. 앞에서 나왔던 양성자나 중성자의 질량이 전자에 비해 약 2000 배 무거운 결과이다.

놀랍게도 이러한 간단한 모형이 분자, 원자, 핵에서 일어나는 에너지의 크기를 예측해 준다. 과학의 힘은 이러한 예측성에서 나온다. 만약 주어진 에너지 식에서 원자의 크기인 0.1 nm, 전자의 질량 에너지인 500 keV를 적용하면 몇 십 eV의 값이 나온다.

실제적으로 원자 스펙트럼을 조사하면 수십 eV가 나온다. 이른바 자외선과 엑스선 영역이다. 앞에서 나왔던 빛의 스펙트럼을 다시 보기 바란다. 그리고 분자인 경우 수 eV 정도 나오며 자외선 및 가시광선 영역이다. 더욱 놀라게 하는 것은 핵의 에너지 값이다. 수십 MeV이다. 분자나 원자 에너지에 비해 백만 배 이상 크다. 사실 핵의 에너지는 이렇게 백만 전자볼트, MeV, 로 나타내는 것이 일반적이다.

여기서 운동에너지에 퍼텐셜 에너지가 주어지면 보다 현실적인 답을 얻게 된다. 그러면 상자 속의 파동이 정확하게 경계에서 끝나는 것이 아니라 상자 경계를 넘어 분포하게 된다. 이렇게 경계를 뛰어 넘는 성질 역시 양자세계에서만 가능하다. 원자핵의 성질 중 가장 이상야릇한 핵의 붕괴 과정이 이러한 양자적 성질에 따른 결과이다. 이를 **터널 효과**라고 부른다. 원자에 있어 핵과 전자의 상호작용은 전자기력에 의해 설명이 되는데, 이 전자기력에 대한 퍼텐셜 함수는 잘 알려져 있다. 따라서 수소원자인 경우 완벽하게 해답이 나온다. 그러나 핵의 퍼텐셜 함수는 정해진 것이 없다. 다만 실험적 결과, 특히 마법수라는 핵의 구조적 성질을 제대로 재현해주는 퍼텐셜이 존재하는데 용수철 운동에 해당되는 용수철 퍼텐셜이 이에 해당된다.

3.3 퍼텐셜 에너지와 주기율

3.3.1 원자의 퍼텐셜 에너지와 양자 번호

원자인 경우 해당 퍼텐셜 에너지는 수학적으로 알려진 함수로 주어진다고 하였다. 왜냐하면 전기적인 상호작용에 따른 힘이기 때문이다. 물론 중력인 경우에도 퍼텐셜 에너지는 중력법칙에 따른 함수로 완벽하게 주어진다. 다만 전자기력에는 인력과 반발력이 존재하는데 핵은 양전하, 전자는 음전하를 가지고 있어 원자는 인력이 작용한다. 지금부터 퍼텐셜 에너지와 원자나 핵의 주기성질의 관계를 살펴보기로 한다.

그림 3.10이 전자기력에 대한 수소 원자의 퍼텐셜 함수를 보여준다. 이와 같은 함수는 거리에 대하여 역, 즉 분수 꼴로 나오며 수학적인 표기는 **U = −A/r** 이다. 여기서 A는 물리량에 따른 상수이고, r은 두 물체 간 거리이다. 간단히 y = −1/x이라고 보면 좋다. 주어진 방정식을 풀면 다음과 같은 결론을 얻는다.

$$E_n = -13.6\frac{1}{n^2}\,eV$$

여기서 13.6 eV 라는 상수 값은 방정식에서 나오는 여러 가지 물리상수, 예를 들면 전자의 질량, 전자의 전하량, 유전율, 플랑크 상수 등에서 유래된다. 따라서 에너지는 그림에서처럼 양자수 n의 값에 따라 주어진다. n = 1 일 때가 가장 낮은 에너지를 가진다. 이를 **바닥 상태 (ground state)** 라고 부르며 그 이상의 에너지 준위들을 **들뜸 상태 (excited states)** 라고 한다. 전자가 구속되어 있는 관계로 에너지는 음으로 주어졌다. 그러면 전자가 떨어져 나갈 때의 에너지는 0 이 되며 n = 1 일 때 에너지가 −13.6 eV가 되고 이 값이 수소원자의 이온화 에너지에 해당된다.

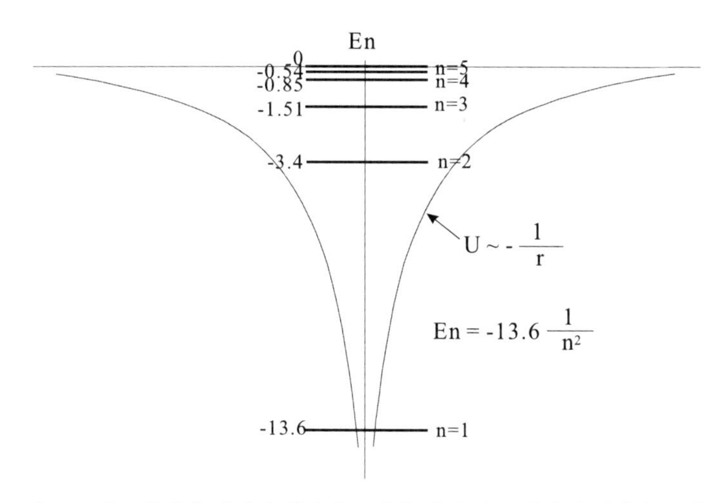

그림 3.10 수소원자의 퍼텐셜 에너지 모양과 이에 따른 양자적 에너지 준위들. 원자 속에 전자는 갇혀 있다는 의미로 에너지 값들이 음으로 설정되었다.

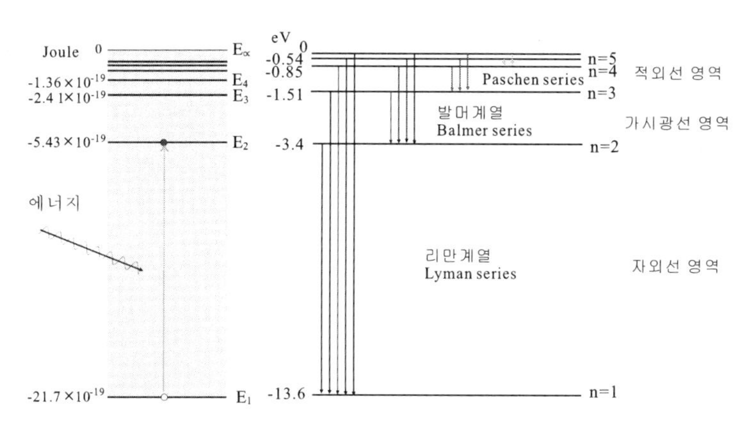

그림 3.11 수소원자의 에너지 준위도. 일상적으로는 에너지를 주울(Joule) 단위로 나타내나 양자세계를 이루는 분자, 원자, 원자핵 등의 에너지는 전자볼트, eV, 단위로 정한다. 만약 주울 단위 에너지에 아보가드로수를 곱하면 일상생활에서 접

하는 에너지 크기가 나온다. 고등학교 교과서 혹은 일반 과학 이야기에서 나오는 수소 스펙트럼 이름들-발머 (가시광선), 리만 (자외선), 파센 (적외선) 등-에 대한 빛 에너지와 에너지 준위와의 관계도 표시하였다.

이때 수소원자의 들뜸 상태들에서 전자가 들떠 있다가 바닥상태나 그 밑에 있는 들뜬 준위로 떨어질 때 그 에너지 차이만큼 해당되는 빛, 정확히는 광자가 발생한다. 이러한 광자들의 에너지 상태들을 수소의 스펙트럼이라고 한다. 그림 3.11이 이러한 스펙트럼 선을 보여주는 수소 원자의 에너지 준위도이다.

그런데 전자는 3차원 공간상에서 운동한다. 그러므로 방향성이 존재한다. 그러면 3차원 공간에 대해서 n에 대한 양자번호는 세 가지로 나타나야한다. 즉 x, y, z 축에 대한 n_x, n_y, n_z이다. 그러면 총 양자수에 대한 것은 $n^2 = n_x^2 + n_y^2 + n_z^2$ 이 될 것이다. 그렇지만 원자인 경우 공꼴(원형) 좌표계를 적용해야 한다. 그림 3.12를 보자.

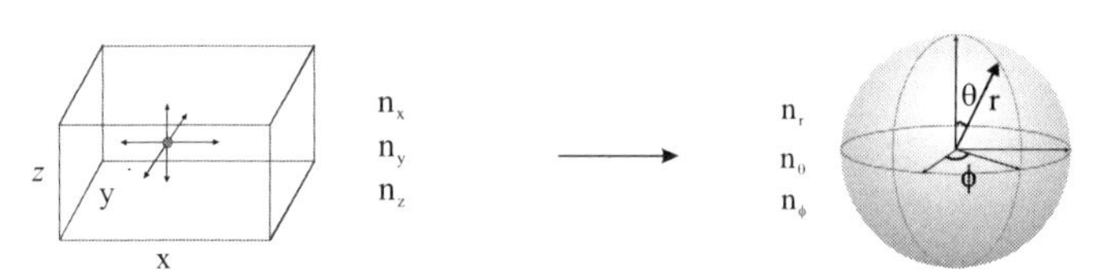

실제적인 상자는 3차원 공간 (x, y, z)을 갖는다. 따라서 이에 대응되는 양자수 n 역시 세가지이어야 한다.

원자의 모형은 공꼴에 가깝기 때문에 3차원을 묘사하는 좌표는 공꼴좌표가 적합하며 이에 대응되는 양자수도 세가지가 존재한다.

그림 3.12 3차원의 양자공간을 기술하는 좌표. 원자나 핵인 경우 공꼴(원형)을 하고 있기 때문에 공꼴 좌표를 가지고 방정식을 푼다.

이때 관계되는 좌표가 지름 방향의 r. 그리고 z 방향을 기준으로 하는 각도 방향을 결정하는 t, 이는 곧 위도에 해당한다. 마지막으로 경도에 해당되는 i이다1그러면 $n^2 = n_r^2 + n_\theta^2 + n_\phi^2$ 가 되고 에너지 관계는 다음과 같이 표현될 수 있을 것 같다.

$$E_n = -13.6\left(\frac{1}{n_r^2 + n_\theta^2 + n_\phi^2}\right) eV$$

그러나 이렇게 되지 않는다. 3차원 공간에서 나타나는 물리량 중 방향성을 결정하는 것이 각운동량이다. 앞에서 나온 바가 있다. 그러나 이 역시 양자화 되어 나타나는데 각운동량에 해당되는 물리 상수인 플랑크 상수가 포함된 L^2 = l(l+1)h/2s 이다. 이때 각운동량 양자수 l 은 l = 0, 1, 2, 3, ··, (n−1) 처럼 나온다. 그리고 n_ϕ 에 관계되는 양자수는 각운동량이 z 축에서 빛을 발했을 때 x−y 평면에 나타나는 그림자의 방향과 크기이다. 그림 3.12를 보면 이해가 될 것이다. 그리고 양자 기호를 m 으로 표기하면 m = −l, −l+1,··, −1, 0, 1, l−1, l 로 나온다. 이때 l 을 궤도 양자수, m 을 자기 양자수라고 한다. 외부에 자석, 즉 자기장을 걸어주면 이 양자화에 따른 스펙트럼의 분리가 관측되기 때문에 이러한 이름이 붙었다. 이른바 그림자라고 보면 이해가 쉽게 갈 것이다. 여하튼 궤도에 대한 방향을 알려주는 양자수로 보면 된다. 이를 정리한 것이 그림 3.13이다.

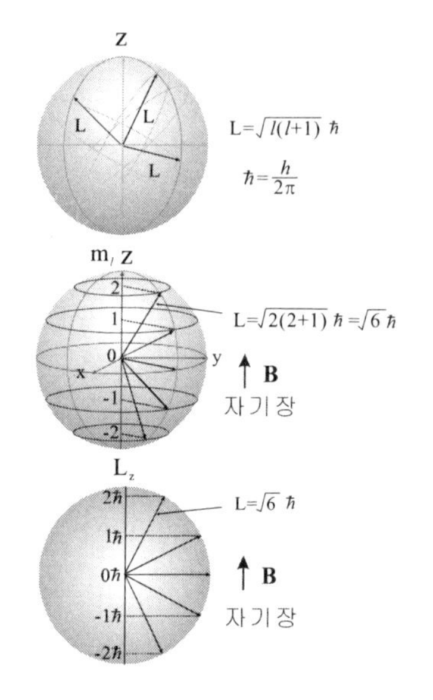

(a) 궤도 양자수 : 각운동량의 크기는 궤도양자수 l 로 결정된다.

(b) 자기 양자수 : 자기양자수 m_l은 각운동량의 방향을 정한다.

(c) 궤도 양자수가 2인 경우 자기장의 방향인 z방향으로 각운동량이 양자화된 모습.

그림 3.13 각 운동량에 대한 양자화 모습. 여기서 h는 플랑크 상수라 하여 양자세계를 대표하는 상수이다. 각운동량의 차원을 가진다. 자기양자수는 궤도 양자수에 대한 그림자라고 보면 된다. 궤도 양자수 2인 경우 그 그림자는 2, 1, 0, −1, −2 등이 된다. 따라서 l = 2인 궤도에는 전자의 스핀 상태까지 고려하면 10 개의 전자가 채워질 수 있다. 이러한 10 개의 채워짐이 주기율표 상에서 d-block 전이 원소로 나타난다.

그런데 전자는 자체 자전도 한다. 이를 **스핀(spin)**이라고 부르며 양자화 된 기호와 그 값은 그림 3.14와 같다.

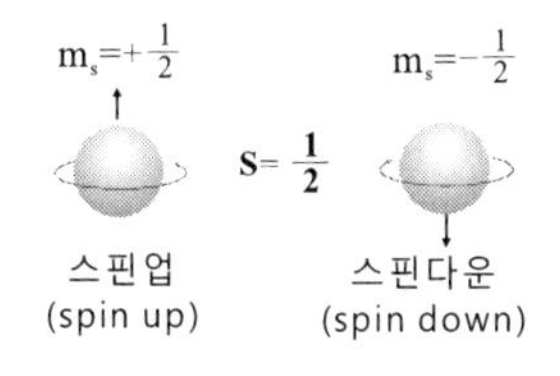

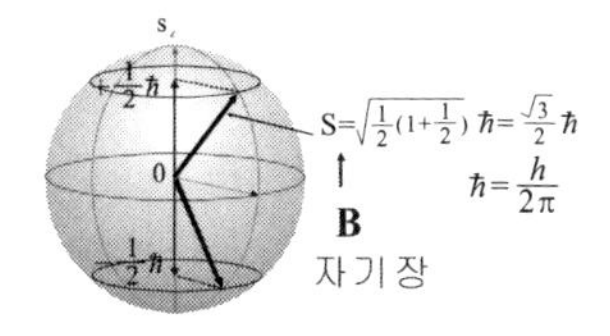

(a) 스핀 양자수　　　　(b) 전자스핀의 크기와 방향

그림 3.14 전자 자신의 회전에 따른 스핀 각운동량에 대한 양자화의 모습. 이번에는 정수가 아니라 1/2이라는 분수가 나온다. 이에 대한 그림자는 +1/2, −1/2 등 2가지로 된다. 양자세계의 법을 보면 이러한 양자 상태에 오직 하나의 입자만 들어갈 수 있다.

이번에는 이러한 궤도 양자화에 따른 전자의 분포가 어떻게 묘사되는지 살펴보기로 한다. 앞에서 l = 2 인 경우를 들었지만 보다 이해를 쉽게 하기 위해 l = 1 을 선택하기로 하자. l = 1 이면 그 그림자는 3개가 생긴다. 즉, l_m = −1, 0, +1 이다. 비록 공 꼴 좌표에 의해 주어지지만 일반적으로 정6면체 좌표인 (x, y, z)로 나타내기로 한다. 그러면 전자의 방향성에 대한 확률 구름은 그림 3.15와 같은 모습을 갖는다. 아울러 s 궤도에 대해서도 비교를 위해 그려 넣었다.

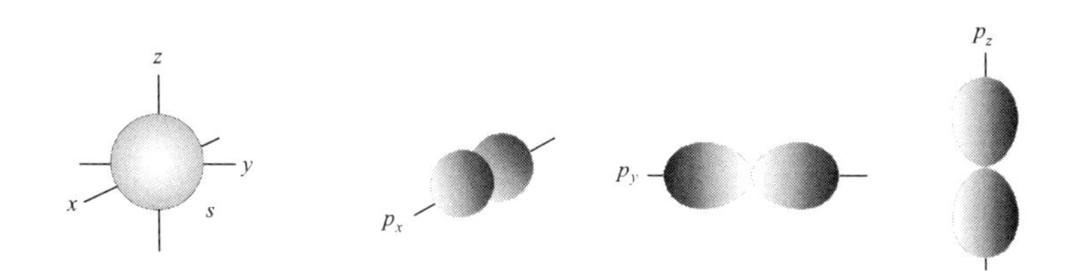

(a) s 궤도 함수 분포　　　　(b) p 궤도 함수 분포

그림 3.15 $l=0$ 과 1인 s 궤도와 p 궤도 함수들에 대한 확률 분포. s 궤도는 방향에 대한 양자성이 없어 공 꼴 분포를 한다. 반면에 p 궤도 함수는 세

가지 방향으로 양자화 되는데 여기에서는 x, y, z 축을 기준으로 나타내었다. 탄소의 다채로운 결합 상태는 이러한 p 궤도와 관련이 된다.

이러한 p 궤도의 확률 분포가 분자를 형성할 때 아주 중요한 역할을 한다. 나중 다루게 된다. 이제 원자에 대한 모든 양자수를 고려하여 정리하면 표 3.1과 같다.

표 3.1 원자 안에 있는 전자에 대한 양자수.

명칭	기호	값	물리량
주양자수	n	1, 2, 3, ..	전자의 에너지
궤도양자수	l	0, 1, 2, .., n-1	각운동량의 크기
자기양자수	m_l	-l, .., 0, l	각운동량의 방향
스핀양자수	m_s	1/2, -1/2	스핀의 방향

이때 주양자수 n의 값에 따라 해당되는 껍질 이름이 존재 한다 (표 3.2). 발견되는 순서에 따라 붙여진 이름으로 역사적 산물이다.

표 3.2 주(主; main) 양자수에 대한 껍질 기호.

n	1	2	3	4	5
기호	K	L	M	N	O

아울러 궤도 양자수에 따른 껍질, 이를 아래 껍질을 의미하는 부(副) 껍질(sub shell)이라고 부른다. 그 이름들을 표 3.3에 실었다. s, p, d, 등 역시 과학사에 있어 발견될 때마다 호칭이 붙여진

결과이다. 예를 들면 s는 sharp(예리한)를 의미한다.

표 3.3 궤도양자수에 대응되는 부(아래) 껍질과 그 명칭.

l	0	1	2	3	4	5	6
명칭	s	p	d	f	g	h	i

그리고 주양자수에 따른 궤도 양자수와의 대응관계는 표 3.4와 같다. n = 1이면 궤도 양자수는 0 만 존재할 수 있으며 이를 1s로 표기한다. n = 2이면 궤도 양자수는 0과 1이 주어질 수 있다. 그러면 2s, 2p 로 표기된다. 1s 에는 전자가 2개(스핀업, 스핀다운) 들어갈 수 있다. 여기서 n = 1의 주 껍질이 닫힌다. 헬륨 원소이다. 2s 에도 2개의 전자가 포진할 수 있다. 그리고 2p 에는 모두 6개의 전자가 들어갈 수 있다. 그러면 n = 2의 주 껍질에는 모두 8개의 전자가 들어갈 수 있다. 그러면 n = 1의 것과 합치면 10개의 전자 수가 나온다. 이른바 네온(Ne) 원소이다. 그림 3.16을 보기 바란다.

표 3.4 원자 안의 전자의 양자 상태들에 대한 기호.

	l = 0	l = 1	l = 2	l = 3	l = 4
n = 1	1s				
n = 2	2s	2p			
n = 3	3s	3p	3d		
n = 4	4s	4p	4d	4f	
n = 5	5s	5p	5d	5f	5g

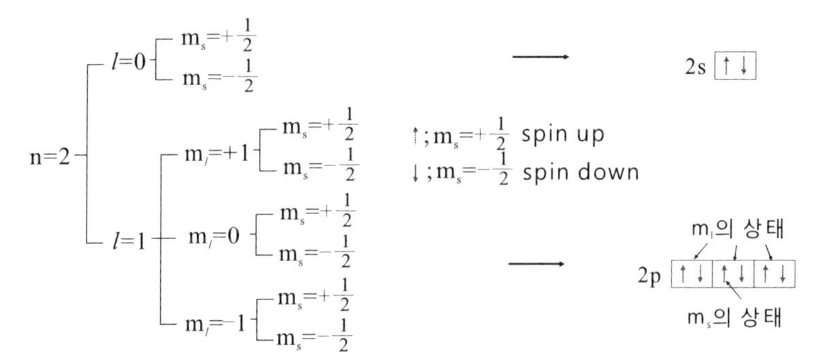

그림 3.16 주양자수 n = 2에 대한 전자 배열. 모두 8개의 전자가 점유될 수 있다.

일반적으로 껍질 n에 대하여 모두 $2n^2$ 개의 양자 상태가 존재하며 이 만큼의 전자들이 차지할 수 있게 된다. 전자가 배치될 때 주껍질 혹은 부(아래)껍질을 완전히 채우게 되는 경우 이를 닫힌 껍질(closed shell)을 이룬다고 한다. 전자들의 배치(configuration, 혹은 배위라고도 부름)가 이렇게 닫힌 껍질을 이루게 되면 전자들의 총 스핀은 0이 되어 이에 해당되는 원자는 자기쌍극자 모멘트(즉 자석에 해당됨)를 갖지 못한다. 이러한 결과 닫힌 껍질에 있는 전자들은 외부의 전자들과 상호 반응을 하지 않게 되어 안정된 원자 상태를 이룬다. 이러한 원자들이 주기율표 상 8A족(공식적으로는 18족) 원소들인 **불활성 기체들(inert gases)**이다.

그런데 수소 이상의 원소들에 해당되는 다(多; many) 전자 원자들에 있어서 전자 배치는 주양자수에 따라 차례대로 채워지지 않는다. 그림 3.17에서 보듯이 주양자수 4에 해당하는 4s 상태의 에너지 준위가 주양자수 3의 3p 궤도준위보다 낮다. 가령 원자번호 19번인

K(칼륨, 영어로는 potassium)인 경우 3p 를 채우고 나서 3d 로 가는 것이 아니라 4s 상태에 전자가 배치된다.

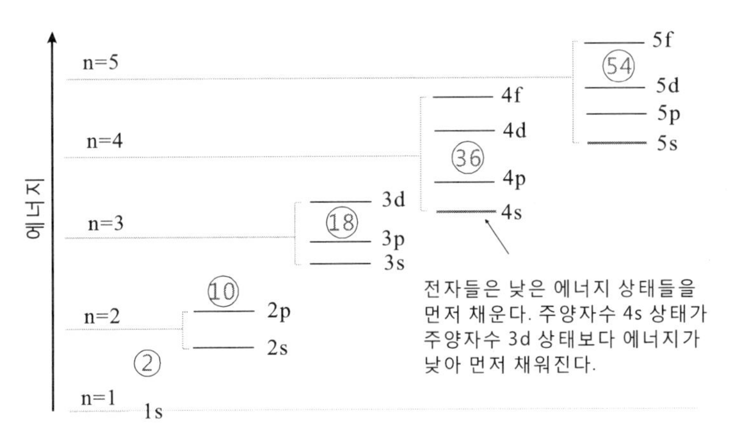

그림 3.17 수소원자 이상의 다(many) 전자 원자들에 대한 에너지 상태와 그 순서도. 붉은 색의 번호가 비활성 기체에 해당되는 원자 번호이다.

그림 3.17에서 빨간색으로 표시된 숫자는 껍질 닫힘(shell closure)에 따른 특수 번호로 이 번호에 해당되는 원소에 의해 나타나는 물질 상태가 불활성 기체이다. 'inert'를 비활성(非活性)이라고 불러도 좋다. 다른 원소들과 반응을 하지 않아 화학적 결합이 약하여 기체 상태를 유지하기 때문이다. 핵물리학에서 이러한 껍질 닫힘에 의해 발생되는 핵자 번호를 **마법수(魔法數; magic number)**라고 부른다. 모두 역사적 용어이다.

3.3.2 원소의 주기율표 (Periodic Table of the Elements)

그림 3.18이 원소의 주기율표이다. 주기율표를 보면서 전자 배치도와의 상관성을 알아보자. 주기율표에서 1A족을 보면 모두 s^1

전자배치를 갖고 있다는 것을 알 수 있다. 2A족은 s^2 전자배치를, 3A인 경우 s^2p^1 전자배치를 하고 있다. 각 가족마다 이러한 형태로 구분 되어 있으며 각각의 가족에서 나타나는 비슷한 화학적 성질들이, 결국은 전자배치의 유사성에서 나오는 것임을 알 수 있다. 주기율 표 상에서 1A, 2A 족 원소들은 부껍질에 해당하는 s 궤도를 채우고 있는데 이를 **s-형 원소** (s-block elements)라고 하고, 3A에서 8A 족까지의 원소들은 p 궤도를 채우고 있어 **p-형 원소** (p-block elements)라고 부른다. 이와 반면에 표의 중앙 전이 금속들은 d 궤도를 채우고 있어 **d-형 원소**(d-block elements)라고 한다. 여기서 덩어리나 어떠한 형태를 나타내는 block을 형(型)이라는 한자어로 표시했다. 그냥 블록이라고 해도 무방할 듯하다.

이러한 d-형 원소들 중 철(Fe), 코발트(Co), 니켈(Ni) 등은 자석의 성질이 강한 것이 특징이다. 그 이유는 4s를 채우고 난 다음 나머지 전자들이 3d 부껍질을 채우면서 스핀이 같은 상태를 유지시키려는 속성 때문이다. 이러한 전자들의 성질은 **훈트의 규칙** (Hund's rule)으로 알려져 있다. 철인 경우 6개의 전자 중 3d 껍질의 다섯 개의 방 중 1개의 방에서만 짝을 이루고 나머지 4개의 방에는 같은 스핀 상태의 전자들이 배치되어 그 만큼 자기모멘트의 크기가 세어져 강자성 물질이 된다. 그리고 4f 궤도와 5f 궤도에 해당되는 원소들을 특별히 **희귀족 원소**(Rare earths; **그대로 한자를 빌려 희토류**(稀土類)라고 부른다. **희귀**핵을 상기하자.), '**악티움 계열 원소**'로 분류된다. 여기서 **f 궤도에는 모두 14개의 전자가 채워**질 수 있다.

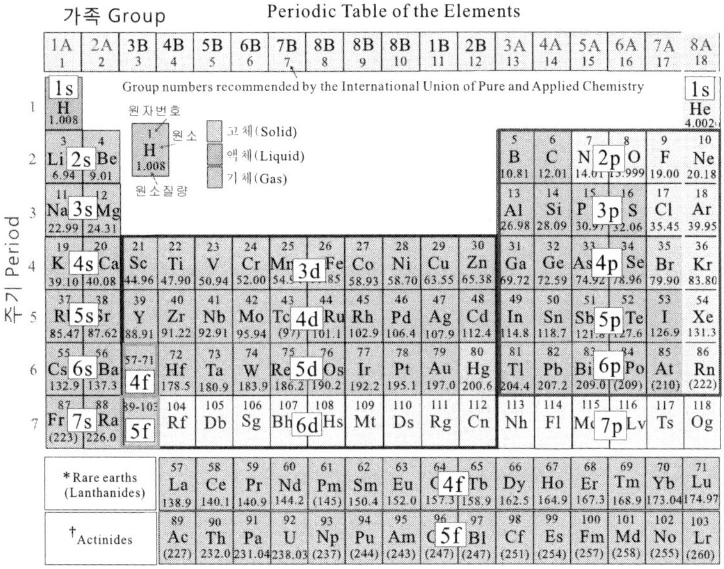

그림 3.18 원소의 주기율표. p (l = 1) 궤도는 6개, d (l = 2) 궤도인 경우 10개의 전자배치에 따라 원소의 전이성이 나오며, f (l = 3) 궤도는 14개의 전자 채움에 따른 특별 원소 가족이 나온다. 현재 118번까지 알려져 있다. A, B 등으로 구별된 가족 구별이 이러한 양자적 궤도의 전자 점유에 따른 것이다. 현재는 1에서 18까지 일률적으로 부르도록 되어 있다. 92번 우라늄 이상의 원소들은 모두 중이온 가속기에 의한 핵융합 반응으로 합성된 인공 원소들이다. 113번의 Nh는 일본에서 발견하여 일본 이름(日本; Nihon)이 붙여진 경우이다.

잠깐 여기서 지구에서 발견되는 원소들과 우리 몸에 분포된 원소들을 보기로 하자 (그림 3.19). 지구라 해도 지구 속과 껍질(지각, 地殼) 그리고 대기에 존재하는 원소들의 분포는 아주 다르다. 지구의 표면은 주로 산소(O); 46%, 실리콘(Si); 28%, 알루미늄(Al); 8%, 철(Fe); 5%, 칼슘(Ca); 3.5%, 나머지; 9.5% 등이다.

지구 속은 철이 압도적이다. 한편 인체의 원소 분포를 보면, 산소(O); 65%, 탄소(C); 18%, 수소(H); 10%, 질소(N); 3%, 인(P); 1%, 나머지; 1% 등이다. 산소와 수소의 양은 주로 물-H_2O-과 관련된다. 여기서 가장 주목해야 할 원소가 탄소이다. 앞에서 광합성을 이야기하면서 탄소동화작용에 따른 식물의 탄수화물 합성을 소개한 바가 있다. 생명 기원의 일등 공신이며 현대 기술의 기반을 이루는 특수 원소이다. 그리고 인(P)은 생명 진화 단계에 있어 유전을 좌우하는 역할을 한다. 그리고 철을 언급안할 수가 없다. 지구의 핵이면서, 동시에 생명체의 피의 핵심을 이루는 원소이기 때문이다. 기가 막힌 대비점이지 않는가? 인류의 발전사를 보면 철기 시대가 도래 하여 현대 문명까지 이어졌음은 주지의 사실이다. 사실 현재까지도 철기 시대라 해도 과언이 아니다.

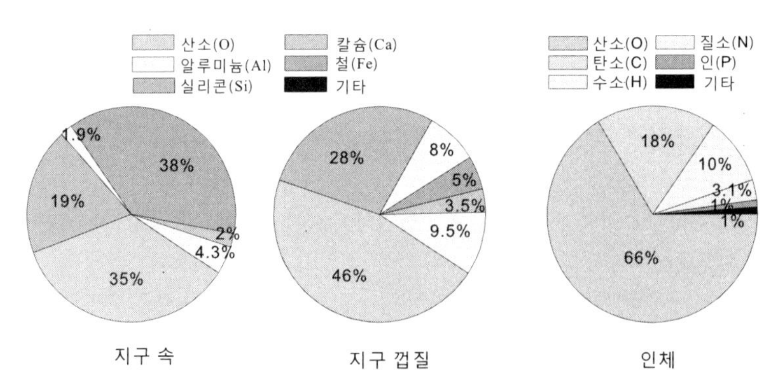

그림 3.19 지구와 인체에 함유되어 있는 원소의 비율. 지구의 겉보기(껍질)와 속에 함유된 원소들의 분포는 다르다.

3.3.3 특별 손님: 헬륨

태양에너지는 양성자와 양성자가 서로 충돌하는 과정에서 핵융합반응–nuclear fusion reaction–에 의해 최종적으로 헬륨핵–α 입자라고 부르며 글쓴이는 이를 **알파론**이라고 명명하고 있음–이 만들어진다. 앞으로 보게 되겠지만 헬륨핵은 희귀 핵종 연구에서 기본 핵자로도 작용한다. 이제 헬륨 원자의 다양한 성질을 보기로 하겠다. 헬륨 원자는 전자 두 개를 가진다. 이에 따라 수소 원자에 비해, 수반되는 양자 번호들이 두 개의 전자가 가질 수 있는 수에서 서로 더하고 빼지면서 보다 복잡해진다.

이제 두개의 전자가 궤도 각운동량에 있어 $l_1 = 1$ 과 $l_2 = 1$ 를 갖는다고 하자. 이 때 궤도 각운동량의 결합은 l_1-l_2 에서부터 l_1+l_2 까지의 값을 가질 수 있다. 여기서 l_1-l_2 의 값은 부호에 상관없이 양의 값만을 취한다. 따라서 L = 1, 2, 3 이다. 스핀 양자수는 오직 1/2 이므로 S = 0 과 S = 1 을 갖는다. 총 각운동량 J 는 L–S 와 L+S 사이의 모든 값을 가질 수 있으므로 J = 0, 1, 2, 3, 4 의 값들을 갖는다. 한 원자의 총 전자 궤도 상태를 표시하는 방법은 다음과 같다. 우선 총 궤도 각운동량은 궤도함수를 s, p, d 등으로 표기한 것과 같이 양자수에 따라 이번에는 표 3.5와 같이 대문자로 표시한다.

표 3.5 총 궤도각운동량과 이에 따른 기호.

L	0	1	2	3	4
기호	S	P	D	F	G

만약에 L 〉 S 인 경우 J 는 L+S 에서 0을 거쳐 L–S 까지 가질

수 있으므로 결국 2S+1 개의 값을 갖는다. 이러한 상태를 **다중도(multiplicity)**라고 부른다. 따라서 S = 0 일 때 다중도는 1이며 이를 단일상태 혹은 **단일항 상태(a singlet state)**라고 한다. J = L, S = 1/2 이면 다중도는 2이며 이를 **이중항 상태(a doublet state)**라고 한다. J = L ± 1/2, S = 1 이면 다중도는 3이고, J = L+1, L, L−1 이다. 이를 **삼중항 상태(a triplet state)** 라고 부른다. 특히 **삼중항 상태는 헬륨을 비롯한 여러 원자에서 레이저나 플라즈마 혹은 인광 등의 원인을 제공하는 중요한 물리적 상태**이다. 위와 같은 LS 결합에 따른 총 각운동량 상태는 다음과 같이 표기 된다.

$$n^{2S+1}L_J$$

이 기호를 **항기호, term symbols,** 라고 부른다. 여기서 n 은 주양자수이다. 나트륨(Na)을 보자. 나트륨의 전자배열은 $1s^2 2s^2 2p^6 3s^1$ 이므로 최외각 전자를 기준으로 한다면 항기호는 $3^2S_{1/2}$ 가 된다. 다중도는 2S+1 = 2×1/2+1 = 2 이다. 그리고 총 각운동량의 크기는 J = 0+1/2 = 1/2 이다. 그리고 플루오르(F) 원자의 바닥상태 항기호는 다음과 같다. 즉 F 의 전자 배열은 $1s^2 2s^2 2p^5$ 이다. 그런데 2p 에는 6개의 전자가 들어갈 수 있으므로 이 궤도에 전자 하나가 비어 있는 형태인 $2p^{-1}$ 로도 볼 수 있다. 그러면 L = 1 이다. 그리고 S = 1/2 이므로 J = L+S = 3/2 과 J = L−S = 1/2 이 된다. 따라서 항기호로는 $^2P_{1/2}$ 과 $^2P_{3/2}$ 이다. 마지막으로 탄소(C)의 들뜬 상태인 $1s^2 2s^2 2p^1 3p^1$ 배열에 대한 항 기호를 구해보자. 탄소에 대해서는 금방 나온다. $2p^1 3p^1$ 인 경우 l_1 = l_2 = 1, s_1 = s_2 = 1/2 인 두 전자 문제로 귀착된다. 따라서 L = 0, 1, 2, S = 0, 1 이다. 이에 대한 항기호로는 ^1S 과 ^3S, ^1P 와 ^3P, ^1D 와 ^3D 에 해당된다. ^3D 일 때는 L = 2, S = 1 이므로 J = 1, 2, 3 을 가질 수 있으므로 $^3D_3$, $^3D_2$, $^3D_1$ 이다. ^1D 인 경우 L = 2, S = 0 이므로 J = 2 이다. 따라서 $^1D_2$ 이다. 마찬가지로 ^3P 는 삼중상태이고 이는 $3P_2$, $^3P_1$, $^3P_0$ 이다. ^1P 는 $^1P_1$ 이다. 마지막으로 ^3S 는 $^3S_1$ 이고 ^1S 은 $^1S_0$ 이다.

수소원자에 있어서는 최외각 전자가 하나로 되어 있어 단 하나의 전자의 양자 상태에 따라 에너지 준위가 결정된다. 그러나, 헬륨인 경우 두 개의 1s 궤도 전자가 있기 때문에 궤도 각운동량 L 과 스핀 각운동량 S 의 결합에 의한 LS 선택규칙이 중요하다. 그림 3.20이 헬륨원자의 에너지 상태와 이에 따른 전이(transitions)를 보여주는 준위도(level scheme)이다. 단일항 상태와 삼중항 상태를 분리하여 표기하였다. 헬륨원자의 다양한 준위들은 주로 한 전자는 바닥상태를 점유하고 다른 전자는 들뜬상태를 점유하는 데에서 나온다. 들뜬 전자는 보통 nano second, 10^{-9} s, 의 수명을 갖고 낮은 에너지 준위로 떨어지면서 광자(photon)를 내놓는다. 이때 광자는 양자역학적으로 각운동량이 1인 값을 가진다. **대단히 중요한 자연의 제약 조건**이다. 따라서 하나의 전자가 들뜸에 관여한다면 각운동량 변화가 없는 GL = 0 은 금지되며 오직 GL = Gl = ± 1 만이 허용된다. 또한 총 각운동량은 반드시 변해야 하므로 J = 0에서 J = 0 로의 전이는 금지된다. 이러한 헬륨 원자는 그림 3.20을 보면서 그 특징을 알아보자.

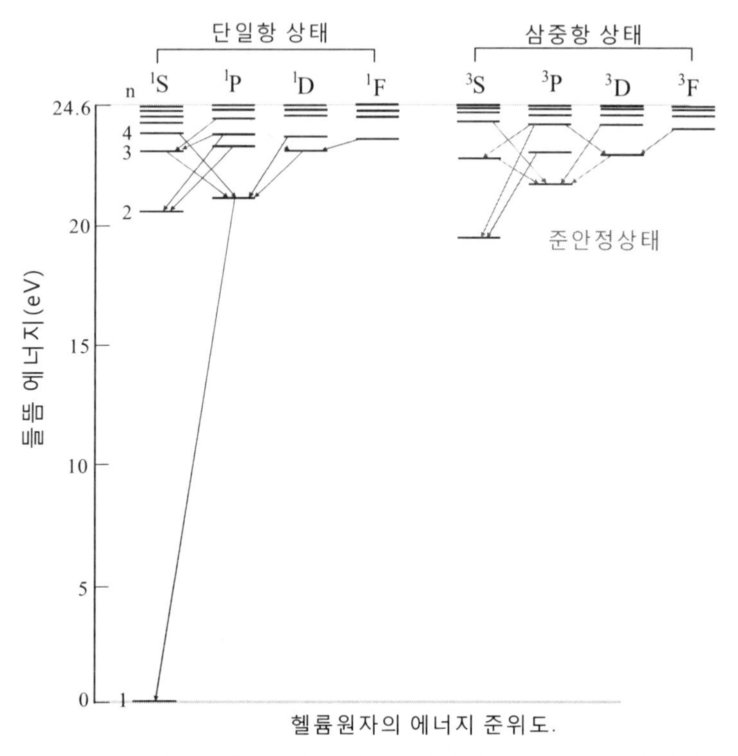

그림 3.20 헬륨 원자의 에너지 상태. 단일항 상태(평행 헬륨)와 삼중항 상태(직교 헬륨)로 구분된다. 배타원리에 따라 같은 스핀 상태, S = 1,에 있는 두개의 전자 준위는 존재할 수 없다. 준안정 상태는 전자 스핀 상태가 동일하여 바닥상태로 떨어지는 것이 금지된 조건에서 발생한다. 이 상태를 보통 아이소머 상태라고도 부른다.

첫째,

에너지 준위는 단일항 상태와 삼중항 상태로 나뉜다. 즉 두개의 전자가 스핀 결합을 할 때 반평행(antiparallel) 상태인 S = 0 과 평행(parallel) 상태인 S = 1 인 경우이다.

스핀에 대한 선택규칙은 GS = 0 이므로, 단일항 상태들과 삼중항 상태들과의 전이는 금지된다. 이때 단일항 상태들로 이루어진 헬륨을 평행헬륨(parahelium)이라고 부르며 삼중항 상태에 있는 헬륨을 직교헬륨(orthohelium)이라고 부른다. 만약 직교헬륨이 충돌에 의하여 들뜬 에너지를 잃으면 평행헬륨으로 변할 수 있다. 또한 평행헬륨이 충돌에 의해 에너지를 얻는다면 직교헬륨으로 변할 수 있다. 헬륨 기체에는 이러한 평행헬륨과 직교헬륨이 혼재되어 있다. 한편 직교헬륨의 가장 낮은 에너지 준위들은 **준안정 상태 (metastable state)**로 있게 된다. 왜냐하면 충돌과 같은 일이 없으면 복사가 일어나기 전까지 비교적 오랫동안(1초 이상) 이러한 상태를 유지하기 때문이다. 이를 **아이소머 상태**라고도 부른다. 이러한 아이소머 준위는 핵에 있어서도 중요한 역할을 담당한다.

둘째,

헬륨에는 1^3S 상태는 존재하지 않는다. 즉, 삼중항 상태에서 가장 낮은 준위는 2^3S 이다. 그림에서 준안정 상태라고 표기된 곳이다. 왜냐하면 n = 1 에서는 두개의 전자가 나란히 같은 스핀을 갖지 못하기 때문이다.

셋째,

바닥상태의 에너지와 첫째 들뜸상태의 에너지차가 크다. 이것은 닫힌 껍질에 두개의 전자가 단단하게 구속되어 있다는 것을 의미한다. 헬륨의 이온화 에너지, 즉 전자 하나를 헬륨원자에서 때어내는데 드는 에너지는 24.6 eV 로 원소 중 가장 높다.

이렇게 헬륨 원자에 대하여 자세히 설명하는 이유는 이와 같은 다양한 상태들이 원자핵에서도 비슷하게 나타나기 때문이다. 아울러 **원자의 항기호는 원자핵을 연구하는 과정에서 긴요한 정보**가 된다. 일반적으로 핵물리를 연구하는 학자들은 이러한 원자나 항기호에 대해 모르거나 무시하는 경우가 많다. 분자인 경우에는 아예 관심조차 없는 것이 현실이다. 그러나 원자핵을 연구하려면 반드시 섭취해야 할 연구 대상이다. **넓은 영역을 소화하여야만 위에서 쳐다볼 수 있는 능력이 생기며 자기 연구 분야에서 비로소 창조적인 발상을 할 수 있다. 대단히 중요한 교훈**이다. 이러한 중요성을 감안하여, 분자를 쳐다보고 아울러 탄소의 다채로운 성질을 소개하기로 하겠다.

3.4 분자의 다양한 얼굴

이제부터 분자의 구조를 살핀다. 원자인 경우 수소 이상의 원소들에서 나타나는 주기성은 수소 원자의 에너지 구조를 발판으로 설명하였다. 그러나 실상은 그리 간단하지 않다. 헬륨 원자만 하더라도 실제적으로는 아주 복잡한 에너지 스펙트럼을 보이기 때문이다. 그것은 전자의 고유 속성인 스핀 때문이다. 우선 수소 분자를 보면서 어떻게 전자들이 결합하는지 쳐다보기로 하자.

3.4.1 수소 분자

수소 분자는 수소 두 개가 결합이 되어 있으면서 동시에 전자 두 개를 공유하는 구조이다. 그림 3.21을 보자. 실험에 의하면 수소 분자는 수소 핵의 거리가 약 0.074 nm 일 때 가장 안정적임이 밝혀졌다. 이것이 우리가 공기 중에 분포되어 있는 수소이다. 단독의 수소 원자보다 분자로 형성되었을 때 더 안정이 되어 수소 원자는 수소 분자로 지구상에 분포되어 있다. 이와 같은 현상은 산소(O_2)와 질소(N_2)도 마찬가지이다. 그리고 이렇게 안정적인 분자이다 보니 다시 분자 끼리의 결합이 느슨해져 기체 상태를 이룬다. 주기율표에서 질소와 산소가 기체로 표시되어 있는 이유가 여기에 있다. 그러면 수소 분자는 그림 3.21의 구조가 전부일까? 여기서 가장 중요한 진실이 드러난다. 그것은 전자의 스핀 결합에 따른 기묘한 성질이다. 이제 물리학적으로 접근하기로 한다.

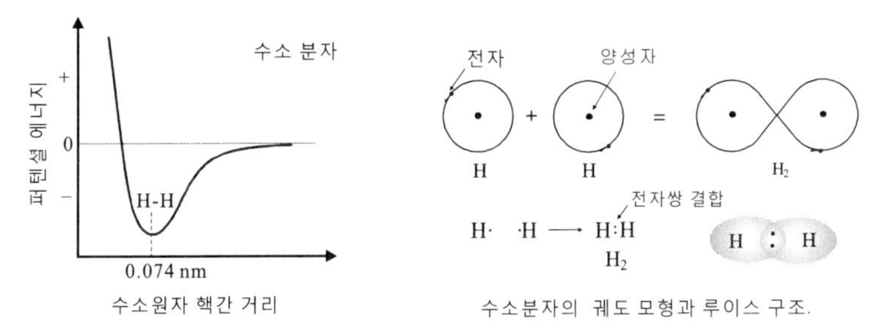

그림 3.21 수소 분자. 수소 원자 두 개가 결합된 상태를 화학적 관점-루이스 구조라고 부름-에서 묘사한 그림. 왼쪽은 수소 분자의 퍼텐셜 에너지 함수이다. 너무 가까우면 반발력, 아주 멀면 떨어져 독립적인 수소 원자를 형성한다는 의미를 담고 있다. 두 개의 핵자 사이의 퍼텐셜도 이러한 꼴이다.

이번에는 그림 3.22로 눈을 돌려 본다. 결합 하는 상태가 두 가지라는 사실이 드러난다. 하나는 두 개의 전자가 서로 다른 스핀 상태를 가질 때, 다른 하나는 서로 같은 스핀 상태를 가질 때이다. 앞에서 나왔던 양자 세계에서의 규칙인 배타원리가 적용되기 때문에 이러한 분리가 나왔다.

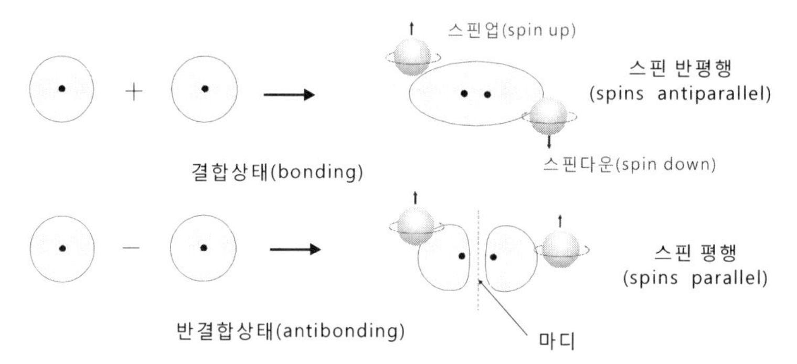

그림 3.22 수소 분자의 두 가지 결합 상태. 전자의 스핀 상태가 서로 다르면 같은 궤도를 공유할 수 있어 포개진 분포를 갖는다. 이와 반면에 스핀 상태가 서로 같으면 서로 밀쳐 내어 결합을 하더라도 포개지지는 않는다.

즉 스핀 상태가 서로 다르면 두 개의 전자가 같은 길(궤도)을 갈 수 있어 서로 포개질 수 있는 분포를 가지는데 이를 결합상태-bonding-라고 부른다. 이와 반면에 같은 스핀을 가지면 같은 길을 갈 수 없어 포개지지 않으면서도 가볍게 결합 하는 상태가 존재하며 이를 반결합상태-antibonding-라고 부른다. 따라서 결합 유형에 따라 퍼텐셜 에너지는 두 가지로 분리된다. 그림 3.23을 보자. 원자 사이의 거리에 따라 두 개의 가지로 분리되는데 반결합 상태는 아무래도 불안정하여 안정된 골짜기는 나오지 않는다.

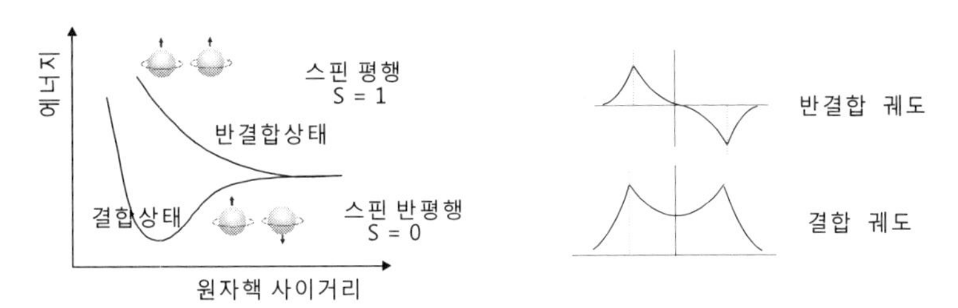

그림 3.23 수소 분자의 두 가지 결합 상태와 에너지 분포 및 분포 함수. 분포 함수인 결합 궤도와 반결합 궤도를 제곱하면 3.21에 그려진 전자 분포의 모습이 나온다. 결합 상태인 스핀 반 평행이면 총 스핀 상태는 0-스핀 차이는 GS = 1-이고, 반 결합상태의 총 스핀은 1-스핀 차이 GS = 0-이 된다.

이러한 결합 상태들이 분자의 성질을 규명하는데 주도적 역할을 한다.

3.4.2 탄소와 분자 결합

탄소의 성질을 이해하기 위해서는 분자의 구조를 알아야 한다. 다시 수소 분자를 그린 그림 3.22를 보기로 한다. 수소 분자는 원자 수가 2개이지만 원자 수가 아주 많은 분자가 대부분이다. 더욱이 덩어리를 이룰 때에는 아보가드로 수(1g 당 무려 10^{23} 개)를 고려해야 할 것이다. 그러면 사실 상 에너지 준위의 개수는 무한정으로 볼 수 있다. 이렇게 분리되지 않은 에너지 상태들의 영역을 띠, band, 라고 부른다. 이제 그림 3.24를 보기로 한다.

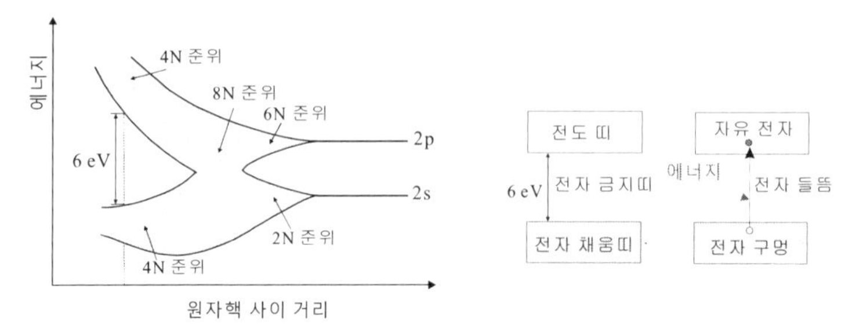

그림 3.24 N개의 탄소 분자 에너지 준위 구조. 탄소 원자는 6개의 전자를 가지므로, 1s 에 2개, 2s 에 2개, 1p 에 2개의 전자가 분포한다.

탄소 원자는 6개의 전자를 가지므로, 1s 에 2개, 2s에 2개, 1p에 2개의 전자가 분포한다. 그런데 탄소 원자들 사이가 어느 정도 가까워지면 s 궤도와 p 궤도가 서로 엉켜 붙는 현상이 발생한다. 이때 서로 겹쳐지는 것이 s 궤도의 반결합 상태와 p 궤도의 결합 상태이다. 그러면 s 궤도에 2개, p 궤도에 6개의 전자 수용이 합쳐져 모두 8개로 통일 된다. 그림에서는 N 개의 원자 수를 가정한 것이다. 여기 까지면 탄소의 성질이 설명 되지 않는다. 묘하게도 이렇게 뭉쳐지는 거리보다 조금 더 가깝게 되면 이번에는 역으로 반으로 쪼개진다. 이때 중요한 것이, **뭉쳐있었기 때문에 원래 가지고 있었던 원자 성질은 잃어버렸다**는 사실이다. 따라서 포갰다 갈라지는 경우 전자의 수용 능력이 반반씩으로 나누어진다. 그러면 낮은 곳에 4개, 높은 곳에 4개가 된다. 그리고 그 사이에 에너지 간극이 생긴다. 관측 결과에 따르면 약 6 eV이다. 이 에너지는 아주 높은 자외선 영역에 속한다. 그리고 밑에 4개의 전자가 가득 차 있고 높은 곳으로 들뜨지 못하는 조건이 형성된다. 결국 **탄소 물질은 부도체**가 되는 것이다. 이렇게 꽉 찬 준위 상태를 영어로 valence band라고 부른다. 그리고 텅빈 상태 공간을 conduction band라고 한다. 여기서 영어로 표기하며 설명하는 이유는 그 용어에서 문제가 발생하기 때문이다. 보통 valance band를 원자가(原子價) 전자대(帶), conduction band를 전도대(傳導帶)로 번역하여 부른다. 도대체 원자가(원자의 값)이라는 한자말이 왜 나왔을까? 사실 valence라는 용어는 전자 점유에 따라 이온 상태가 결정되는 역할을 하기 때문에 부여된 용어이다. 그리고 전도(傳導)는 전기나 열 등이 잘 흐르게 하는 길목을 의미한다. 그냥 **전도띠**라고 하면 무난하며 여기애서는 가끔 **비점유 띠**라고도 부르겠다. 그리고 valence band는 전자 채움 즉 **점유(채움) 띠**라고 하면 무난할 것이다. 그리고 이렇게 채워지는 준위들(띠)까지의 에너지를 **페르미 에너지**라는 전문 용어로 불린다. 물론 그 간격은 말 그대로 에너지 간극(간격; energy gap)이다. 그리고 채워진 곳에서 전자가 들떠 위로 올라가면 마치 바닷물에 기포가 생긴 것 같은 **구멍이 생기고 이를** hole이라고 부른다. 전자 구멍이다. 보통 영어에서는 당연하다고 보았을 때 그 단어는 생략해 버린다. 여기에서는 전자(electron)를 빼버린 경우이다. 전기 흐름, 즉 전류도 영어로서는 그냥 흐름(current)으로 통용된다.

탄소는 부도체일 뿐만 아니라 다양한 결합 상태를 만들어 낸다. 그런데 결합 상태를 보면 원자의 에너지 준위와는 판이한 모습을 보인다. 그것은 결합하는 팔이 네 개가 나오기 때문이다. 이러한 결과는 결합 상태와 반결합 상태와 연관 되는데 이것을 다른 각도로 보기로 한다. 메탄인 경우를 살펴보자. 탄소원자는 $1s^2 2s^2 2p_x^1 2p_y^1$와 같은 바닥상태의 전자 배열을 하고 있으며 4개의 채움(점유)

전자를 갖고 있다. **그런데 여기서 문제가 되는 것은 4개의 점유 전자 중 2개는 짝으로 존재하는데 어떻게 하여 탄소원자가 4개의 결합을 할 수 있는가**이다. 물론 앞에서 살펴본 결합과 반결합 상태들의 겹침과 관련된다.

탄소전자궤도의 들뜸 배열상태.

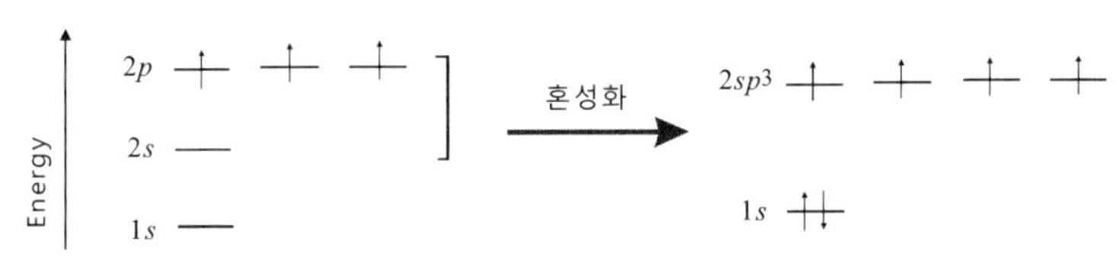

탄소원자의 혼성궤도 준위.

그림 3.25 탄소 분자의 들뜸 상태. 위 구조는 탄소원자의 전자 배열에 따른 것이며, 밑의 구조는 s 궤도와 p 궤도가 서로 섞이어 이루어진 혼성 궤도 구조이다.

문제에 대한 답은 하나의 전자가 낮은 에너지 상태인 2s 궤도에서 비어 있는 보다 높은 에너지 상태인 2p 궤도에 들떠 4개의 홀전자가 존재하는 $1s^2 2s^1 2p_x^1 2p_y^1 2p_z^1$ 와 같은 들뜬 상태 배열을 갖는 것이다(그림 3.25 위 구조). 그러나 두 번째 문제점이 발생한다. 즉, 들뜬 상태의 탄소가 결합을 위해 두 종류의 2s, 2p 궤도함수를 사용한다면 어떻게 동등한 4개의 결합을 이루는 것일까 하는 점이다. 더욱이 탄소원자 3개의 2p 궤도함수는 서로 90°의 각을 이루고

2s 궤도함수는 방향성을 갖고 있지 않다면 **탄소원자가 109.5°의 정사면체 각을 이루며 결합하는 실험 관찰결과를 어떻게 설명할 수 있을까**하는 문제에 봉착하게 된다. 그림 3.26를 보기 바란다.

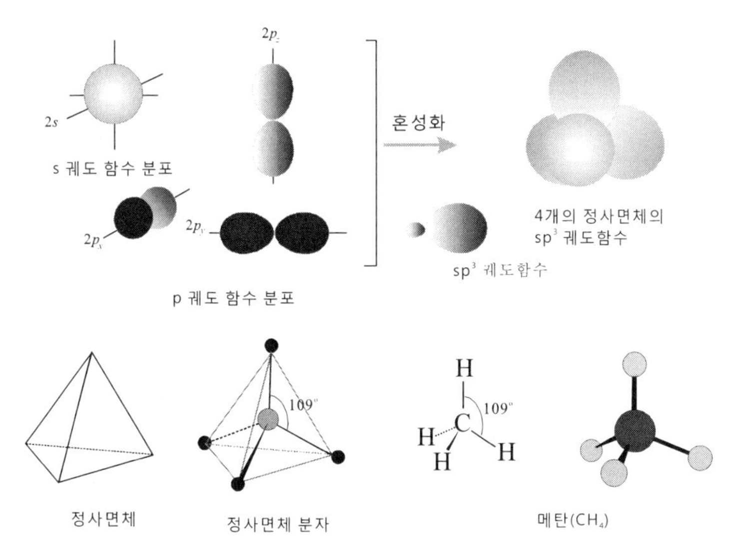

그림 3.26 탄소 분자의 혼성 궤도 구조 모형. s 궤도 하나와 p 궤도 3개가 뭉쳐 입체적으로 정사면체 구조를 갖춘다. 이때 네 개의 꼭지점에 수소 원자 4개가 결합하면 메탄(CH_4) 분자가 된다.

이에 대한 답이 **혼성궤도(hybrid orbital) 이론**이다. 1931년 미국의 화학자인 **폴링** (Lius Pauling, 1901-1994) 에 의해 제안되었고 이 공로로 노벨상을 받게 된다 (1954). 이 과학자는 노벨 평화상도 받는다 (1962). 그리고 DNA 연구에서도 정평이 나 있었는데 구조를 해석함에 있어 3가닥으로 꼬였다고 판단하는 실수를 한다. 하마터면 3번의 노벨상을 거머쥘 뻔한 20세기를 화려하게 수놓은 화학자이다. 폴링은 양자

세계에서 주어지는 방정식으로부터 유도된 s 와 p 궤도함수들의 파동함수들을 수학적으로 결합하여 혼성 원자 궤도함수라고 알려진 한 벌의 동등한 파동함수를 새롭게 만들어 해결하였다. 하나의 s 궤도함수가 들뜬 상태의 탄소 원자에 존재하는 3개의 p 궤도함수와 결합할 때, 소위 sp^3 혼성이라 부르는 4개의 동등한 새로운 궤도함수를 만들어 내었다. 이때 4개의 동등한 sp^3 혼성 궤도함수 각각은 원자 p 궤도함수 모양과 같이 두 개의 귓불(lobe)을 가지기는 하나 이 둘 중 하나는 다른 것보다 훨씬 더 크다. 이렇게 큰 4개의 귓불은 정사면체의 꼭지점을 향한다. 메탄의 구조가 이로써 말끔하게 설명되었다. 탄소의 다채로운 모습을 더 보기로 한다.

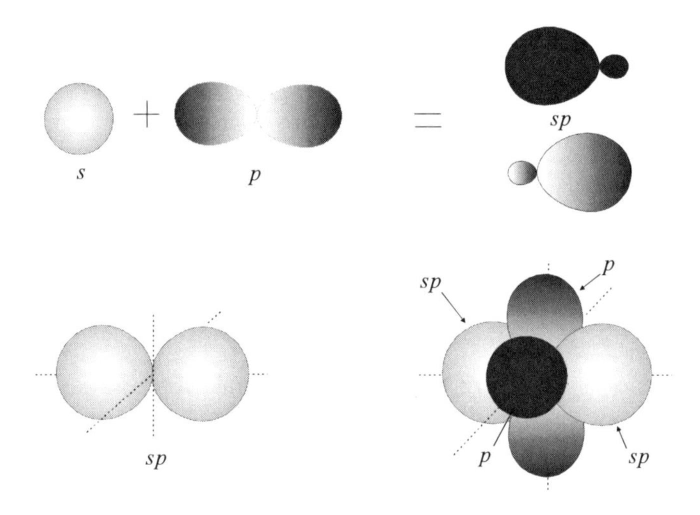

sp 혼성궤도 모형

그림 3.27 s 궤도 하나와 p 궤도 1 개가 뭉친 혼성 궤도 모형. 나머지 2개의 p 궤도는 정상적인 궤도 모양을 갖는다.

이번에는 탄소 원자 2개와 수소 원자 2개가 결합된 분자를 보자. 소위 용접에 사용되는 아세틸렌(C_2H_2)이다. 이때 혼성화는 s 궤도 하나, p 궤도 하나로 이루어지며 2개의 p 궤도는 독립적으로 존재한다. 2개의 전하구름을 갖는 원자는 하나의 원자 s 궤도함수와 하나의 p 궤도함수를 결합하여 혼성화를 이루는데 이러한 결합을 sp 혼성화라고 한다. 이때 180° 선형으로 배열된 2개의 sp 혼성궤도함수가 만들어 진다. 그림 3.27을 보라. 그런데 혼성화에 참여하지 않은 나머지 두개의 p 궤도 함수는 어떻게 될까?

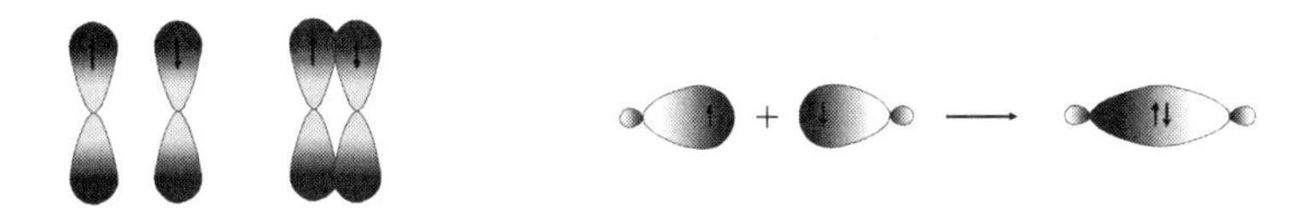

파이 결합(π bond) 시그마 결합(σ bond)

그림 3.28 sp 혼성 궤도의 시그마 결합과 p 궤도의 파이 결합 모습.

sp 혼성화된 원자에 있어 혼성이 안 된 2개의 p 궤도함수가 존재한다는 것은 다음과 같은 흥미 있는 결과를 가져다준다. 아세틸렌 분자내의 탄소원자가 갖고 있는 p 궤도 중 혼성화가 안된 2개의 p 궤도함수 또한 서로 접근하여 결합을 이룬다는 사실이다. 그림 3.28을 보라. 그런데, 이러한 결합은 측면으로 평행하게 접근하여 결합을 형성한다. 즉 공유전자가 두 개의 핵을 연결한 선의 위와 아래 영역을 점유하는 모습이다. **이러한 결합을 파이 결합**(s bond)**이라고 한다. 이와는 달리 정면 겹침에 의한 결합을 시그마 결합**(v bond)이라고 한다. 앞으로 두고두고 이 용어가 불쑥 불쑥 튀어나올 것이다. 여기서 시그마는 영어의 s를, 파이는 p에 대응되는데 이른바 s 궤도와 p 궤도를 상징한다. 대단히 중요한 결합 용어이다.

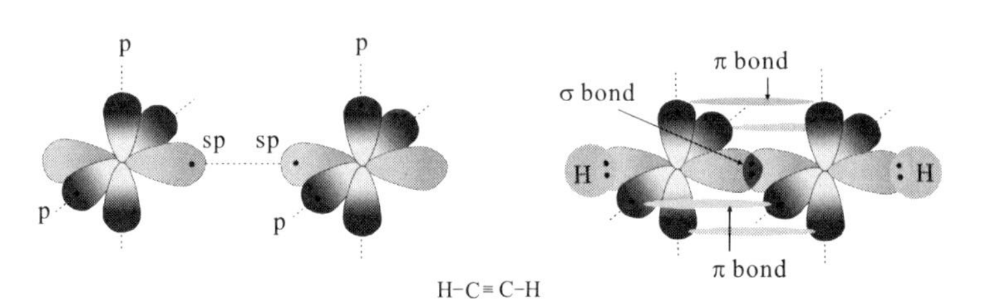

그림 3.29 아세틸렌의 sp혼성 결합과 입체적인 모습. 두 개의 탄소 결합은 하나의 정면 결합인 시그마 결합과 두 개의 p 궤도에 있는 전자들의 측면 결합인 파이 결합에 의해 모두 삼중 결합을 갖는다. 탄소는 네 개의 팔을 가지므로 나머지 하나 가지에 수소가 붙는다. 따라서 이러한 분자 구조를 표시할 때 탄소와 탄소 사이를 3개의 선으로 연결한다.

아세틸렌의 구조는 그림 3.29에 묘사되어 있다. 보면, 2개의 p 궤도는 위와 아래로 배열되어 있으며 2개의 p 궤도는 앞뒤로 배열되어 있다는 사실이 드러난다. 따라서 sp 혼성궤도가 겹쳐서 형성된 1개의 v 결합과 함께 p 궤도의 겹침으로 이루어진 2개의 서로 수직인 s결합을 이루며 **3중 결합**을 한다. 나머지 2개의 *sp* 혼성 궤도는 수소 1s 궤도와 겹쳐 2개의 C–H 결합을 하여 아세틸렌을 형성한다.

마지막으로 이중 결합 상태를 살핀다. 이러한 이중 결합은 5장에서 벤젠 분자를 소개할 때 탄소의 역동적인 모습에서 더 소개될 것이다. 그림 3.30을 보자.

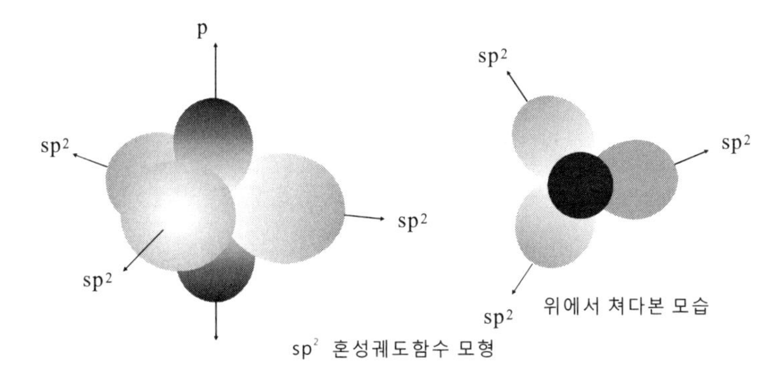

그림 3.30 sp^2 혼성 궤도 모형.

3개의 전하구름을 갖는 원자는 1개의 원자 s 궤도와 2개의 p 궤도가 결합하여 혼성화를 이룰 때 sp^2 혼성궤도가 발생한다. 이들 3개의 sp^2 혼성궤도는 동일 평면상에 놓이며 **정삼각형의 꼭지점**을 향해 있다. 1개의 p 궤도는 변하지 않고 sp^2 궤도평면에 수직으로 배열된다.

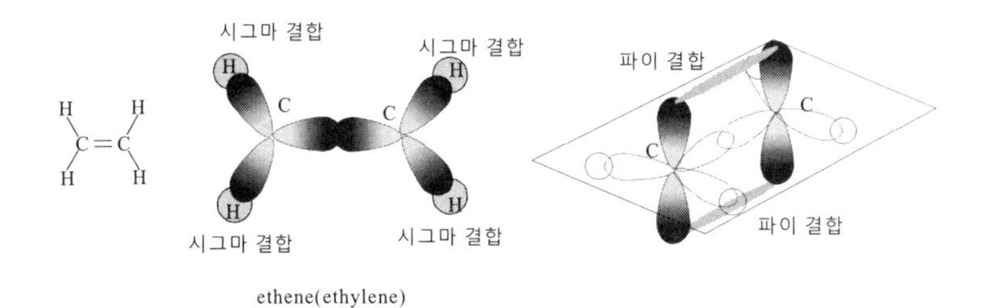

그림 3.31 에틸렌 분자의 기호와 입체적 구조. 수소와는 정면으로 결합하며 시그마 결합을 이룬다. 탄소와 탄소 결합은 이와 같은 정면 결합과 함께 측면 결합인 파이 결합 등 두 가지로 이루어져 이중 결합을 형성한다.

sp^2 혼성화와 이에 대한 기하학적 중요성을 가장 잘 나타내어 주는 보기를 에텐(에틸렌, $H_2C=CH_2$)에서 찾아 볼 수 있다. 에틸렌은 폴리에틸렌을 공업적으로 합성하는데 사용되는 무색 기체이다. 이제 그림 3.31을 보자. 에틸렌에서 탄소 원자 각각은 3개의 전하구름을 가지고 sp^2 혼성화 되어 있다. sp^2 혼성화된 탄소 원자 2개가 서로 접근하면 sp^2 혼성궤도들끼리 정면으로 겹쳐 시그마 결합을 이루고 혼성화가 안된 p 궤도는 옆으로 겹쳐 파이 결합을 이룬다. 탄소원자에 있어 혼성에 참가하지 않는 p 궤도함수는 혼성궤도함수가 포함되어 있는 평면에 수직으로 분포되어 있다. 이러한 결과 **탄소-탄소 결합은 이중 결합**을 이루게 된다. 각 탄소에 남아 있는 2개의 sp^2 혼성궤도는 수소와 결합하여 $H_2C=CH_2$ 구조를 완성한다. 탄소 4개의 결합 팔 중 세 개는 같은 평면에서 수소 및 탄소와 직접 머리를 맞 댄 시그마 결합을 하고 있다. 입체적으로 보면 탄소-탄소 시그마 결합과 탄소-수소 시그마 결합들은 같은 평면을 이루고 있는 반면 파이 결합은 그 평면에 수직인 방향을 이룬다. 이제 특이한 3차원 구조가 된 것이다. 이러한 구조로 탄소 6개가 이어지면서 고리 형태를 갖는 것이 벤젠 분자이다. 5장에서 소개한다.

이제 분자의 실질적인 에너지 준위 구조를 살펴보도록 한다. 원자 두 개로 이루어진 분자만을 고려한다. 에너지 준위를 그릴 때는 다음과 같은 방식을 따른다. 즉 그림 3.32에서 보듯이 두 개의 고립된 수소원자 궤도는 양쪽에 그리고, 두 개의 수소분자 궤도는 가운데에 표시한다. 이때 중요한 것이 각각의 준위에 반결합이 추가 된다는 사실이다.

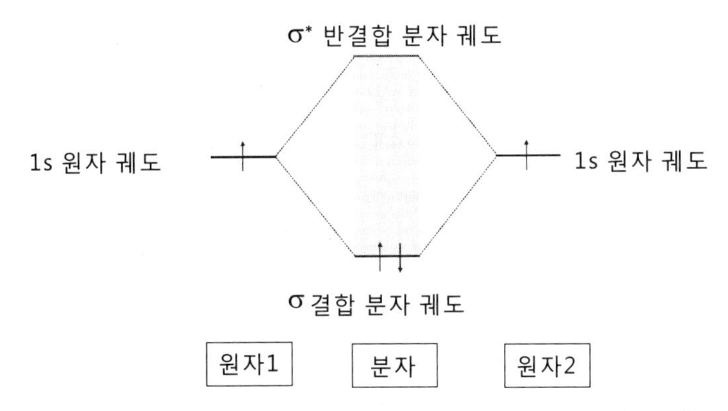

그림 3.32 두 개의 원자가 결합된 이원자 분자의 에너지 준위도. s 궤도의 시그마 결합이 결합 상태와 반결합 상태로 분리된다.

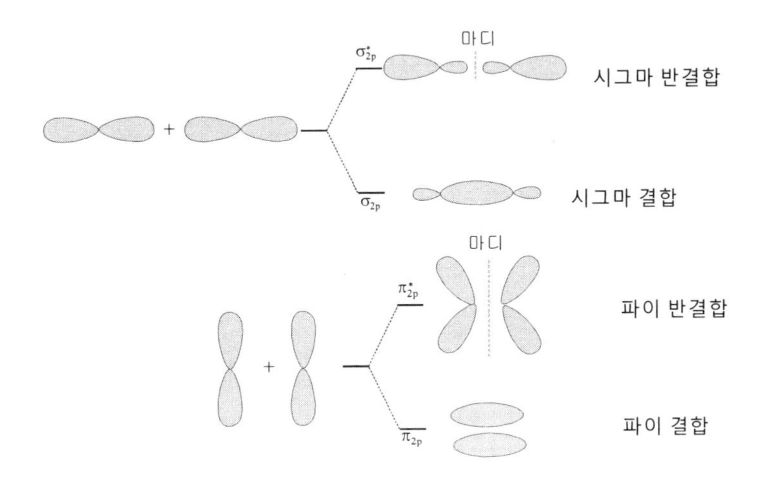

그림 3.33 p 궤도에 대한 결합 상태. 시그마 결합과 파이 결합이 다시 결합 상태와 반결합 상태로 분리된다.

다음으로 몇 개의 2주기 분자들 (N_2, O_2, F_2)에 대한 분자 궤도함수이론을 고찰하자 (그림 3.33). 주기율표에서 보듯이 2주기 원소들은 2s 와 2p 궤도를 가진다. 따라서 H_2에서와 비슷하게 질소(N)와 산소(O)에서는 2s 궤도에서 시그마 결합 및 시그마 반결합 상태를 형성하게 된다. 다음으로 2p 궤도를 보자. 이미 보았듯이 l = 1 인 궤도함수의 확률분포는 원점을 중심으로 8자 모양을 그린다. 이러한 p 궤도는 분자를 이룰 때 두 가지 형태로 결합을 할 수 있다. 하나는 정면으로 다른 하나는 측면으로의 결합이다. 우리는 앞에서 이 두 가지 결합 형태를 v 와 s 결합이라고 배웠으며 sp^2 혼성궤도에서 중요한 역할을 한다는 사실을 알았다. 따라서 정면으로 상호작용을 하는 v 결합은 다시 시그마 결합(σ_{2p})과 시그마 반결합(σ^*_{2p})으로 분자 궤도를 형성하게 되고 파이(π) 결합에서도 파이 결합(π_{2p})과 파이 반결합(π^*_{2p})의 분자 궤도를 형성한다. 화학에서 사용하는 기호를 참고로 사용하였다. 이상을 종합한 것이 그림 3.33이며 그림 3.34는 이를 바탕으로 한 2주기분자들에 대한 에너지 준위(energy levels) 그림이다. σ_{2p} 와 π_{2p} 혹은 이들에 대한 반결합 준위들은 분자들에 따라 그림과는 달리 서로 에너지 준위순서가 바뀔 수도 있다.

분자의 전자들은 이러한 분자궤도에 에너지가 낮은 순서대로 궤도를 점유해 나간다. 따라서 그림은 사실 분자가 외부적으로 에너지를 받지 않아 가장 안정된 상태, 즉 바닥상태일 때이다. 그러나 분자에 대한 정보들은 분자로부터 나오는 분자의 에너지 스펙트럼을 통하여 얻는다. 이러한 스펙트럼은 분자가 들뜬상태로 되었다가 다시 바닥상태로 돌아가는 과정에서 나온다. 이때 분자에 있는 채움 전자(원자가 전자)가 바닥상태에서 들뜬상태로 올라가 형성되는 에너지 준위를 특별히 전자 준위라고 한다. 왜냐하면 분자는 또한 **진동운동**과 **회전운동**을 할 수 있고, 따라서 분자의 에너지 스펙트럼은 진동운동과 회전운동에 의해서도 나타나기 때문이다.

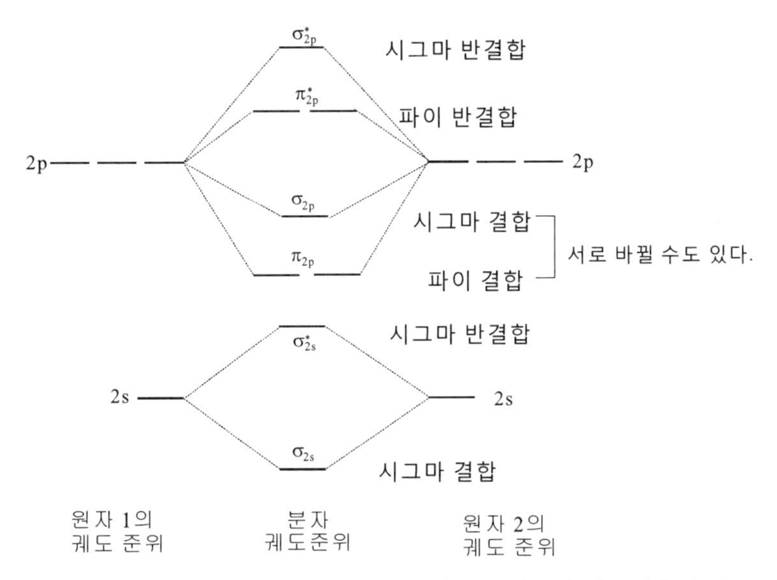

그림 3.34 원소 주기율의 2주기에 해당되는 분자들의 궤도함수에 따른 에너지 준위. 1s 궤도 역시 분리가 된다.

대표적으로 2주기 분자들인 질소(N_2), 산소(O_2), 플루오르(F_2)에 대한 전자 에너지 준위들을 그림 3.35에 나타내었다. 모두 기체 분자들이다. 사실 이러한 분자 궤도 함수를 유도하고 이해를 하는 것은 상당히 어려운 학문에 속한다. 우리가 중점적으로 다루는 핵의 에너지 준위와 함께 원자, 분자들에 대한 이러한 에너지 준위를 그리며 보여주는 것은 양자 세계의 특성을 조금이라도 이해시키기 위한 것임을 다시 한 번 강조한다.

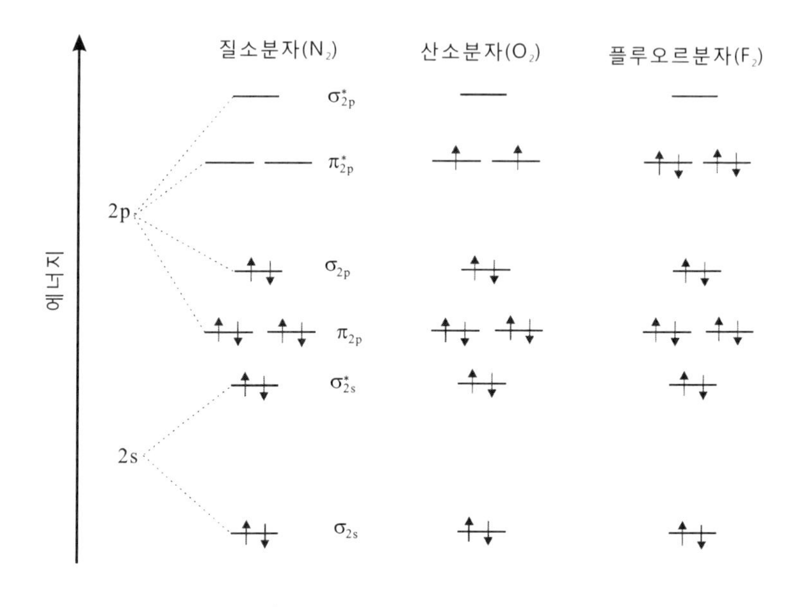

그림 3.35 2주기 원소들인 질소, 산소, 플루오르 분자들의 전자 에너지 준위 그림표. 산소분자인 경우 p 궤도의 파이 반결합 상태 방에 따로 하나씩 들어가는 것에 주목하자. 원자번호 9번의 원소명은 Fluorine이다. 한때 이를 불소(弗素)라는 이름으로 불렸고 지금도 사용되고 있다. 여기서 불은 사실 영어의 fluo의 음을 빌어다 쓴 용어이다. 영어 사전에 이 단어를 플루오르로 되어 있어 여기에서는 플루오르로 명명하였다. 형석(螢石)이라는 라틴어 fluorite에서 유래된 이름이다. 빛나는 광물로 이해하면 된다. 프라이팬이나 이의 코팅 재료로 쓰인다.

진동 운동은 주로 탄소와 탄소 결합 상태가 열적 에너지를 받을 때 나온다. 용수철에 연결된 두 개의 공을 생각하면 이해가 쉽다. 이러한 에너지는 전자 에너지에 비해 약 10배 정도 낮다. 아울러 회전 운동은 그러한 탄소-탄소, 혹은 탄소-산소 등의 결합이 외부 영향으로 회전할 때 나온다. 에너지가 가장 낮다. 종합적으로 분자의 에너지 크기를 비교해 보면 전자 에너지 준위는 수 eV 이고, 진동에너지 준위는 0.1 eV 그리고 회전운동에너지는 0.001 eV 정도이다. **물분자(H_2O) 역시 회전을 한다**. 이것이 음식이 초단파전기솥(microwave oven; 우리나라에서는 이를 전자레인지라고 부른다. 일본 문화를 답습한 것이다)에 의해 데워지는 이유이다. 초단파가 음식물 속에 있는 물분자를 어지럽게 회전 시키면 회전에너지에 의해 열이 발생하면서 음식이 달구어 지는 원리이다.

여기서 분자에 대한 에너지 준위-전자, 진동, 회전 등-에 대하여 언급하는 이유는 핵에 있어서도 이러한 3가지 에너지 형태가 나오기 때문이다. 이때 전자나 핵자에 따른 에너지 상태에 비해 진동이나 회전은 집단적인 형태로 발현되는 에너지 상태임을 이해하는 것이 중요하다. 아울러 분자에 대한 에너지 구조를 이해하여야만 여러 가지 검출기들에 대한 작동 원리를 이해하게 된다. 또한 분자들의 입체적 구조가 핵의 구조 형태를 이해하는데 큰 도움을 줄 수가 있다. 글쓴이가 지루하리만큼 분자에 대한 에너지 구조와 그 입체적 모습을 소개하는 이유가 여기에 있다.

참고로 몇몇 원소 이름에 대한 상식을 제공한다.

3.4.3 원소 이름에 얽힌 사연

원소 중 그 이름에 있어 우리들을 어지럽게 하는 것들이 있다. 그것은 원소의 표기와 영문 이름이 다른 원소들이다. 보기를 든다.

Na: 나트륨(Natrium)의 약자이다. 그런데 영문으로는 소듐(Sodium)이다. 한국 사람이 한국말로 표현할 때는 그냥 나트륨이라고 하면 될 것을 또 굳이 소듐이라고 하는 연구자들을 왕왕 보게 된다. 너무 영어 문화에 종속된 자세라고 할 것이다. 여기서 흥미로운 사실은 소듐은 우리가 소금이라고 부르는 이름하고 비슷하다는 점이다. 글쓴이는 그 어원이 같은 것으로 보고 있다. 그리고 나트륨은 자연을 의미하는 Nature와 그 유래가 같다.

K: 칼륨(Kalium)의 약자이다. 그런데 영어로는 포타슘(Potassium)이다. 이 원소 역시 한국말을 할 때도 포타슘이라고 하는 과학자들을 접하게 된다. 아라비어의 알 칼리(Al Quili)에서 유래했다.

Fe: 페륨(Ferrum)의 약자이다. 겔트어의 고어에서 유래했다. 성스러운 금속이라는 의미라고 한다. 영어로는 Iron이다. 그러나 영어에 있어서도 철을 함유하는 뜻으로 'ferro'가 광범위하게 사용된다. Iron은 다리미 나 다림질을 의미하기도 한다. 철제로 만든 기구이기 때문이다. 우리들은 물론 '철'로 부른다. 한자어로 鐵, 순 우리말은 쇠이다. 그러나 쇠는 보통 금속 전체를 아우르는 이름이다. 우리들의 피를 형성하는 헤모글로빈에 존재한다.

Sn: 라틴어 Stannum의 약자이다. 납과 은의 합금이라는 뜻이라고 한다. 영어로는 Tin이라 하며 우리는 주석(朱錫)이라고 한다.

고대로부터 구리와의 합금인 청동으로 알려져 왔다.

Ag: 라틴어 Argentum의 약자이다. 영어의 Silver와 의미는 같다. Silver는 앵글로-색슨어의 Sioltur에서 왔다.

Sb: 라틴어 Stibium의 약자이다. 영어로는 Antimony라고 한다. 그리스어 antimonos에서 유래했는데 '고독은 싫다'의 의미이다. 여기서 mono는 단일, 하나를 뜻한다. monodrama라고 하면 한사람이 여러 사람의 역할을 하는 연속극의 용어이다. 1; mono, 2; di, 3; tetra, 4; quadri 등을 알고 있으면 좋다.

Hg: Hydrargyum의 약자이다. 상당히 어지러운 단어이다. 영어로는 Mercury라고 한다. 여기서 흥미로운 사실은 Hydra와 Mer 모두 물을 뜻한다는 사실이다. 우리도 물의 은이라고 하여 수은(水銀)이라고 부른다. Mer라는 단어는 사실 우리 말 '물(미르)'과 유래가 같다. 은하수를 옛날 '미리내'라고 불렀다.

Au: 'Aurum'의 약자이다. 영어는 Gold 이다. aurum은 라틴어 'ausum', 고대 이탈리어의 'auzum'등에서 유래했다고 한다. 고대 인도-유럽어로는 '헤-헤시-옴', '헤우시' 등의 발음으로 새벽 그래서 밝음을 나타내는 것으로 알려져 있다. 고 리투아니아 혹은 프러시아로는 'ausas', 'ausis'로 모두 새벽 아침을 뜻한다. gold는 고 게르만어인 'gulpa', 고 인도-유럽어의 'geolo'에서 유래했다고 한다. 빛나다, 노란색으로 빛나다 등의 의미이다. 모두 빛나다는 뜻이 내포되어 있다. 글쓴이는 이러한 용어가 개울에서 발견되는 금조각을 가리키는 것으로 본다. 즉, 깨끗한 개울(geul; geolo와 비교하자) 물에서 아침 햇빛을 받아 반짝이는 금 조각의 빛남을 나타내는 단어이다. ausi, ausa 는 우리나라

말 그대로 아침을 뜻하는 말로 일본어의 '아사'와 그 유래를 같이하는 것으로 파악된다.

W: 볼프람(Wofram)의 약자이다. 그런데 흔히 텅스텐(Tungsten)이라 부른다. tungsten은 무거운 돌이라는 의미로 스웨덴 말이다. 영어의 돌(stone)과 연관되는 단어이다. 그런데 텅스텐을 포함하는 광석이 볼파르트(wolfart)라고 불렀는데 여기에서 처음으로 (1781년) 이 원소를 분리해낸 스웨덴의 '셀레'가 볼프람(wolfram)이라고 불러 W로 표시되었다. 모두 스웨덴 말에서 유래되었음을 알 수 있다. 원소 중 녹는점의 온도가 가장 높다. 핵물리 실험에서 표적 재료를 녹여 반응표적을 만들 때 재료를 담는 도가니 역할을 한다.

Ge: Germanium의 약자이다. 흔히 게르만 족에서 유래되며 지역명에서 원소 이름이 나왔다. 즉 독일의 빙클레르(C. Winkler)가 발견하면서 조국 이름인 게르마니아, Germania,를 원소이름으로 정한 것이다. 여기에서 이 원소를 택한 것은 앞에서 언급했다시피 영어 발음에 대한 한국 사람들의 추종에 관한 것을 한 번 더 환기시키기 위해서다. 게르마늄이라고 하면 될 것을 또 굳이 '저마늄'이라고 하는 경향이 늘어나고 있다. 사실 알파벳의 'g'는 우리나라의 음가로 치면 ㄱ(기역; 사실 기윽이라고 하여야 함, 한자어에 윽이라는 음가가 없어 부득이 역이라고 한 것임)과 ㅈ(지읒)을 공유한다. 이 점은 우리와 중국어와도 비슷하다. 남경(南京)을 중국어로는 난징이다. 'ㄱ'(영어로는 k)음 경(gyung)이 'ㅈ'음으로 변하는 것이다. 공항 중에 김포라는 이름이 있다. 그전에는 확실히 한다는 의미로 Kimpo로 명기하였으나 지금은 Gimpo로 표기하고 있다. 영어식으로 발음하면 '**짐포**'가 된다. 그렇다고 짐포라고 발음할 것인가? 사실 german, george 등은 원래 **게르만**, **게오르기** 등으로 발음하는 옳다. **그루지아(Georgia)**라는 나라도 이에 연유된다. 최근 서구식 영어 발음으로 국명을 '조지아'로 바꾸었다. 자기들의 정체성을 버리는 결과를 초래하고 있다. 여기서 Ger, Geor의 접두어는 Gul, Kul, Kor 등과 함께 전 세계적으로 보편적 의미를 가지는 단어이다. 우리 말과 밀접한 관계-일반 이름 및 국명 등에서-를 맺는다. 여기에서는 더 이상 언급하지 않는다.

3.5 핵의 주기율

3.5.1 퍼텐셜 에너지와 마법수

다시 한 번 태양계의 모형을 보기로 하자. 그리고 용수철 운동과 그 궤적을 살펴보면서 중요한 물리량을 언급하기로 한다. 지구는 태양을 중심으로 공전을 한다. 이때 도는 운동에서 다루는 물리량이 있는데 이를 '각운동량'이라고 부른다. 이미 여러 번 나왔었다. 여기서 각은 한자로 영어의 angular를 번역한 말이다. 즉 회전하는(즉 곡선) 운동에 관계되는 물리량을 뜻한다. 운동량은 직선으로 운동하는 물체의 질량과 속도를 곱한 양이다. 보통 mv로 주어지며 엄밀히 말해서는 직선(한자말로 선형; linear) 운동량을 의미한다. 그리고 각운동량은 이러한 운동량에 반지름의 거리-보통 r로 표기함-를 곱한 양이다. 즉 mvr이다. 이것이 앞에서 언급했던 각운동량에 대한 물리량이다. 그러나 그 방향성은 좀 복잡하다. 수학적으로 **벡터**로 주어지는데, 오른쪽 나사가 돌아갈 때 들어가는 방향이라는 점만 밝혀둔다. 그리고 이러한 규칙은 지구의 운동에도 적용된다. 그런데 지구는 공전뿐만 아니라 자전도 한다. 이러한 자전도 원운동의 하나인 만큼 당연히 각운동량을 갖는다. 아울러 전자는 물론, 양성자, 중성자 등의 입자들도 자전한다. 물론 공전도 한다. 이때 입자들의 자전을 전문 용어로 스핀(spin)이라고 부른다고 하였다. 그런데 핵 안에서 운동하는 양성자와 중성자인 경우 각운동량과 스핀의 결합력이 무척 강하다. 이를 각운동량•스핀 상호작용이라고 부른다. 이제 이러한 각운동량•스핀 결합에 의해 앞에서 도입했던 용수철 형태의 퍼텐셜 에너지의 곡선 꼴이 다르게 변형된다. 그림 3.36을 보면서 더 설명하기로 한다.

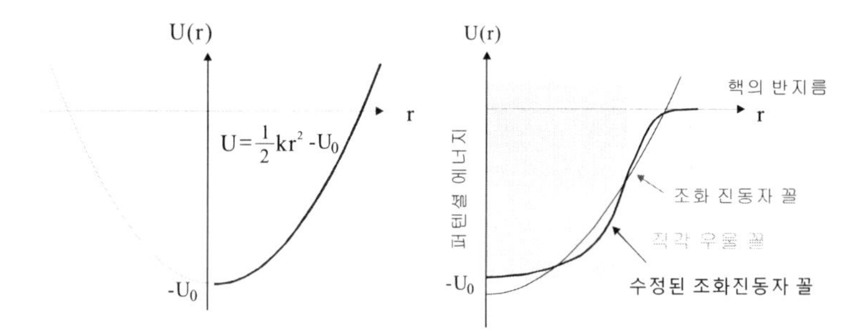

그림 3.36 핵의 퍼텐셜 에너지에 해당되는 조화진동자 그래프 모습. 즉 용수철 운동을 기술해주는 퍼텐셜 에너지 곡선이며 핵자들의 상호작용과 구조를 이해하는데 길라잡이를 한다. 핵의 구속 에너지를 적용하기 위해 기본적인 상수 U_0 를 넣은 경우이다. 오른쪽은 실험 관측과 일치되게 수정된 퍼텐셜의 모양이다. 이 퍼텐셜을 적용하면 마법수가 나온다.

에너지는 크게 두 가지로 나눈다. 하나가 운동 에너지이며 다른 하나가 퍼텐셜 에너지이다. 여기서 운동 에너지는 물체가 움직일 때 나타나는 에너지이고 퍼텐셜 에너지는 멈추어 있을 때 저장된 에너지이다. 앞에서 우리는 20 미터 건물 옥상에서 돌을 떨어뜨려 그 운동 상태를 위치와 시간에 따른 변화를 살펴본 적이 있다. 이때 옥상에 있을 때, 즉 멈추어 있을 때는 운동에너지는 없다. 그리고 땅에 떨어지는 순간에는 퍼텐셜 에너지가 '0'이 된다. 그러면 그 중간 단계에서는 어떨까? 운동 에너지와 퍼텐셜 에너지 모두 존재한다. 그러면 그 크기는 어떨까? 어디에 있든지 똑 같다. 이렇게 운동 에너지와 퍼텐셜 에너지 합이 일정한 값을 가지는 자연의 속성을 역학적 **에너지 보존 법칙**이라고 부른다. 만약 기호로 표기하면, 'E = K + P' 이다. K는 운동(Kinetic), P는 퍼텐셜(Potential) 에너지의 약자이다. 이때 운동에너지는 '$1/2mv^2$'으로 나타내는데 여기서 물론 m은 물체의 질량, v는 속도이다. 이 표현은 어떠한 경우에도 한결같다. 그러나 퍼텐셜 에너지의 형태는 체계마다 다르다. 우리는 이미 중력과 전기력인 경우 그 형태를 살펴본 바가 있다. 모두 두 물체의 작용 거리에 역 비례하는 꼴이다. **그런데 핵력을 기술하는 데는 그러한 확정된 퍼텐셜이 없다**. 다만 앞에서 선보인 용수철 운동, 다르게 말해서 조화 진동자 퍼텐셜이 실험 결과와 일치되는 점이 많아 사용되고 있을 뿐이다. 조화 진동자의 퍼텐셜 함수는 다음과 같이 주어진다.

$$U = \frac{1}{2}kr^2$$

그냥 간단히 y = ax^2 이라고 보면 된다. 이러한 조화 진동자를 기반으로 하여 방정식을 풀면 우선 기본 에너지 값이 나오는데 그 값은 E_0 = 41×$A^{-1/3}$ MeV 이다. 여기서 A는 핵의 질량수이다. 그리고 에너지는 이 상수에 양자수 N으로 주어진다. 그리고 그림에서 보듯이 핵의 기본 구속에너지인 U_0, 보통 약 40 MeV,를 넣으면 다음과 같은 형태로 된다.

$$E_N = (N+3/2)E_0 - U_0$$

이때 N을 조화진동자에 대한 주양자수라고 하며, N = 0, 1, 2, 3 등의 값을 가진다. 그런데 앞에서 누차 강조한 각운동량에 대한 양자수와 지름 방향에 대한 양자수 n을 도입하면 N = 2(n−1) + l 인데 그 관계는 표 3.6과 같다. N = 0이면 n = 1, l = 1이며 이를 (1, 0)로, 표기로는 1s 이다. N = 1이면 l = 1, n = 1이며 표기로는 1p 가 된다. N = 2이면 l = 0, n = 2 그리고 l = 2, n = 1 등 두 개의 조합을 가지며 2s, 1d 로 표기된다. 그리고 핵자의 스핀까지 고려하면 각 궤도에 들어가는 수는 앞 원자에서 나왔던 대로 s, p, d 등은 2, 6, 10 개 등이다. 그런데 표에서 보듯이 N의 값에 따라 채울 수 있는 총수가 2, 8, 20, 70, 112 등이 된다. 이 숫자가 원소의 주기율표에 나오는 불활성기체들의 수와 그 의미를 같이 한다. 즉 가장 안정을 유지하는 양자수이다. 그런데 처음 이 이론이 나왔을 때 마법수 중, 2, 8, 20 번까지는 일치하였지만 40 번 70 번 등은 일치하지 않았다. 왜냐하면 20 번 다음의 마법수가 28, 50, 82, 126 번 등으로 나오기 때문이다.

다방면으로 연구한 결과 세 사람의 물리과학자가 거의 동시에 이를 해결하는데, 이러한 공로로 노벨상을 타게 된다. 그렇다면 어떠한 물리적 항을 넣었길래 마법수를 정확히 예측할 수 있었을까? 그것은 다름 아닌 이미 거론하였던 궤도각운동량과 스핀과의 결합된 상호작용 힘이었다. 그림 3.36의 오른쪽 그림을 보기 바란다. 이러한 이론을 핵의 **껍질(shell) 모형**이라고 부른다. 원자의 에너지 준위 역시 양파의 껍질처럼 되어 있다하여 껍질 구조라고 부른다. 이른바 양자 세계의 특징이다. 더욱이 핵인 경우 가운데 중심점이 없어도 이러한 구조가 나타나 과학자들을 어리둥절하게 만들고 있다.

표 3.6 조화진동자 퍼텐셜에 따른 양자수와 핵의 에너지 준위에 따른 궤도 및 핵자 채움 수. 궤도에 따른 총 껍질 간격의 수들이 $2, 8, 20, 40, 70$ 등으로 나타남을 알 수 있다.

N	N+3/2	(n, l)	N 수에 채울 수 있는 핵자 수	총 누적 수
0	3/2	1s	2	2
1	5/2	1p	6	8
2	7/2	2s, 1d	12	20
3	9/2	2p, 1f	20	40
4	11/2	3s, 2d, 1g	30	70
5	13/2	3p, 2f, 1h	42	112
6	15/2	4s, 3d, 2g, 1i	56	168

이제 그러한 효과를 고려한 것까지 포함된 종합적인 핵의 에너지

준위도를 쳐다보기로 한다 (그림 3.37).

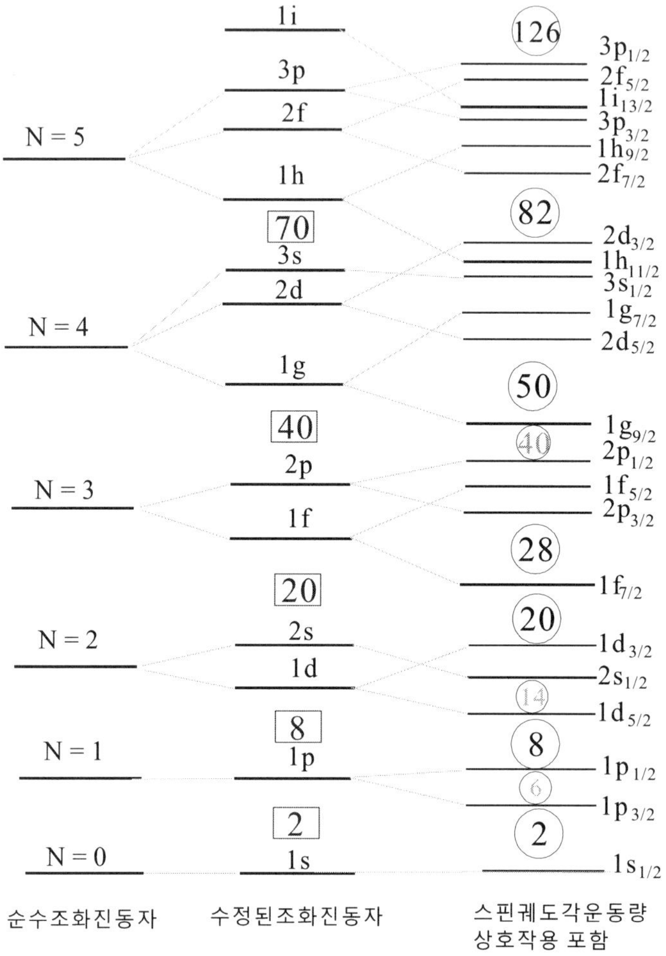

N = 5
N = 4
N = 3
N = 2
N = 1
N = 0

1i
3p
2f
1h
70
3s
2d
1g
40
2p
1f
20
2s
1d
8
1p
2
1s

126
$3p_{1/2}$
$2f_{5/2}$
$1i_{13/2}$
$3p_{3/2}$
$1h_{9/2}$
$2f_{7/2}$
82
$2d_{3/2}$
$1h_{11/2}$
$3s_{1/2}$
$1g_{7/2}$
$2d_{5/2}$
50
$1g_{9/2}$
40
$2p_{1/2}$
$1f_{5/2}$
$2p_{3/2}$
28
$1f_{7/2}$
20
$1d_{3/2}$
$2s_{1/2}$
14
$1d_{5/2}$
8
$1p_{1/2}$
6
$1p_{3/2}$
2
$1s_{1/2}$

순수조화진동자 수정된조화진동자 스핀궤도각운동량 상호작용 포함

그림 3.37 핵의 껍질 모형에 의한 에너지 준위도. 조화진동자 퍼텐셜에 스핀궤도각운동량 상호작용이 없는 경우와 포함된 경우 껍질 닫힘의 수가 다르다. 2, 8, 20, 28, 50, 82, 126 번들이 실험 관측으로 확인된 마법수이다. 원자나 분자의 전자 에너지 준위들과 비교해보라.

그림 3.37의 맨 오른쪽의 준위 궤도들을 보면 이번에는 궤도 각운동량이 다시 두 개로 갈라지는 것을 볼 수 있다. 보기를 든다. d는 l = 2인 경우이다. 이때 여기에 스핀 양자수 1/2 를 적용하면 그 방향에 있어 두 개가 존재하므로, 2+1/2, 2−1/2 등이 되어 그 값이 각각 5/2, 3/2 이 된다. 이것을 보통 J = l±s 로 표기된다. 이때 **값이 큰 쪽 궤도의 에너지가 낮다**. 즉 더 안정하다. 대단히 중요한 결과이다. 따라서 값이 큰 것이 밑으로, 작은 것이 위로 배치되면서 갈라진다. 이러한 갈라짐이 워낙 강하여 결국 28 번, 50 번 등의 큰 간격이 태어나고 그 대신 40번 간격이 좁혀진다. 그림을 보면 이해가 쉽게 갈 것이다. 오늘날 이러한 기본 껍질 모형을 기반으로 다양한 경우까지 고려하여 정교한 퍼텐셜을 적용시키면서 핵의 구조를 연구하고 있다. 핵종 도표를 이러한 껍질 구조에 맞추어 그리며 핵의 주기성을 살피면 원소의 주기율표에서와 같이 특정의 성질들이 규칙적으로 나타난다. 나중 설명한다.

이러한 원자핵의 기본 성질을 나타내는 기본 물리량이 **구속에너지**이다. 원자도 구속에너지를 가지고 있으며 분자 역시 마찬가지이다. 구속에너지의 상태에 따라 화학 반응에서는 흡열반응 혹은 발열반응으로 나타난다.

3.5.2 구속 에너지 와 질량

그림 3.38은 원자핵들에 대한 구속에너지를 그래프로 나타낸 것이다. 핵자 당 구속에너지라 함은 전체 에너지를 질량수로 나눈 값이다. 즉 해당 핵에서 핵자 하나를 떼어내는데 필요한 에너지이다. 처음에는 질량수가 낮은 핵들이 작은 값들을 가지며 질량수

증가에 따라 증가한다. 그리고 철56(^{56}Fe) 에서 최대값을 가진다. 사실상 별들에서의 핵합성에 의한 원소 생성은 여기까지이다. 이보다 높은 원소들은 핵융합이 아닌 다른 방법으로 조성이 된다. 질량수 10 이하에서 특히 헬륨4(알파)가 예외적으로 값이 높은데 이는 양성자 2개와 중성자 2개가 아주 강하게 결합된 결과이다. 이러한 헬륨핵인 알파입자는 질량수가 아주 높은 핵들에서는 자발적으로 붕괴되면서 나온다. 이를 알파 붕괴 현상이라고 부른다.

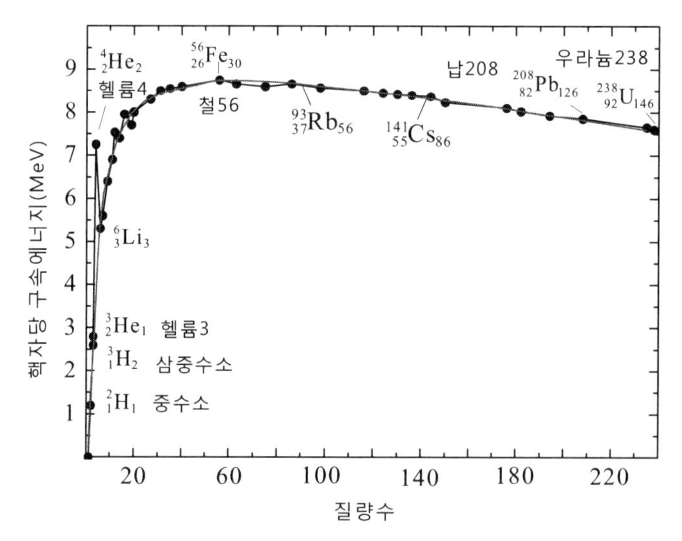

그림 3.38 핵의 구속에너지. 값이 높을수록 안정된 핵들이다.

이러한 에너지 곡선을 보면 비록 예외적인 것들이 있지만 대체적으로 질량수 60근처에서 최대값을 가지며 일정한 곡선을 그린다는 사실을 알 수 있다. 핵의 매질 특성을 고려하면, 즉 물방울과 같은 특수 액체 상태로 가정하면 규칙성의 식을 만들 수 있는데 빨간색 곡선이 이에 해당된다. 이러한 구속 에너지는 사실상 핵력에 의해 단단히 묶여 있는데 이렇게 묶여 있을 때는 개별적으로 떼어져 있을 때보다 질량이 덜 나간다. 그러면 구속 에너지가 클수록 질량이 작다는 사실을 알 수 있다. 혹은 퍼텐셜 에너지가 낮다고 말할 수도 있다. 이러한 질량과 퍼텐셜 에너지로 나타내면 곡선은 거울에 비친 모습이 된다. 그림 3.39를 보자.

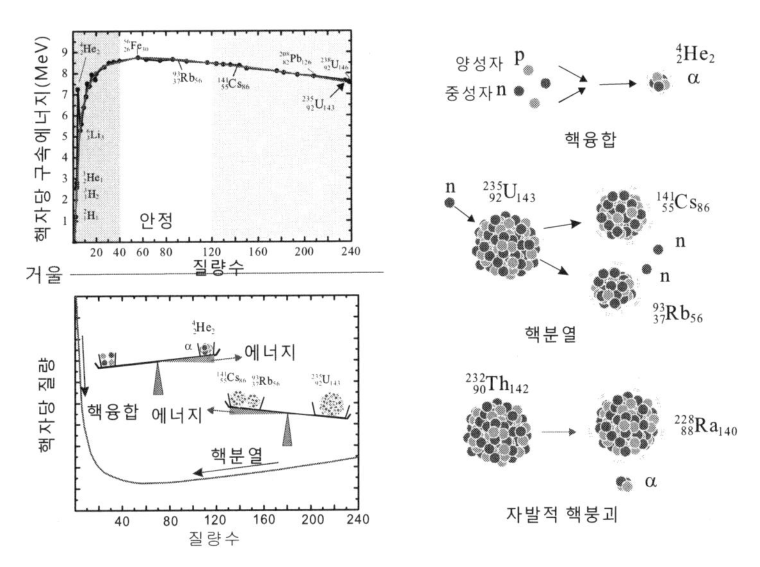

그림 3.39 핵자 당 구속 에너지와 질량 그래프. 대체적으로 질량수 40 이하인 영역의 핵들은 핵융합을 일으키는데 적합하다. 이와 반면에 질량수 120 이상인 핵들은 핵분열에 의해 에너지를 발산한다. 40에서 120 사이 핵들은 비교적 안정된 핵들이다.

그러면 왜 질량수가 적으면 핵융합을 선호하고 질량수가 많으면 핵분열이 일어날까?

우선 핵의 성질을 살펴보자. 질량수가 적으면 핵자들인 양성자와 중성자들은 핵자 수에 비해 넓은 표면적을 가지며 따라서 핵의 공간에서 비교적 간격을 넓게 잡아 분포한다. 이러한 분포는 핵력이 상대적으로 약하게 된다. 따라서 서로 뭉쳐 즉 융합하여 더 큰 질량을 가지는 핵으로 되려고 한다. 이와 반면에 질량수가 많아지면 한정된 공간 안에서 핵자들의 사이는 좁아진다. 따라서 서로 밀치려는 경향이 강해진다. 더욱이 양성자수가 증가하면 양성자끼리는 같은 전하 부호를 가지므로 전기력의 입장에서는 반발력이 작용한다. 따라서 질량수가 클수록 이러한 전기적 반발력에 의해 불안정해진다. 물론 핵자수가 많으면 핵의 모양이 일그러지면서 불안정해지기도 한다. 따라서 외부에서 조금만 에너지를 받아도 분열하여 더 안정된 핵으로 변하게 된다. 이른바 핵분열 현상이다. 경우에 따라서는 헬륨4 핵인 알파입자를 자발적으로 방출하면서 질량수를 줄이는 핵들도 있다. 이를 자발적 핵분열이라고 한다.

토륨232 (양성자 90, 중성자 142, ^{232}Th)는 처음 알파입자를 방출하며 붕괴를 시작하는데 놀랍게도 계속 붕괴를 하여 알파 입자를 6개 방출하고 양성자가 중성자로 변하는 베타 붕괴를 여러 번 거친 후 안정핵인 납208로 된다. 이러한 과정이 모두 핵 주기율표에 나타난다. 그림 3.40을 보라. 원자번호가 클수록 질량수도 증가하게 되는데 동위원소 수 역시 증가한다. 그림 3.40을 보면 동위원소가 얼마나 많은지 실감하게 될 것이다. 이 **모든 동위원소들에 대해 모두 조사하고 연구하는 영역이 핵물리학이며 희귀핵종 연구 영역**이다.

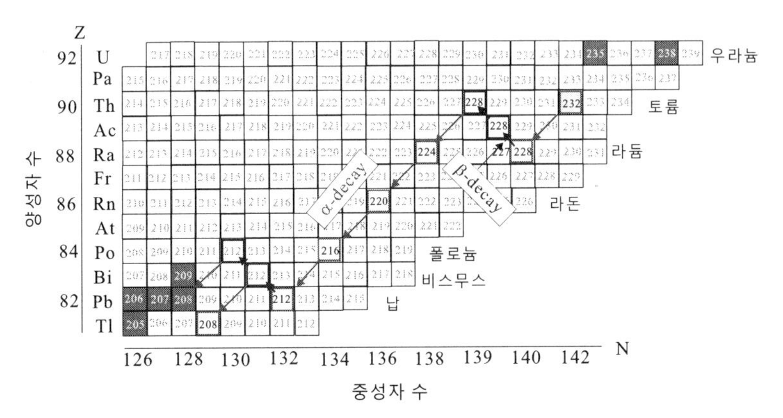

그림 3.40 핵 주기율표에서 토륨232 (^{232}Th)가 납208 (^{208}Pb)까지 붕괴하는 모습. 알파 입자가 6개 방출된다. 이와 함께 베타선인 전자들도 나온다. 검정색 부분 영역이 안정 핵종이다. 83번 비스무수(Bi)와 92번 우라늄(U) 사이의 넓은 영역이 모두 불안정 핵종이 차지한다.

이제 베타 붕괴에 대해서 설명한다.

3.5.3 핵붕괴 와 원소 탈바꿈

방사성 핵종 즉 불안정 동위원소가 붕괴되어 다른 원소로 변하는 과정에서 가장 중요한 현상이 베타 붕괴이다. 이러한 베타 붕괴 과정에 관여되는 힘이 약력이다. 질량수는 변하지 않고 양성자가 중성자로 혹은 중성자가 양성자로 변환된다. 그림 3.41을 보자. 탄소14인 경우 안정 동위원소인 탄소12에 비해 중성자가 2개가 더 많다. 따라서 중성자가 양성자로 변하며 안정 원소로 가려한다. 그런데 중성자가 양성자로 바뀔 때 두 개의 입자가 딸려 나온다. **하나가 전자, 다른 하나가 중성미자라고 부르는 수수께끼 같은**

입자이다. 여기서 전자는 발견 당시 제대로 몰라 베타선이라고 불러 현재도 베타선이라고 부른다. 그런데 **베타선에는 두 개**가 있다. 양성자가 중성자로 변할 때 전자와 같은 베타선과는 다른 베타선이 나온다.

(a) 불안정 동위원소 탄소14가 질소14로 변환하는모습

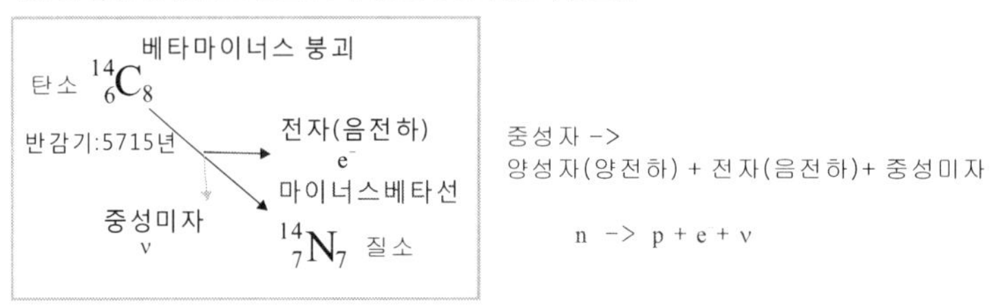

(b) 불안정 동위원소 탄소11이 붕소11로 변환하는모습

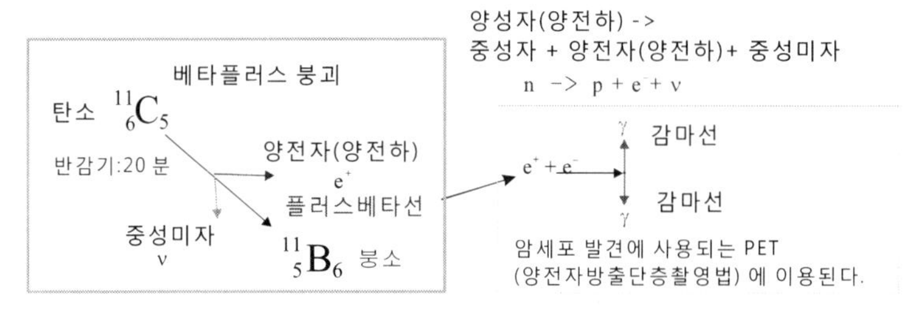

그림 3.41 방사성 동위원소인 탄소14와 탄소11의 두 가지 얼굴 변환 모습. 원소가 변환되는 모습에서 각종 부산물이 나온다. 그리고 질병의 조기 발견과 치료에 응용된다.

이번에는 탄소의 방사성 동위원소 중 탄소11을 보기로 하자. 탄소11은 중성자가 5개이다. 이 경우에는 반대로 중성자가 너무 적다. 거꾸로 이야기 하자면 양성자가 상대적으로 많다. 따라서 양성자가 중성자로 변하여 안정된 원소로 가기를 **자연은 원한다**. 이 과정에서 이번에는 베타선은 베타선인데 양전하를 가지는 전자

가 튀어 나온다. 이른바 양전자라고 부른다. 그러나 자연은 이러한 양전자를 가만히 놓아두지 않는다. 전자와 만나 바로 사라지도록 한다. 그 대신 엄청나게 에너지가 높은 빛인 감마선을 발생시킨다. 물질이 빛으로 변해 버린 것이다. 이 원리가 이른바 아인슈타인 박사가 제창한 질량-에너지 등가 법칙이다. 이때 두 개의 감마선은 180도를 이루어 방출이 되는데 이를 이용하여 몸속의 구조를 보는 데 사용된다. 즉 탄소11을 몸속에 투여하고 암세포가 있는 곳에 다다르게 하여 위와 같이 붕괴를 시키면 감마선이 방출되면서 표적 주위를 촬영하게 된다. 오늘날 이러한 촬영은 병원에서 이루어지며 영어로 PET(Positron emission tomography)라고 불린다. 영어 자체가 양전자(positron)이다. 양전자 방출 단층촬영이라는 뜻이다. 그러나 더 어울리는 용어는 **방사성동위원소 영상법** (Radioisotopes Imaging)이라고 하여야 한다. 그림 3.42를 보기 바란다. 암의 퇴치에 혁혁한 공을 세우고 있는 효자 누룽지라고 할 수 있다. 누룽지에 대한 것은 나중 나오게 된다.

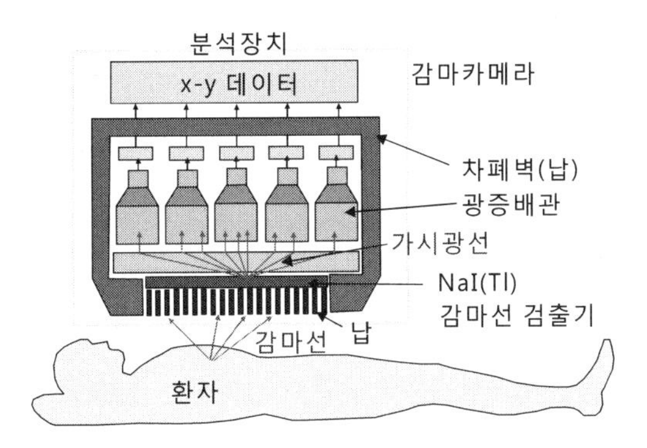

그림 3.42 방사성 동위원소 영상 방법 중 하나인 양전자방출 촬영 방법. 양전자를 방출하는 불안정 동위원소, 예를 들면 붕소 18(^{18}F; 반감기 2시간), 테크네튬

99(^{99m}Tc; 반감기 6시간), 요오드 131(^{131}I; 반감기 8일) 등이 쓰인다. 물론 탄소11도 가능하다. 여기서 감마카메라라고 되어 있는 것은 사실상 핵물리학자들이 연구에 쓰이는 검출기들로 그대로 병원에서 사용되고 있다.

여기서 감마선의 에너지는 511 keV이며 서로 180도 각도로 나오는데 이 두개의 감마선을 동시에 검출하게 되면 방출된 위치가 정확하게 판명될 수 있다. 주로 뇌 속의 모습을 정교한 영상으로 얻고자 할 때 사용된다.

3.5.4 반감기

이제 원소 변환 즉 원소의 탈바꿈에 대하여 조금 더 자세히 과학적으로 알아보기로 한다. 우선 반감기라는 용어를 이해하기 위해서는 방사성 붕괴에 대한 그래프가 필요하다. 그림 3.43은 앞에서 다룬 탄소14가 질소14로 핵 붕괴하는 과정을 시간 축과 핵붕괴에 따른 탄소의 양과 질소의 양의 비례 축으로 그린 것이다. 이때 탄소14를 어미핵 그리고 질소14를 딸핵이라고 부른다. 이 그래프를 보면 어미핵/딸핵의 비율이 직선이 아니라 곡선임을 알 수 있는데 이러한 곡선은 신기하게도 자연속의 법칙에서 흔하게 나타난다. 수학적으로는 지수함수라고 부른다. 실험결과에 따르면 탄소14의 반감기는 5715년이다. 무척 길다고 느끼겠지만 이보다 더 긴 반감기를 가지는 희귀핵종들은 많다. 물론 몇 초 또는 그 이하의 아주 짧은 반감기를 갖는 희귀핵종 역시 많기는 마찬가지이다. 그 만큼 불안정 핵종들이 많고 이상야릇한 설질을 가져 희귀핵종이라고 통칭하는 것이다.

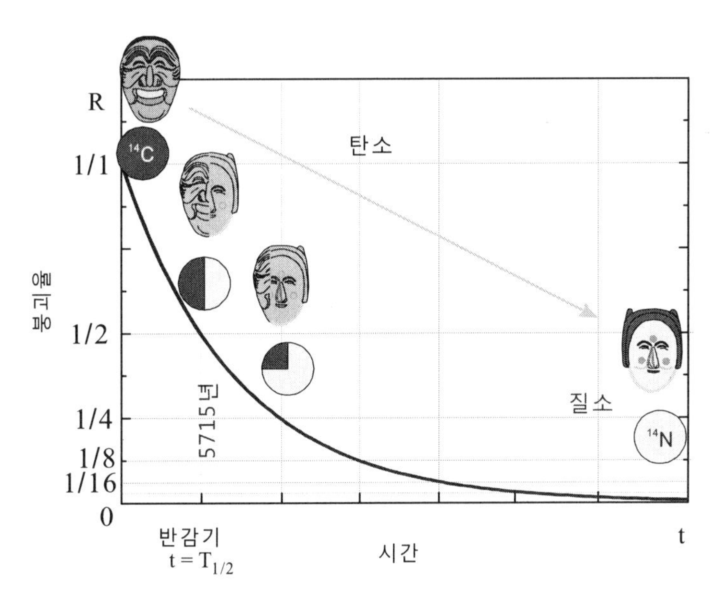

그림 3.43 탄소14에 대한 방사성 붕괴 곡선. 붕괴율은 탄소14의 붕괴에 따라 생성된 딸핵 원소 질소14에 대한 비율이다. 그 비율이 1/2, 즉 그 양이 반이 되는 시간을 반감기라 하며 이 경우 5715년이다. 핵도표상에서는 일 년 단위 표기를 a로 나타내는데 이는 annual이라는 의미이다.

그런데 이 탄소14가 희귀핵종에 있어 아주 뛰어난 역할을 한다. 그것은 이 핵종의 비율을 측정하여 고고학에서 연구하고자 하는 인류의 문화유산들에 대한 연대를 알게 해준다. 아울러 대기의 오염 상태를 연구하는데 일등공신을 한다. 이에 대한 것은 나중 다루기로 한다.

3.6 핵종 도표: 핵 주기율 표

3.6.1 핵의 주기성

우리는 이제 원소와 원자의 차이, 동위원소의 존재 그리고 방사성 동위원소가 무엇인지 알게 되었다. 그리고 원소의 주기성과 핵의 주기성에 대한 과학적 이론도 살펴보았다. 비로소 핵의 주기율표에 해당하는 핵종 도표(Chart of the Nuclides)를 읽을 수 있는 길에 들어선 것이다. 우선 핵의 주기율표를 읽기 위하여 조금만 더 학습하자. 원자번호 5번인 플루오르, 6번인 탄소, 7번인 질소 그리고 8번인 산소의 범위에서 핵의 주기율표에 해당되는 핵종 도표를 들여다보자 (그림 3.44).

그림 3.44 핵종 도표(영어로는 Chart of the Nuclides)의 일부분. 양성자 수와 중성자 수에 대한 이차원으로 나타난다. 검은 색 부분이 안정 동위원소로 화학 원소 주기율표에 속하는 영역이다. 안정 동위원소로부터 오른쪽이 베타 마이너스 (e^-) 즉 중성자가 양성자로 변하는 베타 붕괴 불안정 동위원소 영역이며 왼쪽이 양성자가 중성자로 변하는 베타 플러스(e^+) 붕괴 영역이다. 앞에서 다루었던 탄소14와 탄소11의 붕괴 모습이 이제 뚜렷이 보일 것이다.

탄소 동위원소를 보자. 얼마나 많은 불안정 동위원소들이 존재하는지 비로소 보일 것이다. 8번과 22번은 양 끝 쪽에 있는데 사실상 이 너머에는 더 이상 존재할 수가 없다. 이른바 양성자와 중성자가 결합하여 원소를 이룰 수 있는 마지막 해안선이다. 오른쪽 해안선 너머에 중성자별이 자리 잡고 있다.

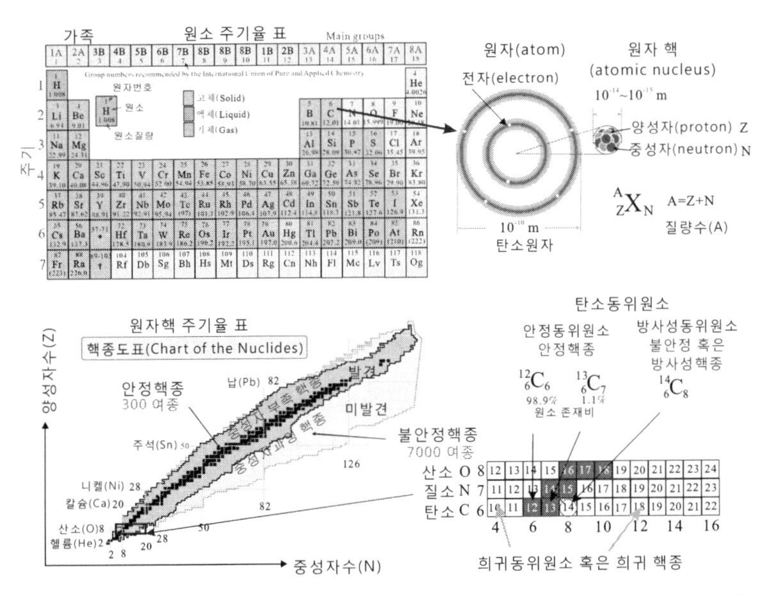

그림 3.45 원소 주기표와 핵 주기표인 핵종 도표. 이해를 돕기 위해 탄소의 동위원소의 종류를 보기로 들었다. 여기서 희귀 동위원소가 핵종을 기준으로 삼는 용어로 희귀 핵(종)이라고 부를 수 있다.

이제 원소의 주기율표와 핵의 주기율표인 핵종 도표를 다 같이 놓고 들여다보자 (그림 3.45). 우선 핵 과학에서 자주 거론되는 용어부터 소개하겠다. 그런데 문제는 원소를 기준으로 부르는 이름과 핵종을 기준으로 부르는 이름들이 따로 존재한다는 사실이다. 더욱 혼란스러운 것은 두 가지 용어가 같은 종을 가리키는 경우가 발생한다는. 그림 3.45와 3.46을 보면서 설명하기로 한다.

우선 원소명은 핵종을 기준으로 삼으면 양성자 수에 해당된다. 이때 양성자 수는 동일하나 중성자 수가 다른 핵종들에 대하여 동위원소라는 명칭이 부여된다. 그런데 이 동위원소라는 명칭은 사실 원소라는 화학적 용어에 쓰이는 단어이다. 그럼에도 불구하고 핵과학에서도 광범위하게 사용된다. 핵종을 중심으로 한다면 **동양성자(수) 핵종**이라고 불러야 한다. 다음으로 중요하게 취급받는 것이 질량수가 같은 핵종의 명칭이다. 영어로는 Isobar 라고 하며 흔히 동중핵 혹은 동중원소라고 번역되어 부른다. 여기서 중은 무게를 뜻하는 한자어이다. 그리고 중성자 수가 동일하나 양성자 수가 다른 핵종을 영어로 Isotone 이라고 부른다. 사실 마땅한 한글 용어가 없어 그냥 동중성자핵이라고 할 수 있다. 잘 살펴보면 용어의 어지러움이 원소와 동위원소에서 비롯된다는 사실을 알 수 있다. 핵종을 분류하는 데는 양성자 결국 **동양성자핵, 동중성자핵, 동질량핵**이라고 하면 말끔하게 통일이 될 수 있다. 여기서 용어의 간편성을 위해 '수'와 '종'은 생략하였다. 이러한 구분은 사실상 복수를 의미하기 때문에 핵이 아니라 핵종이라고 표현해야 알맞다. 그리고 안정이냐 불안정이냐를 구분하여 안정 핵종, 불안정 핵종이라고 하면 역시 통일이 된다. 그런데 역사적으로 불안정 핵종은 '방사성 동위원소'로 불려 이 또한 원소라는 명칭의 힘이 드러난다. 또 하나 명칭에 혼돈을 초래하는 사례가 있다. 그것은 불안정 핵종이 안정 핵종에 비해 중성자수가 많거나 중성자수가 적은 경우이다. 보통 중성자수가 많으면 **중성자 과잉 핵종** 적으면 **중성자 부족 핵종**이라고 부른다. 그런데 괜히 중성자 부족 핵종을 **양성자 과잉 핵종**이라고 부르는 학자들이 나타난다. 물론 극단적으로 양성자수가 중성자수보다 많은 핵종들도 존재하기는 하다. 그러나 중성자 수를 기준으로 삼으면 말끔하다.

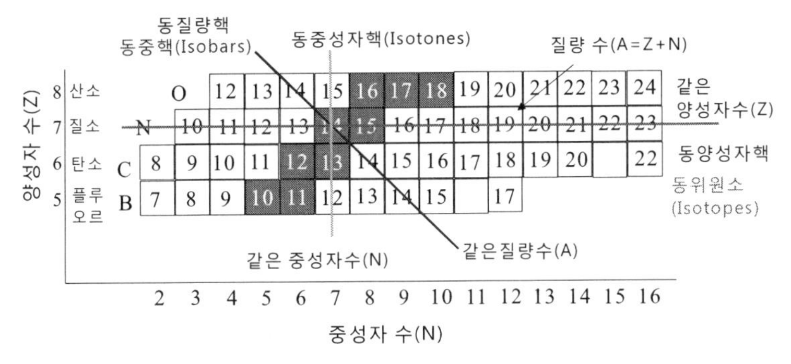

그림 3.46 핵종 도표에 나타나는 다양한 이름들. 양성자 수, 중성자 수, 그리고 이 둘을 합친 질량수에 대하여 각각 그 영어가 붙는다.

또 하나 간과해서는 안될 중요한 언어적 문화 폐해가 있다. 그것은 한자를 빌려 사용되는 용어들이다. 한자어만큼 동일한 발음에 다른 뜻을 가지는 단어의 수가 많은 언어는 없다, 무슨 말이냐 하면 '가'라는 발음에 뜻이 다른 단어들의 수효가 무척 많다는 사실이다. 과학 용어에서 이상기체(ideal gas)라는 단어가 있다. 그런데 '이상'하면 두 가지 뜻으로 해석될 수 있다. 정상이 아닌 이상(異常)한 기체로, 다른 하나는 나무랄 데 없는 이상(理想)적인 기체로 볼 수 있다는 점이다. 위에서 나온 '동(同)'이라는 한자도 같은 발음의 글자가 많다. 따라서 한자가 섞인 단어는 그 용어에 익숙하지 않으면 이해하기가 어렵다. 인문사회학에는 물론 과학계에서도 특히 생물학과 지구과학에서 다수 접하게 된다. 모두 일본 사람들이 정해 놓은 한자 용어들이다. 이것이 현재 우리나라의 사회적 풍토이다. 더욱이 영어 단어까지 마구 뒤섞여 그 혼란스러움은 이루 말할 수가 없다. 이러한 모습은 자기 얼굴의 정체성을 버리고 다른 얼굴을 가져다 꾸미는 행위라고 볼 수 있다.

3.6.2 핵의 안정성

다시 그림 3.45를 보기로 한다. 가장 놀라운 사실은 무엇인가? 그것은 불안정 핵종의 수효이다. 무려 7000여종을 헤아린다. 이 수효는 아직 발견되지 않은 숫자까지 포함된 것이다. 대부분 중성자 과잉 핵종이다. 원소는 100 여종, 정확히는 118 종이다. 그러나 일상적으로는 92번 우라늄까지가 원소의 실제적 개수라고 보면 된다. 그리고 안정 동위원소가 그 3배 정도인 300 여종이다. 정확히는 266 종이다. 그런데 핵이 안정화에는 양성자수와 중성자수가 짝수이냐 홀수인 따라 극명하게 갈린다. 그림 3.47을 보자. 첫째, 양성자든 중성자든 짝수 개일 때가 홀수 개일 때보다 안정하다. 따라서 양성자-중성자 모두 짝수로 되어 있는 짝수의 질량수를 가지는 핵이 가장 안정하다. 59.8%를 차지한다. 그 다음이 한쪽은 짝수, 다른 한쪽이 홀수인 홀수의 질량수를 가지는 핵종이다. 양성자와 중성자가 서로 짝수-홀수, 홀수-짝수인 경우로 서로 비슷한 점도 흥미롭다. 38.7%를 점유한다. 마지막으로 홀수-홀수계이면서 짝수 질량수를 가지는 핵들이 가장 불안정하다. 겨우 1.5%이다. 이 4개가 Z = N = 1(^{2}H), Z = N = 3 (^{6}Li), Z = N = 5 (^{10}B),

$Z = N = 7$ (^{14}N) 등이다.

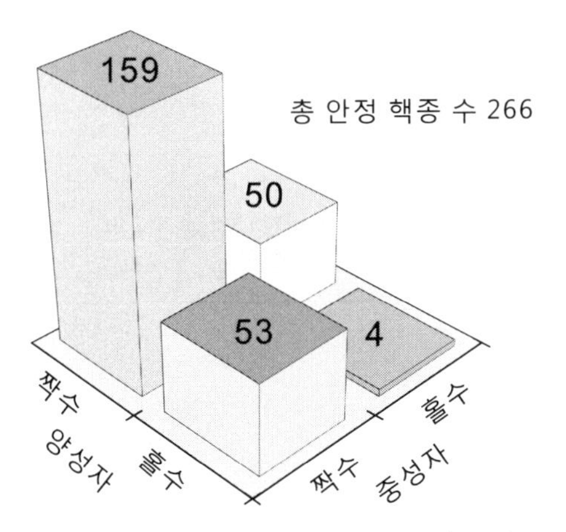

그림 3.47 양성자수와 중성자수 조합에 따른 안정 핵종 분포. 총 안정핵 종 중 양성자와 중성자가 모두 짝수인 핵들이 60%를 차지한다.

왜 이렇게 불안정 핵종이 무수히 존재할까? 안타깝게도 과학은 존재의 이유에 대해서는 대답하지 못한다. 하여튼 대부분은 불안정 핵종 즉 불안정 동위원소이다. 이것은 마치 우주의 물질을 이루는 대부분이 아직 정체를 모르는 암흑 물질, 암흑 에너지로 되어 있다는 믿지 못할 현실과도 맥락을 같이하여 흥미롭다. 그런데 이렇게 불안정 동위원소들이 사실상 우리 몸을 이루는 원소들의 부모들인 것을 최근에야 알려지고 있다. 처음부터 안정 동위원소가 만들어지는 것이 아니라는 사실이다. 즉 불안정 핵종 붕괴가 원소 합성의 진짜 길이라는 뜻이다. 이러한 길을 찾아 나서기 위해서는 단단히 무장을 하여야 한다. 그 무장을 위해 우선 핵 도표와 핵 껍질 모형과의 관계부터 살펴보기로 한다.

3.6.3 핵종 도표와 핵 껍질 모형

그림 3.48을 보자. 앞에서 설명했던 핵의 껍질 모형에 따른 에너지 준위도와 핵 도표를 함께 한 그림이다.

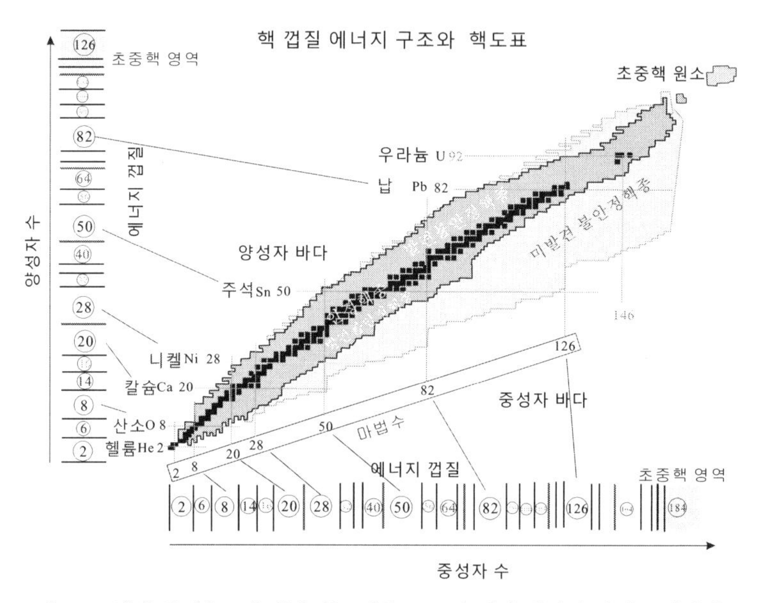

그림 3.48 핵의 주기율표에 해당되는 핵종 도표와 핵의 에너지 상태를 나타내는 에너지 사다리 표. 마법수에 해당되는 핵들이 표시되어 있다. 양성자 수가 120 이상의 초중핵이 존재하는 안정된 영역의 섬은 앞으로 발견되어야 할 대상이다.

핵자들(양성자와 중성자)의 수효에 따른 사다리 형태(즉 껍질 구조)의 에너지 구조를 따라가다 보면 발판, 즉 껍질 사이가 아주 넓은 곳들이 존재한다. 만약에 이 껍질 바로 밑에 까지 꽉 차면 밖에서 힘을 받더라도 그 다음 번 껍질에 올라서기가 힘들어 진다.

그 만큼 안정적인 자세를 취한다. 여기서 안정적이라 함은 공꼴 모양을 의미한다. 핵들은 중심이 없기 때문에 핵자들이 많아질수록 찌그러진 형태를 가지기를 원한다. 이 마법수를 가지는 핵들은 모두 안정된 공꼴을 유지한다. 특히 양성자와 중성자 모두 마법수를 가지는 핵들은 더욱 안정된 상태를 가진다. 예를 들면 20번인 칼슘인 경우 중성자수가 20번, 28번 등 두 개의 마법수를 가지는데 칼슘40, 칼슘48이다. 납인 경우 양성자 마법수 82번, 중성자 마법수 126번인 경우이다.

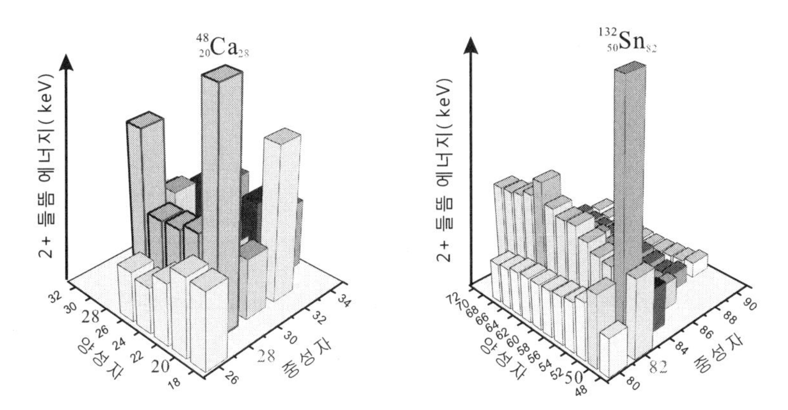

그림 3.49 원자핵의 주기성. 마법수 20, 28, 50, 82 번 등을 가지는 핵들의 들뜸 에너지가 높다. 그만큼 안정하다는 뜻이다. 특히 50 번과 82 번을 가지는 주석132 (^{132}Sn)의 에너지를 보기 바란다. 중성자수 82 번과 90 번의 높이를 비교해보라. 높이가 낮은 핵들은 공꼴이 아니라 찌그러진 모양을 가지고 있다.

이러한 마법수 핵들의 특징을 보면 에너지 스펙트럼에서 첫 들뜸 상태에 해당되는 준위인 2^+ 상태의 에너지가 상당히 크다는 것을 알 수 있다. 그만 큼 안정적이라는 의미이다. 이를 보여주는 막대그래프가 그림 3.49이다. 두 개의 마법수를 가지는 칼슘 48(^{48}Ca, Z=20, N=28)과 주석132(^{132}Sn, Z=50, N=82) 핵의 높이가 월등히 높다는 것에 주목하자.

그러나 최근에는 이러한 **마법수(양성자 수)를 가지는 핵들도 중성자수가 아주 많아지면 공꼴에서 벗어나 찌그러진다는 사실**이 밝혀지고 있다. 즉 극단적으로 양성자수와 중성자수가 다른 환경에서이다. 이러한 연구는 결국 중성자별 구조를 이해하는데 큰 도움을 주고 있다. 아울러 별에서 일어나는 원소 합성의 길을 미리 예측하는데 큰 역할을 하기도 한다. 이러한 관계로 **희귀핵종 연구는 대단히 중요**하다.

3.6.4 핵종 도표

이제 핵 주기율표에 해당되는 핵도표의 실제적인 모습을 보기로 하자. 그림 3.50이 핵종들의 자료를 집대성하여 만든 핵도표의 실물 사진이다. 미국의 **놀 원자력 실**(Knolls Atomic Power Laboratory; KAPL)에서 만들어 판매되는 핵도표이다. KAPL은 아울러 핵종 도표를 책자로 편집하여 제공하기도 한다. 본 사진은 글쓴이의 연구실에 걸려 있는 것으로 2009년도 판이다. 핵물리학과 핵공학에 종사하는 학자들은 이러한 핵도표 책자를 간직하며 연구에 매진하면 좋을 것이다.

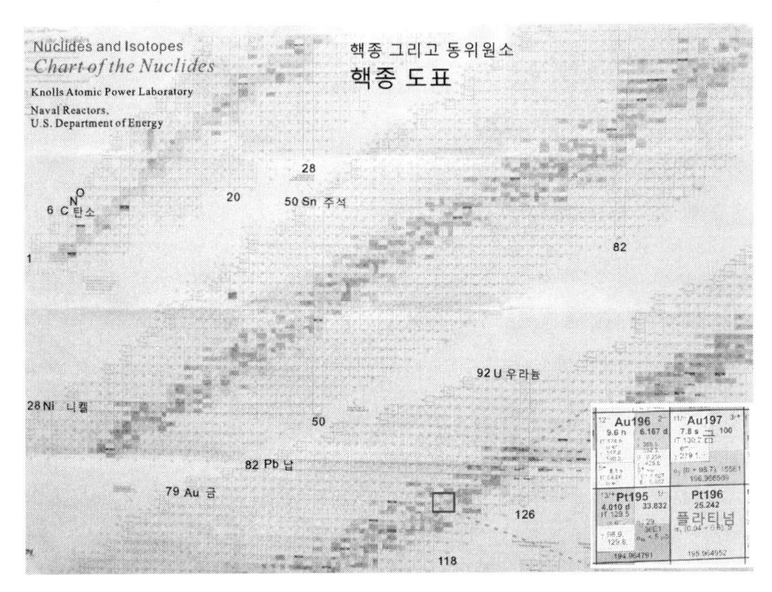

그림 3.50 실제적인 핵종 도표. 본 사진은 미국의 놀 원자력 실 (Knoll's Atomic Power Laboratory)에서 제공하여 판매되는 핵 도표의 실물을 보여주고 있다. 부제목으로 핵종과 동위원소 도표라고 적혀 있다. 양성자 수와 중성자 수에 따라 부여되는 핵종들에 대한 정보가 자세히 들어 있다. 금(양성자 수 79)을 보면 동위원소 중 196의 바닥상태는 물론 아이소머에 대한 양자상태 및 베타 붕괴에 따른 반감기 등을 알아 볼 수 있다. 금197은 안정 동위원소로 유일하여 존재비가 100%로 표시되어 있다. 이와 반면에 플라티늄인 경우 플라티늄195와 196의 존재비가 각각 33.8, 25.2 % 등으로 나와 있다. 이와 같은 핵도표는 매년 갱신된다. 본 도표는 2009년도에 발행된 것이다. 우리나라 핵관련 연구소에 반드시 걸개 형태로 부착되어야 할 중요한 자료 표이다. 핵도표에 대한 자세한 내용은 다음의 문헌을 참고 바란다. 'Nuclides and Isotopes; Chart of the Nuclides', E. M. Baum, M. C. Ernesti, H. D. Knox, T. R. Miller, A. M. Watson, (KAPL).

3.7 별의 진화: 별 주기성

3.7.1 별 주기율표: H-R 도

별에도 일생이 있다. 즉 태어나고 성장하며 마지막으로 폭발하며 사라지기도 하고 슬그머니 모습을 감추어 버리기도 한다. 그러한 별의 일생은 주기성을 가지고 있으며 따라서 별에도 주기율표가 존재한다. 이른바 H-R 도라고 한다. 그림 3.51을 보자.

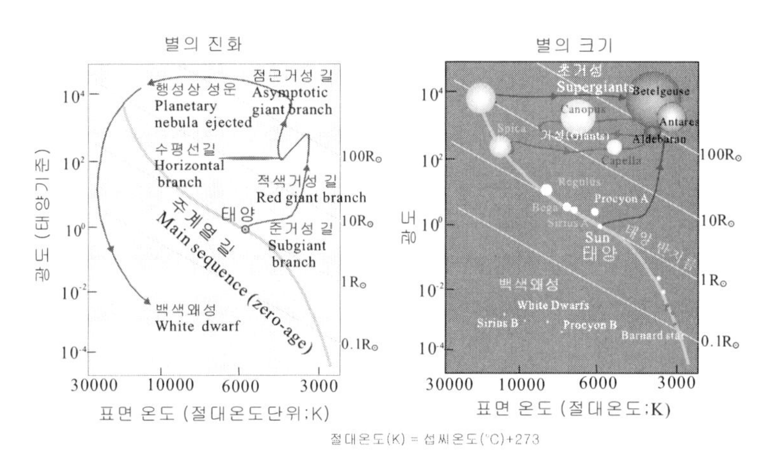

그림 3.51 별의 주기율표 격인 H-R 도형. 왼쪽 것은 별의 일생을 그린 것으로 주계열 길(태양이 있는 곳)에서 시작하여 큰별(Giant;巨星)로 변하고 마지막으로 하얀 난장이별(한자로 백색왜성)로 일생을 마치는 모습이다. 오른쪽은 별의 크기를 나타낸다. 우리에게 익숙한 1등성 별들이 큰별 가족에 속한다. 이러한 큰별들이 마지막 단계에서 폭발을 하는 것이 초신성 혹은 신성이다. 여기서 K는 절대온도를 표시하는 단위로 '켈빈'이라고 부른다. 우리가 일반적으로 사용하는 섭씨온도(°C)에 비해 273을 더한 값이다. 보기를 들면 섭씨 23도(23°C)이면 절대온도로는 300 K이다. 아주 높은 온도 범위에서는 별반 차이는

없다.

여기서 H와 R은 과학자 이름들로 Hertzsprung-Russell의 첫 글자이다. 별의 일생을 그림표로 만든 사람들이다. 이 도형은 별의 표면 온도와 별의 밝기를 가로-세로축으로 하여 분류시킨 것으로 별의 종류, 별의 탄생과 죽음, 원소의 합성 등을 일목요연하게 나타낼 수 있다. 특히 태양의 크기를 중심으로 하여 나타내는데 그러면 이해하기가 쉽기 때문이다.

태양은 보통별이며 별 주기율표에서 주계열 길을 따른다. 별에는 태양보다 몇 십 배 몇 백 배 큰 별들이 많다. 이러한 별을 큰별(한자말로 거성), 초거성 등으로 불린다. 겨울별자리에서 가장 유명한 오리온자리의 1등성인 베텔규스가 초거성이다. 밤에 보면 붉게 빛나는 것을 알 수 있다. 여름 밤에 화려하게 수놓은 전갈자리의 1등성인 안타레스 역시 거성이다. 이러한 거성에서 격렬한 핵반응이 활발하게 일어나고 헬륨 이상의 원소가 합성된다. 그리고 나중 폭발하면서 철과 같은 무거운 원소를 온 우주에 뿌려놓는다. 이른바 **초신성** 폭발이다. 태양은 수소를 다 쓰고 헬륨만 남으면 폭발은 하지 못하고 부풀었다가 원료를 모두 소진하고서 아주 작은 별, 난장이별로 그 수명을 다한다.

앞에서 원소, 원자, 원자핵 등을 설명하면서 원자의 크기와 핵의 크기를 비교해 본적이 있다. 그리고 태양이 중성자별이 되면 어느 정도 크기가 될 것인지도 알아보았다. 다양한 별들의 크기 비교를 그림 3.52에 나타내었다.

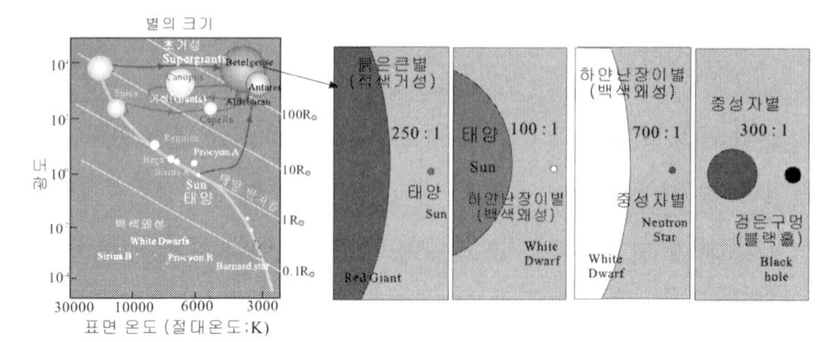

그림 3.52 별의 주기율표와 별의 크기 비교. 오리온자리의 적색 거성(붉은 큰별)인 베텔규스와 태양과의 크기 차이를 보라. 그리고 태양과 백색 왜성(하얀 난장이별)과의 크기 차이를 비교해 보기 바란다. 그러면 태양과 중성자별의 크기 차이가 얼마나 될지 상상이 갈 것이다. 앞에 나왔던 원자와 핵의 크기와의 차이를 다시 보기 바란다.

3.7.2 태양 에너지

이제 우리의 생명줄 태양을 보자. 태양의 비밀을 알려면 속을 보아야한다. 그림 3.53을 쳐다보며 태양 속에서 무슨 일이 일어나는지 알아보자. 태양 속에서는 격렬한 핵반응이 일어나고 있다. 태양으로부터 받는 에너지는 태양 내부에서 일어나는 핵반응에 의해 생겨난 것인데, 이렇게 별 내부에서 일어나는 핵반응을 **핵융합 반응**이라고 한다. 이미 여러 번 이야기를 하였다. 이러한 핵융합 반응은 가벼운 핵 두 개가 서로 만나 합쳐질 때 생긴다. 그런데, 합쳐지기 전의 두 개의 핵이 갖는 에너지는 합치고 난 후의 핵보다 에너지가 높은데 그 여분의 에너지가 핵반응을 통하여 나온다. 이것을 보통 우주선(우주에서 나오는 방사선의 의미임)이라고 부른다. 태양과 같이 보통의 별에서는 주로 수소 기체가 대부분이고, 다음으로 헬륨 기체가 존재하고 있다.

그림 3.53에서 중요한 것이 양성자 두 개가 결합하면 그대로 합성되는 것이 아니라 양성자가 중성자로 변하는 과정을 겪는다는 사실이다. 이때 베타마이너스와 중성미자가 나온다. 이러한 신비로운 입자는 이미 앞에서 설명을 하였다. 그리고 알파입자의 동위원소인 헬륨3(^3He) 두 개가 합쳐지면서 최종적으로 헬륨핵(^4He)이 조성된다. 이때 감마선이 방출되는데 그 에너지가 약 25 MeV이다.

이제 공식적인 핵반응 식으로 분석해보자.

$$^1H + {}^1H \rightarrow {}^2H + e^+ + q \ (Q = 1.44 \text{ MeV})$$

이것이 첫 단계 반응이다. 여기서 Q는 반응전과 융합되었을 때의 에너지 차이로 이 값이 양일 때 에너지가 발산된다. 화학반응에서 말하는 발열반응과 같다.

그 다음 ^2H, 보통 중수소핵이라고 하는데 영어로는 deuteron이라고 부르며 약자로 D로 표기한다고 이미 설명을 한 바가 있다. 여기서 용어에 대해 잠깐 언급하겠다. 핵자인 양성자와 중성자는 영어로 proton(프로톤), neutron(뉴트론)이라고 하는데 끝자가 모두 on(온)이다. 나중 나오지만 지은이는 알파핵인 경우 하나의 핵자로 보아 이를 **alpharon(알파론)**으로 명명 하는데 이렇게 언어의 조화로움을 살려 이름을 부르는 것도 학문의 세계에서 맛볼 수 있는 즐거움이라 할 것이다. 헬륨은 그리스 신화의 Helena에서 나왔는데 태양신을 뜻한다.

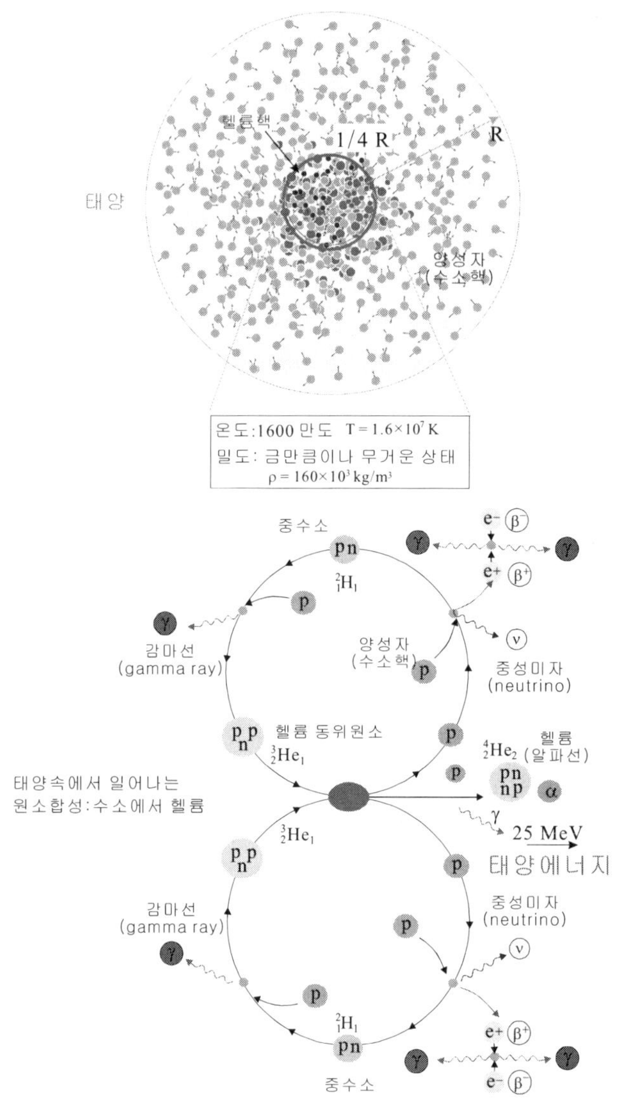

그림 3.53 태양과 원소합성. 수소 핵인 양성자들이 융합하면서 최종적으로 헬륨 원소가 만들어 진다. 이 과정에서 감마선으로 에너지를 방출한다.

중수소 핵(D)이 양성자를 만나면 다음과 같은 핵반응을 일으킬 수 있다. 즉

$$^{2}H + {}^{1}H \rightarrow {}^{3}He + j \ (Q = 5.49 \ MeV)$$

이다. 그러나 D-D 반응은 거의 불가능하다. 왜냐하면 생성되는 D가 너무 적어 (양성자 10^{18} 개 당 하나) 확률적으로 0에 가깝다. 따라서 D는 ^{3}He 만을 만드는 역할만 한다. 아울러 ^{3}He가 양성자와 융합하는 것도 불가능하다. 왜냐하면 생성된 ^{4}Li 핵은 안정적이지 못하여 금방 부서지기 때문이다. 또한 ^{3}He가 D와 반응하는 것도 희박하다. D의 생성이 적을 뿐만 아니라 오직 헬륨3 (^{3}He) 만드는 데만 열중하기 때문이다. 따라서 남아 있는 가능성의 핵반응은 오로지 ^{3}He와 ^{3}He와의 결합이다.

$$^{3}He + {}^{3}He \rightarrow {}^{4}He + 2{}^{1}H + j \ (Q = 12.86 \ MeV)$$

이 반응을 양성자-양성자 순환 반응이라고 부른다. 처음과 최종 단계만을 고려하면

$$4{}^{1}H \rightarrow {}^{4}He + 2e^{+} + 2q$$

이다. 이것으로 끝일까? 천만의 말씀! 가장 중요한 요건이 남아 있다. 그것은 앞에서 나온 Q 값에 대한 것이다. 일반적으로 Q 값은 해당 핵들의 질량 값에서 구한다. 반응 전 질량 값과 반응

후의 질량 값의 차이인데 이 경우 핵들의 질량은 벌거숭이 상태의 값이다. 무슨 말이냐 하면 해당 핵들은 다른 큰 핵 매질에 있을 때도 아니고 그 주위에 다른 매질 상태로 되어 있는 조건도 아닐 때라는 것이다. 지금 다루고 있는 태양에서의 핵반응 환경은 매질에 숱한 전자들이 분포하고 있다. 따라서 전자를 고려해야만 한다. 위 반응식에 전자 4개를 보태주자. 그러면 수소 핵과 헬륨 핵은 모두 중성의 원자들이 되며 두 개의 양전자도 사라진다. 이 경우 Q = 26.7 MeV가 된다. 이 에너지가 감마선과 중성미자로 표출된다. 다만 중성미자는 다른 물질들과 거의 반응을 하지 않기 때문에 태양 표면을 달구는 역할 없이 그냥 탈출한다. 따라서 태양에너지의 발산에서 에너지가 약간 낮아진다. 감마선이 태양표면을 달구는 역할을 한다.

그러면 감마선 에너지가 바로 지구로 올까? 천만의 말씀!

태양의 중심에서 탄생된 이 감마선이 밖으로 나오기 위해서는 무수한 충돌을 겪어야 한다. 특히 태양 중심에는 전자들이 빽빽이 분포되어 있는데 핵융합에서 발생된 감마선은 이러한 전자들과 수없이 충돌하여야 한다. 놀랍게도 1/10 cm 마다 충돌하며 조금씩 에너지를 소비한다. 물리학적으로 이러한 거리를 평균자유행로라고 부른다. 그리고 충돌할 때마다 엑스선이 발생한다. 그리고 광구에 도달했을 때 그러한 엑스선들은 드디어 가시광선이나 자외선으로 변하며 태양 표면을 탈출한다. 그럼 어느 정도의 시간이 걸릴까? 놀라지 말라, 17만년 정도 걸린다. 이와 반면에 빛이 지구에 도달하는 데는 겨우 8분 20초 밖에 걸리지 않는다. 이 시간은 지구와

태양 간 거리 1억 5천만 km를 빛의 속도인 초당 30만 km로 나누어 주면 나온다. 매미가 애벌레 시절 땅속에서 대부분의 시간을 보내고 밖에 나와 짧은 시간만 보내며 일생을 마치는 것과 비슷하다. 이것이 우리의 생명줄인 태양에너지이다.

그리고,

태양은 약 40억년 후 수소에 의한 핵반응이 끝나면 부풀어 올라 붉은큰별(적색거성)로 되고 최종적으로 하얀난장이별-백색왜성(白色矮星)-로서 일생을 마친다. 물론 그때까지 지구는 존재할 수도 없다. 태양에 의해 삼켜지고 말기 때문이다.

3.7.3 별: 원소 제조 공장

별들은 어떻게 해서 태어나는가. 우주 공간은 별들을 제외하면 아무것도 없는 것처럼 보인다. 그러나 별들과 별들 사이에는 많은 기체와 먼지들이 있는데 이것을 성간물질이라고 부른다. 이러한 성간물질 대부분은 기체 성분의 수소로 이루어져 있는데, 이러한 기체는 마치 구름과 같이 뭉쳐 있게 된다. 그리고 이러한 구름이 많이 모이면 그 속에는 뜨겁고 희박한 형태의 기체가 존재하고, 장소에 따라 여러 가지 중성의 원자들과 이온화된 원자 및 분자들과 자유전자들이 만들어 진다. 이때 장소에 따라 거대한 분자구름이 형성될 수 있다. 이러한 분자구름은 태양을 100개에서 100만개 정도 만들 수 있을 만큼 많은 물질을 포함하기도 한다. 무려 그 지름이 50에서 200광년에 이르는 것도 있다. 여기서 **광년은 빛으로 1년간 달린 거리**를 뜻한다. 빛은 1초에 지구를 일곱 바퀴 반을 도는 속도를 가진다. 이러한 분자구름은 보통의 성간구름에 비해 밀도가 높은데 이러한 밀집된 중심핵에서 별들이 탄생한다. 즉 분자구름이 중력에 의해 격렬하게 수축이 되면 밀도는 물론 온도가 극도로 높은–수백만 도–덩어리들이 만들어 진다. 이곳에서 이른 바 **핵반응**이 일어난다. 이러한 핵반응에 의해 중력과 압력이 균형을 이루게 되면, 스스로 빛나는 별이 탄생하는 것이다. 이렇게 별이 탄생하는 곳으로 유명한 곳이 오리온자리에 있는 오리온 대성운이다. 그림 3.54의 가운데 붉은 곳이며 오른쪽에 확대된 모습을 볼 수 있다.

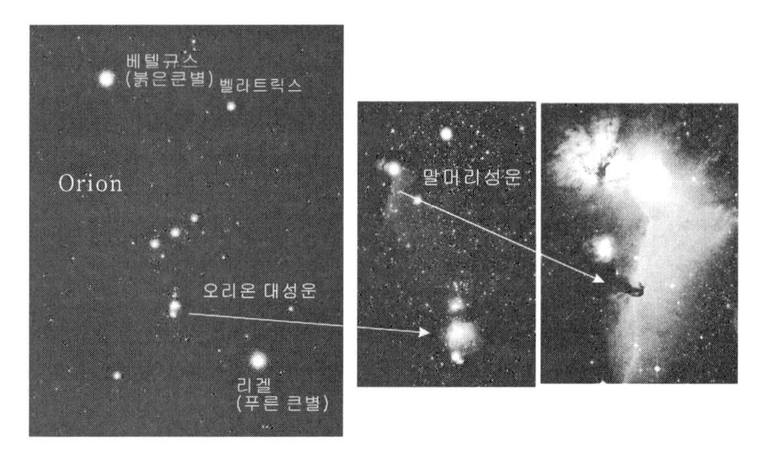

그림 3.54 오리온자리. 가운데 별 세 개 (오리온의 허리띠에 해당됨) 밑에 구름처럼 보이는 것이 오리온 대성운–the Great Nebula–이다. 오른쪽 그림은 그 확대된 모습이며 말머리성운은 더욱 확대를 시켰다.

별 내부에서의 핵반응과 원소 합성에 대해서는 5장에서 자세히 다룬다. 이미 알고 있듯이 이러한 핵융합반응은 가벼운 핵 두 개가 서로 만나 합쳐질 때 생긴다. 태양과 같이 보통의 별에서는 주로 수소 기체가 대부분이고, 다음으로 헬륨 기체가 존재하고 있다. 헬륨은 다시 뭉쳐져 탄소를 만들고 차례대로 질소 산소 등을 만들어 나간다. 여기에서 생명에 필요한 가장 중요한 원소들인 탄소, 산소, 질소 등이 생성된다. 그림 3. 55를 보라. 그리고 갓 태어난 별들을 그림 3.56에서 보기 바란다.

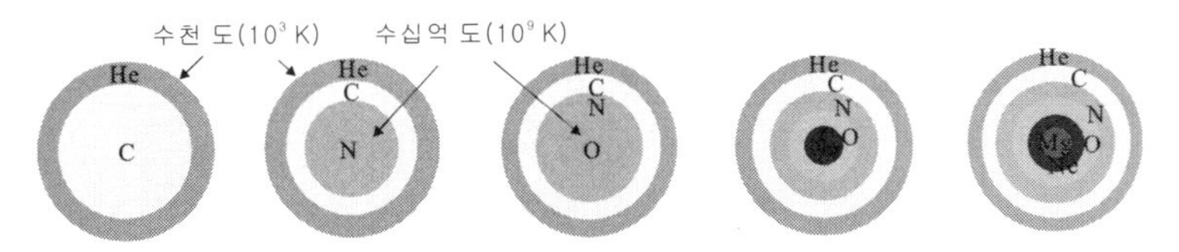

그림 3.55 붉은 큰별에서 만들어 지는 각 종 원소들.

그림 3.56 오리온자리, 황소자리와 함께하는 플레이아데스 별무리(성단). 이 별들은 태어난 지 얼마 안 된 별들이다. 겨울철 황소자리 오른쪽에서 보인다.

맨눈으로는 희미한 구름처럼 보이나 쌍안경으로 보면 5-6개의 밝은 별로 보인다. 지은이가 촬영한 사진이다. 직접 쌍안경을 가지고 보기 바란다. 무척 아름답다.

이와 같이 헬륨이 만들어지고 난 다음에는 이를 토대로 무거운 원소들이 계속 만들어진다. 별의 질량이 크면 클수록 별 중심의 온도가 높아 결국 보다 더 큰 원소들이 쉽게 합성된다. 태양보다 10배 이상 무거운 별들은 마지막으로 철(Fe)을 만들어 내는데, 철은 모든 핵 원소 중에서 구속에너지가 가장 높다. 다시 말해 가장 단단히 묶여 있어 이 핵을 부수는데 가장 큰 에너지가 필요하다. 따라서 철 이상의 원소는 보통의 핵융합 반응으로는 생성되지 않는다. 그러면 철 이상의 원소는 어떻게 만들어 질까 ?

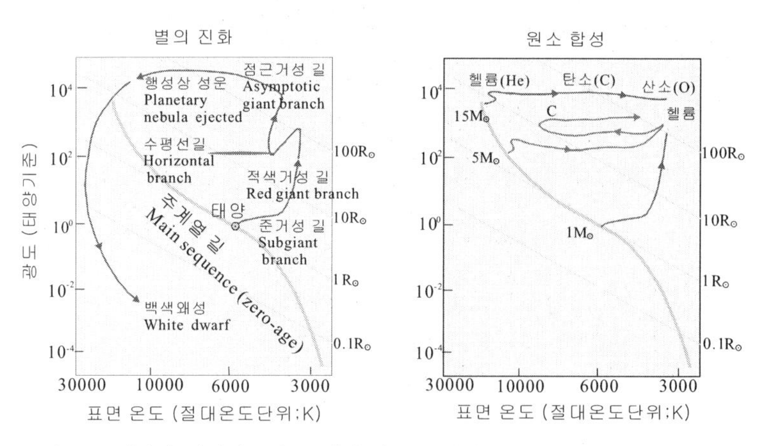

그림 3.57 태양과 태양의 5배, 16배의 별들에 대한 진화의 길. 태양보다 무거운 별들은 단계적인 태움(핵반응을 뜻한다)을 거치며 헬륨보다 무거운 원소들을 만들어 낸다.

그것은 베타붕괴를 동반하는 중성자 포획 반응으로 이루어진다. 별은 핵이 붕괴되면서 중성자를 많이 포함하는 핵들에 의한 알파붕괴 또는 양성자와 전자의 반응에 의해 중성자들이 많이 만들어진다. 이러한 중성자들에 의해 다시 반응이 일어나 질량수 260 근처의 무거운 핵 원소들을 만들어 낸다. 이러한 반응은 두개의 중성자별이 만나 합쳐질 때 형성될 수 있는데 실제적으로 관측된 바가 있다.

이제 무거운 별들이 위의 과정까지 겪게 되면 이제 탈 수 있는 연료들을 거의 다 싸버린 셈이다. 이때부터 별은 중심 핵 마저 붕괴하기 시작하는데 이때 수반되는 격렬한 폭발이 **초신성** 출현이다. 결국 초신성 폭발에 의해 이러한 무거운 원소들이 우주 공간을 떠돌게 되고 다시 성간물질을 이루어 새로운 별을 탄생 시키게 된다. 우리 지구에서 발견되는 철, 금 등도 아주 먼 옛날 초신성 폭발의 잔해가 태양계의 모태가 되었던 물질에 함유되면서 생겨난 것이라고 할 수 있다. 물론 지구가 만들어 지는 수십 억 년 동안에는 많은 초신성 폭발이 있었음은 두 말할 나위가 없다. 우리 은하(약 2000억 개의 별들이 있음)와 같은 크기의 은하에서는 일세기에 한번 내지 두 번 초신성 폭발이 일어나는 것으로 알려져 있다.

초신성 폭발은 진짜로 있을까?

그림 3.58을 보자. 마치 게의 모양을 닮았다하여 '게성운'이라는 이름이 붙은 천체 구름 사진이다. 이 게성운이 초신성 폭발의 흔적이다. 이 게성운의 정체는 중국문헌에 의해 밝혀졌다. 즉 1054년도

에 낮에도 보일만큼 아주 밝은 별이 보였다는 기록이 중국문헌에 나타나기 때문이다. 그 당시 초신성 폭발에 의한 엄청난 양의 빛이 낮에도 보인 것이다. 참고로 신성(nova)은 새로 생겨난 별이라는 의미이다.

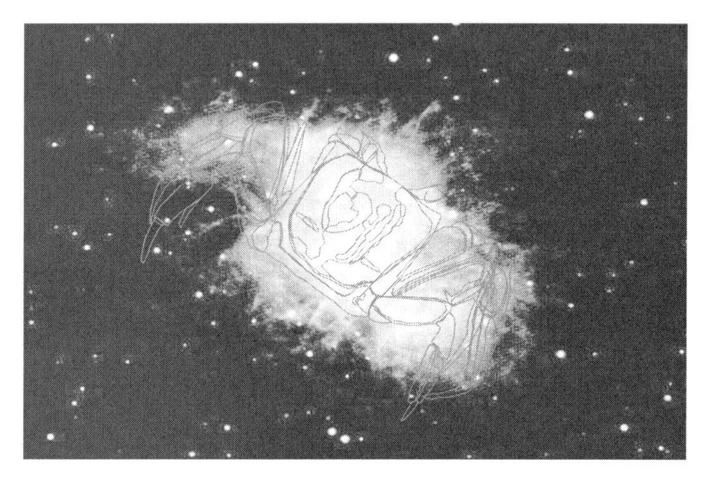

그림 3.58 초신성의 잔해. 중국 문헌에 따르면 이 초신성은 1054년도에 나타났다. 잔해의 구름 모양이 게를 닮았다 하여 게성운이라고 부른다.

3.7.4 초신성과 한국의 천문 관측

초신성에 대한 기록이 동양에서는 중국에만 있었을까? 천만의 말씀이다. 우리나라의 기록이 훨씬 많다. 자랑스러운 일이라 할 것이다. 그림 3.59를 보자. 1604년 폭발한 케플러 초신성의 잔해 사진이다. 그리고 그 밝기를 기록한 자료를 가지고 밝기 변화를 분석한 과학적 결과를 보여주고 있다.

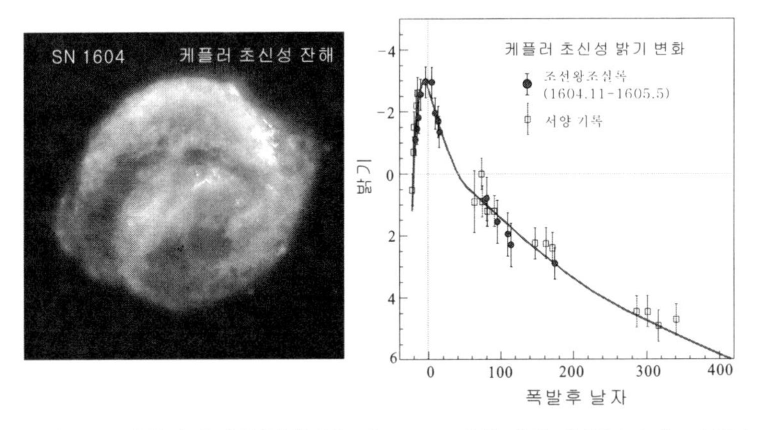

그림 3.59 케플러 초신성(공식적으로는 SN1604)의 잔해 영상(NASA). 가시광선, 적외선, 엑스선 관측기로 얻은 영상을 합성한 것이다. 파란색 부분이 엑스선으로 원소합성의 증거이다. 오른쪽의 것은 케플러의 관측과 우리나라 조선시대에 관측한 것을 토대로 작성된 초신성 폭발 후의 밝기변화이다.

기록을 보면 하늘내(天江;천강) 주변에 나그네별(客星; 객성으로 이른바 초신성)이 나타났다고 하면서 7개월 간 꼼꼼히 밝기를 기록하고 있다. 여기서 하늘내 자리는 앞에서 동양별자리를 소개하면서 남쪽 전갈자리와 땅꾼자리 사이에 표기되어 있다. 이른바 땅꾼자리(뱀주인자리라고도 한다. 양쪽에 두 개의 뱀을 잡고 있는 모습을 그리고 있다.) 밑에 해당한다.

여기서 보면 우리나라 조선시대 기록물인 조선왕조실록 관측이 얼마나 자세하고 정확했는지 확연히 드러난다. 서양 천문학자들이 감탄을 할 정도이다.

또한 혜성 기록도 유명하다. 그림 3.60은 조선시대 관상감에서 기록한 혜성의 그림이다. 여기서 이러한 우리나라의 기록물을 소개하는 것은 우리들의 역사를 돌아보고 진정한 과학적 토대를 마련하는데 밑거름을 만들자는 소박한 바램에서이다.

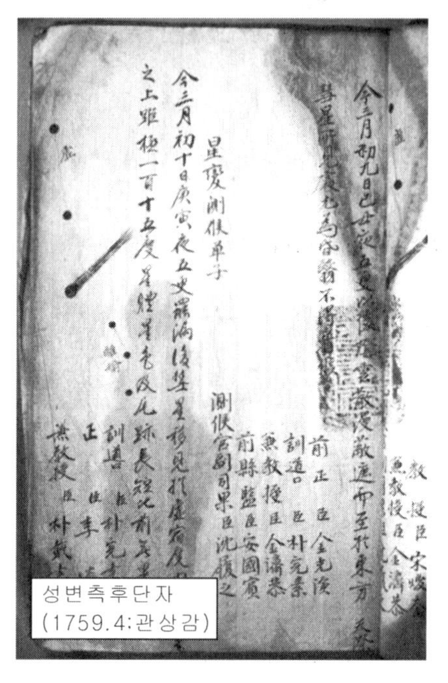

그림 3.60 조선시대 관상감의 별 변화 관측 기록인 성변측후단자(星變測後單子)의 혜성 그림.

비록 관측과 기록만으로, 자연의 질서를 보고 수학을 바탕으로 하는 물리적 법칙에 따른 과학으로 발전은 못하였지만 선인들의 이러한 기록 정신을 이어받아 새롭고 독창적인 과학이 태어나는 계기가 되었으면 한다. 여기에서 다루는 주제가 핵물리 과학이고 가장 큰 얼개가 우주에서 벌어지고 있는 원소 합성과 이에 따른 에너지의 발산 그리고 별들의 일생에 대한 것이다. 우리는 이제 조상들이 밤하늘을 쳐다보며 하늘의 움직임을 수동적으로 받아드렸던 자세에서 벗어나, 능동적이고 독창적인 자세로 인류 과학에 뚜렷한 발자취를 남기는 주인공이 되어야 할 것이다.

이제까지 언급한 별의 탄생과 죽음 이에 따른 원소의 합성 시나리오, 별들의 모습 등은 모두 첨단 기기들에 의해 측정이 되고 분석이 되며 또한 촬영이 된다. 측정이 되는 것들이 다양한 종류의 **방사선**들이다. **엑스선**도 그 중 하나이다. 이러한 분석 기기들은 또한 '암'과 같은 난치병이나 희귀질병을 퇴치하는 무기로도 등장한다.

이러한 별들에서 일어나는 핵반응과 별의 구조, 초신성 에너지, 중성자별의 내부 등을 연구하는 것이 이른 바 희귀 핵종에 얽힌 과학 영역이다.

4장

가속기 이야기

이 장에서는 가속기에 관한 이야기가 전개된다.
가속기를 등장시키는 이유는 가속기를 통하여 희귀핵종이
연구되기 때문이다.
물론 가속기는 입자를 가속시키는 장치이다.
앞에서 우리는 원소와 그 원소의 기원이 핵의 합성에서
비롯된다는 사실을 살펴보았다.
그리고 그러한 핵합성은 밤하늘에서 반짝이는 별들에서
이루어진다는 사실도 접해보았다.
이른바 핵반응이다.
그러한 핵반응을 일으키는데 사용되는 장치가 가속기이다.
그렇다면 가속기는 별의 제조 공장인 셈이다.

4.1 가속기란

4.1.1 가속기 원리

먼저 가속이라는 단어를 상기하자. 앞에서 우리는 사과가 떨어질 때의 운동 모습을 본적이 있다. 그리고 속도가 증가하는 것을 가속도라고 불렀다. 물체의 가속도는 힘이 그 물체에 가해졌을 때 나타나는 현상임도 밝혔다. 여기서 **가속기**라 함은 바로 물체를 가속시킬 수 있는 기계 장치를 말한다. 물체라 함은 사과나 돌멩이 같은 것이 아니라 물질을 이루는 기본 원소 입자를 말한다.

조금 더 구체적으로 정의한다면 가속기란 입자를 가속시켜 빔(beam; 빛살, 화살과 같이 빠르게 진행하는 줄기를 뜻한다.)을 만들고 그 빔을 물질과 충돌시켜 물질 속의 입자들과 반응을 일으키는 장치이다. 따라서 정확하게는 **입자 가속기**라고 불러야 한다. 이러한 충돌 실험으로 부터 물질의 기본인 원자핵, 원자, 분자들의 내부 구조는 물론 각종 물질의 특성들이 조사된다. 여기서 입자는 수소, 탄소, 산소 등의 개별적인 원자를 말한다. 그리고 빔은 이러한 입자들이 흐트러지지 않게 나가는 입자 이온들의 흐름이다. 레이저 빛과 같은 모습이라고 상상하면 된다. 그리고 이온이라 함은 원자 속에 있는 전자들이 빠져나가거나 들어온 상태이다. 특히 수소와 헬륨 이상의 입자 이온을 **무겁다는 의미로 중(重; heavy) 이온**이라고 부른다. 이와 같은 이온 상태는 곧 전하를 지닌다는 것을 의미한다. 전하는 물질의 고유 성질로 그 기본은 수소원자 핵인 양성자와 전자이다. 그리고 전하를 가진 입자들 간의 힘을 전기력이라고 부른다고 하였다. 물론 더욱 정확한 표현은 **전자기력**이다.

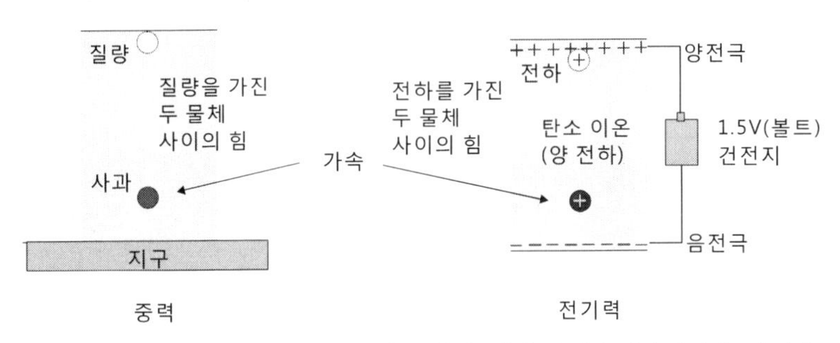

그림 4.1 중력과 전기력. 중력은 질량(무게)을 가진 물체를 가속시킨다. 반면에 전기력은 전하를 가진, 즉 이온화된 입자를 가속 시킨다. 전자, 양성자(수소이온), 알파(헬륨이온), 탄소 이온 등.

이제 중력과 전기력의 닮은 점과 다른 점을 다른 각도로 살펴보자. 물론 같은 점은 '**힘**'이라는 용어이다. 힘이 물체에 주어지면 물체는 움직이며 가속이 된다. 사과가 떨어지는 경우이다. 이것은 지구라는 물체와 사과라는 두 물체사이에서 작용되는 중력의 결과이다. 이 과정에서 지구에서 떨어지는 물체는 점점 속도를 내며 떨어진다. 즉 가속된다는 사실이다. 2층 아파트에서 떨어뜨린 사과보다 5층 아파트에서 떨어지는 사과가 땅에 닿았을 때 더 힘세게 부딪치는 이유가 더 먼 거리를 가면서 그만큼 속도가 커지기 때문이다. 그런데 이러한 가속 힘은 중력에만 있는 것이 아니라 전기력에도 존재한다. 눈에는 안보이지만 우리가 일상에서 사용하는 전자제품들이 모두 전기력에 의해 작동된다. 간단히 말하자면, 전자를 움직여 원하는 에너지는 물론 빛, 통신, 영상 등의 기능을 얻는다. 여기서 중력과 완전히 다른 점이 '전하'라는 성질이다. 중력에 있어 질량과 대비되는 물질의 속성이다.

이번에는 자기력을 알아보는데 이해를 돕기 위해 **자석**의 정체부터 살펴보기로 한다.

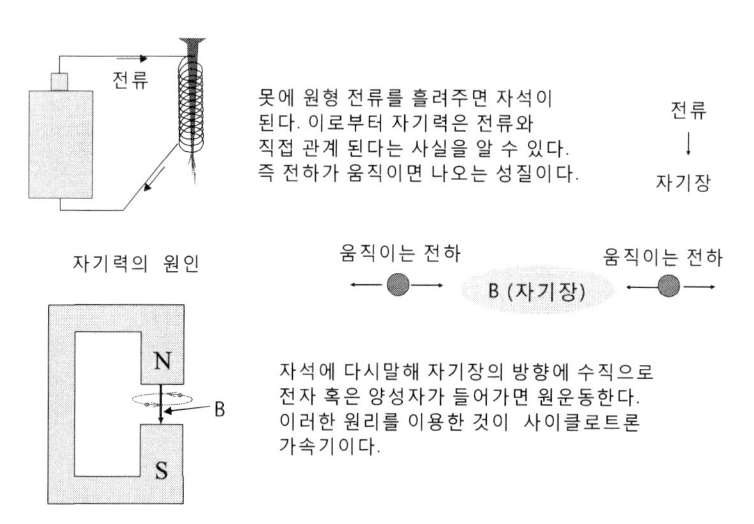

그림 4.2 자석의 진짜 얼굴. 전하가 운동을 하면 자석의 성질이 나오며 이를 자기장이라고 한다. 이와 반면에 정지된 두 전하 사이의 힘의 분포를 전기장이라고 한다.

우리는 전기 에너지를 일상적으로 사용하면서도 자석이 전기와 연관되어 있다는 사실을 깨닫지 못할 때가 많다. 그림 4.2에서 보듯이 자석은 전하의 운동으로부터 나온다. 전류(electric current)는 사실 전자들의 흐름(current)이다. 자석(磁石; magnet)이라 하지만 그것은 역사적으로 자석이 발견되면서 나온 통속적인 용어이고 학술적으로는 **자기쌍극자**라 한다. 그리고 그 힘이 미치는 공간을 **자기장**이라고 한다. 전기장을 상기하자. 즉

전기장은 두 개의 고정된 전하 사이의 힘이고 자기장은 두 개의 전하가 왔다 갔다 할 때 발생하는 전기적 힘이다. 이러한 자기장은 전하를 띤 입자 빔의 방향을 조절하고 질량을 선별하는데 큰 역할을 한다. 더 나아가 빔을 한 곳으로 모으는 역할, 즉 렌즈와 같은 역할도 한다.

가속기는 이온 빔을 생산하여 전기와 자기적인 힘으로 발생시킨 빔을 원하는 표적에 충돌시키는 역할을 한다. 여기서 빔과 표적의 충돌은 핵반응은 물론 물질과의 상호 반응을 일으키는 사건을 말한다. 그리고 가속기와 함께 항상 같이 하는 입자 검출기는 이러한 사건에서 나오는 온갖 반응 입자들을 측정하는 역할을 한다. 즉 검출기는 측정된 자료들을 모아 분석하는 이른바 현미경, 망원경, 사진기의 역할을 한다. 보기를 들면 엑스선 사진 등이 이에 속한다. 사진은 정적인 사진과 동적인 사진 등으로 구별된다. 그리고 측정 대상들은 우선 **빛(엑스선, 감마선 등), 베타선(전자), 알파선(헬륨 원자핵)**, 입자선(양성자, 중성자, 탄소, 산소 등) 등이다. 먼저 가속기를 보고 그 다음 검출기를 소개하기로 하겠다.

4.1.2 가속기 구조

그림 4.3에 입자 가속기의 전체 구조와 이온 빔의 원리가 묘사되어 있다. 탄소 이온 빔을 보기로 들며 설명하기로 한다. 먼저 고체인 탄소를 기체 상태로 만들어 이온발생기로 보낸다. 이온발생기에는 음으로 대전시키는 필라멘트가 있고 여기에서 탄소 기체는 전자를 잃으면서 양으로 대전된 탄소 1가 이온이 된다. 그러면 음전하의 전하인 전자도 혼재하는 플라즈마 기체가 된다.

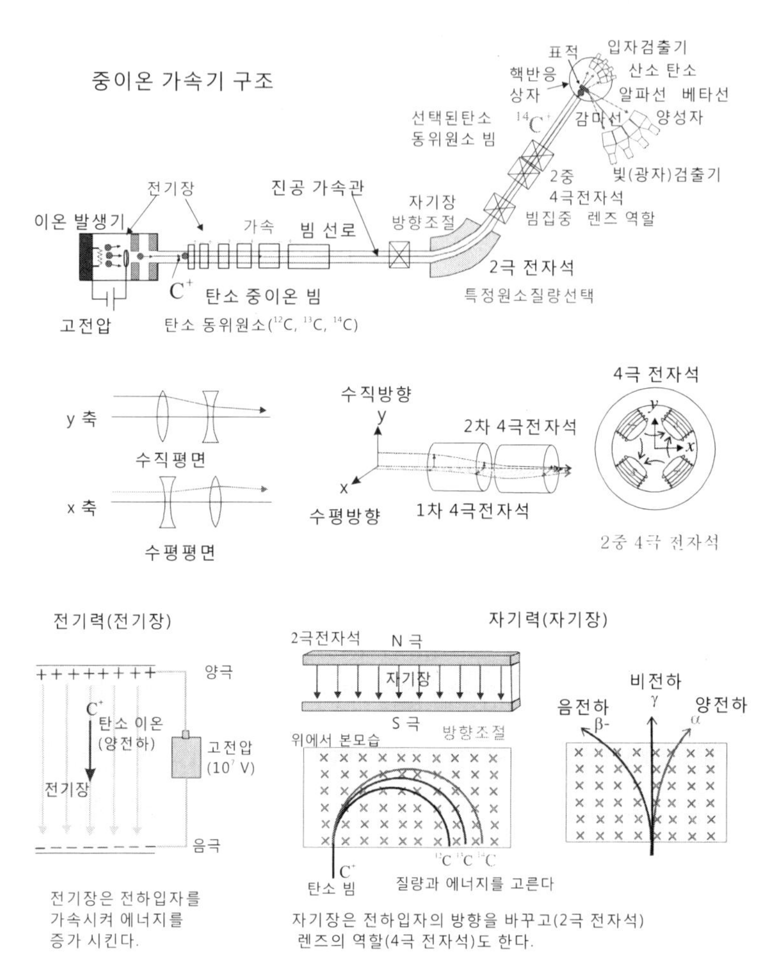

그림 4.3 중이온 입자 가속기 구조와 작동 원리. 전기력 즉 전기장은 이온화(전하) 입자를 가속시키는 역할을 한다. 이와 반면에 자기력(자기장)은 전하 입자의 방향을 바꾸기고 하며 동위원소들의 질량을 고르는 역할을 한다. 2극 자석은 전하 입자의 방향을 바꾸는 역할을 하며 4극 전자석은 빔을 퍼지지 않도록 잘 가두어 정확하게 표적을 맞추도록 한다. 자기장의 x 표시는 종이 면을 뚫고 들어가는 자기장의 방향을 뜻한다. 알파선(양전하의 헬륨핵), 베타선(음

전하의 전자), 감마선(전하가 없는 광자, 빛)에 대한 자기장에서의 진로에 주목 바란다.

이렇게 +1가를 가진 탄소는 앞에서 설명하였듯이 전기 에너지(여기서는 전기장이라고 표시)를 받아 가속화 된다. 경우에 따라 가속관에 탄소 필름을 달아 +1가의 탄소 이온을 +6가의 이온으로 만들기도 한다. 왜냐하면 전하 상태 값이 크면 클수록 높은 에너지를 얻을 수 있기 때문이다. 2극 자석(자기장 발생 장치)은 이러한 탄소 빔의 방향을 조절하고 탄소 빔의 종류와 속도까지 측정하는 역할을 담당한다. 탄소에는 12번과 13번의 안정 동위원소가 존재한다. 그러나 반감기가 아주 긴 14번도 자연 상태에서 극소량 포함되어 있다. 이 사실을 고려하여 여기에서는 탄소 동위원소 중 14번이 골라지는 것을 보기로 들었다.

이어 빔이 퍼져 나가는 것을 방지하기 위해 이른바 렌즈의 역할을 하는 4극 전자석을 이중적으로 설치하면 원하는 표적에 정확하게 도달시킬 수 있다. 그런데 2차 빔을 만들기 위해서는 사전에 핵반응을 일으키고 그 반응에서 나오는 특정의 동위원소를 골라내야 한다. 위에서 들었던 2극 전자석이 그 역할을 담당하는데 이때 전하 상태와 핵의 질량 비율에 있어서 고르기가 힘든 상황이 발생한다. 그리고 조금 씩 다른 에너지를 가진 동위원소들도 섞여 있을 수 있다. 에너지가 다르다고 하는 것은 무지개의 빛깔을 생각하면 이해하기가 쉽다. 보통의 경우 빛은 백색이다. 그러나 무지개를 보면 색이 다양하게 나온다. 이것은 빛의 파장, 다시 말해 에너지가 다른 빛들이 구분이 되기 때문이다. 구분이 되는 것은 물방울 속에서 빛이 다르게 회절 되기 때문이다. 이때 원하는 색의 빛은 그

색에 대응되는 에너지를 가진 단일 에너지 빛이다. 이러한 경우 단색광이라고 부른다. 빔에 있어서도 빛과 같이 조금씩 다른 에너지를 가진 동위원소들이 포함되어 있는 경우가 많다. 이를 단일 에너지로 조절하며 모아주는 역할을 하는 것이 6극 자석이다. 전자석들의 역할을 묘사하는 모습이 그림 4.4이다.

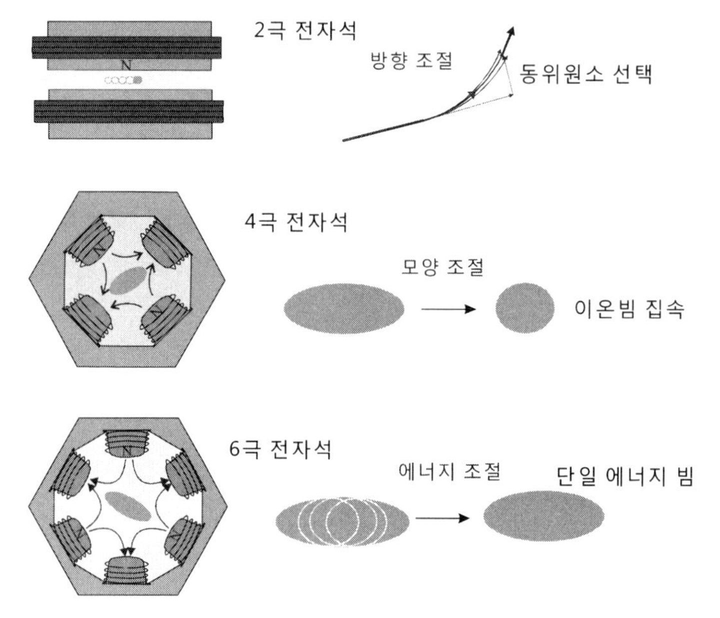

그림 4.4 2극, 4극, 6극 자석의 구조와 그 역할.

이제 가속기의 첫 핵심 장치인 이온 발생기를 방문하자.

4.1.3 이온 발생기

먼저 이온 발생기라는 용어에 대해 알아보자. 영어로는 Ion Source라고 한다. 그대로 해석하자면 이온원(源), 즉 '이온 샘'이 된다. 그러나 엄밀히 이야기 하자면 이온을 만들어 주는 장치에 해당된다. 보통 **이온원**으로 부르며 그렇게 사용하고 있다. 그러나 이해를 쉽게 하기위해서는 이온 발생기라고 해야 옳다. 여기에서는 이온 발생기라고 부르겠다.

그리고 이온빔에 대한 명확한 정의를 내릴 필요가 있다. 왜냐하면 가속기를 사용하여 빔을 만드는 것에는 원소들뿐만 아니라 전자도 포함되기 때문이다. 그런데 전자는 물체를 뜨겁게 달구기만 해도 나온다. 이를 열전자라고 부른다. 사실 전자 가속기는 우리 일상생활에서 자주 만날 뿐만 아니라 가지고도 있다. 가장 대표적인 것이 음극선관 텔레비전이다. 지금은 거의 사라지고 없지만 2000년 이전만 하더라도 집집마다 있었던 TV이다.

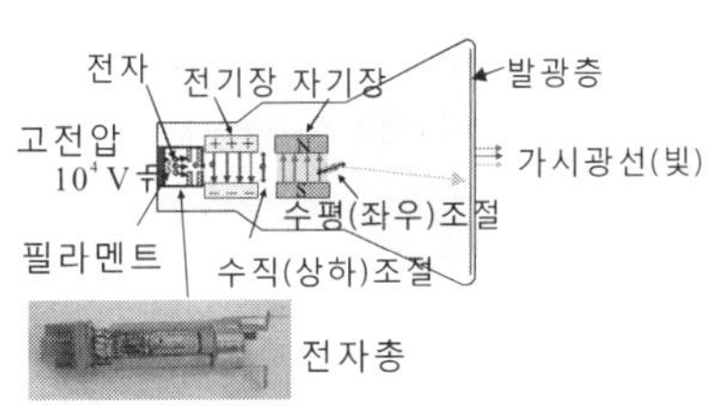

그림 4.5 음극선관 텔레비전과 내부 구조. 전자 가속기와 원리가 같다.

그림 4.5를 보자. 텅스텐 등의 필라멘트에 고전압을 가해주면 열이 발생하면서 전자들이 튀어나온다. 금속 구멍을 설치하여 사방으로 퍼지는 전자들을 한 방향으로 유도하고 전기장과 자기장으로 전자들의 운동 방향을 상하와 좌우로 바꾸면서 스크린으로 보낸다. 스크린에는 전자를 받으면 빛을 내는 물질인 발광체가 있고 발광되는 빛을 전기적으로 그 세기를 조정하면 전송된 자료(데이터)가

영상으로 재현된다. 이러한 장치를 음극선관(Cathode Ray Tube; CRT)이라 부르는데 여기서 음극선은 음전하인 전자 빔을 말한다. 이러한 CRT는 발명한 과학자의 이름을 따서 브라운관으로 더 잘 알려져 있다. 그리고 TV 뿐만 아니라 컴퓨터, 오실로스코프 등 과학 사회에서도 폭넓게 디스플레이로 사용이 되었던 효자였다. 이 브라운관 TV가 가속기 특히 전자 가속기의 구조와 똑 같다! 이미 집집마다 가속기를 갖추고 있던 셈이었다.

하지만 2000년 대 들어서면서 소위 평판 디스플레이(평판이라는 용어는 기존의 CRT 화면이 곡률을 가진 것에 대한 대비로 사용되었다)가 출현하면서 차츰 사라지기 시작한다. 현재 평판 디스플레이는 액정 디스플레이(Liquid Crystal Display; LCD), 유기발광다이오드 디스플레이(Organic Light-Emitting Diodes)가 주류를 이루고 있다. 하지만 액정 디스플레이 마저 사라질 운명에 처해 있다. 사실 처음 얇은 평판 디스플레이가 출현을 할 때에는 다양한 종류가 선보였었다. 그 중에 플라즈마 디스플레이, 전기장 방출 디스플레이, 형광 디스플레이 등이 있었다. 이 중 전기장 방출 디스플레이와 형광 디스플레이는 음극선관 디스플레이처럼 전자를 방출시키는 방법을 사용한다. 그림 4.6을 보자.

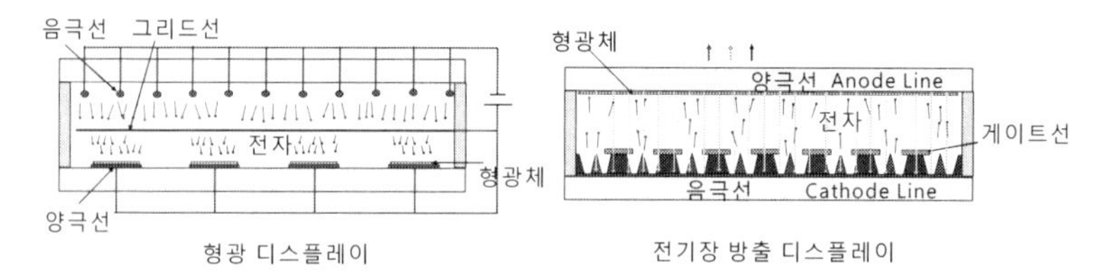

그림 4.6 전자 방출을 이용한 디스플레이 종류.

형광 디스플레이는 기존의 브라운관 구조와 거의 비슷하다. 그리고 전기장 방출 디스플레이는 전자의 방출을 강한 전기장으로 일으키는 점이 다르다. 이때 전기장에 쉽게 방전시키기 위해 금속을 뾰족하게 만든다. 사실 가속기의 이온 발생기 중 이러한 방법을 채택하기도 한다. 처음 전기장 방출 디스플레이가 선 보였을 때는 전문가들로부터 미래 디스플레이로 큰 각광을 받았었다. 금속 표면에 강한 레이저를 쏘아 전자를 방출시키기도 하는데 물리학적으로 광전자 방출이라고 부른다. 여기에서는 이러한 전자 빔과 이에 따른 가속기에 대한 언급은 피한다. 다만 나중 원형 싱크로트론 가속기를 다룰 때 전자 빔에 의한 강한 엑스선 발생과 이에 따른 응용 가속기에서 다시 한 번 등장할 것이다. 이제 진정한 이온 발생기와 이에 따른 이온 빔에 대하여 살펴보도록 하자.

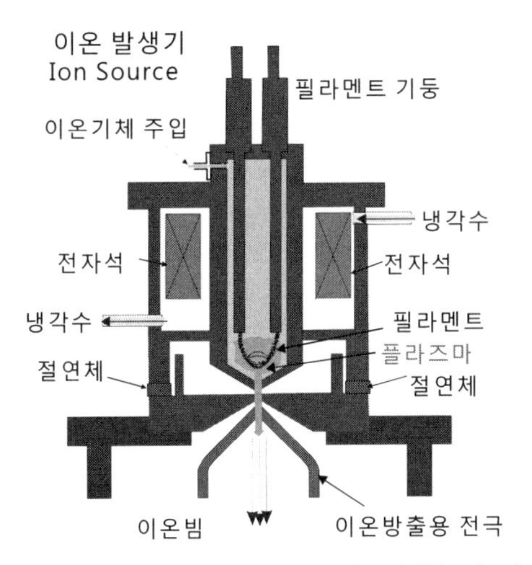

그림 4.7 가속기 이온 발생기(ion source; 이온원(源))의 일반적 구조.

이온 발생기는 특정의 원자를 이온화 시켜 이온빔으로 만드는 장치이다. 그림 4.7을 보자. 원자를 이온화 시킨다는 것은 원자의 전자를 떼어내거나 붙이는 것을 말한다. 떼어내면 양이온, 붙이면 음이온이 된다. 이온을 만들기에는 우선 기체인 수소, 산소, 아르곤 등의 원소가 고체 상태의 원소들보다는 쉽다. 탄소와 같은 고체 시료이면 탄소를 우선적으로 뜨겁게 가열시켜 기체화를 시키는 절차가 필요하기 때문이다. 따라서 처음 시작할 때에는 기체 원소를 이온샘으로 사용하는 경우가 많다. 대부분 사용되는 빔은 양이온 상태이다. 그러나 간혹 음이온을 만들어 가속시키는 경우가 있다. 음이온을 만드는 방법 중 하나가 해당 원소 금속에 세슘을 강하게 때리는 것이다. 세슘은 원자가 1가인 알칼리 족으로서 쉽게 전자를 내주는 경향이 있어 반응 물질 원자에 전자가 전달되는 효과를 가져다준다. 이로부터 음이온이 발생하게 된다. 다른 방법도 비슷한데 원래 양이온을 알칼리 족 원소 기체 속을 진행시켜 만든다. 비록 1% 정도로만 음이온이 되어도 나머지 양이온들을 전기장이나 자기장에 의해 제거시키면 순수한 음이온 빔을 만들 수 있다. 음이온 빔은 탄뎀 반데그라프 가속기에서 주로 사용된다.

앞에서 기본적인 이온 발생기 구조를 보였는데 원하는 이온을 만들기 위해서는 가열할 필요가 있다는 사실을 알 수 있다. 가열하는 방법은 열전자에 의한 것이 보편적이지만 레이저에 의한 것 등도 있다. 하지만 가장 각광을 받는 것이 이러한 가열장치 없이 중성의 기체를 가열시켜 플라즈마 상태를 만드는 방법이다. 흔히 **전자-사이클로트론-공명(electron cyclotron resonance; ECR)** 이온 방법이라고 부른다. 그림 4.8을 보자.

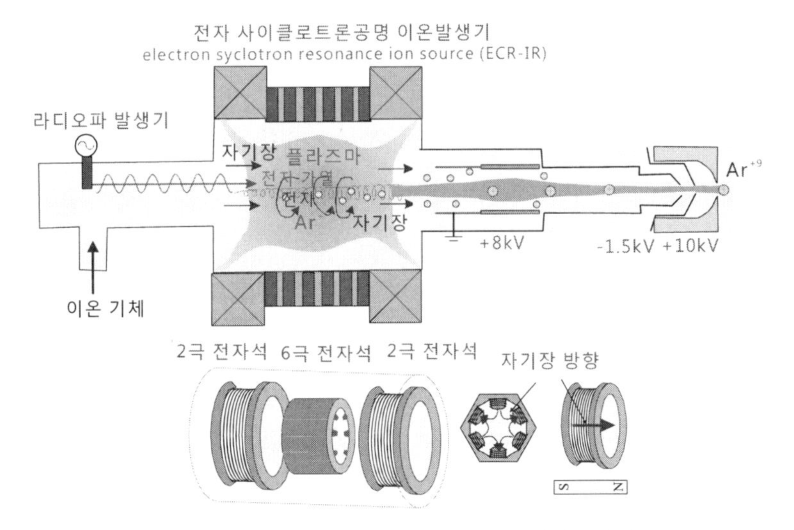

그림 4.8 전자-사이클로트론-공명 이온 발생기 원리. 라디오파에 의해 주입된 이온기체가 가열되면서 플라즈마 상태로 된다. 전자들은 라디오파 주기에 맞추며 자기장의 힘을 받아 원운동하며 나아간다. 이러한 전자들의 운동에 따라 이온 역시 움직이게 되며 이온 빔으로 탄생하게 된다. 아르곤(Ar) 빔을 예로 들었다.

이 방법은 원소 기체를 주입하고 여기에다 라디오파를 입사시켜 가열시키는 원리를 이용한 것이다. 위에서 든 2극 자석과 6극 자석을 교묘히 조합하면 플라즈마 상태의 전자들을 원운동시키면서 가둘 수 있는데 이러한 전자들의 원운동은 자기장에 의해 발생한다. 2극 자기장에 전자가 들어가면 방향이 휘면서 원운동한다는 사실을 여러 번 강조했다. 사이클로트론이 이 원리에 의해 탄생을 했다. 이때 전자들은 기본 전하 크기와 질량을 가지고 있는데 이 비율 즉 전하/질량 (보통 q/m으로 표시) 값이 자기장에서 원 운동할 때 기본 값으로 적용된다. 여기에다가 자기장의 세기

(보통 B로 표시)가 곱해지면, (q/m)B, 원운동의 진동수가 결정된다. 즉 원운동의 주기 (실제로는 각진동수로 2s로 나누어주어야 함)가 주어진다는 말이다. 이때 라디오파를 전자들의 원운동의 주기에 맞추어 입사시키면 전자들의 회전 운동을 가속화 시킬 수 있다. 그러면 전자들이 원운동하면서 나가게 된다. 마치 스프링의 곡선 운동과 같은 모습이다.

이러한 방법으로 이온들의 전하 상태를 점점 많게 한다. 다시 말해 이온화 상태를 높게 만드는 것이다. 예를 들면 아르곤인 경우 이온가가 최대 +18인데 자기장의 세기에 따라 +9 혹은 +10가까지도 가능하다. 그런데 여기서 주목할 것이 있다. 그것은 전자들은 가벼워 쉽게 운동을 할 수 있으나 무거운 양이온은 그렇지 못하다는 사실이다. 산소나 아르곤 원자를 생각해보면 쉽게 이해가 갈 것이다. 전자에 비해 3만 배, 8만 배나 무겁다. 그러나 이러한 이온들도 빠르지는 않지만 서서히 전자들을 따라 움직인다. 왜 그럴까? 전자 덕분이다. 사실 플라즈마 상태라 하여도 전체적으로는 양전하와 음전하 수가 거의 같은 중성의 상태이다. 왜냐하면 처음부터 중성의 원자를 이온화 시켰기 때문이다. 그러면 양전하를 가진 이온들은 중성 상태를 유지하려고 한다. 즉 전자와 결합하고 싶어 한다. 그 결과 전자들을 따라가는 것이다. 결국 전자와 같은 방향으로 움직이는 결과를 일으킨다. 이러한 현상을 전자의 **공간 전하 퍼텐셜** 상태라 한다. 그리고 전자들은 전극에 의해 쉽게 잡아끌어 없애 버린다. 그러면 원하는 중이온 빔만 나오게 된다. 사실 이온 발생기는 물론 이곳으로부터 나온 초기 빔을 가속시키는 장치들은 복잡한 편이다. 원리는 전하 입자들은 전기장과 자기장에 의해 가속이 되고 집중(focusing)이 된다는 것으로 집약된다.

이온 전하들을 집중시키며 가두고, 아울러 순수한 전하 상태를 만들면서 원하는 방향과 에너지를 얻는 데는 무수한 단계와 기술 그리고 기술 축적이 요구된다. 여기서 설명한 이온 발생기의 원리도 독자에 따라서는 너무 어렵다고 생각할 수 있다고 본다. 간단하게 설명하지 않고 어느 정도 자세히 설명을 하는 이유는 모든 것은 기본 원리로부터 시작되며 또 최종 목표를 얻는 데는 상당한 노력과 과학 지식이 필요하다는 사실을 일깨워 주기 위해서이다.

또 하나 전자에 관한 이온 발생기 종류가 있다. **전자 빔 이온 발생기(Electron Beam Ion Sources; EBIS)**라고 한다. 물론 전자 빔을 만들어 이온기체를 플라즈마 화 시켜 양전하 상태를 만드는 방법이다. 더 이상 설명은 하지 않는다. 그 대신에 전자의 방출과 이에 따른 다양한 현상을 재미를 붙이기 위해 플라즈마에 의한 빛샘 응용 보기를 든다. 이른바 하나는 '형광등' 다른 하나는 '플라즈마 디스플레이(Plasma Display Panel; PDP)'이다.

플라즈마 빛샘: 형광등과 플라즈마 디스플레이

형광등은 가정에서 조명으로 많이 쓰였던 친숙한 빛샘이다. 반면에 PDP는 처음 평판디스플레이가 출현할 때 무척 각광을 받았던 TV용 빛샘이었다. 2010년대 초만 하더라도 대 유행을 했었다. 현재도 여전히 사용되는 액정형 디스플레이인 LCD와 어깨를 겨루었는데, 특히 대형 TV에서 주도권을 잡을 수 있다고 하여 많이 보급된 TV이었다. 그러나 LCD 기술의 발전에 따라 대형 TV (40인치 이상) 용으로도 가능해지면서 PDP는 급속하게 사라져 갔다.

플라즈마 상태를 만들기 위해 많은 전류가 소모되기 때문이다. 그림 4.9가 형광등과 플라즈마 디스플레이의 기본 구조를 보여주는 그림이다.

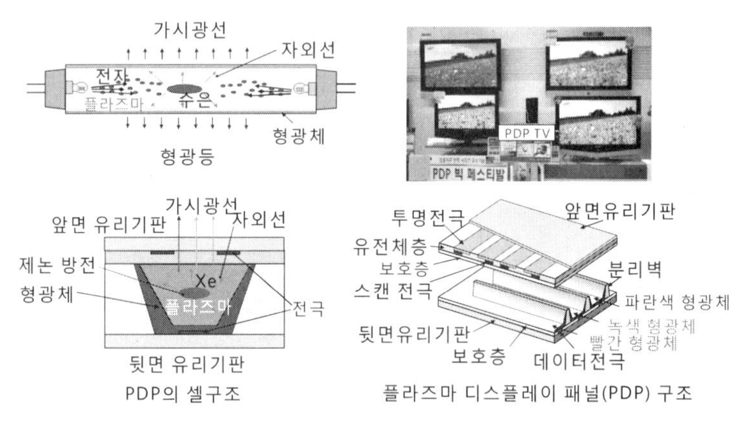

그림 4.9 빛샘으로 활약하는 플라즈마. 형광등과 플라즈마 TV인 PDP. 형광등은 수은 기체를, PDP는 제논 기체를 플라즈마 기체로 사용한다. 전극에서 나온 전자들이 기체를 고온의 플라즈마 상태로 만든다. 그리고 해당 원자들을 들뜬 상태로 만든다. 원자가 들뜬 상태에서 다시 바닥상태로 가면서 빛을 발한다. 그러나 이러한 1차 빔은 자외선 영역으로 눈에는 보이지 않는 높은 에너지 빛이다. 이 자외선이 형광등이나 PDP에 설치된 형광체를 다시 들뜨게 하여 가시광선에 해당되는 빛을 발한다. 형광등인 경우 모든 색의 빛이 나와 백색이 된다. PDP 디스플레이인 경우 빛의 삼원색에 해당되는 형광체 3개를 설치하여 다양한 색을 만든다. PDP TV는 지금은 거의 사라지고 없다. 사진은 2010년 초의 홍보용 전시모습이다. 현재 가장 많이 보급된 LCD TV도 사라질 운명에 처해 있다. 그 대신 유기성 반도체 재료를 이용한 OLED TV가 대세를 잡을 것이다.

여기에서 제 4의 물질 상태인 플라즈마가 얼마나 많이 응용이

되는지 실감이 갈 것이다. 그러나 플라즈마 상태가 기본이 아니라 사실 원자의 구조에 있어 양전하의 핵과 음전하의 전자 상태를 이해하는 것이 중요하다. 전자를 떼어내면 플라즈마 상태의 고온 기체가 되는 것이고 이러한 플라즈마 상태가 우주 전체를 떠받치고 있다. 왜냐하면 별들이 모두 플라즈마 상태이기 때문이다. 그리고 이온 발생기의 원리에서 보았듯이 플라즈마 상태에서 전자석을 이용하면 이온들을 가두거나 어느 방향으로 운동시킬 수 있다. 이 원리를 이용하여 발전소의 하나인 **핵융합발전기**를 만든다. 이른바 **인공 태양**을 만드는 것이다. 그러나 플라즈마 상태를 안정적으로 유지하는 것이 워낙 어려워 실제적으로 쓰기에는 아직도 갈 길이 먼 상태이다. **이러한 인공 핵융합발전에 대한 원리는 이미 1950년대에 나왔었고 30년이 지나면 실용화 될 것으로 기대를 했었다. 그러나 자연은 인간에게 손쉽게 에너지를 주지 않는다. 그리고 여전히 석탄 에너지와 원자력 즉 핵분열 에너지가 주류를 이루면서 지구를 몸살 나게 하고 있다.**

한 가지 더 강조할 점이 있다. 그것은 전자의 다양한 얼굴이다. 전자가 얼마나 다양하게 응용이 되는지 놀랄 것이다. 전자는 병원에서 사용되는 엑스선 영상기를 비롯하여 방사광 가속기에서도 그 역할을 유감없이 발휘한다.

4.1.4 빔과 에너지

가속기를 다루다 보면 반드시 나오는 것이 에너지이고 보통 MeV(백만 전자 볼트, mega electron volt)로 표시되는 경우가 많다. 이러한 전자볼트, eV에 의한 에너지 표시는 3장에서 원자나 핵의 에너지 상태를 다룰 때 나온 바도 있다. 그림 4.10을 보자.

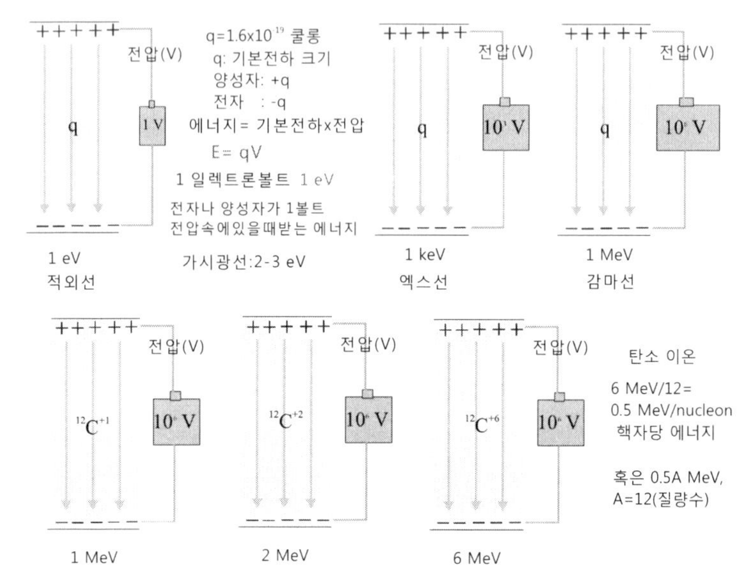

그림 4.10 에너지 단위인 전자 볼트–electron volt (eV) – 정의. 전압(정확히는 전위차) 속에 전하 입자가 놓였을 때 받는 에너지 단위이다. 가속기에서 자주 등장하는 MeV와 핵자 당 에너지를 눈여겨보기 바란다.

원자를 다룰 때 나왔지만 자연에는 질량과 함께 전기의 속성이 기본적으로 들어 있다. 이를 전하라고 부른다고 하였다. 그리고 그 기본 값이 있는데 전자 혹은 양성자 하나가 갖고 있는 전기량이다. 전하의 양을 쿨롱이라고 부르며 전하를 q로 표시하면 기본값은 $q=1.6x10^{-19}$ C이다. 여기서 C는 쿨롱을 말하며 프랑스의 과학자 이름이다. 이때 양성자나 전자가 1 볼트의 전압 속에 들어 있을 때의 에너지를 1 전자 볼트라고 하며 eV로 표기한다. 탄소 이온인 경우 전자하나가 벗겨진 +1가도 같다. 그러나 만약 전자 6개 모두 벗겨져 +6가가 되면 1볼트 전압에서 6 eV의 에너지를 갖는다. **가속기에서 이온 빔을 만들 때 이렇게 전하 상태를 높이게 되면 그 만큼 높은 에너지를 얻을 수 있음을 알 수 있다. 이 같은 사실은 가속기에서 에너지를 이해하고 동위원소의 질량을 고르는 원리를 이해하는데 매우 중요하다.** 가속기 분야에서 중요한 기술 중 하나가 '어떻게 하면 이온 빔의 전하 상태수를 높이고 또 하나로 만드는 것인가'이다. 또 하나 중요한 점을 밝혀둔다. 만약 탄소 빔의 에너지가 그림에서 나온 것처럼 6 MeV라 하면 이를 **질량수**, 즉 양성자수와 중성자수를 더한 핵자 수, 12로 나눈 값을 핵자 당 에너지(energy per nucleon)라고 한다. 이 경우 0.5 MeV/nucleon, MeV per nucleon, 혹은 0.5A MeV라고 표기한다. 여기서 A = 양성자수 +중성자 수이며 탄소12인 경우 양성자 = 6, 중성자 = 6 이다. 그러면 0.5A MeV는 0.5x12 = 6 MeV 임을 알 수 있다. 종종 이를 0.5 MeV/u 로 표기하는 경우가 많은데 정확한 표현이 아니다. 질량수 A를 기준으로 A MeV 로 표기하는 것이 가장 걸맞다.

이제 비로소 가속기 그림이나 설명을 하는 과정에서 나오는 용어와 그 원리들을 명확히 이해할 수 있는 단계에 다다랐다.

4.1.5 빔의 종류

빔은 다음과 같이 다양하게 분류된다.

입자 빔: 질량을 가지는 빔으로 전자, 양성자, 중성자, 헬륨(알파), 탄소, 산소 등. 중입자 빔은 양성자와 알파(헬륨) 빔을

제외한 입자 빔을 말한다.

비입자 빔: 입자가 아닌 빔으로 빛, 즉 광자(光子)가 이에 해당된다. 레이저, 엑스선, 감마선이 이에 속한다.
*과학 사회에서는 질량이 없는 빛도 입자로 다루며 이를 광자(photon)라고 부른다.

이온(전하) 빔: 중성의 원자를 이온화 시켜 전하를 가지게 하여 전기력에 의해 가속시켜 발생되는 빔이다. 전자인 경우는 본래 전하를 가지고 있으며 양성자는 수소원자에서 전자를 제거시킨(이온화) 것이다. 전자, 양성자, 탄소, 산소 등.

*** 전자를 제외한 빔을 이온빔이라고도 한다. 엄밀히 말하자면 전자는 이온화 된 원소 빔과는 종류가 다른 것이다.**

비전하 빔: 전하를 가지고 있지 않는 빔이다. 광자(레이저, 엑스선), 중성자 등.

1차 빔: 이온빔이 이에 속하며 이온 발생기를 통하여 특정의 원소에 해당되는 원자를 이온화 시켜 만든 빔이다. 전자, 양성자 및 중이온 빔.
* 세계적으로 산재해 있는 연구용 가속기, 의료용 가속기, 산업용 가속기 등이 이에 속한다.

2차 빔: 1차 빔을 통하여 파생적으로 얻는 빔이다. 광자 빔(레이저, 엑스선 등), 중성자 빔, 불안정(희귀)동위원소 빔이다. **특히 불안정동위원소 빔은 희귀핵종 연구에 필수불가결한 요소이다.**

위와 같은 빔의 종류를 그림 4.11에 일목요연(一目瞭然)하게 정리하였다.

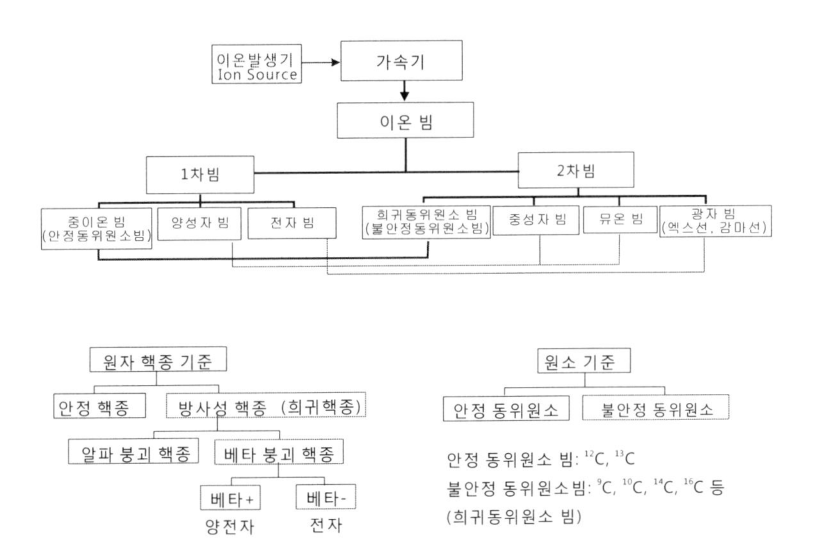

그림 4.11 가속기에 의한 빔의 종류와 분류 계통도. 빔의 시초는 모두 이온, 즉 전하를 가지는 입자라야 한다. 그리고 입자들에 대하여 그 분류 방법과 이름이 조금씩 다르다. 여기서 취급하는 희귀핵종은 방사성 핵종인 불안정 동위원소에 속하며 보다 더 불안정 핵종을 강조하는 의미로 빔은 희귀동위원소 빔, 핵종은 희귀핵종으로 부른다.

*일러두기: 한국에 구축된 희귀동위원소 빔 발생 중이온 가속기는 **1차 빔과 2차 빔을 동시에 생산하는 전하 중입자 가속기**이다. 희귀핵종 빔을 주 목적으로 삼는다. **방사광 가속기**는 전자를 가속시켜 광자 빔을 생산하는 2차 비입자, 비전하 빔 가속기이다. 엄밀하게 정의하자면 강력하고 높은 에너지를 가진 레이저 빔을 생산하는 '빛 공장'이다.

다음으로 2차 중이온 빔을 생산하는 방법을 소개한다. 동시에 그림 4.12를 보면서 이해하기 바란다.

온라인 동위원소 분리기 (ISOL:Isotope-Separator-On-Line)

표적(보통은 우라늄)에 양성자를 입사시켜 핵분열에 의해 나오는 불안정동위원소를 골라 만든다. 처음 덴마크의 닐스보어 연구소에서 만들어 나중 유럽의 핵물리 연구소(보통 CERN이라고 부름)의 ISOLDE에서 정착된 기술이다. 양질의 희귀동위원소 빔이 가능하다. 그러나 반감기가 아주 짧거나 특정의 화학적 성질이 있는 원소는 불가능하다. 고도의 기술과 기술 축적이 겸비되어야 갖출 수 있는 어려운 장치이다. 기존의 화학적 처리에 의해 동위원소를 분리하던 방법과의 차별성을 강조하기 위해 on-line이라는 용어를 사용하였다.

빔 비행 파편 분리기 (IFF: In-(beam) Flight Fragmentation (or Fission) Separator)

특정의 표적에 높은 에너지의 중이온 빔을 입사시켜 만든다.

두 개의 원자핵 충돌에 발생되는 다수의 동위원소들을 전자석과 비행시간차를 이용하여 분리시키는 방법이다. 특히 우라늄 빔을 사용하면 아주 희귀한 동위원소 빔을 생산할 수 있어 각광을 받고 있다. ISOL에 비해 극도로 반감기가 짧은 희귀동위원소를 분리시킬 수 있으나 빔의 성질-에너지 분포, 세기 등-에 대해서는 떨어진다. 전 세계적으로 많이 사용되는 방법이다. 보통 **파쇄(쪼개기)**라는 단어를 사용하나 쪼개져 나오는 파편을 말한다. 파쇄인 경우 spallation라는 용어에 적합하다. 빔이 우라늄인 경우 우라늄 자체가 핵분열이 강하여 우라늄인 경우 분열이라는 단어를 쓰기도 한다.

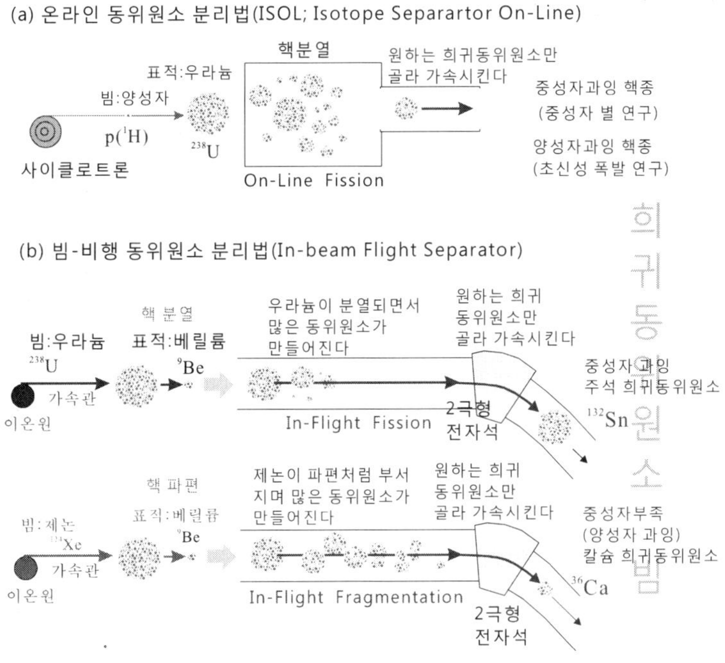

그림 4.12 2차 중이온 빔에 해당되는 희귀동위원소 빔 생산 방법.

국내에 설치된 희귀동위원소 빔 생산 가속기는 위 두 가지 방법 모두 사용한다. 5장에서 보다 구체적으로 다루기로 한다. 그렇다면 가속기가 있고 빔이 나오면 원하는 실험을 할 수 있는가? 천만의 말씀이다. 이미 예고한대로 핵반응을 볼 수 있는 카메라가 있어야 한다. 핵반응에 의해 터져 나오는 온갖 반응물들을 잡을 수 있어야 한다는 뜻이다. 이렇게 핵반응에 의해 나오는 입자들을 잡는 기기를 **검출기(detector)**라고 부른다.

4.2 핵반응 카메라: 검출기

카메라 역시 검출기의 일종이다. 빛을 잡는 역할을 한다. 그럼 사람 아니 동물의 눈도 검출기라는 말인가? 그렇다. 이때 **전기적인 신호가 모든 정보의 핵심**이라는 사실을 깨닫는 일이중요하다. 더 확장하여 말한다면 모든 감각기관(senses)이 작동하는 것은 전기적인 신호에 의해 뇌가 그 정보를 파악하기 때문이다. 이때 전기적인 신호는 전자들이 담당한다. 따라서 카메라 역할을 하는 물질은 기본적으로 외부에서 에너지를 받으면 전자를 발생시킬 수 있는 능력을 가져야 한다. 이것이 가장 중요한 조건이다. 그렇다면 과학자로서 바로 흥미를 느껴 조사하고 싶은 것은 무엇일까? 바로 해당 분자의 구조이다.

눈의 체계에서 그 역할을 하는 곳이 망막이다. 망막(retina)은 붉은색을 띠는데 빛에 닿으면 바로 변색된다. 감광 필름과 같다. 이 사실은 빨강의 보색인 초록색을 흡수한다는 것으로 이러한 분자를 시홍(rhodopsin, 視紅,)이라고 부른다. 그리고 식물의 탄소동화작용을 담당하는 엽록소는 초록색을 띄고 따라서 실제로는 빨강계통의 빛을 흡수한다는 사실에서 그 유사성을 볼 수 있다. 망막은 두 가지 종류가 있다. 하나는 막대모양(rod; 이를 간상(桿狀)세포라고 부르는데 참 어려운 한자 용어이다. **막대세포**라 해야 한다.)의 세포로 약한 빛에도 잘 반응하여 밤에 작동한다. 망막의 감광세포는 대부분 막대세포가 차지하며, 그 주된 영역이 500 nm 근방이다. 이것은 청색과 녹색 사이에 해당된다. 다른 하나는 원뿔모양(cone, 추상(錐狀)세포, **원뿔세포**) 세포로 감도가 별로이며 낮에만 작동한다. 약 550 nm에서 가장 잘 반응하며 이는 녹색 영역이다. 시홍분자는 초록색에 해당되는 500 nm의 빛을 가장 잘 흡수한다. 망막은 원판모양의 단위막이며 지질(기름)과 단백질로 되어 있다. 여기에 시홍분자가 붙어 있는데 시홍의 지질 부분이 비타민A가 산화된 형태이다. 이 비타민A는 지질(즉 지방)로 된 가느다란 형태로 산화된 상태로 구부러져 단백질에 붙어 있다. 이 분자를 특별히 **레티넨(retinene)**이라고 부르는데 사실 망막의 retina에서 따온 이름이다. 이 레티넨이 빛을 받으면 구부러진 분자 구조가 똑바로 되어 버린다. 이때 전기가 발생한다. 전자의 이동이 일어난 것이다. 그림 4.13이 이를 나타낸다. 여기서 보면 분자의 모양만이 변했음을 알 수 있다. 이렇게 원자의 수는 같으나 그 모양만이 틀린 분자들을 이성질체, 영어로 아이소머(isomer)라고 부른다. 핵 구조에서도 이 용어가 심심치 않게 나온다.

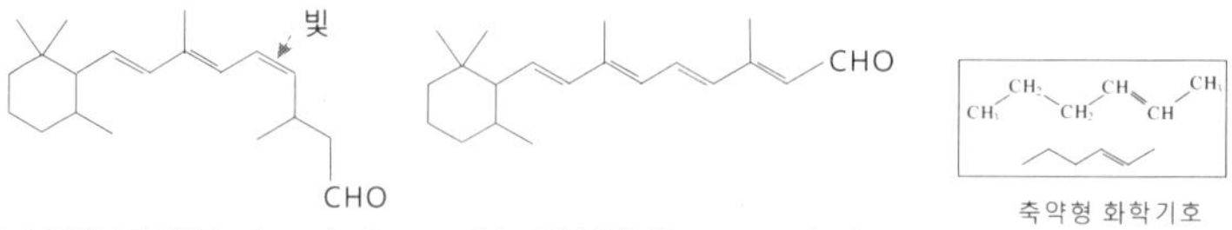

(a) 어긋나기형(11-cis-retinal)　　(b) 나란히형(All-trans-retinal)　　축약형 화학기호

그림 4.13 시홍(로돕신) 분자인 레티닌의 화학구조식. 어긋나기 형이 빛을 받아 나란한 형태로 변화된 구조를 보이고 있다. 어긋나기 형은 망막의 단백질에 결합된 상태이다. 나란한 형에서 CHO가 CH_2OH일 때 비타민A이다. 분자구조식에 있어 이해를 돕기 위해 축약형의 의미도 나타내었다.

5장에서 유전자와 단백질에 대한 이야기에서 더 자세히 언급된다. 사실 이러한 구조적 변화는 파이-전자 결합의 역동적인 성질에서 나온다. 즉 구부러진 형태로 결합되어 있던 전자가 빛 에너지를 받아 느슨해져 펼쳐진 결과이다. 구부러진 형태인 경우 cis-형, 나란한 형태를trans-형이라 한다. 그리고 이러한 이성질체를 기하이성질체라고 부른다. 여기서 중요한 점이 나란한 형태의 분자는 더 큰 공간이 필요하여 단백질 분자에서 떨어져 버린다는 사실이다. 이때 전기적인 신호가 발생하여 뇌로 전달되면서 시각을 일으킨다. 그리고 지극히 짧은 시간에 반응이 일어난다. 그렇지 않으면 전류 신호가 아닌 빛으로 방사되든지 아니면 에너지로 저장되어 버리기 때문이다. 에너지로 저장되는 거대분자가 엽록소이다. 그런데 여기서 발생한 전기 신호는 극히 미약하다. 다시 말해 전자의 수가 그리 많지 않다. 다행스럽게도 간상세포는 물론 신경세포들이 전자를 증폭하는 능력을 가지고 있다. **검출기에도 이러한 증폭기가 반드시 들어간다.** 비로소 뇌의 신경세포(뉴런)가 전기 신호를 받을 수 있는 충분조건이 완료된 것이다.

글쓴이가 여기서 핵반응을 위한 검출기 이야기를 시작하면서 느닷없이, 왜, 눈이라는 카메라를 소개할까? 그 이유는 전하 입자나 감마선을 측정하는 검출기의 작동과 눈에 의한 시각 체계의 작동 원리가 같기 때문이다. 단순히 검출기에 사용되는 재료들의 분자 구조나 결정구조만을 익혀 이해하면 그 너머에 있는 자연 현상을 결코 볼 수가 없다. 더욱이 전자회로와 전자의 발생에 따른 역동적인 모습이 그저 기술적이며 공학적이고, 그 배경에 물리와 화학만이 담겨져 있다는 것만 보면 우물 안 개구리에 불과하다고 본다. 글쓴이는 검출기들에 대한 재료의 구조와 작동원리를 구체적으로 언급하는 대신 이러한 생물학적인 작동원리를 소개하는 이유는 이 글을 읽는 미래 혹은 현재의 젊은 자연과학도들이 참신하고 독창적인 사고력을 지닐 수 있는 계기를 줄 수 있다고 믿기 때문이다. 좁은 자기 영역만 구축하는 학자는 결코 세계적인 명성을 얻을 수 없다는 점을 다시 강조해 둔다.

검출기의 종류는 실로 다양하다. 검출 재료는 기체, 액체, 고체 모두 사용된다. 이때 검출기를 이루는 재료와 그 재료를 감싸는 기하학적 설계가 관건이 된다. 특히 기체 검출기가 그러한데, 기체 종류에 따른 압력의 크기와 외부를 감싸는 창(window)의 재료가 중요하다. 대기압과 내부 압력과의 균형을 맞추어 터지는 것을 방지하여야 하기 때문이다. 너무 두터워도 너무 얇아도 안된다. 여기에서는 고체 재료에 극한 하여 대표적인 것들만 소개한다.

4.2.1 섬광(불꽃) 검출기(scintillation detectors)

방사선이 이온화되는 물질에 닿으면 불꽃(섬광)을 발하는 성질을 이용한 검출기이다. 발생된 빛은 미약하므로 이를 증강시켜주는 광증배관이 부착된 구조로 되어 있다. 러더포드가 첫 알파 실험을 할 때 사용된 재료-ZnS-도 이 종류이다. 재료는 기체형, 액체형, 플라스틱(organic)형, 결정(inorganic; crystal)형 등 다양하다. 여기에서는 결정형에 초점을 맞추어 간단히 설명하기로 한다. 대표적인 재료로는 NaI(Tl), 요오드화나트륨,와 CsI(Tl), 요오드화 세슘 검출기이다. 괄호 속의 원소는 이른바 불순물로 소량이기는 하나 발광의 주된 역할을 하는데 **활동자(activator)**라고 부른다. NaI인 경우 그 호칭이 곤혹스러울 때가 많다. 왜냐하면 나트륨(Na)이 영어로는 소디움(소듐)이기 때문이다. 되도록 굳어진 나트륨으로 부르는 것이 좋다고 본다. 요오드(I)의 영어 발음도 가지각색이다. 아이오다인, 아이오딘, 이오딘 등으로 부를 수 있는데 이 모든 것이 영어발음의 모호성에서 나온다. 사실 한글 식은 일본에서 만들어진 것인데 그 순서가 거꾸로이다. 가령 황하아연(ZnS)인 경우 영어식으로는 Zinc-Sulfide이다. 발광(luminescence)의 원리를 그림 4.13을 보면서 다루어 보겠다.

고체의 결정은 흔히 전자 채움띠(valence band, 가전자대로 해석되기도 하며 한자로는 충만대 혹은 점유대로 부를 수 있다)와 전도띠(대)(conduction band, 비점유띠)와 그 사이 금지띠라는 에너지 구조로 되어 있다. 여기서 채운다는 단어(filled;충만, unfilled;비충만)와 점유(occupied, unoccupied;비점유)라는 단어가 모두 사용가능하다. 3장 분자를 다룰 때 나왔다. 외부로부터 에너지를 받으면 점유띠에서 비점유띠인 전도띠로 뛰어 올라 전자와 전자 구멍(hole)이 형성된다. 그러면 전도띠로 뛰어 오른 전자는 자유롭게 이동할 수 있게 되며 전기를 띄게 된다. 따라서 전도띠라고 부른다. 물론 꽉찬 전자바다에 생긴 구멍 역시 돌아다닐 수 있다. 그런데 이 금지띠인 경우 약 8 eV (3장에서 보았지만 탄소는 6 eV)이다. 따라서 이 에너지보다 낮은 방사선이 들어오면 전자는 전도띠 아래에 잠시 머물게 된다. 그 이유는 구멍 전자가 정전기적인 힘으로 전자를 붙잡기 때문이다. 이를 **전자-구멍 쌍**이라고 부른다. 한 몸이 된 것인데 이를 **들뜸자(exciton)**라 한다. 정말 용어도 많다.

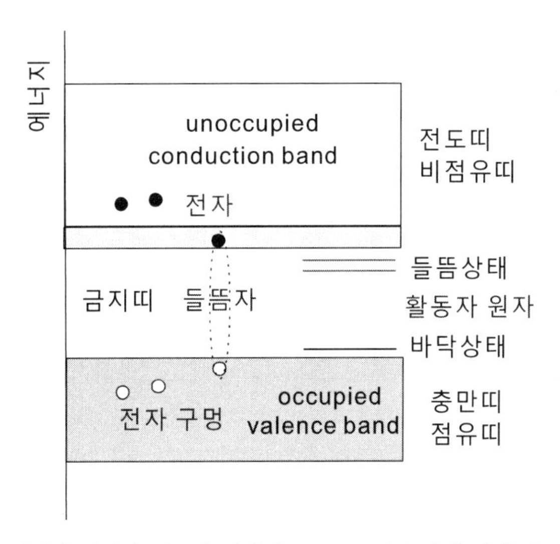

그림 4.13 발광형 결정체 재료의 에너지 구조. NaI(Tl) 라면 결정 재료는 NaI이며 활동자(activation) 재료는 탈륨(Tl) 원자이다. valence band에 대한 모호한 번역 용어를 피하여 꽉찬(충만) 혹은 점유된 등의 단어를 사용하였다. 들뜸자(activatior)는 전자-구멍 짝에 의한 들뜬상태를 말한다. 분자에서는 점유띠인 경우 HOMO(highest occupied molecular orbital), 그리고 비점유띠는 LUMO(lowest unoccupied molecular orbital) 등으로 부른다. 사실 띠(band)는 원자들의 에너지 준위 궤도인데 이 수효가 아보가드로수만큼 되어 빽빽이 겹치면서 결국 띠 구조로 되는 것이다.

여기서 불순물처럼 첨가된 활동자-탈륨(Tl)-가 나선다. 여기서 중요한 것이 활동자의 에너지 준위가 금지띠에 들어가도록 설정되어 있다는 사실이다. 그러면 들뜸자가 다시 원래 상태로 돌아가거나 외부에서 빛 에너지 등이 들어와 에너지를 가하면 들뜸자는 바닥상태에서 들뜬상태로 올라가게 된다. 그러면 다시 바닥상태로 전이되면서 빛을 발한다. 원자에서 이러한 과정은 10^{-8} 초 정도이다. 이 빛을 모아 전기적인 신호로 바꾸면 방사선-감마선이나 전하 입자-의 에너지가 측정된다. 정리하면 다음과 같다.

1. 외부로부터 방사선이 발광 재료에 들어온다.
2. 전자가 전도띠로 이동한다.
3. 충만띠에 전자 구멍이 생성된다.
4. 전자-구멍 쌍의 들뜸자가 생성된다.
5. 전자, 구멍, 들뜸자들의 흡수에 따라 활동자의 들뜸준위 상태가 형성된다.
6. 활동자의 탈들뜸(de-excitation)에 따라 빛(광자)이 발생된다.

다시 말하지만 빛을 발하는 것은 결정재료가 아니라 불순물로, 첨가된 원자에 의해서다. 대부분의 에너지는 결정 재료에서 격자들의 진동에 의해 열로 사라진다. 이때 불순물을 첨가한(dopant) 것으로 손님 역할을 하여, 주인(host)에서 손님으로 에너지가 전환되었다고 한다. 유기성(Organic) LED인 OLED에 사용되는 재료에서 이러한 경우가 많다. 보기를 들면 초록 발광체인 $Ir(ppy)_3$는 금속 원소인 이리듐(Ir) 원자가 이러한 활동자 역할을 한다. 물론 이러한 주인-손님 구조에 의한 에너지 전환은 유기성이든 결정형 재료이든 도처에서 응용되고 있다.

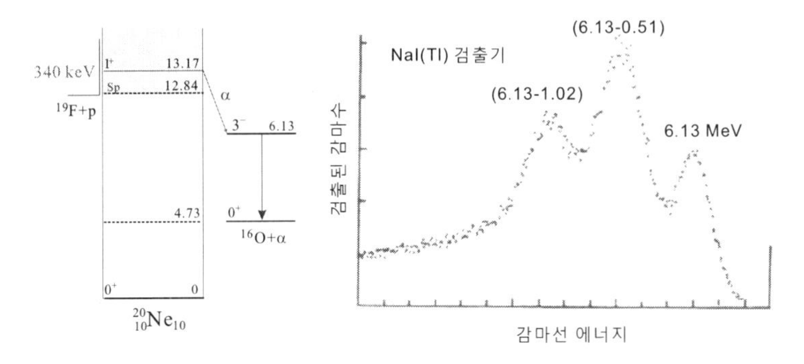

그림 4.14 발광형 감마선 검출기 NaI(Tl)에 의한 감마선 스펙트럼. 핵-천체-물리학 (nuclear astrophysics)에서 중요한 원소합성의 하나인 네온20과 산소16 형성에 관여하는 핵반응에서 나오는 감마선이다. 결정체는 원통형으로 직경이 7.62cm, 높이가 7.62 cm의 크기이다. 감마선 에너지는 6.13 MeV이다. 이렇게 높은 감마선은 물질과 만나면 빛 에너지가 질량을 만드는 과정이 일어난다. 소위 아인슈타인의 질량-에너지 법칙이다. 즉 질량이 없는 고 에너지 빛이 전자-양전자 쌍을 창조해낸다는 자연 법칙이다. 이러한 감마 검출 과정에서 질량-에너지 법칙이 곧 바로 실현되는 장면을 볼 수 있다는 점에 큰 의의가 있다. 이때 양전자는 다시 전자와 만나면서 전자 질량 에너지에 해당되는 2개의 0.511 MeV 감마선을 방출한다. 그런데 결정 내에서, 특히 표면 부근에서 이러한 광자를 붙잡지 못하고 탈출해 버리는 확률이 발생한다. 하나가 탈출하면 0.511 MeV 만큼 에너지가 줄어든 감마선이 된다. 아울러 두 개가 탈출해버리면 1.02 MeV 에너지가 감소된다. 이러한 관계로 단일 에너지가 아닌 세 개의 에너지 꼭지점이 나온다. 병원에 설치된 양전자 단층 촬영기기(PET)가 주로 NaI(Tl) 검출기이다 (그림 3.41). 양전자가 전자와 만나며 내뿜는 두개의 511 keV (0.511 MeV) 감마선을 검출하여 영상을 얻는다.

4.2.2 반도체 형 검출기: Si 대 Ge

반도체는 전기를 잘 통하는 도체와 전기에 둔감한 부도체(절연체)의 중간적인 전기 특성을 지닌다. 실리콘(Si)과 게르마늄(Ge)이 대표적이다. 반도체는 평상시에는 절연체와 비슷한 전기적 특성을 가지나 외부로부터 어느 정도 에너지를 받으면 전기를 만들어 낸다. 물론 이것은 전도띠와 충만띠 사이의 에너지 간극과 깊은 관계가 있다. 탄소는 그 간격 에너지가 6 eV인데 반하여, 실리콘은 1.12 eV, 게르마늄은 0.66 eV이다. 검출기에 사용되는 반도체는 순수한 것이 아니라 불순물을 첨가한 것으로 다이오드, 태양전지, 트랜지스터와 같은 장치는 대부분 이러한 불순물 반도체로 만들어 진다. 여기서 불순물이라 하면 반도체에 전자가 많거나(전자 상태) 전자가 부족한(구멍 상태) 조건을 만들기 위해서이다. 실리콘인 경우 네 개의 팔이 나와 이웃 원자와 공유결합을 하는데 최외각 전자의 수가 이것보다 하나 많거나, 하나 적은 원자를 첨가하면 전자 과잉 전자 부족 상태의 반도체가 형성된다. 이를 각각 n-형, p-형 반도체라고 부른다. 그리고 이러한 n-형 반도체와 p-형 반도체를 접합하면 특이한 전기적 성질과 이에 따른 발광 현상이 나타나는데 이러한 재료를 pn-접합 반도체라고 한다. 그림 4.15를 보면서 보다 자세히 설명하기로 한다. 실리콘을 중심으로 보았을 때 n-형은 비소(arsenic, As)를 첨가(도핑, doping)하여 만드는데 주기율표에서 15족에 속하며 최외각 전자수가 5개이다. 실리콘은 14족으로 최외각 전자 수는 물론 4개이다. 이와 반면에 p-형은 13족인 갈륨(galium, Ga)을 첨가하여 만드는데 최외각 전자수가 3개이기 때문이다. 가장 간단한 반도체 소자 중 하나가 pn 접합 다이오드(pn junction diode)이다. 이 장치는 그림에서 보는 것처럼 n-형 반도체와 p-형 반도체를 접합하여 만든 것이다.

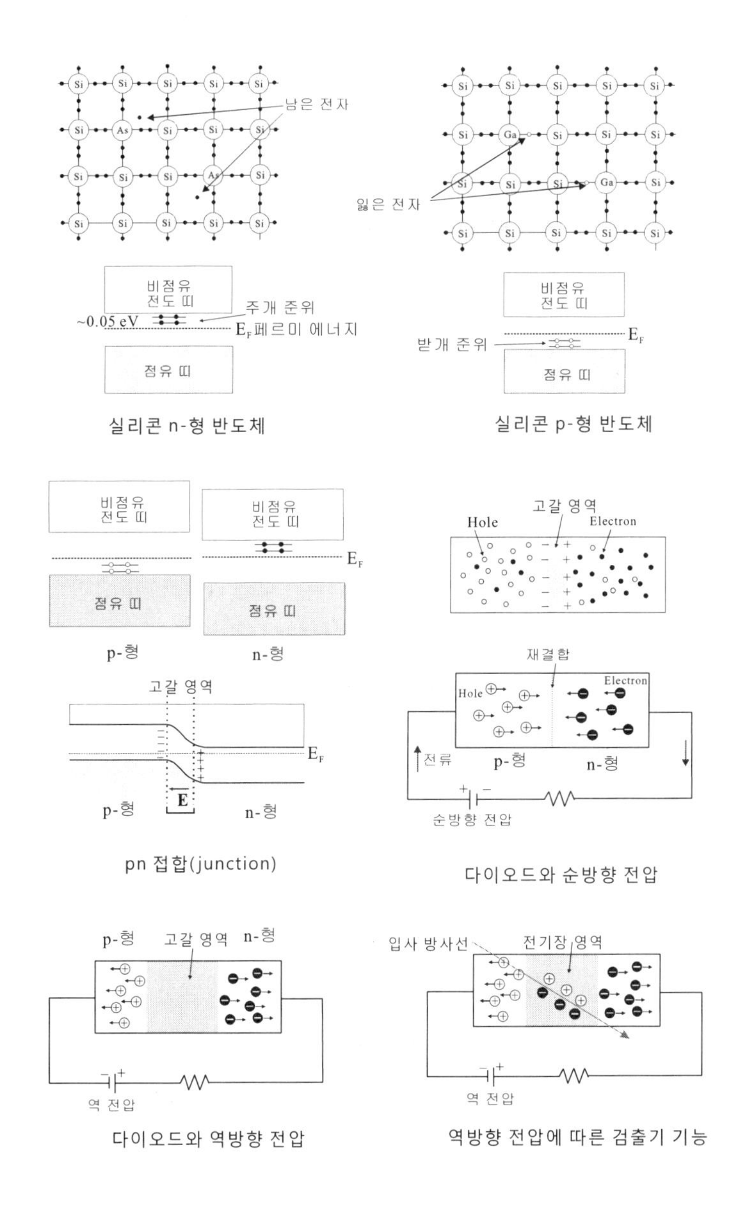

그림 4.15 실리콘 불순물 반도체와 p-n 이극 접합 다이오드. n-형 반도체인 경우 불순물에 의한 여분의 전자가 쉽게 전도띠로 갈 수 있어 전자를 준다는 의미로 주개(donor)라고 부른다. p-형 반도체는 전자 구멍이 형성되어 이 구멍이 쉽게 충만띠에서 전자를 받을 수 있어 이러한 영역을 받개(acceptor) 준위라고 한다. p-형과 n-형을 이은 것을 p-n 접합 반도체라 하는데 극성이 두 개가 결합되었으므로 이극관(diode)라 한다. 보통 다이오드로 통용된다. 이 다이오드에 전압을 역으로 걸면 접합 부분에서 전자-구멍이 소멸되는데 이 영역을 고갈 영역이라 부른다. 한쪽은 양의 전하로 다른 한쪽은 음의 전하로 대전되어 전기장이 형성되는 영역이다. 이 전기장 영역에 에너지를 가진 방사선 -전하 입자나 광자-이 들어가면 전자-구멍 쌍을 발생한다. 그리고 전자와 구멍이 서로 반대편으로 움직인 결과, 전하가 축적되면서 전기적 신호를 가져오게 한다. 이러한 다이오드는 실생활에서는 빛을 발광시키는 역할로 각광받는데 이것이 빛-발광-다이오드(light emitting diodes; LED)이다.

n-형 반도체와 p-형 반도체가 접촉되면 전자와 정공의 밀도차이에 의하여 서로 간에 이동이 일어나는 **확산(diffusion)**현상이 나타난다. 즉, 전자는 n-형 반도체 영역에서 p-형 반도체 영역으로 이동하고 정공은 p-형 반도체 영역에서 n-형 반도체 영역으로 이동한다. 그러나 전기전도성이 좋은 도체와는 달리 반도체에서는 전자와 정공의 확산이 멀리까지 일어나지 않고 접촉 부분에서만 일어난다. 이러한 확산의 결과 접촉점 영역 중 n-형 반도체 쪽은 양의 순전하가 모이고 p-형 반도체 쪽은 음의 순전하가 모인다. 따라서 **평행판 축전기처럼 전하의 이중층이 이루어지며 이러한 영역에는 전위차 V가 형성하게 된다**. 이러한 전위차는 확산을 억제하는 역할을 하고 결국 접합 영역은 전하 운반자의 수가 적은 이른바 고갈 영역(depletion region)을 이룬다. 다이오드에 전지

와 저항(예를 들면 전구)을 연결할 때 전지의 양극이 p-형 쪽에 걸리도록 하였을 때 순방향 바이어스(forward bias)라고 한다. 그러면 외부 기전력에 의하여 전자와 구멍은 접합점(junction)으로 서로 향하게 되며 재결합(recombination)한다. 이때 전자들은 에너지를 잃으면서 열로 나타나거나 혹은 빛(LED)을 만들어 낸다. 이와 같은 과정에서 다이오드는 계속 전하 운반자(전자와 정공)를 잃어버린다. **하지만 외부 전지에 의해 계속하여 n-형 쪽에 전자들이 공급되고, 아울러 p-형 전자들은 밖으로 나가며 구멍들을 만들어 낸다. 따라서 다이오드에는 계속하여 전자와 정공의 전하 운반자들이 생성되면서 꾸준히 전류가 흐르게 된다.**

이와 반면에 외부 기전력의 양극을 n-형 쪽에 연결되었을 때를 역방향 바이어스(reverse bias)가 걸렸다고 한다. 이번에는 전자와 구멍들을 접합점에서 멀리 떨어지도록 외부 전지가 작용한다. 따라서 전하 운반자들이 없는 고갈층(depletion region)의 폭이 대폭 늘어나는 결과를 초래하며 **강한 전기장이 생성**된다. 이러한 강한 전기장은 외부 전기장과 균형을 이루게 되면서 전류의 흐름이 멈추게 된다. 이와 같이 pn 다이오드는 전류를 한 방향으로만 흐르게 하는 정류 작용을 한다. 이러한 역방향에 따른 전기장이 방사선을 검출하는 작용을 한다. 왜냐하면 외부에서 강한 방사선(radiation)이 들어오면 전기장에 전자-구멍 쌍이 형성되기 때문이다. 보통 1쌍 만드는데 약 3 eV가 필요하다. 따라서 만약 5 MeV (5×10^6 eV)의 알파선이 이러한 다이오드, 즉 검출기에 들어오면 1.7×10^6 전자-구멍 쌍이 생성된다. 생성된 전자와 구멍은 전기장에 의해 서로 반대편으로 이동하면서 전하가 축적되는데, 이러한 전하 축적에 따라 입사된 방사선의 에너지가 측정된다. 이러한 원리는 이온화 기체를 넣어 작동되는 기체 형 검출기와 비슷한 점이다. 그러나 기체 검출기인 경우 양의 전하는 이온 자체이므로 이온의 무게가 무척 커 이동하는데 시간이 많이 걸리는 단점을 지닌다. 보통 수 밀리 초이다. 이와 반면에 반도체형 검출기는 10^{-7} 초 정도로 무척 빠르게 감지할 수 있는 능력을 갖는다.

반도체 형 검출기에는 다양한 종류가 있다. 먼저 실리콘에 의한 검출기를 보기로 한다. 전하 입자들-양성자 등-을 검출하는 것으로 실리콘-표면-장벽 (Silicon Surface-Barrier; SSB) 검출기가 있다. 실리콘 반도체를 우선 n-형으로 만든 다음 이것을 공기 중에 장시간 노출시킨다. 그러면 공기 중의 산소에 의해 산화가 되면서 표면은 자연적으로 p-형 즉 구멍 상태들이 형성된다. 여기에 표면을 보호하기 위해 아주 얇게 금을 입혀 보호한다. 이때 고갈층인 전기장 영역을 더 넓히기 위해 확산 물질을 첨가하기도 한다. 보통 리튬(Li)이 사용되는 경우가 많다. 그러면 검출기 명칭은 Si(Li), Ge(Li) 등으로 표시된다. 이러한 반도체 실리콘 검출기는 주로 전하를 가진 입자들을 검출하는데 사용된다. 최근에는 넓은 실리콘 판을 가느다란 실처럼 배열시킨 구조를 만들어 측정할 입자의 위치 정보를 정확히 판별하기도 한다. 그림 4.16은 전하 입자 검출기들-반도체 실리콘 검출기, 플라스틱 발광 검출기, 기체 위치검출기 등-을 사용하여 판별된 핵반응 입자의 모습을 보여주는 사진과 스펙트럼이다. 이온 빔인 리튬11이 양성자(수소 원자) 표적에 충돌할 때의 사건이다. 핵반응 진공 상자 속에는 표적과 핵반응 입자들을 검출할 실리콘 반도체 검출기들이 설치되어 있다. 특히 위치를 정확하게 판별할 수 있는 줄무늬-형(strip) 실리콘 검출기가 설치되어 핵반응에서 나오는 입자-여기에서는 양성자-의 궤적을 정확히 측정된다. 그리고 외부에는 입사하는 빔의 모습을 찍는 기체 위치 검출기와 핵반응 후에 빔의 모습을 관측할 수 있는 플라스틱 발광 검출기가 설치되어 있다. 특히 줄무늬-형 실리콘 검출기에 의해 관측된 양성자의 모습이 이채롭다. 각각의 줄무늬 선이 독립적으로 양성자를 찍은 결과이다.

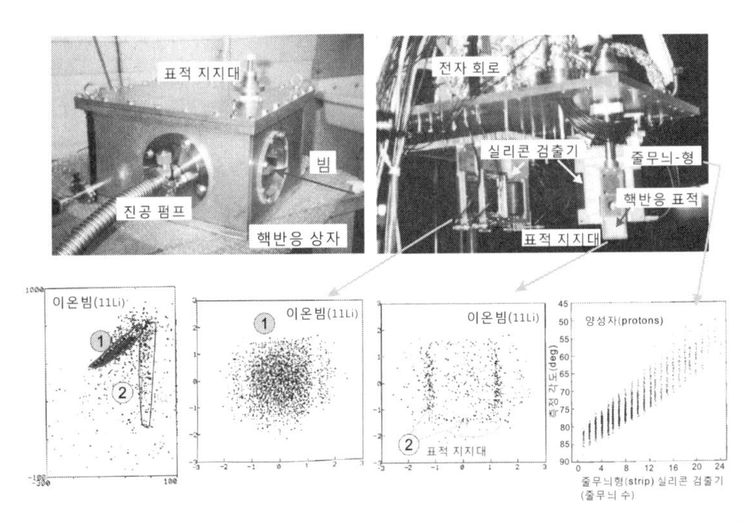

그림 4.16 위: 핵반응 상자와 그 곳에 설치된 실리콘 검출기 및 표적 사진. 아래: 전하 입자 검출기들에 의해 관측된 핵반응 입자 모습. ^{11}Li 빔이 양성자 표적에 충돌하여 생기는 모습이 카메라 영상처럼 보이고 있다. 표적 지지대에 충돌한 빔의 궤적-2번-은 표적에 충돌한 빔의 궤적-1번-과는 완전히 다르다. 2번으로 표시된 사건만 골라 조건을 걸어주면 표적 지지대의 모습이 찍혀 나온다. 이러한 사건은 배제시켜 핵반응의 정보를 얻는다. 양성자 표적에서 튕겨 나오는 양성자는 줄무늬-형 실리콘 검출기에 의해 측정된다. 이 검출기는 위치를 추적하는데 적격이다. 줄무늬 하나하나가 독립적으로 검출한다. 모든

정보는 설치된 반도체 실리콘 검출기는 물론 기체용 검출기 그리고 플라스틱 검출기 등에 의해 이루어졌다.

최근에는 줄무늬 실리콘 검출기 다수를 배열시킨 원통형 반응 상자 형태가 희귀 핵종 연구에 큰 역할을 한다. 그림 4.17이 그러한 구조의 실리콘 검출 체계로 국내 연구소에서 설치 운영된다.

그림 4.17 실리콘 반도체 검출기에 의한 분광 체계. 다수의 위치 민감 형 줄무늬 실리콘 검출기가 원통형에 배열된 구조이다. 원통형은 이른바 핵반응 상자로 주위를 덮어 진공 상태를 유지하게 된다. 줄무늬들(strips)이 가로-세로 형태로 배열되어 사실 상 하나하나가 독자적인 검출 능력을 갖는다. 따라서 광대한 전기신호 배열과 이에 따른 전기 신호 저장 장치와 해석하는 전자-회로 프로그램이 사용된다. 제공: 기초과학연구원 희귀핵연구단.

다음으로 게르마늄(Ge) 검출기를 보자. 감마선 검출기로 유명하다. 처음에는 검출 영역을 높이기 위해 Li을 첨가한 확산형이 유행했으나 곧 순수한 형태가 대세를 잡는다. 그 영향으로 용어에 있어서 고순도 게르마늄 (Hyperpure 혹은 Hypurity Germanium; HPGe)으로 부른다.

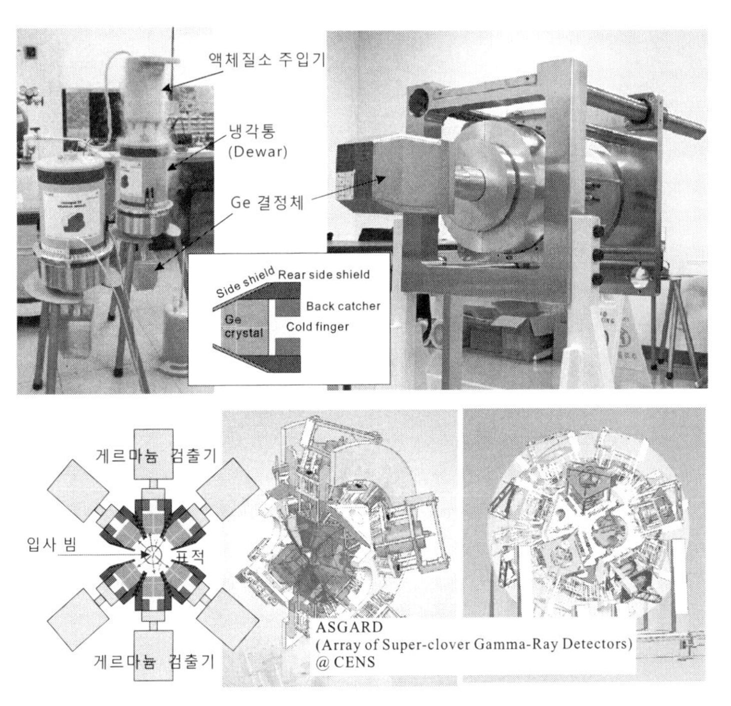

그림 4.18 위: 신형 Ge 검출기 모습 (Super Clover Ge Crystal detector; Canberra 사 제품). Ge 반도체 결정 4개를 겹친 제품이다. 아래: Ge 검출기를 여러 대 동원하여 배열된 분광체계의 모습. 제공: 기초과학연구원 희귀핵연구단.

실리콘 반도체와는 달리 띠 간 에너지가 낮아 **실온(室溫; room temperature**, 방 온도라는 의미임)에서도 전자가 전도띠로 뛰어오를 수 있어 낮은 온도 상태를 유지시켜 주어야 한다. 이를 위해 액체질소를 사용한다. 액체질소의 온도는 −196 °C로 보통 켈빈 온도인 77 K로 나타낸다. 번거로운 일이 아닐 수 없다. 최근에는 효율을 높이고 위치 정보를 얻기위해 Ge 결정체를 4개를 겹치고 다시 작은 영역으로 나누는 검출기-super clover Ge detector-가 대세를 이루고 있다 (그림 4.18). 이러한 Ge 검출기를 다수 모아 공간 상에서 공꼴 형태로 배치하는 거대 Ge 검출 분광계가 희귀핵 반응 연구에 큰 역할을 하고 있다.

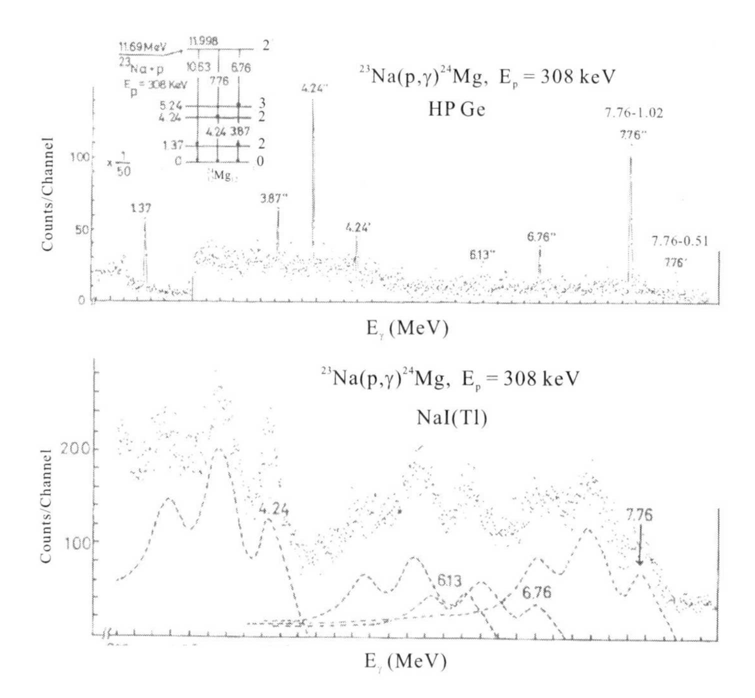

그림 4.19 위: 반도체 Ge 검출기가 관측한 감마선 스펙트럼. 아래: 섬광형 NaI(Tl) 검출기가 관측한 감마선 스펙트럼. 천체 핵반응에서 중요한 마그네슘 24 핵합성에 관련된 핵반응에서 나오는 감마선들이다. Ge 검출기가 NaI(Tl) 검출기보다 감마선 에너지에 대한 분해력이 월등히 높다는 것을 알 수 있다.

그림 4.19에서 Ge 검출기에 의한 감마선의 모습을 볼 수 있다. 비교를 위하여 앞에서 소개했던 섬광형 NaI(Tl) 검출기에 의한 감마선의 모습도 같이 넣었다. 감마선 에너지에 대하여 Ge 검출기의 성능이 월등하게 높다는 것을 알 수 있다. 오늘날에는 특별한 경우가 아니면 핵반응 실험에서 NaI(Tl) 검출기는 사용되지 않는다.

4.3 가속기 역사

이제 가속기가 언제 탄생하고 어떠한 일이 벌어졌으며 어떻게 발전했는지 살펴보자. 흔히 가속기의 종류를 들며 설명을 하는 경우가 대부분이다. 그러나 가속기의 종류라는 것이 사실 이온 입자를 가속시키는데 어떠한 물리적인 법칙을 적용하였는가에 따른 것으로 원리는 하나이다. 앞에서 설명했듯이 전하를 띤 입자가 전기력에 의해 가속도를 얻는 것이다. 가속기의 종류를 거론할 때 보통 다음과 같이 크게 분류된다.

정전(직류)형 가속기 : 코크크라프트-월튼, 반데그라프 등
공명(교류)형 가속기: 사이클로트론, 선형 가속기, 원형 가속기

위와 같은 명칭은 전하 입자가 어떠한 형태의 에너지를 받고 속도를 얻느냐하는 것으로 구별되는 역사적 산물이다. 그림 4.20을 보기로 한다. 정전형 가속기는 고정된 높이의 에너지에 해당되는 퍼텐셜 에너지를 만들어 전하 입자를 가속시키는 것이는 장치이다. 이와 반면에 공명형 가속기는 그네-단진자라고 부름-와 같은 형태의 힘을 주기적으로 전하 입자에 가하며 에너지를 높여 가속시키는 주기형 가속기이다. 여기에는 사이클로트론 등의 가속기가 해당된다.

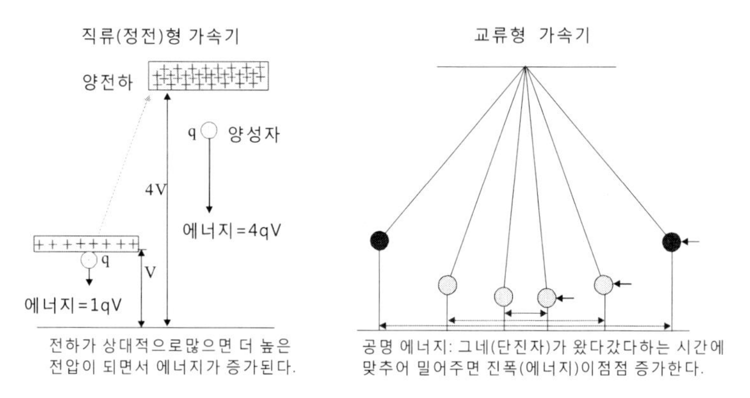

그림 4.20 전하 입자를 가속시키기 위한 에너지 얻기 방법. 여기서 퍼텐셜 에너지는 전압과 관련된다. 가정에서 사용되는 220 볼트 (Volt; V) 등의 표기가 이에 속한다. 여기에 전하량 q를 가진 입자가 들어서면 qV의 에너지가 된다. 이러한 원리를 가지고 작동되는 가속기를 정전형 혹은 직류형 가속기라고 부른다. 이와 반면에 교류형 전류를 주어 주기적인 전기장을 만들어 입자 에너지를 증가시키는 가속기를 교류형 혹은 라디오-진동수(주파수) 형 가속기라고 한다. 사실상 공명이라는 물리적 현상을 이용한 것이다.

우선 가속기의 역사든 아니면 종류 등을 말하기 전에 반드시 소개시킬 인물이 있다. 그것은 현재와 같은 원자 모양, 즉 가운데 무거운 핵이 있고 그 주위를 전자가 돌고 있다는 사실을 처음으로 밝힌 사람의 이야기이다. 이름하여 '**러더포드** (Ernest

Rutherford, 1871-1937)'이다. 원자의 구조와 함께 원자핵의 존재를 발견한 과학자로, 방사선 중 알파선이 헬륨 원자의 핵이라는 것도 밝힌 위대한 과학자이다.

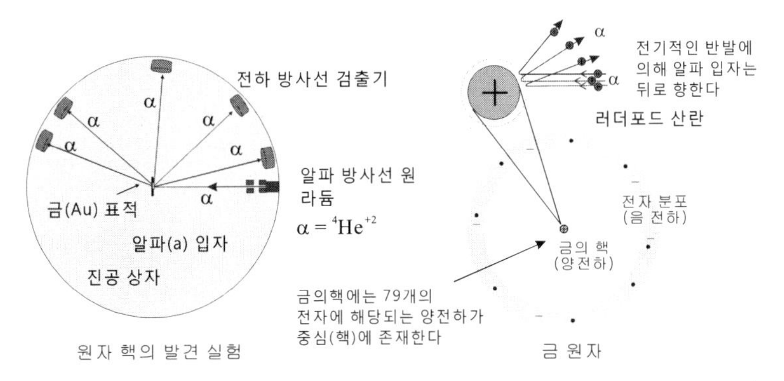

그림 4.21 러더포드와 원자핵 발견에 이용된 실험. 알파선은 라듐에서 나온다. 라듐은 라듐에 얽힌 소동에서 다시 나온다. 노벨상은 알파선의 정체가 헬륨 이온임을 밝힌 공로로 받았다.

그림 4.21을 보자. 이 그림은 원자의 구조와 원자핵을 발견하게 된 유명한 실험 장치를 보여주고 있다. 이른바 핵반응 실험 장치를 묘사하고 있다. 그 당시에는 원자가 양성자와 전자로 이루어졌다는 사실은 알려졌는데 도대체 어떠한 구조로 되어 있는가는 설왕설래가 있었다. 가장 유력한 주장이 소위 **빈대떡 모형**이었다. 빈대떡에 양성자가 점점이 박혀 있고 빈대떡을 이루는 밀가루 반죽이 전자들의 분포라고 하는 가정이다. 이 당시 가장 유력한 물리학자가 주장하여 그런가보다고 생각을 하고 있었다. 사실 의심을 하면서도. 이렇게 이성적인 과학사회에서도 비이성적인 흐름이 존재한다. 이때 **러더포드**가 등장한다. 자기가 알아낸 알파선 즉 헬륨 빔으로

금 원자를 쏘아보는 실험을 수행하면서 원자의 구조를 명확히 밝혀낸다.

만약 빈대떡 모형이라면 금 표적에 다다른 알파선은 대부분 그대로 통과하여 달려온 방향에서 대부분 발견될 것이다. 하지만 실험결과는 상상을 초월하였다. 많은 경우는 아니지만 반대 방향에서도 관측이 된 것이다. 앞에서 우리는 전하라는 것을 이야기 했고 양과 음이 존재한다는 것도 알았다. 알파선은 헬륨 이온으로 양의 전하이다. 이러한 알파선이 뒤로 튕겨져 나왔다는 것은 오직 한 가지 경우밖에 없다. 그것은 금 원자 중앙에 강력한 양전하가 존재해야 한다는 사실이다. 즉 금의 원자번호인 79번에 해당되는 79개의 양성자가 모두 그 중앙에 있어야한다는 것이다. 이른바 원자핵 즉 씨의 존재를 발견한 것이다. 원자핵을 이루는 또 하나의 씨는 물론 중성자이다. 이 중성자는 나중에야 발견된다.

그러면 원자의 이러한 구조가 왜 그토록 중요할까?

우선 수소원자를 생각해보자. 가운데 양성자 하나가 떡 버티어 있고 그 주위를 전자가 운동하는 모습을 그려보자. 그러면 이 구조로부터 물리학자들이 전자의 운동을 계산하여 수소에서 나오는 스펙트럼들을 분석하게 된다. 어디 수소뿐인가? 헬륨, 탄소 등 모든 원소들의 기본 성질을 본격적으로 파헤치기 시작하게 되었는데 이 영역의 학문을 '**양자 역학 (혹은 양자 물리학)**'이라고 부른다. 앞에서 언급을 한 바가 있다. 연구 결과 **원소의 주기율이 왜 그렇게 나오는지 그 원인을 알게 되었다.**

다음에 더 중요한 것이 인공적으로 원자핵을 합성할 수 있는 토대를 만들었다는 사실이다. 즉 원자에서 전자를 떼어 이온을 만들고 이를 가속시켜 다른 원소에 충돌시켜 보자는 발상이 자연스레 나오게 된다. 그러면 이온을 가속기키기 위해서는 어떻게 해야 하나? 여기에서 러더포드의 천재성이 유감없이 발휘된다. **입자 가속기를 제안한 것**이다. 가속기가 태어나게 된다. 1930년대의 일이다.

처음 이것을 실현시킨 사람들이 있는데 하나가 소위 정전형 가속기에 해당되는 코크크라프트-월튼 가속기를 만든 코크크라프와 월튼 (그림 4.22)이고, 다른 한 쪽이 사이클로트론을 만든 로렌스와 리빙스턴이다.

이제, 다음의 소동 이야기를 읽으면 **러더포드**의 위대성을 더욱 실감할 것이다.

그림 4.22 러더포드, 코크크로프트, 월튼.

지구 나이와 태양 에너지에 얽힌 소동

인간의 의식 수준이 확장되면서 가장 먼저 대두되는 질문이 생명의 신비와 탄생에 관한 것이다. 그리고 자연스럽게 지구의 나이는 얼마인가로 옮겨지게 된다. 아울러 생명의 빛 줄인 태양 에너지의 정체가 무엇인가로 확장된다. 태양은 고대로부터 받들어 모시는 신이었다. 빛이 있어 모든 생명체가 존재할 수 있다는 사실을 원시시대부터 확고하게 받아드렸기 때문이다. 따라서 태양에서 나오는 빛과 그로 인한 따스함 그리고 지고 난 후의 밤이 주는 암흑의 세계는 온갖 신화를 만들어 내는 용광로이기도 했다. 인류의 이성적 사고는 철학과 과학으로 무장되면서 결국 태양의 불타는 속성이 무엇인가로 초점을 겨눈다. 고대 그리스 시대부터 발전한 과학적 지성은 자연의 기본적인 존재를 물, 불, 공기 등으로 생각하며 더 이상 쪼갤 수 없는 기본 물질의 존재까지 그려낸다. 더욱 발전하여 태양은 왜 불탈까하는 질문과 그 답에 온갖 억측과 주장들이 제기된다. 물론 철학적-이성적이라는 의미임-이고 과학적인 사고력으로 무장하면서. 하지만 모든 상상력은 지구에서 일어나는 현상에 극한된다. 당연한 귀결이다. 위대한 철학자인 칸트(Immanuel Kant, 1724-1804)는 공기가 존재하여야만 불길이 일어난다는 단순명쾌한 사실을 들어 태양의 불길을 태양 층에 존재하는 공기의 존재임을 설파한다. 그리고 태양이 혜성들을 집어 삼키는 과정에서 발생하는 충돌 열이 태양 에너지라는 주장도 나온다. 마치 석탄을 태우듯이 말이다. 물론 계속 삼킨다면 태양은 점점 커질 것이고 그로 인하여 중력이 증가하며 지구의 공전 속도 역시 빠르게 변화될 것이다. 본격적으로 태양 에너지와 그에 따른 태양의 나이를 계산하게 되는 것은 물리학에서 다루는 에너지 보존 법칙의 적용이었다. 관측 사실은 물론 에너지 보존법칙으로 보아도 혜성 충돌설은 도저히 받아드릴 수 없는 주장이었다. 반면에 우주 공간을 채우는 에테르가 불길을 계속 지펴주는 연료가 아닐까 하는 주장까지 대두된다. 여기서 가장 중요한 점이 인간의 존재에 대한 인식 범주에 관한 것이다. 보기를 들면, 불에 대한 공기의 존재, 빛에 대한 에테르의 존재 등이다. 모두 매개체 역할을 하는 물질이다. 지구에서 소리가 전파되는 이유는 공기가 있어서이다. 그렇다면 태양 빛도 매개체가 있어야 할 것이고 그 매개체를 위대한 과학자임을 자부하는 물리학자들이 자신 있게 설정한다. 그 이름이 **에테르**(ether, 영어식으로 에써라고 발음도 한다)다. 이러한 사실은 아무리 이성적인 과학자라 할지라도 경험의 인식에서 벗어나기가 쉽지 않다는 점이다. 오늘날 이러한 에테르는 존재하지 않으며 빛은 텅 빈 공간-진공이라고 부르는-도 달릴 수 있다는 사실을 알고 있다.

지구의 나이와 태양의 나이에 대해서는 우선 태양계가 어떻게 형성되었는지가 가장 중요한 점이라 할 것이다. 보편적으로 받아드리는 이론이 성운설이다. 즉 성간 물질들이 모여 중력으로 회오리 바람처럼 응축되면서 탄생하였다는 주장이다. 나중에 각운동량 보존 법칙에 크게 어긋난다는 사실이 밝혀져 이러한 성운설은 배제되는데, 그래도 돌고 돌다 기본적으로는 성운설이 대세를 잡게 된다. 다만 각운동량 보존법칙에 위배되지 않게 물리학적으로 수정을 가하면서. 이러한 성운설을 바탕으로 19세기를 화려하게 장식한 물리학자들이 태양의 나이와 지구의 나이를 계산해낸다. 한 사람이 헬름홀츠(Hermann Helmholts, 1821-1894)로 태양의 수축과정 등을 고려하여 태양이 빛을 발할 수 있는 기간은 약 2500만년이라고 주장한다. 또 한 사람이 절대영도 개념을 제안한 켈빈(Kelvin of Largs, William Thomson(본명), 1824-1907)으로 성운설에 의해 지구가 태양으로부터 떨어져 나온 시간이 약 1억년이라고 주장한다. 뜨거운 태양표면으로부터 떨어져 나와 현재의 표면 온도까지 식은 기간을 토대로 한 것이었다. 한편 지구의 나이에 대해서는 지질학자들이 일가견이 있다. 왜냐하면 화석으로 그 나이를 추정할 수 있기 때문이다. 그런데 유명한 물리학자들이 주장하는 나이보다 지구는 훨씬 더 늙었다는 사실이 지질학자들을 곤혹스럽게 만든다. 수성암 등을 통하여 지구의 나이는 수억 년이 넘었다는 결정적 증거를 가지고 있었으니 기가 막힐 노릇이 아니겠는가. 더욱이 지구의 표면 온도는 장기간 변하지 않고 유지되었다는 것이 화석들의 분석으로 알려진 사실이었으니 황당할 수밖에 없는 물리학자들의 주장이었다. 여기서 인식의 한계가 드러난다. 즉 에너지를 오직 원자, 즉 원소 수준으로만 극한 시킨 것이다. 19세기 말 라듐에 의한 방사능이 발견되었음에도 이 신비한 빛 에너지가 에테르를 흡수하여 나오는 것으로 착각하기도 한다. 또한 라듐이 태양 속에 존재하며 빛을 발하는 것이라는 주장도 나온다. 이러한 온갖 소용돌이를 잠재우고 깨끗하게 정리한 과학자가 나타난다. 바로 러더포드이다. 다음에 라듐에 관한 소동 이야기에서 나오지만 러더포드 역시 퀴리로부터 라듐을 선물 받는다. 그러나 다른 과학자들과는 달리 이 방사능을 원자의 구조를 밝히는데 사용한다. 알파선이 헬륨 핵이라는 사실까지 밝히며. 앞 그림 4.21을 다시 쳐다보기 바란다. 헬륨은 사실 그리스어 헬리오스(helios)에서 나왔는데 바로 태양이라는 의미이다. 영어도 그렇지만 그리스어에는 단어꼬리에 s가 붙는 경우가 많은데 무시해도 좋다. 묘한 인연이지 않은가. 원자핵의 발견 그리고 원자핵에 의한 핵융합 반응이 그 주인공이었던 것이다. 이 **헬륨핵을 질소에 충돌시켜 산소를 만들어내는 핵반응**까지 실시했으니 그야말로 러더포드는 현대판 첫 연금술사인 셈이다. 솔직히 그 당시 원자의 크기에 비해 무려 5만 배 이상 작은 것이 중앙에 자리 잡고 더욱이 원자 질량의 99.9%를 차지한다는 발표에 과학자들이 믿을 수 있었겠는가? 하지만 실험 결과가 뚜렷하고 물리법칙에 따른 방정식이 확실하게 그렇다는 것을 증명하는데 어찌할 것인가? 글쓴이 자신도 당황스럽기는 마찬가지이다. 상상해보라. 1mm 크기의 핵이 가운데 있고 전자는 50m 떨어져 돌고 있는 원자의 모양을 믿을 수 있겠는가 말이다. 눈에 보일까 말까 한 핵이 수십 미터 크기의 웅장한 건물 안에 있고 무게는 모두 그 조그만 것이 가지고 있다는 사실에 충격을 받지 않는다면 정상이 아닌 사람이라고 할 것이다. **원자 속은 그야말로 텅 비어 있었다!** 기가 막힌 자연의 모습이다. 이러한 사실과 '우주에는 보이지도 잡히지도 않는 암흑 에너지와 암흑 물질이 대부분이다.'라는 주장과 묘하게 대비된다.

하나 더 중요한 점을 지적한다. 인류가 사용하는 에너지는 대부분 태양에서 유발된 것들이다. 석탄, 석유 등. 예외가 원자력, 정확히는 핵발전소에 의한 핵에너지이다. 우라늄 원소를 원료로 하여 핵분열을 시켜 얻는 에너지라는 점은 이 책의 주요 골자이기도 하다.

4.4 가속기 종류

4.4.1 코크크로포트-월튼 가속기

그림 4.23 첫 입자 가속기인 코크크로프트-월튼 가속기. 이른바 전위차 즉 전압을 단계적으로 높여 입자를 가속시키는 정전형 가속기이다. 대형 가속기 시설에서는 이온 발생기 바로 다음에 설치되는 이온 빔 전단 가속기로 많이 사용되어 왔다.

그림 4.23은 코크크로프트-월튼 형 가속기로 영국 옥스퍼드 대학의 클라렌든 연구소에 설치된 모습이다. 이 가속기의 원리는 다음과 같다. 전하를 모으는 장치를 축전기라고 하는데 이러한

축전기를 다수 만들어 연결하고 여기에 단계적으로 전하를 축적시키며 전압을 높이는 방식이다. 이때 충전을 시킬 때에는 직렬과 함께 병렬로 연결하는데 이는 축전기의 전하를 증가시키는 결과를 낳는다. 그 다음에 이렇게 충전된 축전기들을 직렬로 연결시켜 높은 전압을 만들어 에너지를 높인다. 이러한 방법을 전압증가(multiplier voltage) 방식이라고 부른다. 그림 4.24를 보기 바란다.

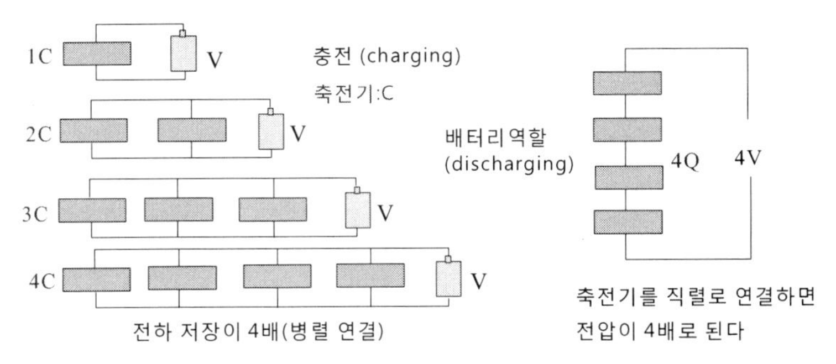

그림 4.24 코크크라프트-월튼형 가속기의 원리. 전하 모음기인 충전기를 병렬 형태로 연결하여 다수의 전하들을 모은 다음 이번에는 직렬로 연결시켜 높은 전압을 얻어 전하 입자를 가속시킨다. 실제로는 충전기들이 직렬과 병렬 형태로 지그재기 형태로 연결되어 있다.

일정한 전위차(전압)를 가지는 이 가속기가 만들어지자마자 실험을 한 것이 양성자 빔을 리튬 표적에 충돌시키는 핵반응이었다. 그 반응식은 다음과 같다. 양성자의 에너지는 710 keV이다.

$$p + {}^{7}Li \rightarrow {}^{4}He + {}^{4}He$$

(양성자 +리튬7 -〉 알파 + 알파)

이 반응은 실상 별 내부에서 일어나는 원소 합성의 길 중 하나에 속한다. 따라서 별에서 일어나는 원소 합성을 지상에서 재현 시킨 첫 실험이다. 가속기의 위력을 어김없이 보여주어 일반 사람들에게도 깊은 인상을 남기게 되었다. 1951년 노벨 물리학상이 주어진다.

4.4.2 반데그라프

위와 같은 가속기는 전압을 증가시키는데 상당한 제약이 있었다. 왜냐하면 한 방향으로 전류를 보내주는 정류기를 사용하는데 이 과정에서 전류 손실이 많았기 때문이다. 이를 극복한 것이 **반데그라프** 가속기이다. 물론 여기서 반데그라프(Van de Graaff; 1901-1967)는 물리학자 이름이다. 이 가속기는 천둥 번개가 치는 원리와 비슷하다. 즉 뾰족한 곳을 이용하여 양전하를 만들고 이러한 전하를 한곳에 계속 모아 높은 전압을 유지 시키는 방법이다. 그림 4.25가 그 원리와 가속기의 구조를 나타낸다.

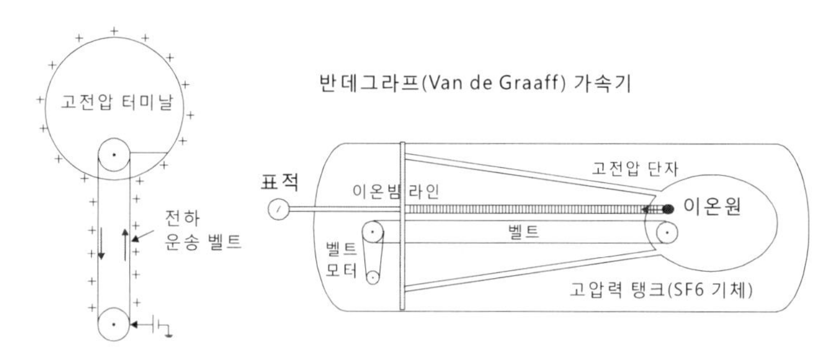

그림 4.25 정전형 가속기인 반데그라프 가속기의 원리.

뾰족 침에 의해 생성된 전하가 고무벨트를 통하여 고전압 단자로

운반되면 원형의 도체구로 전하들이 이동되도록 되어 있다. 텅 빈 도체인 경우 전하들은 도체의 표면에만 모인다. 이렇게 많은 전하가 모이게 되면 전하의 양이 증가하며 전압이 증가한다.

그런데 이 글을 읽고 있는 독자 중 이러한 이름의 가속기를 들어본 사람이 있는지 모르겠다. 우리나라에서는 별로 알려지지 않았기 때문이다. 그러나 사실 전 세계에서 가장 많이 사용되는 순수 연구 용 가속기이다. 이러한 이유로 이 가속기에 대하여 자세히 설명하고 있다. 일본이야 말할 것도 없지만, **중국, 인도 등에서도 국립 연구소 혹은 대학의 연구소에 설치하여 그 나라의 순수과학 발전에 크게 이바지** 하고 있다. 핵 과학은 물론 물질 분석에 탁월한 능력을 갖고 있기 때문에 현재도 재료과학 분야에서 활발하게 응용되며 사용 중이다.

특히 **가속기 질량분석기**라는 용도로도 쓰여 세계적인 명성을 얻기도 하였다. 여러분들은 아마도 '**예수 성의**'에 대한 뉴스를 들어 보았을 것이다. 예수가 직접 입었던 옷이라고 하여 그 진의가 논란이 되었던 유명한 사건이다. 결국 이 성의는 가속기 질량분석에 의한 재료 분석으로 유럽의 십자군 운동 때 아랍 사람들이 속여 판 것으로 판명된다.

원리는 말 그대로 동위원소들의 질량분석을 통하여, 조사하는 시료 속의 방사성 동위원소 비율을 알아내고 최종적으로 시간의 경과를 파악하는 것이다. 가장 많이 사용되는 것이 앞에서 이야기 한 탄소 동위원소이다. 알다시피 대기에는 이산화탄소가 다량 존재한다. 그리고 그 탄소는 12번과 13번이 각각 99%, 1% 정도로 함유되어 있다는 것도 이야기 하였다. 그런데 비록 방사성 동위원소이기는 하지만 탄소14도 대기에는 들어 있다. 반감기가 약 5700년인데 왜 들어 있을까? 그것은 대기 중에서 질소14가 핵반응을 일으켜 변한 것이다. **현재 대기 중에는 이러한 탄소14가 약 10의 마이너스 12승(10^{-12}) 비율로 존재**한다. 엄청 작은 값이다. 그럼에도 이 정도의 양은 핵물리학자들이 얼마든지 분리한다! 채취된 시료를 우선 탄소 덩어리로 만들어 이를 이온 발생기에 장착한다. 그 다음 탄소 빔을 만들고 탄소 빔에서 동위원소 12, 13, 14번을 분리하여 14번의 함량을 측정하는 방법이다. 만약 현재의 비율에 비해 그 비율이 반 정도 나오면? 물론 그 시료는 약 5000년 전 것이다. 대단하다고 생각이 들 것이다. 그림 4.26을 보기 바란다.

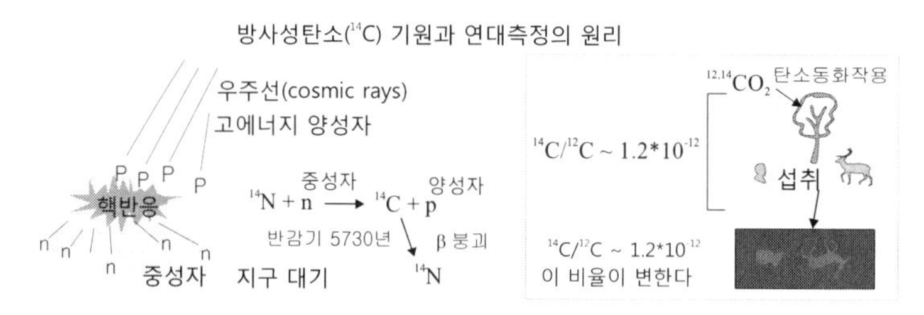

그림 4.26 방사성탄소14와 연대 측정 원리. 이 원리를 제안한 과학자는 당연히 노벨상을 탄다.

질문 하나 더 하자. **석유에는 탄소14가 들어 있을까? 없을까? '석유는 언제 생겼을까?'**를 생각하면 금방 답이 나온다. 몇 억 년 전에 식물들이 죽어 만들어진 것이므로 탄소14는 이미 모두 붕괴해버려 존재하지 않는다. 따라서 자동차가 엄청 뿜어대는 환경에서는 대기 중 이산화탄소에 탄소14가 거의 없다. 이러한 식으로 대기오염까지도 알아낸다.

이외에도 고미술품은 물론 고대 유적지에서 발견된 유물들이 언제 만들어졌는지 이 가속기에 의해 판명이 되어 왔고 지금도 진행형이다. 더욱이 **환경오염의 추적**도 가능하다. 특히 우리나라에서 황해 쪽에 중금속 등이 포함되었을 때 (**지금의 미세먼지 사태 주범!**) 이러한 가속기 질량 분석에 의해 명쾌히 밝힐 수 있다. 그림 4.27은 1998년도에 서울대학교에 들여와 이러한 질량분석기로 사용되어왔던 반데그라프 형 가속기의 원리와 그 실물 사진이다. 현재는 더 이상 사용되지 않고 있다. 다만 지질자원연구소 등에서 위와 같은 종류의 반데그라프 가속기를 가지고 꾸준히 질량분석기로 사용되고 있다는 사실을 알려둔다. 이러한 반데그라프 가속기가 우리나라의 관련 국책연구소 혹은 국립대학에 설치되어 운영되어 왔다면 핵과학이나 재료과학 면에서 큰 발전이 있었을 것이다. 아쉬운 대목이다.

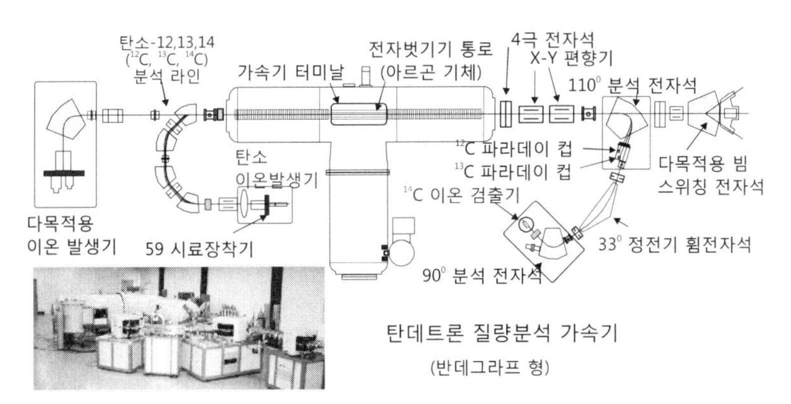

그림 4.27 반데그라프 형 탄데트론 가속기와 탄소14 동위원소 분리 방법. 이러한 가속기를 가속기질량분석기라고 부른다. 밑의 사진은 서울대학교에 설치되어 운영되었던 실물 사진(1998년도)이다.

그림 4.27에서 동위원소 분리 방법이 뚜렷이 보일 것이다. 중이온 가속기의 동위원소 분리 방법을 이해하는데 가장 좋다. 전자석에 의해 보다 가벼운 12번과 13번은 사전에 걸러 통과시키지 않는다는 것을 알 수 있다. 이렇게 걸러내어 받아놓는 통을 파라데이컵이라 한다. 방사성 동위원소 빔을 얻는 원리가 이와 같다.

토리노 수의에 얽힌 소동

여기서 수의는 장례식에 사용되는 옷으로 한자어 수의(壽衣)이다. 그냥 한글로 **수의**라 하면 수놓은 옷, 죄수가 입는 옷 등으로 오해될 수도 있다. 모두 한자말이며 같은 발음이 많은 한자의 폐해가 고스란히 나오는 우리의 문화이다. 토리노는 이탈리아 도시 이름이다. 보통 영어로 'The Shroud of the Turin'이라 하며 예수 장례식 때 감쌌던 옷으로 알려져 유명해진 천이다. 결론적으로 말하면 이 수의는 예수 당시의 것이 아니다. 과학적으로 판명이 나 있다. 결정적인 역할을 한 것이 바로 방사성탄소 연대 측정이다. 1988년 측정 결과 토리노의 수의는 중세에 만들어진 것으로 밝혀졌다. 즉 탄소14의 양을 측정한 결과 약 650년이 경과했다는 사실이 나왔는데 이는 1300년대에 만들어졌다는 것을 뜻한다. 논란이 일자 그 당시 가장 신뢰할만한 방사성탄소측정 연구소 중 세 곳에서 측정이 이루어졌는데 오차 범위 내에서 세 곳의 결과가 일치하였다. 사실 발견 당시, 1354년, 에도 이성적인 성직자에 의해 가짜라고 결론을 내린 바가 있다. 들리는 말에 의하면 중세 유럽에 의한 십자군 전쟁 때 이슬람교도들이 성물숭배가 유행한 기독교인들에게 팔기 위해 만들었다고 한다. 이 당시 유럽 십자군들은 예수와 관련된 것들이면 물불을 가리지 않고 수집하였었다. 아울러 재료과학 측면과 생물학적 분석(꽃가루 성분 분석)에서도 가짜임이 드러났다. 여기서 글쓴이가 전하고자 하는 주안점은 이렇다. 첫째, 과학적 증거와는 관계없이 종교적으로 단순히 믿음-여기서 **소위 신념이 아닌 신앙이라는 단어가 출현**한다-으로 받아 드리면 된다는 것이다. 둘째는, 이와 반면에 자기 종교적 믿음에 집착하여 과학적인 증거마저 수용하지 않는 자세는 버려야 한다는 점이다. **인간의 지고한 이성을 저버리는 길**이다. 사실 방사성탄소연대 측정과 관련하여 종교계에 의한 공격이 많았었고 지금도 이어지고 있다.

4.4.3 사이클로트론

사이클로트론은 미국의 로렌스에 의해 1932년 발명되었다 (그림 4.28). 우리나라에서는 병원에서 암 치료용으로 사용되어 잘 알려져 있다. 참 재미있는 것이 우리나라는 무엇이든지 장사가 되면 아무리 비싼 장치(기계)라도 구입하여 사용한다는 사실이다. 그러나 순수 과학 연구를 위한 용도에는 별로 관심이 없다. 앞에서 아쉬운 말을 했지만 이 사이클로트론 역시 순수 연구용으로 사용되는 국가연구소나 대학은 없다! 기가 막힌 현실이다.

일본은 2차 세계대전 이전 이미 위의 로렌스가 발명한 것을 듣자마자 바로 베껴 사이클로트론을 만들어 낸다. 그리고 2차 대전에 패하여 미군이 일본 본토에 상륙했을 때 가장 먼저 취한 것이 사이클로트론을 바다에 수장해 버린 일이다. 그 사이클로트론을 만든 곳이 바로 이화학연구소이다. 지금도 중이온가속기 시설에

'니시나 연구소'라는 명칭이 있는데 그 장본인이다. 이후 심기일전 다시 사이클로트론을 제조하여 지금은 전 세계에서 가장 질 높은 중이온 빔을 생산하는 중이온가속기 시설이 되었다. 그 이름도 방사성 이온빔 생산 공장(Radioactive Ion Beams Factory)라고 하여 약자로 RIBF로 불린다. 6장에서 자세히 소개된다. 무슨 암 치료용 가속기를 만든 것이 아니다. 이러한 기술력을 바탕으로 이제는 암 치료용 등 산업계에서 쓰이는 사이클로트론을 만들어 수출하고 있다. **물론 우리나라에서도 수입을 한다.**

그림 4.28 사이클로트론을 처음 만든 로렌스와 리빙스턴. 로렌스 버클리 연구소에 설치된 사이클로트론에서 찍은 사진이다 (1937년).

사이클로트론은 입자를 원 운동시키면서 속도를 증가시키는 방법을 채택한다. 이온을 원 운동시켜 계속 원의 반경을 증가시키는데 이때 중요한 것이 한 바퀴 도는 시간은 고정되어 있다는 점이다. 이를 위하여 정교하게 교류 전류를 흘려 그 주기를 맞춘다. 그림 4.29를 보기로 한다.

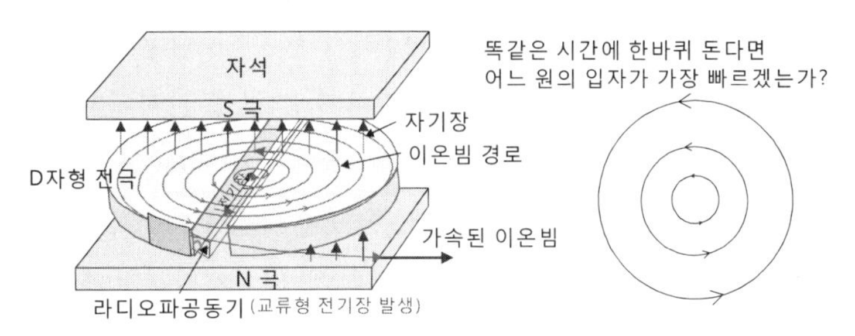

그림 4.29 사이클로트론 원리. 원을 한 바퀴 도는데 걸리는 시간을 보통 주기라고 한다. 이 그림에 있어 그 주기가 1초라면 가장 바깥 원을 도는 입자가 가장 빠르게 움직여야 한다. 이렇게 같은 시간에 이온 입자를 증가하는 원 궤도를 돌게 하여 에너지를 증가시키는 가속기를 사이클로트론이라고 한다. 여기서 사이클은 원을 뜻한다. 자전거 바퀴를 생각하고 자전거를 어떻게 부르는지 생각하자.

그런데 이러한 사이클로트론 방식으로는 에너지를 높이는 데 한계가 있다. 그 이유는 입자가 에너지를 얻어 빠른 속도를 얻으며 빛의 속도와 가까워지면 상대성 원리에 의하여 질량이 증가되기 때문이다. 따라서 원형 궤도에 따르는 정확한 공명 조건인 사이클로트론 진동수(주기)를 맞추지 못한다. 이것을 극복하기 위해 몇 개의 전자석으로 분리하는 방법을 사용한다. 분리형 섹터(separated sector) 사이클로트론이라고 부른다. 현재 유명 중이온 가속기 시설에 설치된 사이클로트론은 대부분 이 형태의 가속기이다. 그리고 전자석 즉 철심에다가 많은 전류를 효율적으로 공급하기 위해 초전도 자석을 사용한다. 그런데 사이클로트론의 에너지

능력을 표시하는데 K 값이 종종 나온다. 이 값은 입자의 전하 상태, 질량 수 그리고 사이클로트론의 반지름과 관계된다. 양성자인 경우 전하 상태는 1, 질량 값도 1이다. 만약 입자가 아르곤40인 경우 전하 상태에 따라 에너지가 달라진다. 만약 +10이라면 전하 값 10, 질량수 40의 비와 반지름 길이가 K 값에 관계된다. 결국 사이클로트론의 반지름과 자기장(자석)의 세기가 K 값을 결정한다. 따라서 에너지를 높이려면 즉 K를 크게 하려면 사이클로트론은 커질 수밖에 없으며 아울러 높은 전류가 필요하다는 사실을 알 수 있다. 이를 위하여 초전도 자석을 사용한다. 이름 하여 초전도 사이클로트론(Superconducting Cyclotron)이라고 한다. 이러한 K 값들은 해외 유명 희귀동위원소 가속기 시설을 소개할 때 자주 등장한다.

4.4.4 마이크로트론

1945년 Veksler에 의해 제안된 가속기 종류이다. 사이클로트론 가속기 원리와 비슷하다. 이미 여러 차례 언급을 했듯이 자기장에 수직하게 들어오는 전자는 자기력에 의해 휘게 되면서 원운동을 하게 된다. 이때 한 바퀴 도는데 걸리는 주기가 주어지는데 질량에 비례하는 값으로 나온다. 전자인 경우 가벼워서 자기장을 높이면 쉽게 빛의 속도에 가깝게 가속이 되는데 이때 아인슈타인의 상대성 원리에 의하여 질량 증가 현상이 나타난다. 이렇게 되면 주기적인 운동이 불가능하게 되어 더 이상 에너지를 높일 수 없다. 이것을 극복하기 위해 전자가 원점으로 돌아오는 시간에 맞추어 정수배로 초단파를 쏘아 준다. 그러면 에너지는 처음에 비해 정수배로 비례하여 에너지가 증가하여 높은 에너지의 빔을 얻게 된다. 최종적으로 직선 빔을 얻기 위해서 자기장의 영향을 받지 않는 동공의 관(deflection tube)을 설치한다.

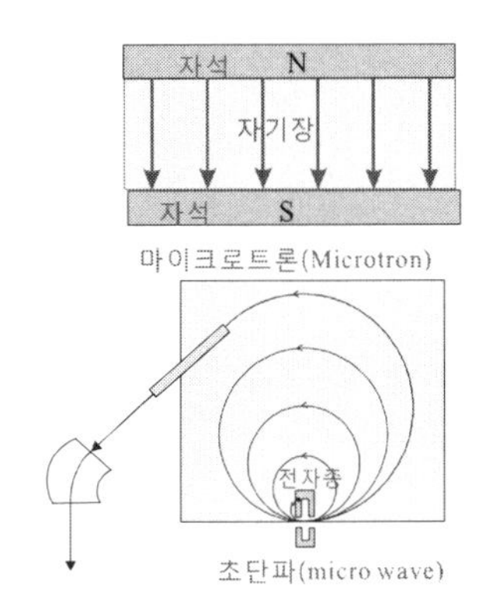

그림 4.30 마이크로트론 가속기 원리와 실물 모습.

그림 4.30이 마이크로트론의 작동원리와 실물이다. 러시아의 합동 핵연구소 (JINR)에 있는 핵반응 시설에서 주 가속기의 전단용으로 설치되어 있는 모습으로, 위와 아래에 자석이 설치되어 있다. 러시아의 가속기 시설에 대한 것은 나중 자세히 나온다.

4.4.5 베타트론

베타트론은 특이한 가속기 종류에 속한다. 정전기 가속기처럼 전기장에 의해 가속이 되지만 전기장을 직접 만드는 것이 아니라 자기장을 만들어 유도시키는 방법을 사용하기 때문이다. 전자기파라는 용어를 다시 한 번 생각하자. 몇 차례에 거려 강조를 했지만 자기력을 만드는 독립적인 입자는 존재하지 않는다. 전기력을 만드는 전하 입자가 운동을 할 때 나타나는 힘이다. 따라서 전기장에 의한 힘(흔히 쿨롱힘이라고 한다)을 정전기력이라고 부르는데 그렇다면 자기장에 의한 힘은 움직이는 동력학 적인 힘이라고 할 수 있다. 자기장이 물처럼 흐른다고 가정했을 때 흐르는 관(수도관을 연상하면 이해하기가 쉽다)의 면적과 자기장의 크기를 곱한 양을 자기 다발(Flux)이라고 부른다. 이때 자기 다발이 시간에 따라 변하면 전기장이 발생한다. 이 원리가 보통의 발전기에 응용된다.

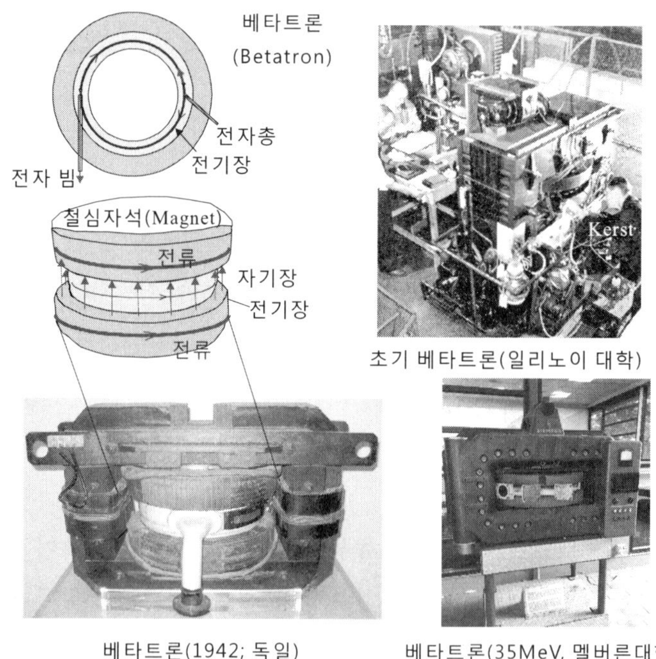

그림 4.31 베타트론과 그 원리.

그림 4.31이 이러한 원리에 의해 작동되는 가속기 베타트론(Betatron)이다. 1928년 스웨덴의 비데뢔(Wideroe)에 의해 원리가 제안된 것을 1940년 미국 일리노이 대학의 케르스트(Kerst)가 전자 에너지 2.3 MeV의 가속기를 만들고 베타트론이라고 명명을 하였다. 이 가속기는 2차 대전 당시 미국의 원자폭탄 계획(맨하탄 기획;Manhattan Project)에 사용되었는데 토륨, 우라늄, 플루토늄 등에 대한 방사성 성질 등이 연구되었다. 현대에 와서는 전자빔을 감속시켜 나오는 빛, 즉 엑스선을 발생시키는 응용장치로 거듭나 이용 된다 (그림 4. 32). 아주 작게 만들어 휴대할 수 있게 하여 강철 빔, 배나 비행기의 선체, 압력 장치, 다리 등에 있어 금속의 결함을 찾는데 사용되고 있다.

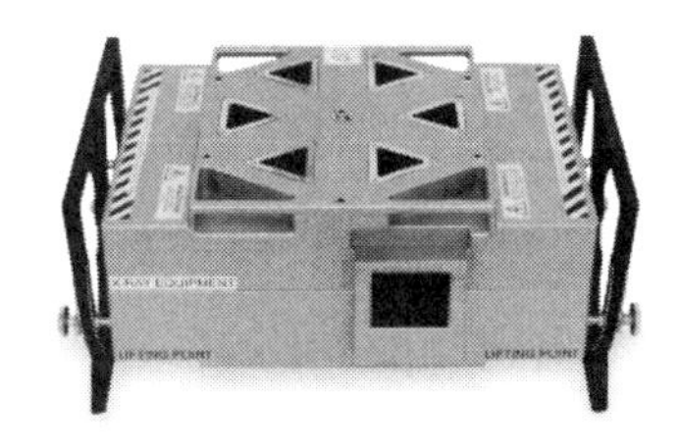

휴대용 엑스선발생기 베타트론 (모델명:JME PXB7.5M)

그림 4.32 응용을 위해 개발된 소형 베타트론.

4.4.6 선형 가속기

기본 원리는 전위차(전압)를 이용하는 직류형 즉 정전형 가속기와 같다. 그러나 이번에는 전류를 직류가 아닌 교류를 사용한다. 그림 4.33을 보자.

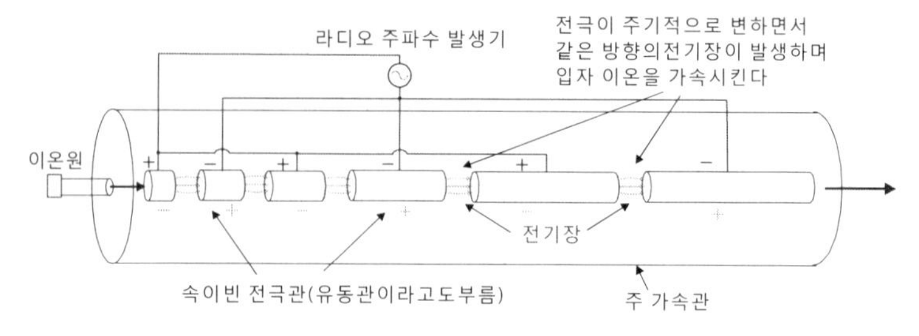

그림 4.33 선형 가속기 원리.

원통형으로 된 관들이 나열되어 있는데 이러한 도체관은 속이 텅 비어 있다. 여기에 하나씩 엇갈리게 양전극과 음전극을 가하면 관 사이에는 +·– 전극이 발생하고 전기장이 존재한다. 이미 앞에서 보았지만 이러한 전기장에 전하가 들어가면 힘을 받아 가속이 된다.

모든 것이 결국 전기장의 존재(즉 전위차)와 전하 입자와의 관계이다.

그런데 그림에서 보면 두 번째가 음(–)이고 세 번째가 양(+)극이기 때문에 처음 공간과는 반대의 전기장이 작용한다. 반대면 입자는 거꾸로 가야한다. 그럼 어떻게 해야 하나? 물론 전극을 바꾸어주면 된다, 여기서 교류라는 단어가 생겨난다. 입자가 텅 빈 관을 통과하는 시간에 정확하게 맞추어 전류를 바꾼다. 아주 힘든 기술이다. 이렇게 전극이 주기적으로 변하는 환경 속에서 가속 관을 통과하며 에너지를 얻는다. 국내의 희귀동위원소 빔 생산을 위한 중이온 가속기가 이 범주에 속한다. 특히 선형 가속관을 두 단계로 설치하여 높은 에너지를 얻는다. 그리고 위와 같은 유동관(drift tube) 구조가 아니라 라디오파 공명관(정확하게는 radio-frequency cavities) 형태로 진행파 식 구조가 아닌 정상파(standing wave) 식 구조이다 (그림 4.34).

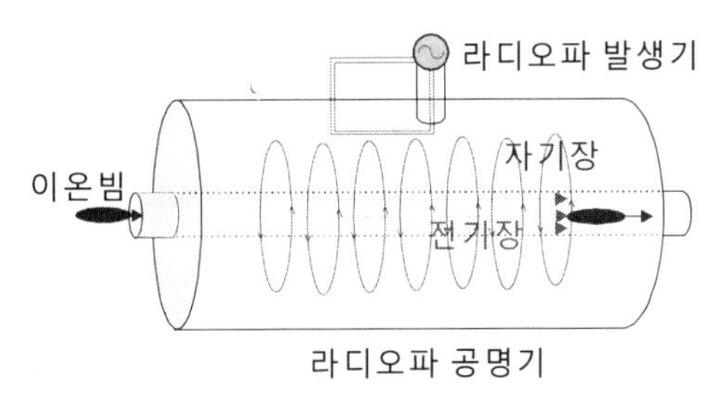

그림 4.34 라디오파 공명기의 구조. 국내 중이온 가속기에서는 세 종류가 사용된다. QWR (Quarter Wave Resonator; 1/4 파 공명 증폭기), HWR (Half Wave Resonator;반파 공명증폭기), SSR (Single Spoke Resonator; 단일 공명 살 증폭기) 등이다.

여기서 희귀동위원소 (달리 말하자면 희귀 핵종) 빔 발생 가속기 구조를 소개한다. 그림 4.35를 보자. 이온 발생기에서 나온 아주 낮은 이온빔을 가속시키는 전단 선형가속기와 전단 선형가속기에서 나온 이온 빔을 더욱 가속 시키는 후단 선형가속기 두 대가 설치되어 운영된다. 높은 전류를 얻기 위해 이른바 초전도 가속장치를 사용한다. 이로 인해 **초전도 선형가속기(super conducting linear accelerator)**라고 부르며 영어 약칭으로 'SCL'이라고 표기된다. 그런데 가속관을 보면 정체불명의 이름들이 나온다. QWR, HWR 등. 여기서 QWR는 Quarter Wave Resonator, HWR는 Half Wave Resonator의 약자이다. 1/4 공명기, 1/2 파 공명기라고 해석할 수 있다. 도대체 무슨 뜻일까? 사인 혹은 코사인 곡선을 생각하면 된다. 왜 글쓴이가 그토록 처음부터 주기성을 이야기하면서 사인 곡선을 그려야하는지 이해가 갈 것이다. 주기적으로 정확하게 원통의 길이가 사인 혹은 코사인의 주기와 맞아야 하며 이를 공명이라고 부른다. 하나는 1/4, 다른 하나는 1/2 주기이다. 이렇게 일정한 공간 안에서 사인이나 코사인으로 왔다 갔다 하는 파를 정상파라고 부른다. 이 정도로만 해두자. 여기서 진동수는 325 MHz에 해당된다. 따라서 QWR은 325*(1/4) = 81.25 MHz, HWR은 325*(1/2) = 162.5 MHz의 진동수를 갖는다. 그리고 2차 초전도 가속관에 사용되는 SSR(Single Spoke Resonator)은 325 MHz이다. 2차 초전도 선형 가속기에는 한 가속 모듈에 SSR이 여러 개 일렬로 배열되어 있다. **어려운 전문 용어들이 많이 나오는 점 글쓴이로서 난감**할 따름이다. 이해 바란다.

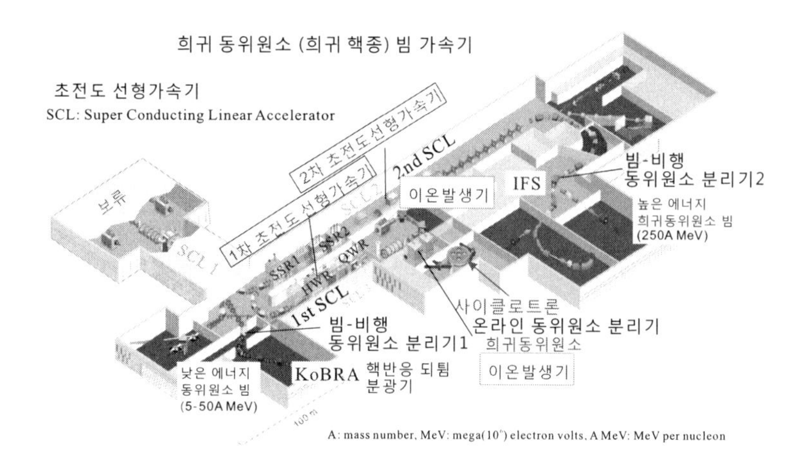

그림 4.35 국내에 설치된 희귀동위원소(희귀 핵종) 빔 생산 중이온 가속기의 기본 얼개. 계획되었던 선형가속기 SCL1은 보류되어 설치되지 않았다. 정확한

축적에 의한 그림이 아니지만 크기를 가늠해 볼 수 있도록 잣대를 그려 넣었다.

전단 선형가속기는 현재 공식적으로 SCL3, 후단 선형가속기를 SCL2라고 부른다. 그런데 왜 SCL1이 아니고 SCL3일까? 이유가 있다. 원래 계획에는 하나 더 있었다. 이름 하여 'SCL1'이다. 그런데 사정상 이 가속관 건설은 무기한 연기되어 버렸다. 사실상 사장된 것이나 다름이 없다. "그러면 SCL3를 SCL1으로 이름을 붙이면 될 것 아냐?"하고 반문할 것이다. 그러나 조직 사회에서는 이러한 상식이 통하지 않는다. 이름 하나 고치는 데도 회의를 하고 결정을 해야 하기 때문이다. 이것이 인간사회가 가지는 굴절된 얼굴의 한 단면이다. 지은이는 이러한 모순점을 감안하여 명칭을 **1차 초전도 선형가속기** (1st-SCL), **2차 초전도 선형가속기**(2nd-SCL) 등으로 품격 있는 이름을 붙여 주었다. 가속기도 고마워 할 것이다.

4.4.7 원형 가속기

마지막으로 원형 가속기를 소개한다. 흔히 원형 가속기라하면 유럽연합핵물리연구소에 설치되어 있는 **어마어마한 크기**의 원형 가속기를 등장시켜 소개한다. 나중에 소개 된다. 양성자와 중성자 이외에 또 다른 입자의 존재를 연구하기 위한 가속기이다. 그야말로 **무시무시한 에너지**가 필요하다. 따라서 그리도 크게 만든다. 이때 가속되는 빔은 주로 전자와 양성자이다. 현재는 고에너지 양성자 빔을 주로 사용하며 궁극적인 입자들(흔히 소립자라고 부른다)의 존재와 서로간의 상호작용을 연구한다. 이러한 학문의 영역을 입자물리학이라고 부른다. 원자핵을 이루는 양성자와 중성자들에 의한 원자핵의 구조 연구를 하는 것은 아니다. 가속기의 에너지를 기준으로 하여 고에너지 물리학으로 분류하기도 한다.

원형가속기는 싱크로트론이라고 부른다. 그림 4.36을 보자.

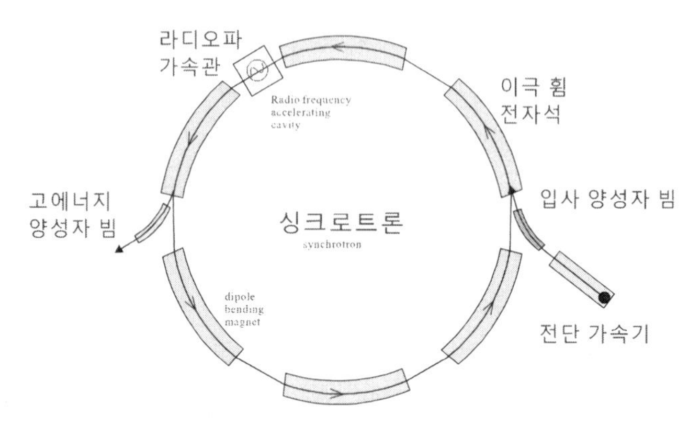

그림 4.36 원형 가속기인 싱크로트론의 구조. 양성자 빔을 가정하였다.

전자인 경우 조금만 가속을 시켜도 상대성 원리에 따른 질량 증가에 의해 사이클로트론이나 베타트론에 의한 에너지 증가는 한계를 갖는다고 하였다. 양성자인 경우는 질량이 전자보다 2000배 무겁다. 따라서 질량 증가에 따른 제약은 전자보다는 크지는 않는다. 그럼에도 불구하고 아주 높은 에너지를 가하지 않으면 나타나지 않는 입자들을 연구하기 위해서는 더욱 높은 에너지의 양성자 빔이 필요하다. 이때 원형으로 가속시키면서 속도 증가를 시키고 상대성 원리에 따르는 질량 증가의 효과를 상쇄시켜주는 기술이 나온다. 이 과정에서 동시화(영어로 synchronized)라는 조건이 만들어지면서 싱크로트론이라는 이름이 생겨났다. 아마도 수영 종목에서 비슷한 이름을 들어본 독자가 있을지 모르겠다. 물속에서 거꾸로 서서 발을 다 함께 움직이는 동작의 스포츠를

본적이 있다면 아! 하고 실감이 가리라 생각한다. 더 이상 자세한 설명은 하지 않기로 한다. 그림 4.36에서 라디오파 가속관이 교류 전압에 의한 양성자의 속도 증가를 일으키는 곳이다. 이러한 대형 양성자 및 전자 싱크로트론 가속기 시설은 미국과 유럽에 설치되어 운영되고 있으며 다수의 노벨상이 수여되었다.

이러한 업적으로부터 알게 모르게 거대 원형가속기가 우주의 비밀을 밝히는 최고의 가속기라고 알려지게 되었는데 이러한 인식은 우리나라에서도 마찬가지이다. 여기서 강조하고 싶은 것이 한국에 건설된 희귀핵종 빔 생산 **중이온 가속기가 앞으로 우주의 비밀은 물론 물질의 연구에 있어 큰 효자 노릇을 담당할 것이라는** 점이다.

전자 빔과 엑스선

원형 가속기는 원자핵의 구조는 물론 그 너머에 있는 입자를 보기 위해 만든 것이라고 이미 강조를 하였다. 이때 가장 높은 에너지로 가속 시킬 수 있는 입자는 말할 것도 없이 전자이다. 그 다음엔? 물론 양성자이다. 전자는 양성자보다 무려 2000 배 정도 가벼워 가속시키기가 쉽다. 아울러 전자 이온을 만드는 데는 그냥 물질을 높은 온도로 가영하기만 해도 만들 수 있다. 그런데 핵물리학자들이 원형가속기를 만들어 높은 에너지의 전자를 가속시키는데 뜻하지 않은 복병을 만난다. 다름 아닌 엑스선 발생이다. 이 엑스선은 순수하게 전자 빔을 가지고 연구하는데 훼방꾼 역할을 한다. 왜냐하면 원자핵에서 나오는 각 종 입자들과 감마선의 측정을 방해하기 때문이다. **그럼, 왜 엑스선이 발생하는 것일까?**

전하를 띤 물체가 속도를 높이거나 낮출 때, 즉 속도의 변화—이를 가속도라고 부른다-가 있을 때 빛이 발생한다. 이를 **제동복사**라고 한다. 여러분이 손바닥을 물체에 대고 세 개 밀어보라. 열이 날 것이다. 이러한 열이 복사이고 복사열이라고 한다. 그리고 빛이 발생한다. 여기서 빛은 눈에 보이지 않는 적외선은 물론 눈에 보이는 가시광선, 더 센 자외선, 더더욱 센 엑스선 등이 모두 포함된다. 특히 전자가 원형 운동을 하면서 가속도를 가질 때 발생하는 빛에 대한 것을 **싱크로트론 복사**라고 부른다. 싱크로트론 원형가속기가 과학 전반에 걸친 영향력이 커진 결과라고 할 수 있다.

기가 막힌 것은 원형 가속기에서 부산물로 나오는 엑스선이 이제는 효자 노릇을 한다는 사실이다. 이 엑스선을 사용하여 물질 분석에 이용되는 것이다.

누룽지가 밥을 이겼다!

이해를 돕기 위하여 싱크로트론 복사와 제동 복사(간혹 열복사라고도 한다)에 따른 비교를 그림 4.37에 그려 넣는다.

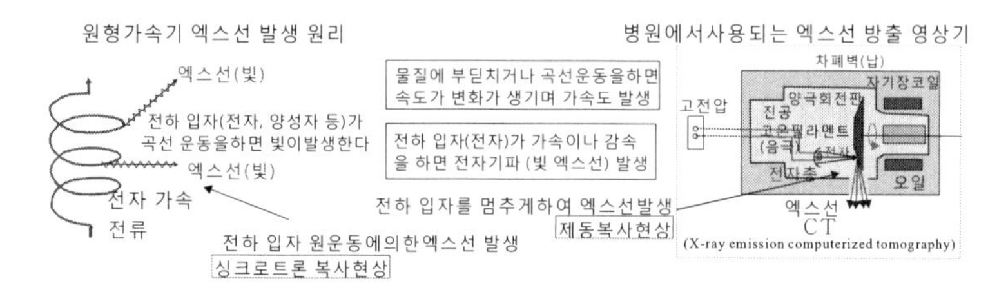

그림 4.37 엑스선 발생원리. 전하입자 특히 전자인 경우 속도의 변화가 오면 전자기파를 발생시킨다. 원형 운동에 따른 속도변화에서 나오는 현상을 '싱크로트론 복사', 물질에 닿아 속도가 감속되면서 나오는 현상을 '제동 복사'라고 부르며 구별하기도 한다.

싱크로트론과 방사광

자! 이제 싱크로트론 방사광 가속기를 보자. 물론 전자 빔을 만드는 이온 발생기의 원리는 이미 앞에서 이야기 하였다. 고에너지를 얻기 위해 전자를 원형으로 가속시키는데 사실 정확하게는 완전한 원은 아니다. 원형을 한 다각형이라고 생각하면 된다. 이때 원 운동을 하도록 만들어 주는 것이 전자석이다. 즉 이미 앞에서 여러 번 설명을 했듯이 이러한 전자석은 이온 빔의 방향을 바꾸어 주는 역할을 한다. 아울러 빔을 퍼지지 않도록 잘 가두어 주는 역할도 동시에 담당한다. 그러면 엑스선은 어디에서 나올까? 바로 전자석이 있는 곳, 다시 말해 휘는 곳에서 나온다. 운동하는 물체가 비록 속력은 같다 하더라도 방향을 바꾸면 가속도가 나오는데 이러한 가속도는 힘을 유발시킨다. 여러분이 차를 탔을 때 차가 방향을 바꾸면 옆으로 힘을 받는 원리와 같다. 이미 이야기를 했지만 이 현상을 **싱크로트론 복사**라고 한다. 이렇게 이온 즉 전자가 방향을 바꾸면 커다란 빛인 엑스선이 나오게 되고 이러한 엑스선은 에너지가 높아 물질을 뚫고 들어 갈 수 있다. 이렇게 들어간 엑스선은 다시 재료 속에 있는 원자들 정확히는 전자들과 상호 작용한다. 이때 상호작용하여 나오는 엑스선이나 특정의 전자를 측정하면 내부 구조를 볼 수 있는 영상이 나온다. 여기서 영상이라 함은 보통의 사진이 아니라 구조적인 데이터의 양이다. 과학자들은 이러한 데이터를 분석하여 마치 사진을 보는 것처럼 해석을 한다.

요즘에는 원형의 곡선을 넘어 자석을 이리 저리 배치하여 전자의 운동을 마치 물결처럼 파동 치게 하여 엑스선을 발생시키고 있다.

흔한 말로 4세대 방사광이라고 한다. **누룽지의 진화**가 대단하다.

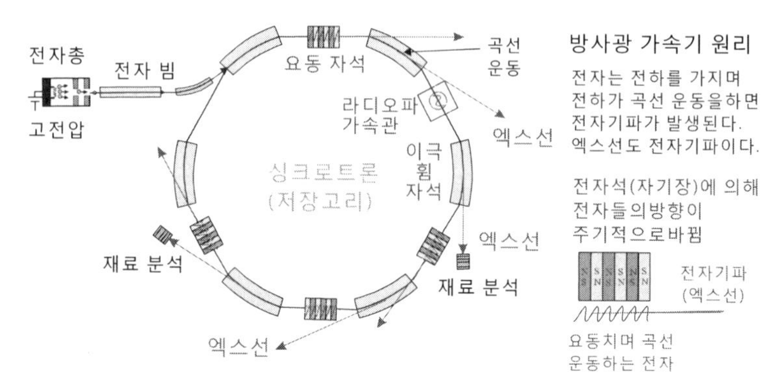

그림 4.38 원형 가속기에 의한 엑스선 발생. 전자 빔을 가속시키는 경우이다. TV에 사용되었던 음극선관, 엑스선을 내어 몸속의 구조를 사진으로 보여주는 CT 촬영기 등이 모두 전자 이온 빔을 이용한다. 전자를 물결처럼 파동 치게 하는 방법으로도 엑스선을 만든다.

그런데 우리나라에서는 제대로 알려지지 않았지만 싱크로트론에 의한 진짜 누룽지는 다른 응용 분야에 있다. 그것은 양성자 싱크로트론을 활용한 중성자 빔과 뮤온 빔 시설이다. 양성자 싱크로트론은 현재에 와서는 입자물리학 실험에서 소위 **충돌기**(collider)로 주로 사용되기도 한다. 무슨 말이냐 하면 고에너지 양성자 빔을 이용하여 양성자 빔은 물론이고 반양성자 빔을 동시에 만들어 서로 마주보며 달려오게 하여 서로 충돌시키는 실험이다. 이러한 실험은 보통의 매질에서는 나오지 않는 소립자들의 발견과 그 성질을 연구하는데 적합하다. 그러나 이러한 거대 가속기 시설에서도 사회의 욕구에 발맞추어 양성자 빔을 활용한 소위 누룽지 시설을 만들어 각광을 받기도 한다. 그것이 중성자 빔과 뮤온 빔 시설이다.

4.5 핵에 얽힌 사연

4.5.1 순수과학의 부산물: 누룽지

우선 역사적인 소동을 거론하기 전에 누룽지 이야기를 해보자. 이미 앞에서 누룽지 이야기를 많이 하였다. 사실 지은이가 **누룽지 이론**의 제창자이다. 도대체 누룽지 이론이란 무엇일까? 그림 4.39는 시중에서 판매되는 누룽지와 진짜 누룽지 사진이다

그림 4.39 판매되는 누룽지(왼쪽)와 밥에 의한 진짜 누룽지(오른쪽).

물론 누룽지는 밥을 하는 과정에서 나오는 부산물이다. 보통 과학을 말할 때 기술이라는 단어가 뒤따를 때가 많다. 그러나 기술을 말하기 전에 먼저 자연과학과 공학의 차이점을 알아야 한다.

인간은 자연 현상에 대해서는 자연과학을 통하여 자연의 질서를 파악하여 법칙을 이끌어 내어 그 의미를 파악한다. 또 한편으로는 인간의 내면에 들어 있는 감정과 인류생활에 깃들어 있는 사회 질서와 그 의미를 예술과 문학을 통하여 표현해오고 있다. 종교도

있지만 여기에서는 피한다. 과학은 자연현상을 발견하고 기록하여 숨겨진 질서를 찾아내어 법칙으로 만드는 학문의 영역이다. 과학적인 지식은 그것을 경험하기 이전에 가능성을 예측해 준다. 또한 사물을 연결시켜주며 그들 사이의 관계를 관찰하고 주위에서 발견되는 무수한 자연적 사건들에게 의미를 부여하는 방법을 제공한다. 과학은 지식의 집합체이며 자연의 비밀을 탐구하는 영역이며 우주의 진행과정과 관계되며 관찰에 의해 진리를 규명하는 객관적 학문이다.

일반적으로 우리나라 사람들은 현대의 최첨단 기술에 의해 양산된 첨단기기들을 가장 선호하고 그것을 폭넓게 사용하면서도 그러한 기술이 나오게 된 원천에는 무관심한 편이다. 더욱이 그러한 첨단 기기들의 생산과 수출에 의해 우리나라 경제가 활성화 되는 것인데 이에 대한 의식이 부족한 편이다. 오늘날의 최첨단 문명기기들이 사실 상 물리학이나 화학을 필두로 하는 자연과학과 이를 바탕으로 일어나는 공학 기술에 의해 탄생되었다. 그럼에도 불구하고 순수 과학에 대한 이해와 그 지원에는 인색한 편이다. 더욱이 누룽지가 진짜 밥을 이기는 경우가 많다. 이른바 자본주의 속성인 경제적 이득과 직결되기 때문이다. 이제 그러한 경우를 보면서 전 세계적으로 얼마나 큰 피해를 입혔는지 그 소동을 쳐다보기로 한다.

4.5.2 라듐에 얽힌 소동

라듐은 원자번호 88번의 원소이름이다. 주기율표를 보기 바란다. 라듐(Radium)이라는 명칭은 빛나는 물질'이라는 의미에서 나왔다. 자연적으로 빛이 나는 이 물질이 엄청난 소동을 일으킨다. 속사정을 보면 방사성 핵종의 방사능의 비밀을 모르고 일어난 누룽지 사건이라고 볼 수 있다. 그 시발점은 프랑스의 물리학자인 베크렐(Antoine Henri Becquerel, 1852-1908)에서 비롯된다. 베크렐은 형광을 내는 광물들을 연구하였는데 보통의 형광 물질은 자외선이나 그 이상의 빛을 받으면 눈에 보이는 가시광선을 발한다. 이 현상을 형광이라고 부르며 디스플레이에 사용되는 재료들이 이 범주에 속한다. 이 과학자는 그러한 형광에 대하여 체계적인 현상을 발견하고 물리적 해석을 하려고 한 것이다. 따라서 형광을 내는 광물이란 광물은 모두 모아 연구에 집중하였다. 그런데 빛을 쪼여주면 형광을 내기는 하지만 빛을 차단하는 순간 형광도 사라져 연구하는데 애를 먹는다. 이에 형광 필름을 사용해 보지만 번번이 빛에 노출되어 형광색을 담을 수 없는 경우가 허다했다. 따라서 빛에 노출되지 않도록 필름과 광물을 빛이 차단된 상자 속에 넣고 필름 현상을 시도한다. 그런데 서랍 속에 넣은 필름은 물론 인화지마저 하얗게 변색되는 현상에 직면한다. 처음에는 무심코 지나치다가 곰곰이 생각하니 아무래도 이상한 것이, 빛이 없는데도 변색이 되었다는 사실이다. 이에 추적을 해보니 그 범인이 '역청 우라늄'이었다. 이 광석을 광물질에 포함시켜 서랍에 넣어 둔 사실을 간파하게 된 것이다. 이 역청우라늄은 아름다운 형광색을 발하여 연구대상으로 모아 두었던 물질이다. 이 역청우라늄을 필름 위에 넣어보니 인화지에 역청우라늄의 모습이 나타나는 현상을 보고 기절초풍한다. 이 단계에서 유명한 '마리 퀴리'가 등장한다. 베크렐의 조수역할을 하던 시기였다. 이에 두 사람은 역청우라늄과 필름사이에 다양한 물건들을 넣고 쳐다보게 된다. 놀랍게도 시계, 열쇠 등의 윤곽이 그대로 인화되어 나오는 것이 아닌가? 그리고 정체불명의 빛은 무척 힘이 강하다는 사실도 간파하게 된다. 이제 관건은 이 투과력이 센 광선이 어디에서 나오는가에 쏠린다. 여기에서 퀴리의 신중함과 끈기가 힘을 발한다. 이 비밀을 파헤치는데 박사 학위 논문 주제로 삼은 퀴리는 남편인 피에르 퀴리와 함께 역청우라늄에서 빛을 내는 물질을 걸러내는 작업에 착수한다. 이른바 화학 세계에서 이루어지는 원소분리 작업이다. 허름한 헛간 전체에 역청 우라늄 광석을 쌓아두고 부수고 정제하는 힘든 작업 끝에 드디어 결정체를 만들어 낸다. 여기서 러더포드가 등장한다. 즉 마리 퀴리가 정제한 광물질을 베크렐은 물론 러더포드가 받아 그 비밀을 파헤치는데 동참하는 단계에 이른다. 드디어 알파선, 베타선은 물론 엑스선 보다 에너지가 높은 감마선도 방출된다는 사실이 밝혀진다. 물론 감마선은 전기장이나 자기장에도 흔들림 없이 직진한다는 사실까지도. 마침내 1898년 말, 마리 퀴리는 그 정체의 물질을 끄집어내는 데 성공한다. 이것이 라듐이다. 놀랍게도 우라늄보다 광선의 세기가 무려 300배나 강하다는 사실이 밝혀진다. 이 광선이 유리관 등에 닿으면 빛을 발하게 하는데 낮에도 보일 정도였다. 마리 퀴리는 이 라듐이 원자핵이 분해되면서 발생하는 것이고 최종적으로 새로운 원소로 변환한다는 연구 결과를 발표한다. 그야말로 학계를 들썩이게 만든다. 이 사실이 유명 일간지 등에 알려지면서 소동의 시발점이 된다. 왜일까? 이토록 강한 에너지가 자발적으로 나오니 에너지 문제는 해결되는 것이고, 더욱이 이 방사성으로 불치의 병들-나병, 매독, 암 등-을 치료할 수 있다는 믿음이 급속도로 퍼지기 때문이다. 이른바 돈과 연계되는 것이다. 이렇게 되면 **누룽지의 출현에 밥은 보이지 않게 된다**. 더욱이 순수 과학자들의 손에서 완전 벗어나 일확천금을 노리는 장사꾼들이 전면에 나서는 것은 이제 시간문제일 뿐. 라듐 가격이 천정부지로 뛰어오르는 것까지는 좋은데 이 라듐이 치료제를 넘어 화장품으로 둔갑한다는 상황이다. 즉 여성들의 얼굴에 바르면 주름살, 여드름이나 주근깨 등을 없애주는 효과를 낼 수 있다는 미명하에 크림으로 팔린 것이다. 상상해보자. 어렵게 모은 돈을, 자기 전 재산을 자기 자신을 병들게 하고 심지어 죽음으로 몰아가는 물질을 사는데 탕진한다는 현실을. 그런데 이 라듐의 발광에 열광한 것은 일반인뿐만 아니라 유명과학자들도 마찬가지였다. 예를 들면 베크렐은 퀴리로부터 소량의 라듐을 얻어 자기 조끼에 달고 다니기도 했다. 그런데 젖꼭지에 종양이 발생한다. 결국 궤양으로 번지고 사라지지 않았는데 이로 인해 사망하게 된다. 이에 마리 퀴리도 자기 팔뚝에 라듐을 넣고 몇 시간을 지켜보았는데 붉은 반점이 생긴다는 사실을 알게 된다. 그리고 나중에 수포로 되고 결국 궤양으로 번졌다. 이에 쥐들을 가지고 실험을 해보았더니 쥐들이 경련을 일으키며 죽어가는 현상을 목도하게 된다. 이제 그 위험성을 알아본 것이다. 문제는, 이러한 위험성에 대하여 아무리 알려도 일반 시장은 끄떡도 하지 않는다는 사실이었다. 모두 무시되고 오직 마법의 광물로만 취급받는다. 완전히 고삐가 풀려 버린 형국이 되어 버린다. 한 때 야광시계가 유행한 적이 있었는데 이른바 분침과 시침에 야광물질을 발라 밤에도 시간을 볼 수 있도록 고안된 시계였다. 이 재료가 라듐이고 이 작업에 동원되었던 것이 아리따운 여공들이었다. 비록 소량이지만 (시계 하나당 약 100만의 1 그람) 숫자판을 그리기 위해 라듐을 탄 용액에 붓을 적시어 입술로 붓을 뾰족하게 만드는 작업을 하였는데 나중 턱 부위에 암이 발생하는 사례가 발생한다. 많은 사람들이 사망하는 결과로 이어진다. 1931년 이 만병통치약은 철퇴를 맞는다. 시판 금지! 슬픈 누룽지 사건이었다.

4.5.3 상온 핵융합에 얽힌 소동

인류의 에너지 욕구는 끝이 없다. 머리말에서 이미 강조를 하였던 화두이다. 안전하고 방사능이 없으며 이산화탄소 배출이 없는 에너지원으로써 보통 핵융합 발전이 언급된다. 이러한 핵융합 발전에 대한 기대는 이미 1950년대 토카막이라는 장치가 만들어졌을 때, 인류의 꿈이 실현될 것으로 믿었던 적이 있었다. 물론 지금도 그 연장선상에 있다. 이른바 핵융합장치 개발 연구이다. 우리나라도 이에 동참하고 있다.

그런데 느닷없이 1989년 미국의 전기화학자인 두 교수가, 플라이슈만과 폰즈, 중수소를 이용하여 핵융합을 성공하였다는 발표를 한다. 이미 소개한 바가 있지만 태양이 핵융합을 일으켜 에너지를 발산하는 것은 그 상태가 극도로 온도가 높은 수백만도 이상의 조건이라야 한다. 이 두 과학자가 이용한 방법은 다음과 같다. 시험관 한쪽에는 팔라듐(Pd, 원자번호 Z = 46), 다른 쪽에는 백금(Pt, Z = 78)으로 전극을 만든다. 이른바 자동차 배터리와 원리는 같다. 그리고 핵융합은 중수소(^{2}H)와 헬륨(^{4}He)을 원료로 하였다. 핵융합이 일어나면 삼중수소(^{3}H)와 감마선이 방출되면서 에너지를 얻는 방식이다. 물론 여기서 중수소와 삼중수소는 엄밀히 이야기하자면 수소 핵의 동위원소들이다. 정식적으로는 D(**deuteron의 약자**), T(**triton의 약자**)로 표기된다. 이러한 중수소와 헬륨에 의한 핵융합 실험은 이미 물리학자들이 숱하게 시도하고 있었는데 문제는 이러한 핵융합을 일으키기 위해서는 수백만도의 온도 유지와 강한 압력을 만들어 주기 위한 강한 자기장이 필수적이라는 데 있다. 이러한 조건을 담을 수 있는 장비는 수십억 달러에 들어 타산이 맞지 않았다. 그 와중에서 고온과 고압력이라는 필수 조건이 필요 없는 핵융합이 성공하였다는 발표가 나오니 전 세계 과학계는 놀랄 수밖에 없었다. 더욱이 언론은 물론 정치권 사회까지 흥분하며 요동치는 사태가 벌어진다. 인류의 에너지 확보에 신기원을 이룬다는 꿈에 부푼 것이다. 여기서 관건은 팔라듐 전극에 있다. 두 과학자는 팔라듐 전극을 이용하여 중수(D_2O)-보통의 물보다 무겁다는 의미임-를 전기 분해시키는 과정에서 물의 온도가 30℃에서 50℃로 상승하였다고 주장한다. 1989년 3월 23일의 일이다. 이 단계에서 주안점은 **삼중수소가 발생**했는가에 있다. 물론 이것은 나중 사기라 판명된다. 더 큰 문제는 이러한 실험결과에 대해 동조하는 과학자들이 대두되었다는 사실이다. 심지어 같은 실험을 해보았더니 같은 결론을 얻었다는 발표가 이어진다. 심지어 화학 학회에서 7000여명이 운집한 가운데 영웅대접을 받으며 발표하는 소동까지 벌어진다. 그야 말로 영웅 탄생! 유타대학이 그 본산이라 유타주가 재빨리 500만 달러를 투자한다는 발표까지 한다. 팔라듐 가격은 더욱 치솟는다. 앞에서 라듐과 같은 기현상이 벌어진 것이다. 라듐 방사성 소동에서도 우려의 목소리가 있었듯이 회의감을 가지는 학자들이 삼중수소의 양과 중성자의 양이 이치에 맞지 않다는 견해도 나온다. 물론 이러한 목소리는 그냥 묻혀버린다.

발표를 한지 두 달이 흐를 즈음 드디어 사기극이 드러난다. 인류사에 길이 남을 이러한 획기적인 연구 결과를 축하하기 위한 자리에서다. 장소는 로스엔젤레스 보나벤처 호텔. 과학자 1700 여명이 초대를 받아 참가한다. 미국 전기화학협회 주관의 학회 강연회였다. 플리이슈만과 포즈 두 교수의 강연이 시작된다. 19차례나 되는 실험을 반복했으며 시험관 안에서의 온도 상승, 심지어 자동차 배터리로 에너지를 공급할 때보다 무려 50배나 많은 에너지를 얻었다는 발표에 모두 박수갈채를 보낸다. 이제 천문학적인 달러의 연구 기금이 확보될 것이라는 믿음이 심어지는 순간이었다. 그야말로 축제 분위기가 계속 이어지며 두 사람은 영웅 중의 영웅, 하늘 높이 나는 웅장한 수리처럼 대접 받는다. 그러나 추락하는 것은 날개가 있는 법. 그것도 가짜 날개를 달았으니.

이제 마지막 발표만 남았다. 두 시간이 채 흐르지 않은 시점이었다. 캘리포니아공과대학 소속의 잘 알려지지도 않은 한 학자인 루이스가 실험 결과를 발표를 한다. 아주 자신 만만한 어조로 자신의 연구소에서 22명의 연구원들이 무려 50여 차례 실험을 반복하였는데 **감마선, 중성자, 삼중수소는 관측할 수 없었다**라고 한다. 심지어 열 에너지 조차 관측되지 않았다는 폭탄 발언을 날린다. '**저온 핵융합? 어림도 없는 소립니다!**' 이 한마디로 모든 것이 끝난다. 그냥 추락한 것이다. 물론 두 사람의 영웅을 보호하기 위해 다양한 질문이 쏟아지지만 그럴수록 상온 핵융합은 불가능하다는 것을 증명할 따름이었다. 두 영웅이 단 1시간 반 만에 사기꾼, 협잡꾼으로 전락하고 만다. 두 사람은 뒷문을 통해 슬며시 강연장을 빠져 나간다.

이 자리를 빌려 국내에서 벌어진 소동도 잠깐 짚고 넘어가기로 한다. 이러한 소식을 접한 한국에서도 재빨리 이에 동참하려는 풍조가 일어난다. 그리고 실제로 실험과 이론적 배경을 제시하는 학자들이 대두된다. 글쓴이는 당시 박사과정 중이었다. 그런데 핵물리학자로서 그것도 직접 핵반응 실험을 하는 연구원으로서 이러한 핵융합 과정은 불가능하다는 것은 그대로 뇌 속에 인식되어 있었다. 물론 지도 교수님도 마찬가지 자세였다. 그럼에도 불구하고 오히려 핵물리학 전공이 아닌 고체물리학계나 화학계에서 마치 모든 것이 되는 것처럼 달려드는 것이 아닌가? 이때 처음으로 얼마나 학문간 인식의 차이가 큰 것인지 뼈저리게 느낀 바가 있다. 물론 우리는 반드시 삼중수소와 감마선이 발견되어야 진정한 핵융합이라는 불변의 진리를 유지하며 유행하는 핵융합 방법은 의미가 없다는 결론을 이미 내리고 있었다. 그럼에도 학계에서는 이를 기회로 다양하게 연구비를 확보하는 데 총력을 기울인다. 씁쓸한 기억이다.

자! 그러면 이것으로 소동은 끝났을까? 천만의 말씀이다. 1년 후 그 장소에서 1주년 기념 발표회가 열리는데 여러 학자들이 상온 핵융합은 가능하다며 옹고집을 부린다. 심지어 이론적으로 증명 가능하다는 주장까지 펼친다. 그야말로 병적인 사고력이 여전히 남아, 혼동을 불러일으킨다. 그렇다면 현재는 어떨까? 여전히 진행 중이다. 왜 계속 이어지는 것일까? 물론 첫째는 돈이다. 돈이 되기 때문이다. 그럼 둘째는? 국가 간의 경쟁 때문이다. 만약 이러한 상온 핵융합이 가능하여 성공한다면 일거에 전 세계를 지배할 수 있는 힘이 나오기 때문이다. 모든 에너지원-석유, 천연가스, 원자력 등-이 쓰레기 통으로 버려지고. 그렇다면 왜 그 당시 수많은 과학자들 심지어 연구소까지 두 사람의 결과를 믿고 지지해주었을까? 그것은 두 과학자가 그 분야에서 실력과 믿음을 얻었던 과학자였기 때문이다. "**믿는 도끼에 발등 찍힌다.**"는 우리말이 이에 걸맞는다.

현재의 상황을 살펴보자. 이 누룽지는 끈질기게 팔리는 운명을 지닌 것 같다. 이 소동이 일어난 후 1992년 스탠포드 전기 연구소에서 폭발 사고가 발생하며 두 명의 과학자가 숨지는 사건이 일어난다. 문제는 이 과학자들이 상온 핵융합 전문가라는 사실이었다. 연구비는 당연히 정부에서 나온 것으로 알려진다. 이에 따라 미국이 몰래 상온 핵융합을 지원한다는 소문이 퍼지게 된다. 이에 질세라 일본이 가세한다. 이탈리아는 물론 이란까지도 가세한다. 심지어 2010년 북한마저 상온 핵융합에 성공했다는 발표를 한다. 그러면, '상온 핵융합'이라는 신기루를 진짜 누룽지로 만들 **괴짜** 천재가 나올까? 그렇다면 이제까지의 물리학자가 이룩해 놓은 실험과 이론은 쓰레기 통으로 가게 된다. 도전해 보기 바란다. 자연이 과연 자기만족을 위한 이익만을 쫓는 인간의 탐욕에 쉽게 응할 것인가? 반문해보기 바란다. 태양과 같은 공짜 에너지, 청정 에너지는 존재하지 않는다. 설령 인공 태양을 만든다 하여도 인류는 반드시 상응하는 대가를 치러야 할 것이다.

5장

희귀 핵 과학

드디어 자연이 뿜어내는 질서와 조화로움을 탐구하는 길에 들어섰다.

"우리는 어디에서 왔고
어디로 가는가?"

에 대한 원초적 물음을 하며 그 물음에 답하는 곳을 향하는 길이다.

별들의 일생에서 우주의 진화를 더듬는다.

희귀 핵종에 의한 생명과학 영역도 넘나든다.

앞에 나온 내용의 차례에서
본 장의 우주적 드넓음을 느낄 수 있을 것이다.

5.1 희귀동위원소 빔

희귀 동위원소 빔 생산은 주로 중이온 빔을 가속시킬 수 있는 입자 가속기에 의해 이루어진다. 이미 앞장에서 설명을 하였다. 여기에서는 국내에 마련된 희귀동위원소 빔 가속기를 보기로 하여 다시 설명을 이어가기로 하겠다. 가속기 시설은 기초과학연구원 산하 중이온가속기 연구소에 설치되어 2023년도부터 가동에 들어가는 것으로 계획되어 있다. **글쓴이는 현재 주어진 가속기 시설 명칭이 혼란을 초래할 수 있어 여기에서는 명칭은 거론하지 않는다.** 그 대신 '**희귀동위원소 빔 가속기**' 혹은 '**희귀핵종 빔 가속기**'라고 부르기로 하겠다.

먼저 '중이온 가속기'라는 명칭부터 살펴보기로 한다. 중이온은 영어의 Heavy Ion의 한글 표기이다. 말 그대로 무거운 이온이라는 의미이다. 이 용어가 유행하게 된 것은 국내에서 추구되고 또 건설된 입자 가속기 중에서 양성자 가속기가 주류를 이루어 왔기 때문이다. 즉 그 상대적인 개념으로 나왔다는 의미이다. 국내에는 고에너지 영역 핵물리학자나 입자물리학자들이 많은데 이 영역에서 선호되는 가속기가 고에너지 양성자 가속기이다. 여기서 중이온은 헬륨 이온 이상을 말한다. 국내에 건설된 중이온 가속기의 진짜 목표는 방사성 핵종 빔에 해당되는 희귀 동위원소 빔 생산에 있다. 따라서 "희귀동위원소 가속기 시설" 혹은 "희귀동위원소 가속기 연구소" 등이 그 이름에 걸맞다. **희귀동위원소에 이미 중이온이라는 의미가 포함**되기 때문이다. 물론 중이온이라는 단어가 더 광역에 속하기는 하다. 그러나 특수한 가속기라는 의미가 들어가기 위해서는 희귀동위원소가 더욱 알맞다고 본다. 일반적으로 **방사성 이온 빔**(Radioactive ion beam)이 **가장 정확한 표현**이다. 동위원소와 이온이라는 용어는 화학원소와 화학반응에서 자주 수반되는 양이온 음이온의 개념이라는 점을 강조해둔다. 핵물리학 연구 영역에서는 원자의 씨인 핵의 종류와 직결되며 원자번호는 양성자 수, 동위원소는 중성자 수와 관계된다. 따라서 여기에서는 종종 희귀동위원소 빔 가속기와 동일한 개념으로 "**희귀핵종빔 가속기**"라는 명칭을 사용하는 것이다. 그러나 여전히 조심할 것은 이 가속기의 역할이 희귀핵종 빔을 생산하는 것에 국한되는 것이 아니라 안정 핵종인 탄소는 물론 양성자 빔도 생산한다는 사실이다. 혼동은 물론 오해가 없기를 바란다.

5.1.2 가속기의 구조

그림 5.1이 가속기의 구조와 희귀동위원소 빔의 생산에 대한 경로를 보여주는 체계도이다.

우선적으로 설명할 곳이 이온 원(Ion Source) 장치인 이온 발생기와 핵반응 장치이다. 핵반응 장치는 크게 2 가지로 나누어져 있다. 하나가 코브라(KoBRA)라고 불리는 핵반응 되튐 분광장치이고 다른 하나는 핵파편 동위원소 분리장치이다. 여기에서는 코브라 빔 경로 장치를 들어 앞에서 설명한 가속기 작동 원리에 대해 설명하고자 한다.

희귀 동위원소 (핵종) 빔 가속기 빔생산체계도

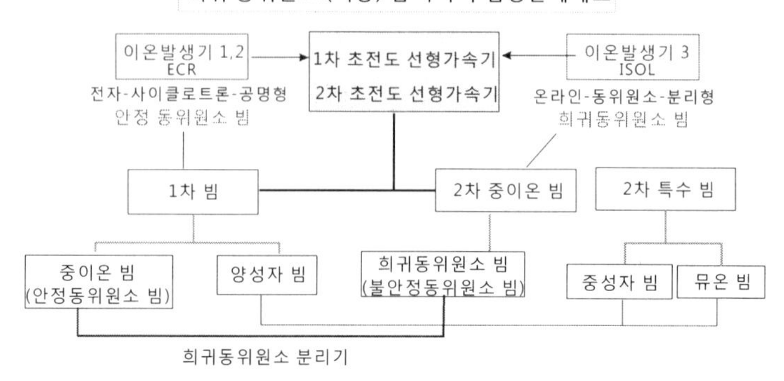

빔-비행 동위원소 분리기(In-beam Flight Separator)

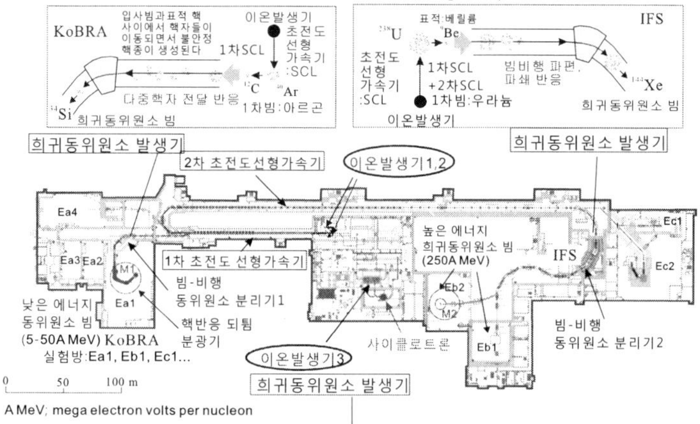

온라인 동위원소 분리기(ISOL; Isotope Separartor On-Line)

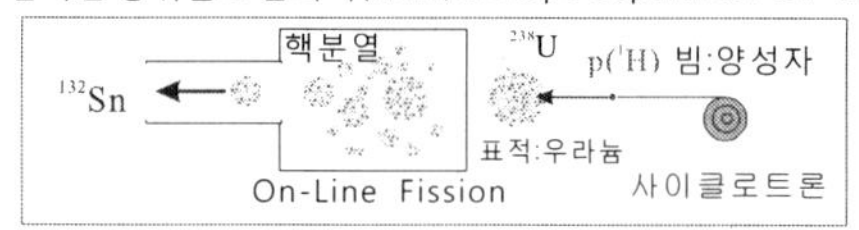

그림 5.1 기초과학연구원 산하 중이온 가속기 연구소에 설치된 희귀동위원소 빔 생산 가속기와 그 생산 체계도. 여기서 사이클로트론 가속기는 희귀동위원소 이온 발생에 사용된다. Ea1 실험방과 Eb2 실험방에 원으로 표시된 장치는 처음 가동 시에는 설치되지 않는다. 100 미터 자(scale)를 보면 가속기 시설의 크기를 가늠할 수 있다.

이온발생기를 보면 3개인 점이 눈에 띈다. 2개는 보통의 이온 샘으로 안정 동위원소에 해당되는 중이온 빔을 생산하며 그 원리는 전자 사이클로트론-공명 방법에 의한다. 쉽게 이야기해서, 원하는 이온빔을 주기적인 형태의 전자로 가열하면서 이온을 가두고 원하는 전하 상태를 골라 보내는 방법이다. 그림 5.2를 보면 주기가 표시되어 있는데 두 가지 종류임을 알 수 있다. 3 번째가 ISOL에 의한 이온 발생기이다. '온라인(on-line) 동위원소 분리기'라는 의미이다. 사실 처음부터 2차 빔을 만들어 보내는 이온 발생 장치에 해당된다. 이 장치에 의해 2차 빔인 방사성 핵종을 가속시켜 코브라 빔 선로 혹은 비행파쇄 동위원소 분리기로 보낸다. 코브라에서는 이러한 빔을 그대로 받아 최종 핵반응 위치에서 실험을 하게 된다. 주로 별들에서 일어나는 핵합성 반응 연구가 대상이다. 이와 반면에 비행파편 동위원소 분리기에 보낸 빔은 다시 핵반응을 일으켜 더 극도의 희귀 핵종 빔을 생산하는 1차 빔 역할을 하게 된다. 이러한 희귀 핵종 빔 생산은 세계적으로도 아주 힘든 실험으로 성공을 하면 국제적으로 큰 반향을 일으킬 것으로 기대된다.

초전도 선형 가속관

이제 그림 5.2를 보면서 가속기의 구조와 1차 중이온 빔을 생산하는 과정을 설명하기로 한다. 선형 가속기의 원리와 구조에 대해서는 앞에서 이미 설명을 하였다. 빔 에너지 증가는 여러 가속 단계를 거치며 이루어진다.

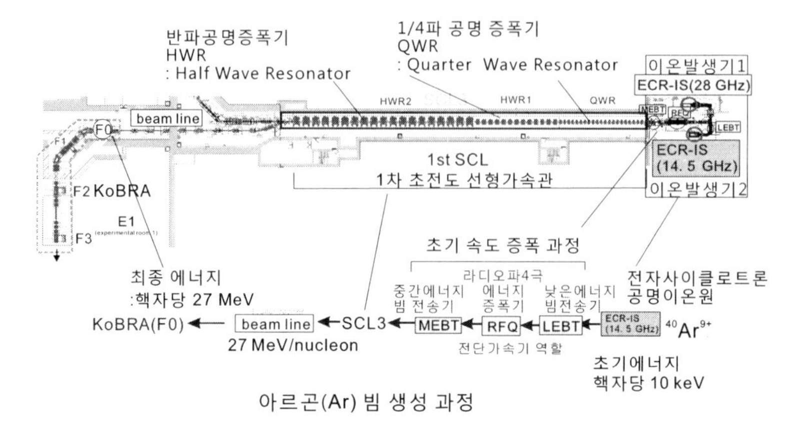

그림 5.2 1차 안정동위원소 빔 생성 과정. 이온발생기에서 아르곤40(^{40}Ar)을 이온화시켜 단계별로 가속시키고 최종적으로 핵자당 27 MeV의 에너지를 얻는다.

그림을 보면 이온발생기에서 나온 아르곤40이 +9의 전하 상태로 핵자당 약 10 keV로 출발함을 알 수 있다. 이렇게 낮은 에너지의 빔은 에너지 증폭기와 빔 전송기를 거치면서 속도가 증가되어 초전도 선형 가속기에 다다를 때면 핵자 당 약 700 keV의 에너지를 얻는다. 사실 이러한 전단계 과정에서도 중요한 실험들이 이루어질 수 있다. 초전도 가속관을 보면, 1/4 파 공명관 (Quarter Wave Resonator; QWR), 반파 공명관 (Half Wave Resonator; HWR) 등이 1차 초전도 가속기의 가속을 시키는 이른 바 증폭기를 이룬다는 사실을 알 수 있다. 앞에서 간단히 설명을 한 바가 있으나 용어들이 낯설고 또 그 동작원리를 설명하기에는 어려움이 따른다. 이와 반면에 2차 초전도 가속관에는 SSR(Single Spoke Resonator)이라 하여 구조가 다른 공명기가 장착이 된다. 해당되는 마이크로파는 325 MHz이다. 여기서 spoke는 바퀴의 살을 뜻하는데 공명기에 이와 같은 살 모양의 라디오파 주입기가 있어서이다. 아주 어려운 기술에 속한다. 초전도 전류 관을 쓰기 때문에 액체 헬륨을 가두어 두는 초저온용 통이 구비되어야 하며 더욱이 공명관들을 몇 개씩 이어 다시 하나의 가속관으로 만들어야 한다. 이 모든 것이 조화롭게 일치되어야 한다.

초전도체(재료 니오븀;Nb) 가속관을 사용하는 이유는 전기 저항을 낮추어 낮은 전력으로 높은 전류를 얻기 위한 것이다. 여기서 초전도란 전기 저항이 거의 없는 물질의 특수 상황이며 아주 낮은 온도에서만 가능하다. 무려 마이너스 270도(℃) 에 달한다. 이러한 냉각 조건은 오직 액체 헬륨 상태에서만 가능하며 따라서 액체 헬륨을 사용한다. 일반적으로 물질의 상태에서 고체-액체-기체 중 고체 상태가 가장 낮은 에너지 상태이다. 헬륨인 경우 불활성 기체이기 때문에 액체로 만들기에는 무척 힘들다. 모든 기체 중 헬륨이 가장 늦게 액체 상태로 만드는데 성공 했다. 이러한 액체 헬륨은 또한 초유동 상태라는 특이한 현상도 갖는다. 어찌 되었든 이렇게 극히 낮은 온도가 되면 전기 저항이 거의 0에 가까운 상태가 된다. 아주 낮은 온도에서는 물질 내부의 원자들이 가지런히 배열되고 잡스런 것들이 제거되어 전자들이 마음껏 한 방향으로 달릴 수 있기 때문이다.

이러한 초전도 구조를 가지는 가속관인 경우 전력 소비량과 발열에 따른 냉각 체계 구비 등을 고려할 때 경제적인 이득이 더 크다. 그러나 기술적으로 볼 때 초전도 가속관을 만들고 유지하고 계획했던 성능 달성에는 무수한 어려움을 극복해야 한다.

5.1.2 2 차 빔 생성 과정

이제 2차 빔 생성에 대하여 구체적인 보기를 들어 설명해 보이겠다. 아르곤40(^{40}Ar)을 1차 안정동위원소 빔으로 설정하였다. 아르곤40 빔이 1차 초전도 가속관을 최종적으로 통과하면 그 에너지가 핵자 당 27 MeV에 이른다. 그리고 빔 전류의 세기는 대략 수십 마이크로-암페어(μ A)에 달한다. 이러한 전류의 세기에 전압의 세기를 곱해주면 가정에서 전기료의 기준이 되는 전력(Watt로 표기됨)양이 된다. 시간 당 에너지 율과 같다. 그리고 아르곤 빔을 선택한 이유는 아르곤 자체가 기체 원소이기 때문에 처음 이온 샘으로 만드는데 비교적 쉽기 때문이다. 그리고 수소나 산소보다는 더 무거워, 처음 의욕적으로 시작하는 한국의 희귀핵종 빔 가속기의 위상을 고려한 결과이다. 핵자 당 27 MeV를 선택한 이유는 설치되는 이온 발생기 중 14.5 GHz에서 나올 수 있는 최적의 조건이기 때문이다. 만약에 이 보다 더 낮은 에너지를 선택하면 빔 선로에 설치된 빔 진단 장치들의 조건을 변경하여 조건을 최적화 한다. 이온 발생기에서 아르곤 기체를 이온화 시켜 빔으로 만드는 과정이 그림 5.2에 나와 있다. 이온 발생기에서 중이온 빔을 만드는 과정은 상당한 고도의 기술과 경험 축적이 필수적이다. 전자 빔을 만드는 것과는 차원이 다르다. 특히 초기 속도를 증가시키는 과정이 꽤 복잡하다. 물론 이 과정에서 빔을 집중시키고 방향을 바꾸는 미세한 조절을 위하여 여러 단계 과정을 거쳐야 한다. 빔은 선형 가속관을 통과하면서 에너지가 급속도로 증가한다. 최종적으로 핵자 당 27 MeV에 달하며, 실험 시설 빔 선로인 핵반응 되튐 분광기(KoBRA)로 보내진다. 그림에서 F0라고 한 곳이 그 시작점이며

2차 빔을 만들기 위한 표적이 설치되는 곳이다. KoBRA 역시 빔 비행 파편 분리기의 역할을 하는 2차 빔 생성 장치이기도 하다.

2차 빔 핵종은 **실리콘34(^{34}Si)**로 설정하였다. 양성자수가 14이고 중성자 수는 20번인 방사성 핵종이다. 이 실리콘 동위원소는 안정 동위원소에 비해 중성자수가 비교적 많은 희귀 핵종에 속한다. 특이한 것은 양성자수 14와 중성자수 20번이 핵물리학에서 유명한 마법수에 해당된다는 사실이다. 이러한 핵종은 비교적 안정된 상태를 가지며 둥근 공 꼴을 취한다. 그런데 이 핵은 양성자가 그 핵심에 분포하지 않은 아주 특이한 매질 분포를 갖는다. 이른바 도넛 형 거품구조이다. 이러한 구조는 초중핵 구조와 중성자별의 특이성을 연구하는데 중요한 역할을 한다.

1차 빔이 탄소 표적을 때리면 수많은 핵종들이 생성된다. 생성되는 핵종들의 종류는 1차 빔인 아르곤40 근처의 것들이 다수를 차지한다. 여기서 원하는 실리콘34는 최대 생성 핵종들에 비해 약 100 배 정도 낮게 생산된다. 1차 적으로 고려되는 사안이 전하수 대 질량 비율이다. 실리콘34인 경우 전하수는 14이고 질량수는 34이다. 여기서 14인 것은 14개의 전자가 모두 벗겨져 나온 상태를 말한다. 보통 이정도 핵반응이 일어났을 때 생성되는 핵종들은 가지고 있는 전자들은 대부분 벗겨져 나간다. 이때 14 대 34의 비율에 맞는 2극 전자석의 세기를 조절하면 이와는 다른 비율을 가진 이온들은 걸러지게 된다. 즉 더 휘어지거나 덜 휘어져 정상적인 빔 선로로 들어서지 못하고 빔 덤프에 저장된다. 그럼에도 이러한 조절로는 모두 걸러지지 않는다. 즉 실리콘34와 비슷한 전하 대 질량 비율을 가진 핵종들은 통과하게 된다.

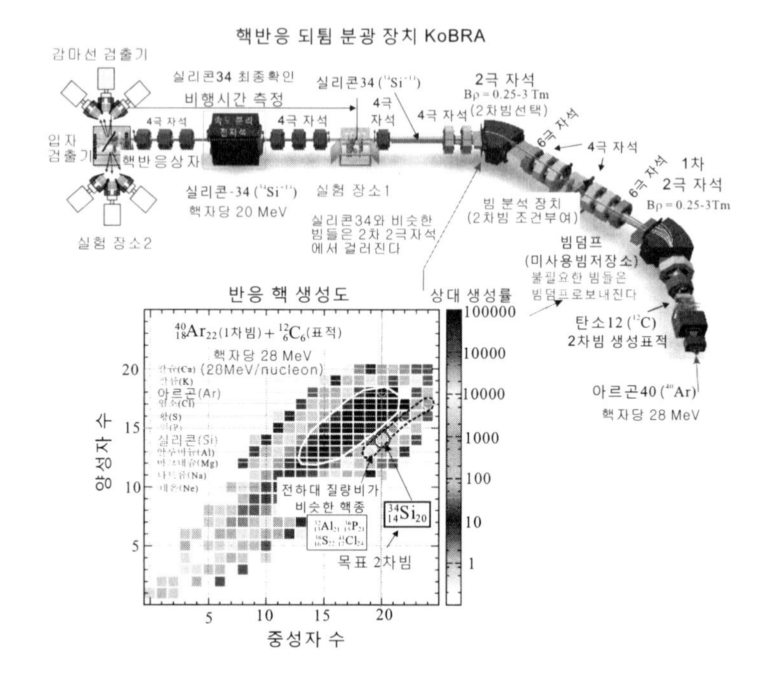

그림 5.3 코브라(KoBRA)의 2차 빔 생성 과정과 2차 빔 생성도. 2차 빔 중 특정의 핵종을 고르는 것은 두 개의 이극전자석에 의한 질량 선택과 일정한 간격에서 측정된 시간차에 의해 이루어진다. 전자석에 의한 질량 선택은 자기장의 세기와 곡선의 크기로 주어진다.

예를 들면 알루미늄32(^{32}Al), 인36(^{36}P), 황38(^{38}S), 염소41(^{41}Cl), 아르곤43(^{43}Ar) 등이다. 두 개의 2극 자석 사이에 있는 빔 분석 장치에 주목하자. 이 장치에는 빔의 폭을 좁히거나 넓히는 조그만 구멍이 있으며 빔의 에너지를 줄이는 알루미늄 판이 설치되어 있다. 이 알루미늄 판에 의해 빔들의 에너지가 소비되면서 줄어드는데 질량수에 따라 줄어드는 값이 다르다. 그러면 실리콘34에 해당되는 에너지만 골라 2차로 2극 자석의 세기를 조절하면 나머지 빔들이 걸러지는 효과를 볼 수 있다. 결국 두 번째 2극 자석 장치를 지나면 거의 대부분의 빔은 실리콘34로 이루어진다. 아울러 실험 위치 1(공식적으로는 F3)과 실험위치 2(F4)에 설치된 검출기에 의하여 두 지점 거리를 진행하는 빔의 속도도 측정할 수 있다. 그러면 오직 실리콘34에 대한 빔 정보를 얻게 된다.

최종적으로 실리콘34 빔을 실험 장치에 설치된 특정의 표적에 충돌시켜 핵반응을 일으킨다. 이 핵반응에서 나오는 다양한 전하 입자들과 감마선을 측정하면 실리콘34 자체의 구조는 물론 표적과의 관계 핵반응 과정이 드러난다.

그런데 KoBRA의 명칭에서 되튐 분광장치라는 말이 나온다. 여기서 되튐(recoil)은 무엇을 의미할까? 사실은 되튐 분광장치가 앞 그림에는 생략되어 있다. 원래는 있었는데 예산의 부족으로 사라지고 말았다. 마치 SCL1의 경우와 같다. 이 문제를 짚고 넘어간다. 원래 KoBRA의 구조는 **그림 5.1에 동그라미로 그려져 있는 것**을 포함했었다. 즉 2극 전자석이 두 개 더 포함된 장치로, 핵반응에서 나오는 입자들을 걸러내어 파악하는 **분광기**이다. 이때 이러한 입자들은 핵반응 과정에서 뒤로 향하는 방향을 갖고 있어 되튐이라는 용어가 나온 것이다. 이 분광기가 존재함으로써 핵반응에서 나오는 입자들과 동시에 감마선들이 측정되어 모든 핵반응의 정보가 얻어진다. 현재로서는 이 방법은 사용하지 못한다. 그 대신 속도분리기라는 분광 장치를 설치하여 약점을 보완할 예정이다. 물론 핵반응 표적 주위에 전하 입자 검출기들을 최대한 설치하여 가능한 한 많은 정보를 얻는 방법이 가장 무난하다.

5.2 희귀 핵 과학

희귀동위원소 빔 과학의 영역은 광범위하다. 크게 핵과학 영역과 재료과학 그리고 생명과학으로 나눌 수 있다. 가장 기초적인 학문 영역인 핵물리학을 비롯하여 물질의 성질과 그 구조를 분석하는 물성 분석학 영역과 생명·의학계에 폭넓게 활용될 수 있는 세포(단백질) 이온빔 반응 분석학 등이 이에 속한다.

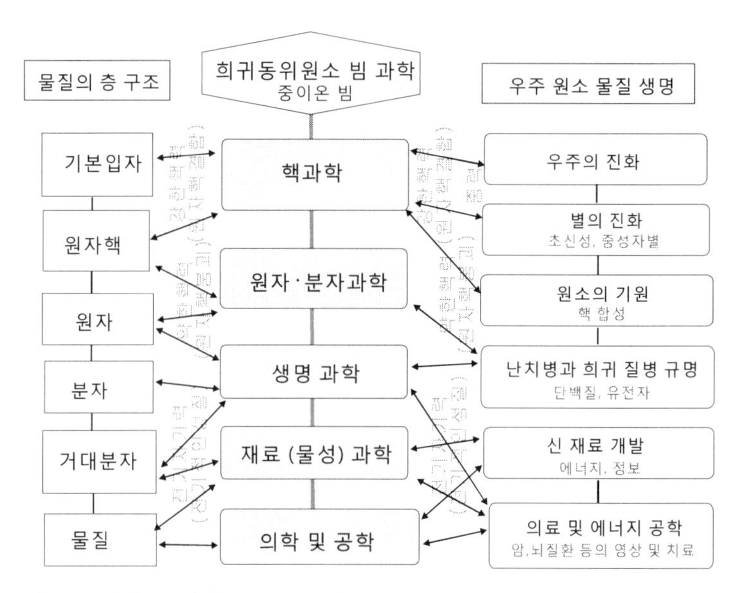

그림 5.4 희귀 동위원소 빔에 의한 과학 영역. 중이온 희귀동위원소 빔은 희귀핵종 빔을 의미한다.

여기서 순수 핵물리학 영역인 핵구조 물리학, 천체·핵물리학,

핵반응동력학(핵물질) 등을 제외한 핵과학의 파생적인 응용학인 경우 사실상 복합적인 학제간 연구(inter-disciplinary 혹은 multi-disciplinary)에 의해 이루어질 수 있는 수렴학적 과학•기술 (converging science & technology) 영역이라고 할 수 있다. 그림 5.4는 희귀동위원소 빔 과학을 체계적으로 정리한 흐름도이다. 핵과학은 순수 핵물리학은 물론 핵공학을 아우르는 영역으로 이해해 주기 바란다. 여기서 특별히 강조해둘 점이 있다. 그것은 자연계의 힘에 대한 것이다. 이미 앞에서 자연에는 네 가지 힘이 존재한다고 설명을 한 바가 있다.

그림 5.4를 보면 그 중에서 중력을 제외하고 난 힘들이 희귀동위원소 빔 관련 연구 분야와 어떻게 얽혀있는지가 나와 있다. 보통 엑스선 즉 빛에 의한 가속기 활용 영역은 사실상 모두 전자기력에 한한다. 생명체의 내부 구조이든 재료과학에 있어 물성 연구이든 전자가 관여하는 전자기력과 관계가 된다. 이와 반면에 희귀(방사성) 동위원소 빔에 의한 과학은 훨씬 넓다. 우주의 진화와 별들의 활동에 대한 영역은 전자기력도 포함되지만 결정적인 역할은 핵력이며 그것도 강한 핵력과 약한 핵력 등 두 개의 기본 적인 힘이다. 물론 중력도 포함된다. 이러한 사실에서 희귀 동위원소, 즉 희귀 핵종 빔 과학 영역이 얼마나 넓은지 알 수 있을 것이다.

먼저 순수 연구 분야로 핵 과학, 다시 말해 희귀핵종 연구에 대하여 기술한다. 주요 쟁점은 그림 5.5에서 보듯이 다음과 같다.

첫째, 우주에서 생성되는 원소의 기원은 무엇일까?
둘째, 별의 진화—별의 탄생과 폭발 등—를 일으키는

원자핵 반응의 기본 얼개는 무엇일까?

셋째, 빠른 중성자 포획 반응은 어디에서 일어날까?

넷째, 빠른 양성자 포획 반응은 어디에서 끝날까?

다섯째, 중성자별의 존재와 그 물질의 성질은 무엇일까?

여섯째, 원자핵은 어디까지 존재할까? 즉 원자번호의 끝점은 어디이며 한 원소에 있어 중성자의 끝점은 어디에서 멈추며 그 이유는 무엇인가?

일곱째, 양성자와 중성자의 비가 극단적으로 다를 때 핵의 성질은 어떻게 진화되는가?

여덟째, 양성자 수의 변화 혹은 중성자 수의 변화에 따른 핵의 성질은 어떻게 변화해 가는가?

아홉째, 개별적인 핵자들의 조직에 의해 나타나는 집단성의 성질들-회전, 진동, 찌그러짐-의 기본 얼개는 무엇일까?

열번째, 알파별은 존재할까?

등이다. 이러한 물음들은 모두 희귀 핵의 구조 규명과 맞물려 있으며 인류가 밟아야 할 지적 탐사의 큰 영역이다.

위와 같은 핵과학 분야는 핵물리학을 바탕으로 하여 핵구조학, 핵매질학, 천체핵물리학 (Nuclear Astrophysics; 핵물리를 바탕으로 하는 천체물리학이라는 의미임) 등으로 나누기도 한다. **실험 자체가 희귀핵종 빔을 사용하여야 하는 영역**이다.

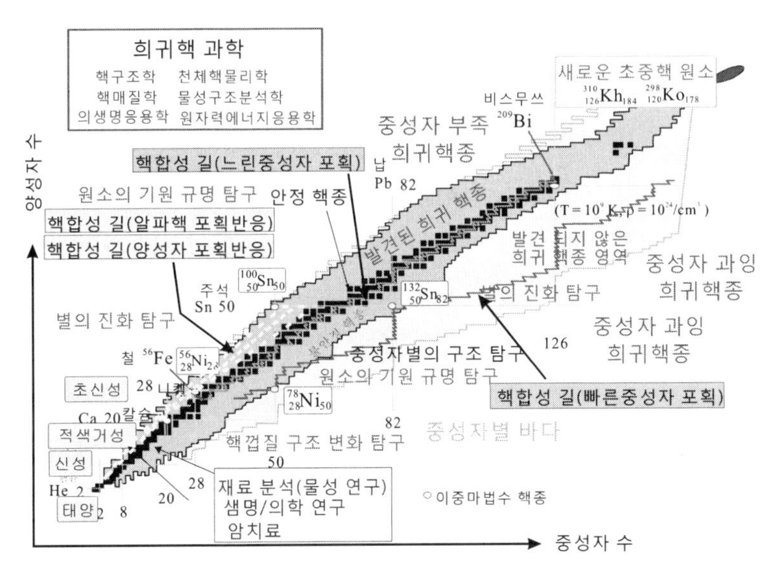

그림 5.5 희귀 핵 연구 분야. 응용 연구 분야로 재료, 생명 및 의학 영역도 표시하였다. 의학 응용에는 아주 높은 질량수에 해당되는 방사성 핵종들도 이용된다. 빠른 중성자 포획 반응에 따른 핵 합성인 경우 별의 온도가 10억 도일 때의 가상 길이다.

천체핵물리학은 천체물리학 영역 중 별의 진화와 핵합성 분야에서 핵물리학의 역할을 엮어 만든 학문 분류이다. 이러한 천체핵물리학에 있어 주로 다루는 것은 해당되는 핵반응이 얼마나 빨리 그리고 자주 일어나는가하는 실험–이를 핵반응 단면적이라고 부른다–이다. 핵반응이 어떻게 일어나고 그 비율이 어떻게 될 것인가에 대한 원인 규명은 사실상 핵구조와 핵매질의 성질에 달려 있으며 따라서 모두 학문적으로는 얽혀 있는 셈이다. **너무 분화되고 자기가 속한 특정 분화된 영역만 연구하다보면 전체적인 모습을 볼 수 없어 큰 연구 성과가 나오지 않는다.** 특히 국내 학자들이 유념해

야할 점이다.

5.2.1 초기 우주에서는 어떠한 일이 벌어졌을까?

우리의 우주의 역사는 **대폭발(빅뱅)** 이론에 의해 설명된다. 이미 앞에서 언급을 하였다. 여기에서는 **대폭발이 있었다는 가정** 하에 이야기를 전개한다. 빅뱅 이론에 의하면 우주는 지금으로부터 약 140억 년 전에 대폭발에 의해 형성되었다고 한다. 대폭발이 있고 난 후 우주는 계속 팽창하고 있다. 아주 짧은 기간, **10^{-13} - 10^{-3} 초,** 에 소위 쿼크들이 서로 결합하여 오늘날 잘 알려진 원자핵을 이루는 핵자들, 즉 양성자와 중성자가 만들어 졌다. 양성자가 중성자보다 약간 가볍기 때문에 양성자수가 중성자수보다 약간 많다. 이 **가정부터 작위적인 냄새**가 난다. **오늘날의 네 가지 기본적인 힘들이 이 시기에 모습을 드러냈다**. 온도는 천억도, 10^{11} K,까지 내려간다. 이제 우주는 광자, 전자, 중성미자, 양성자, 중성자 및 그들의 반입자들로 어우러진 죽(soup)으로 되었다. 여기서 K는 절대온도 기호라고 이미 설명을 하였다.

다음으로 **10^{-3} 초- 3 분 기간 중 3분** 무렵 우주는 10억도, 10^{9} K,까지 식는데 비로소 **핵합성이 시작**된다. 다음으로,

3분에서 50만년 기간 중 헬륨과 다른 여러 가지 가벼운 핵들이 조성된다. 중성자 붕괴가 일어나 양성자수가 많아진다. 우주는 계속 식어 만도, 10^{4} K, 정도 된다. 우주는 주로 광자, 양성자, 헬륨핵, 전자로 이루어 졌다. 원자는 만들어 지자마자 강력한 전자기파, 즉 광자에 의해 이온화 되므로 만들어 질 수는 없었다. 광자들은 전자기 상호작용을 통하여 대전된 입자들과 자유롭게 반응하며

물질에 의해 흡수, 방사, 산란되고 있었다. 그리고

50 만년에서 현재기간에 드디어 광자(전자기파)가 물질로부터 분리될 만큼 식게 되었다. 약 3000 K가 되면 양성자와 전자가 결합할 수 있게 되어 중성의 **수소원자가 만들어 진다**. 이때부터 광자는 수소와의 산란을 끝내고 자유롭게 움직이게 되며 우주는 복사보다 물질의 형태로 더 많은 에너지를 포함하게 된다. 이제 광자는 우주를 자유롭게 통과하므로 3000 K에 해당하는 **흑체복사(blackbody radiation)**를 영원히 남긴다. 이 3000 K의 흑체복사가 우주의 팽창에 의해 빨간색 이동(적색 편이;red shift)이 되는데, 오늘날 관측되는 3 K의 **우주배경복사**가 바로 이것이다. 이제 원자들이 형성되고 이것들이 서로 결합하게 되면 분자, 더 나아가 기체구름 등으로 발전하며 마침내 중력 수축을 일으키면서 **원시별이 탄생한다**.

국내에 설치된 **희귀핵종 빔 가속기**는 위와 같은 초기 우주의 탄생과정과 별의 진화의 비밀을 풀어내는 역할을 하는 핵합성 공장이다. **특히 3분 후에 이루어진 핵합성의 과정을 실현**하며 원소의 탄생과 원자, 분자들의 근원적 성질을 규명하여 한국의 순수과학의 위상을 높이게 된다.

초기(아기) 우주에서 매질은 양성자와 중성자 그리고 광자가 서로 섞여 있는 국물의 상태이다. 특히 빅뱅에 의해 양성자와 중성자 그리고 전자가 탄생하고 이에 따라 수소와 헬륨 원소가 탄생되었다고 한다. 그런데 원자번호 3번인 리튬(Li)이 빅뱅에서도 만들었다는 관측 결과가 나오며 그 원인에 대한 각종 설이 난무하고 있다. 그리고 존재비 역시 강력하게 지지 받는 이론과는 많은 차이를 보이며 가장 뜨거운 미해결 문제로 남아 있다. 초기우주의 매질의 특징은 어떠했을까? 그 대답은 원자핵 매질 연구와 직결된다. 특히 원자핵 매질을 이루는 핵자, 즉 양성자와 중성자의 분포와 그 상호작용이 중요하다. 그런데 여기에 더 붙여 헬륨핵, 즉 알파입자-두개의 중성자와 두 개의 양성자-도 기본 핵자처럼 핵 내부 물질을 이루고 있을 수가 있다. 이 기본 핵자를 앞으로는 **알파론(Alpharon)**이라 명명한다. 이 명칭은 프로톤(proton; 양성자), 뉴트론(neutron;중성자)의 영문 이름과 대비되는 효과를 낫는다. 위에서 든 리튬핵이 알파론 형성과 밀접한 관계를 가지며 원시우주의 매질 형성과 그 구조에 지대한 영향을 미칠 것으로 기대된다.

희귀핵종 빔 활용 연구에서는 이러한 알파론에 의한 특이한 구조와 함께 리튬에 의한 핵반응 연구, 정교한 베타 붕괴 측정, 극도의 희귀핵종들에 의한 양성자 붕괴, 중성자 붕괴 과정을 통하여 초기 우주의 매질과 원소합성의 비밀을 파헤친다.

중이온-중이온 충돌 실험은 **초기우주 상태인 100 억도에서 10 억도 이상의 매질에서의 핵 매질 상태들을 만들어낼 수 있다. 관측된 자료로부터 그 상태방정식을 유도하여 초기우주의 매질 연구**를 실행한다. 중이온 빔을 중이온 표적 핵들과 충돌시키면 그 순간 밀도가 매우 높아지며 극한 상황-높은 온도, 높은 밀도 상태-이 재현된다. 그리고 많은 전하 입자들이 생성되어 나오면서 극한 상황의 밀도 상태의 정보를 가져다준다.

더욱이 다양한 희귀 핵들을 충돌시켜서 중성자-양성자 비대칭 정도에 따라 생성된 핵물질의 핵자밀도 변화를 조사한다. 극한 물질 상태에서의 핵물질의 압축성을 반영하는 상태방정식 및 대칭 에너지 연구는 핵 및 핵물질의 안정성뿐만 아니라 고밀도 상태를 유지하였던 초기우주 상태, 더 나아가 중성자별의 구조와 내부 물질의 특성을 밝힐 수 있는 열쇠를 제공한다.

5.2.2 중성자별의 정체를 찾아서!

중력이 강하면 입자들에 의한 압력을 이겨 전자가 양성자와 합쳐지는 경우가 발생한다. 양성자가 전자를 포획하여 중성자로 변환되는 현상이 일어나는 것이다. 이를 **전자포획**이라고 부른다. 이때 양성자가 중성자로 변하며 중성미자가 출현한다 (그림 5.6).

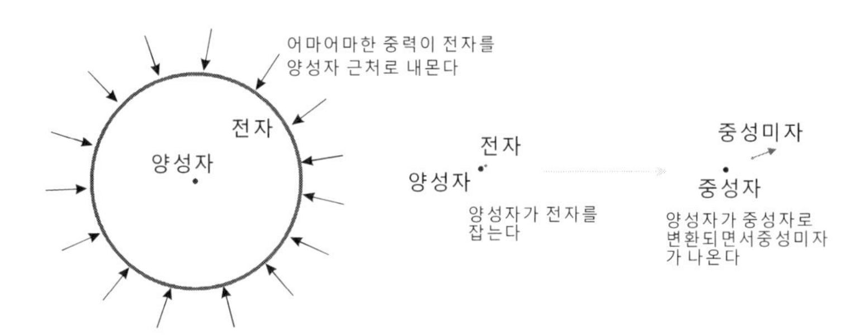

그림 5.6 중성자별을 이루는 중성자 탄생 순간의 모형. 이러한 과정은 양성자가 중성자로 변하는 베타 붕괴와 비슷하다. 중성자 부족 혹은 양성자 과잉 영역에서는 베타-플러스 붕괴는 물론 조건에 따라 위와 같은 전자 포획 과정에 따른 원소 변환도 일어난다.

이러한 관계로 초신성 폭발이 이어나면 다량의 중성미자가 관측된다. 우리는 앞에서 원자의 크기와 핵의 크기를 비교한 바가 있었다. 그리고 핵의 크기로 크기가 줄어들면 밀도가 어마어마하게 증가한다는 사실도 알아보았다. 이러한 핵과 원자 크기의 차이가 태양과 같은 별이 중성자로 되면 겨우 10 km의 반경을 가지는 것이다. 그림 3.52를 다시 보기 바란다.

그림 5.7은 중성자별의 일반적 모형이다. 어디까지나 이론적인 계산결과에 따른 것임을 잊지 말자. 중성자별의 표면은 이미 적색거성의 중심 밀도와 같으며 가장 안정된 원소인 철이 자리를 잡고 있다. 안으로 들어갈수록 밀도는 증가한다.

밀도가 10의 14승 (10^{14}) g/cm^3 이 보통 핵의 밀도이며 중성자별의 핵심을 이룬다. 안 껍질 (inner crust)의 매질 구조가 아주 복잡하게 되어 있으며 한편으로는 이상한 형태의 핵종이 출현하는 것으로 예상되고 있다. 일반적인 핵들이 중성자를 계속 얻어 증가하게 되면 결국 바깥에는 중성자들로만 이루어진 표면이 만들어진다. 가령 양성자수가 마법수 50인 주석인 경우 **총 질량수가 1000개 이상이 존재**하는 것도 예상해 볼 수 있다. 이러한 거대 핵들인 경우 공꼴이 아니라 막대형처럼 모양을 가지며 격자 형태로 매질을 이루는 것이 안정적이라는 연구 결과가 나오기도 한다. 이른바 파스타 형태의 구조이다. 이 모든 것들이 온도와 밀도 그리고 에너지에 따른 유체와 열 물리학 법칙에 의해 계산된다. 하지만 이러한 거대 핵종은 실험적으로 만들어질 수가 없다! 현재로서는 희귀동위원소 빔 가속기를 이용하여 양성자 대비 중성자수가 현저히 큰 중성자 과잉 핵종을 만들어 그 구조와 매질을 탐사하고, 간접적으로 중성자별의 구조를 밝혀내는 수밖에 없다.

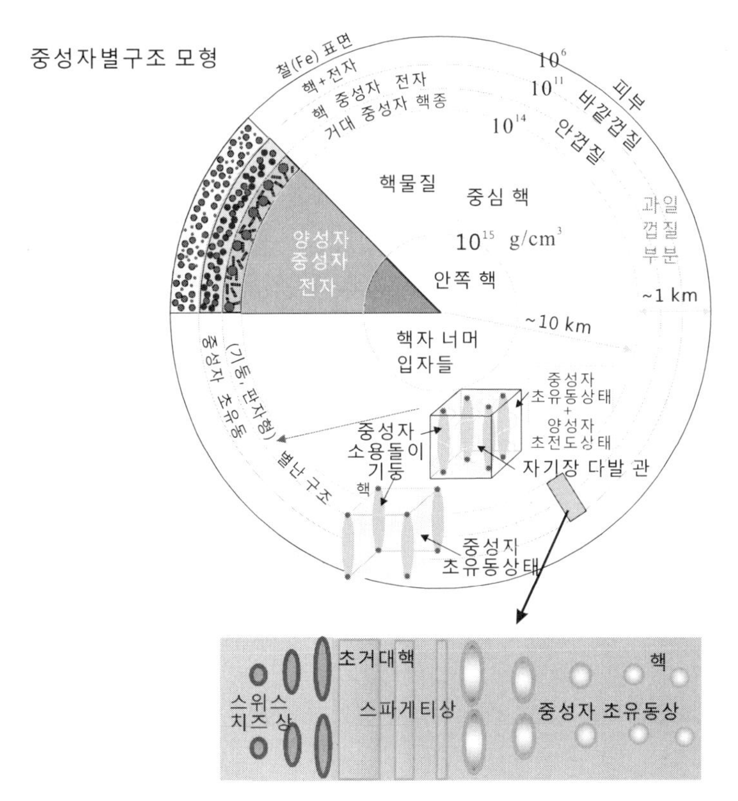

그림 5.7 중성자별의 구조. 안쪽 핵심부분에는 양성자와 중성자를 이루는 쿼크 등과 핵력에 관계되는 이상야릇한 입자들이 존재한다. 이러한 입자들의 연구는 소위 강입자(하드론) 혹은 입자 물리 실험에 의하여 이루어진다. 에너지가 너무 높아 희귀동위원소 빔 가속기에 의해 연구되는 영역이 아니다. 여기서 주의할 점은 이러한 구조는 어디까지나 이론적인 계산 결과에 따른 것이며 실제 구조는 모른다는 사실이다. 중성자 과잉 핵종들이 만들어지는 곳은 대부분 바깥껍질(outer crust) 영역이다. 안쪽 껍질은 이른바 중성자 유동상태가 되어 질량수가 1000 이상인 거대핵종들이 존재할 수 있는 곳으로 예측되고 있다.

그림을 보면 중성자가 초유동 상태로 되어 있는 상태에서 핵들이 마치 결정 구조를 가지고, 또 한편으로는 막대형 거대 핵으로 구성되어 있는 모습을 볼 수 있다. 더욱이 양성자 역시 초전도 상태로 존재할 수 있어 이에 따른 강력한 자기장이 다발로 엮여져 나올 수도 있다. 이러한 현상들은 지구에서 물질의 온도와 밀도 변화에 따른 상변화에서도 찾아 볼 수 있다. **지구 내부의 물질 상을 조사하여 규명하는 길과도 일맥상통하는 연구 영역**이다. 아주 가치 있는 연구 주제라고 할 수 있다.

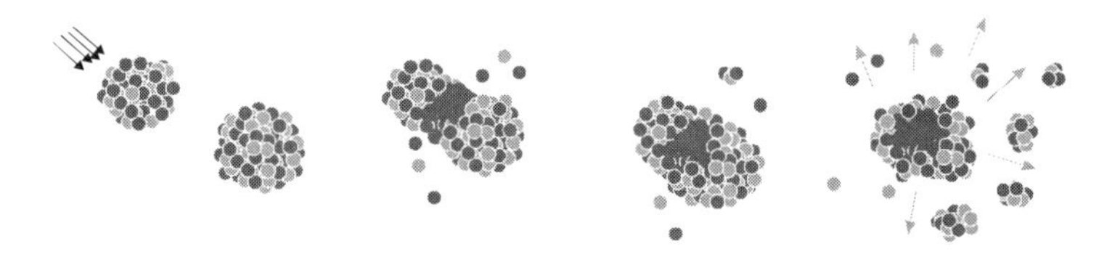

그림 5.8 두 개의 중이온 핵종 충돌. 정면으로 충돌하여 합체되면서 초고온, 고압의 상태가 만들어 진다. 이때의 밀도는 보통 핵의 밀도보다 높아 별의 폭발과정이나 중성자별 내부에 대한 중요한 정보를 가져다준다.

위와 같은 극도로 높은 매질상태를 지구상에서 만들 수 있을까? 유일한 방법은 핵 매질을 가지고 있는 중이온 핵들을 충돌시켜 핵 매질의 상태와 흐름을 보는 것이다. 이른바 중핵-중핵 충돌실험이다. 가령 질량수 208번인 납과 질량수 132번인 주석 핵을 강하게 충동시키는 경우를 생각하자 (그림 5.8). 그러면 강력한 충돌에 의해 순간적으로 두 핵이 뭉쳐지면서 보통의 핵 상태 보다 더 고온 고압의 매질이 형성 된다. 이러한 매질은 거대 별 혹은 중성자별 내부의 상태와 비교될 수 있다. 이때 엄청나게 많은 핵들이 튀어

나오게 되는데 이러한 핵들을 일일이 검출하고 또 시간적으로 어떠한 변화가 생기는 지를 면밀하게 조사하게 되면 중심부에서의 핵밀도의 값과 그 상황에 대한 정보를 얻을 수 있다. 물론 튀어나온 입자들의 방향성도 조사하게 된다. 이때 방향에 따라 특이한 특성을 가지는 핵종이 나타나면 핵 매질의 흐름에 대한 새로운 정보를 얻을 수 있다.

이와 같이 중성자 수가 많은 중이온 핵, 앞에서 나온 주석 132(양성자:중성자=50:82) 빔을 만들어 납(양성자:중성자=82:126)에 충돌시키면 중성자별에 대한 매질 상태에 대한 정보를 얻을 수 있다. 왜냐하면 양성자수와 중성자수의 차이에 따른 상태방정식에서의 매개변수를 보다 구체적으로 얻을 수 있기 때문이다. 이 매개변수는 중성자가 양성자에 비해 많을 때 주어지는 비대칭성 효과-이상하게도 이에 대한 호칭을 **대칭성 에너지**라고 부른다-를 구하는데 중요역할을 한다. 이러한 값으로부터 순수 중성자 매질의 성질을 파악하여 중성자 별의 매질 상태를 유추한다. 이렇게 다양한 입자들을 검출하기 위해서는 검출체계가 극도로 복잡하며 양이 엄청나다. 따라서 방대한 자료를 해석하기 위한 고속 계산 기능의 전자회로와 컴퓨터의 병렬식 중앙처리기 등의 시설이 필요하다. 이와 같은 광대한, 즉 빅 데이터 처리 기술은 인공지능 개발에도 큰 역할을 담당할 수 있다.

5.2.3 베타 붕괴 없는 원소합성의 길을 찾아서!

초기 우주 3분 후 원소 합성이 이루어졌다고 이미 앞에서 언급을 하였다. 보통 핵융합 반응, 그것도 양성자에 의한 포획반응에 의해 헬륨 이상의 원소들이 합성된다. 그리고 합성된 불안정핵종은 다시 베타 붕괴를 한다. 그런데 양성자가 특히 많은 상태가 되면 더 이상 원자핵으로 유지되지 못하고 직접 양성자를 방출하게 되는데 이러한 경계선을 **양성자 붕괴선(proton drip line)**이라고 한다. 그럼에도 이러한 양성자 붕괴 핵 위에 베타붕괴 핵이 존재하게 되면 두 번의 양성자 포획 과정을 거칠 수 있다 (그림 5.9). 반응율은 아주 낮을 수 있지만 전체적으로 보았을 때 초기 우주 혹은 아주 특이한 별 내부에서 이러한 반응에 의해 원소합성의 반응길이 완전히 달라질 수 있다. 본 주제는 이러한 과정의 특이 양성자 포획 반응을 규명하는 희귀 핵 연구 영역이다. 측정되는 방사선들은 감마선, 베타선, 양성자, 전하 입자 등 광범위하다.

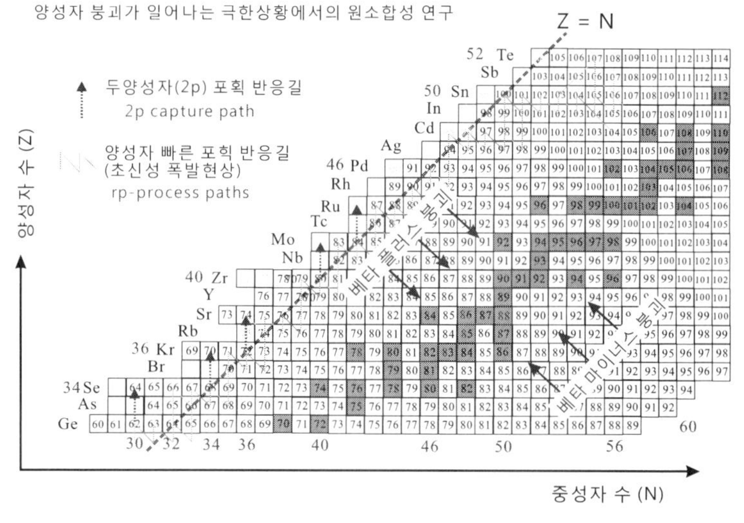

그림 5.9 핵 주기율표에서의 양성자 과잉 핵종 부분. 양성자들이 더 이상 핵 안에서 묶여지지 않아 직접 붕괴하면 원소는 더 이상 존재하지 않는다. 이러한 극한 양성자 과잉 영역에서의 핵붕괴 연구는 원소 합성과 극한 매질의

성질을 규명하는데 일등 공신이 된다. Z = N 섬은 양성자 수와 중성자 수가 같은 핵종들의 길이다.

물론 역사적으로 처음으로 발견된 방사성은 알파 입자이다. 이른바 알파 붕괴이다. 당시 과학자들의 손에 들어온 원소들이 우라늄 계열에 속하는 광물이었기 때문이다. 핵 도표에 있어 주기성을 보면 핵의 질량이 증가할수록 알파 붕괴의 확률이 높아진다. 알파 붕괴 역시 베타 붕괴를 수반하지 않는다. **현재는 주석 핵 중 100 근처에서의 알파 붕괴 연구가 주목을 받고 있다. 특히 빠른-양성자 포획 반응의 끝점인 텔루륨104(Z=52, N=52)에서의 알파 붕괴와 핵구조 연구가 대단히 중요**하다.

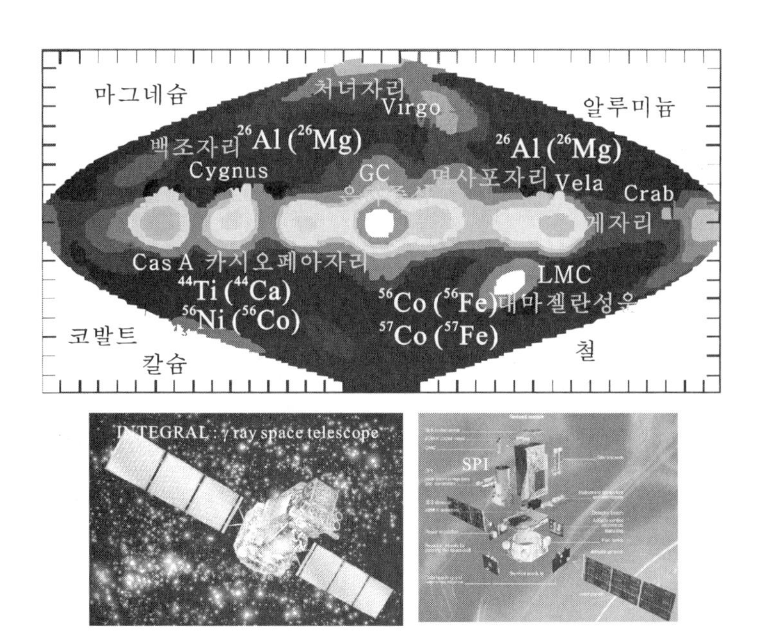

그림 5.10 우리 은하에서 발견되는 감마선 분포. 별에서 원소합성이 일어난다는 확실한 증거물이다. 우리 몸에 필수적인 철, 코발트 등의 원소가 보인다. 이러한 관측은 유럽연합국가가 운영하는 유럽우주국(European Space Agency; ESA)의 우주 감마선 관측기인 INTEGRAL(The INTErnational Gamma ray Astrophysics Laboratory)이 2002년 11월 30일에서 2006년 5월 15일에 걸쳐 측정한 것이다. 탑재된 감마선 검출 분광기를 SPI(The SPectrometer of INTEGRAL)라고 부른다. 19개의 감마선 검출기인 게르마늄 (Ge) 결정체(Germanium Crystals)로 이루어져 있다. 출처: R. Diehl, New Astron. Rev. 50, 534 (2006).

5.2.4 초신성과 태양계 탄생의 비밀을 쫓아서!

그림 5.10은 우리 은하(Galaxy)에서 발견되는 핵반응에 의한 감마선들의 분포를 나타낸다. 실제적으로 별 내부에서 원소합성이 이루어진다는 사실을 보여주는 아주 유명한 관측 사진이다.

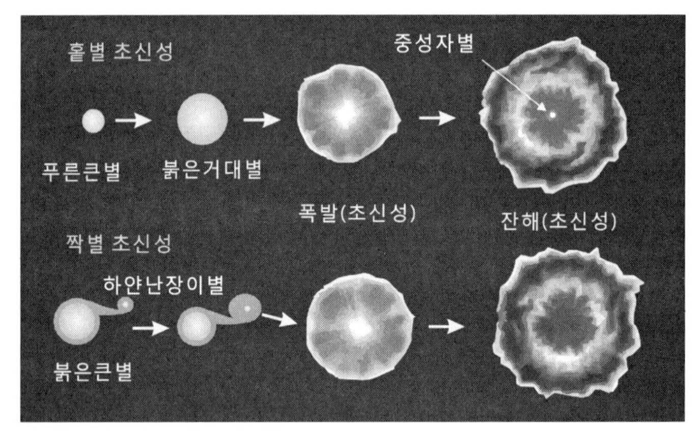

그림 5.11 초신성 폭발의 두 가지 가상 경로 그림.

위와 같이 관측되는 감마선은 사실 상 빙산의 일각에 불과하다. 왜냐하면 반감기가 짧은 원소들인 경우 관측이 되지 않기 때문이다. 희귀 핵종들의 연구를 통하여 위와 같은 별 내부에서의 원소합성과 별들이 내뿜는 에너지 그리고 매질 상태를 밝힐 수 있다.

위와 같은 감마선들은 별들이 폭발할 때 주로 발생한다. 우리가 흔히 이야기하는 초신성폭발 혹은 신설 폭발이다 (그림 5.11).

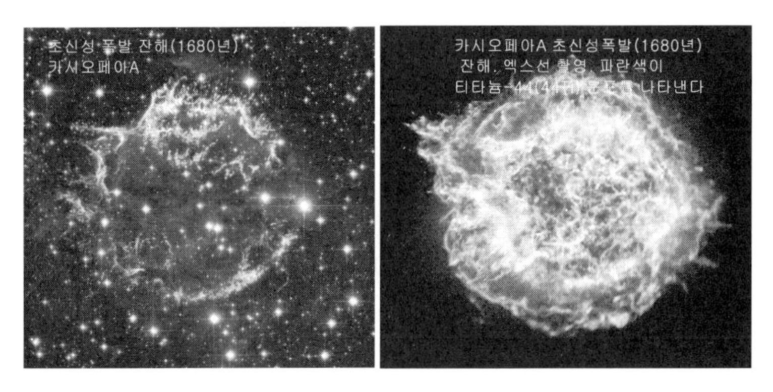

그림 5.12 카시오페아 자리 A에서 발견된 초신성 잔해의 모습(NASA 제공).

그림 5.12는 카시오페아 자리 A에서 발견된 초신성 잔해의 모습이다. 이곳에서 티타늄44와 니켈56 등의 원소가 합성되는 것으로 관측되고 있다. 오른쪽의 모습은 엑스선 망원경으로 촬영된 것으로 다양한 성분들로 구성된 기체가 보인다. 티타늄44의 분포는 파란색으로 나타나 있다. 하지만 티타늄44의 발생과 이에 따른 칼슘44의 조성비는 아직까지도 미해결 문제로 남아 있다. 그림 5.13은 티타늄44가 칼슘44까지 도달하는 핵붕괴 과정(원소 변환의 일종)의 모습을 그리고 있다.

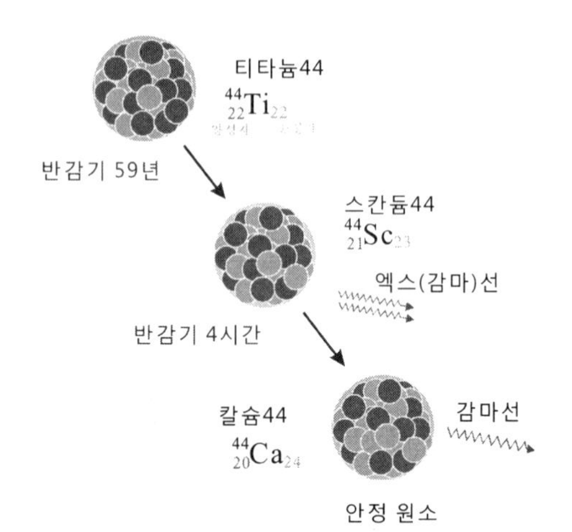

그림 5.13 카시오페아 A 자리에서 발견되는 원소 합성도. 티타늄44는 우선 스칸듐44로 붕괴되고 최종적으로 안정원소인 칼슘44가 합성된다. 양성자가 중성자로 변환되는 점을 눈여겨보기 바란다.

두 번째로 관심을 가질 수 있는 것이 알루미늄26의 발생과 그에 따른 마그네슘26의 원소 합성 길이다. 이 주제는 태양계 형성과 중금속 함유에 대한 비밀 상자를 여는 열쇠 역할을 한다. 태양계 탄생에 대한 원인과 그 기원에 대한 연구는 여전히 진행형이다. 여러 가지 학설은 존재한다. 가장 그럴듯하고 받아드리는 모형은 분자 구름 형성과 이에 따른 자체 중력 수축이다. 앞에서 언급한 바가 있다. 그러면 지구에 쌓여 있는 중금속 들은 어디에서 왔을까 하는 물음이 자연스레 우러나오게 된다. 처음부터 구름 속에 존재했을까? 아니면 다른 곳에서 왔을까? 하는 질문이다. 이에 대한 해답이 지구에 떨어진 알렌데 운석과 그 속에 포함된 마그네슘26의 함유량에서 주어졌다. 그 당시, 1974년, 이 운석의 성분을 분석해본 결과 마그네슘26이 다량으로 포함되어 있다는 사실을 알게 되었는데 상상도 할 수 없는 일이었다. 왜냐하면 마그네슘26은 불안정 핵종인 알루미늄26에 의해 생성되기 때문이다. 따라서 이에 대한 다양한 해석이 이루어졌다. 그 중, 태양계가 형성될 때 우리 주변에서 일어난 초신성에 의한 결과라는 해석이 설득력을 얻었다. 그리고 동위원소 분석결과 운석의 나이가 46억 년 정도임이 밝혀진다. 따라서 이 운석은 태양계 형성 초기에 생긴 것이며 따라서 그 당시 알루미늄26이 분자구름에 유입되었다는 결론이 나왔다. 즉 근처 어디에선가 초신성 폭발이 있었던 것이다. 이후, 앞에서 이미 보인 바와 같이 우리 은하에서 알루미늄26에 의한 감마선이 발견되어 사실임이 밝혀지게 되었다. 그런데 알루미늄이 마그네슘으로 변환되면서 발견되는 감마선 발생과는 또 다른 원소합성길이 존재한다. 이제 그림 5.14과 5.15를 보자.

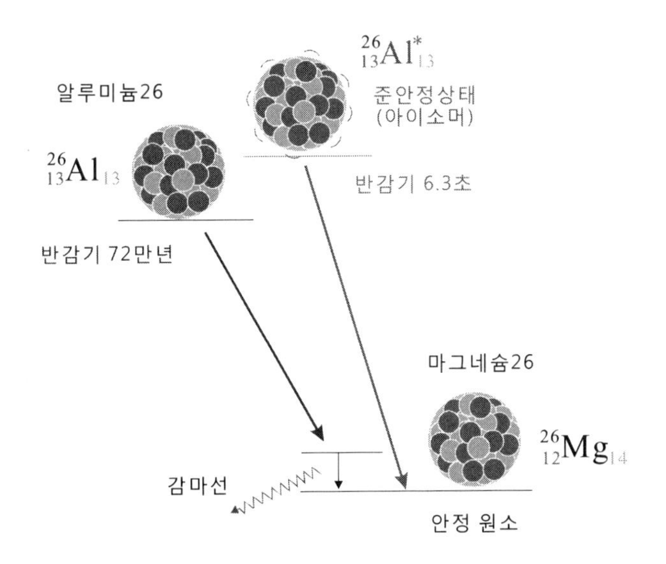

그림 5.14 알루미늄26이 마그네슘26으로 원소 변환하는 모습. 독립된 두 갈래 길이 존재한다. 양성자가 중성자로 변하는 과정이다.

그림을 보면 알루미늄26인 경우 반감기가 72만년인 것과 함께 6.3초에 해당되는 상태가 있음을 알 수 있다. 이러한 상태는 보통의 핵의 들뜬 상태에 비해 무척 오래도록 유지되는 특별한 것으로 준안정상태라고 부른다.

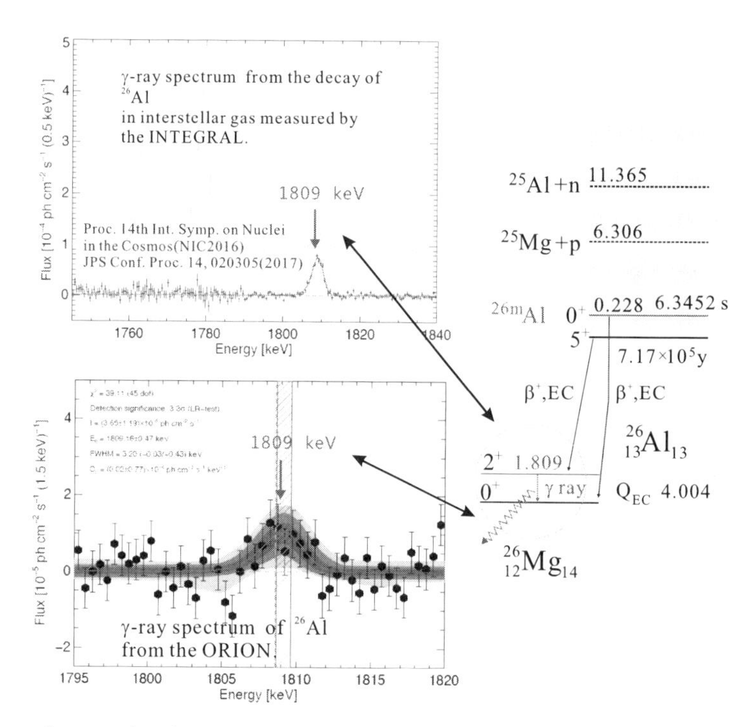

그림 5.15 알루미늄26의 발생과 이에 따른 감마선의 실제적인 관측 기록. 알루미늄26과 그 딸핵인 마그네슘26에 대한 과학적인 에너지 준위로 그려 이해를 구했다. 마그네슘26에서 발생하는 감마선이 관측된 것임을 알 수 있다.

영어로는 **아이소머**(Isomer)라고 부르는데 화학에서도 나온다. 이른바 이질동형의 쌍둥이에 해당되며 보통 **이성질체**라고 번역된다. 알루미늄 핵이 두 개 존재한다고 생각하면 된다. 물리적 법칙에 의해 이러한 준안정상태의 알루미늄은 마그네슘의 바닥상태로 붕괴되며 원소 변환을 일으킨다. 이와 반면에 알루미늄의 바닥상태인 즉 반감기가 72만년인 알루미늄26은 마그네슘의 들뜬상태로 붕괴된다. 이 과정에서 마그네슘이 바닥상태로 안정화 되면서 들뜸 에너지에 해당되는 감마선을 내놓는다. 우주에서 관측되는 감마선이 바로 이 에너지에 해당된다.

알루미늄26을 생성시키는 핵반응은 이제까지 숱하게 실행이 되었다. 이는 안정동위원소인 마그네슘25 표적에다 양성자를 충돌시키면 가능하기 때문이다. 즉 안정동위원소를 표적으로 사용하여 실험은 어렵지 않게 할 수 있다. 한국에서도 이에 대한 실험이 이루어졌었는데 그림 5.16이 그 보기이다. 글쓴이가 직접 행하였던 실험으로 1985년도에 서울대학교에 설치되어 가동되었던 아주 작은 반데그라프 가속기를 사용하여 얻은 스펙트럼이다.

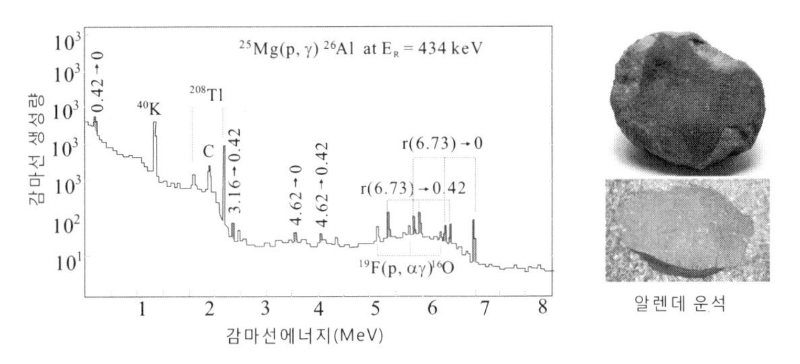

그림 5.16 마그네슘25가 양성자를 포획하여 알루미늄26으로 핵합성할 때 발생

하는 감마선들의 스펙트럼. 빨간색이 알루미늄26에서 나오는 감마선들이다. 오른쪽 사진은 알렌데 운석이다. 특히 밑 사진은 알루미늄 함유량이 많은 것을 보여주고 있다. 외국에서는 이 반응 실험을 극도로 낮은 에너지-몇 십 keV-에서 실행하려고 지하에다 반데그라프 가속기를 설치하고 있다. 이 반응이 그만큼 중요하기 때문이다.

이와 반면에 알루미늄26이 소비되는 반응, 즉 알루미늄26이 양성자와 만나 실리콘27로 원소 변환하는 실험은 극히 어렵다. 왜냐하면 알루미늄26이 불안정 동위원소이기 때문이다. 그런데 설령 이 실험이 가능하더라도 또 넘어야할 산이 있다. 그것은 알루미늄26의 아이소머가 양성자를 만나 핵융합 반응하는 길이다. 사실상 알루미늄26의 준안정상태 즉 아이소머 빔을 만들어야 하는데 상당히 어려운 과제에 속한다. 국내에 설치된 가속기 연구소에서 이러한 아이소머 빔을 만드는 과제에 도전하게 된다. 물론 앞에서 언급한 티타늄44의 생성에 대한 수수께끼 역시 해당되는 핵반응을 불안정 동위원소 빔-예를 들면 바나듐45-을 만들어 풀어 나갔으면 한다.

5.2.5 별의 일생과 탄소, 질소, 산소 합성의 비밀을 찾아서!

우리 몸을 이루는 탄소(C), 질소(N), 산소(O)는 주로 적색거성(붉은큰별)이나 신성, 특히 초신성 폭발에 의해 합성된다. 흔히 CNO 순환(cycle;사이클) 과정이라 부른다 (그림 5.17, 5.18).

그러나 중성자별과 그 동반성으로 이루어진 짝별계에서 일어나는 핵합성 반응과 물질 교류는 제대로 알려진 것이 없다. 특히 방사성 동위원소인 산소14(^{14}O), 산소15(^{15}O) 그리고 알루미늄이성질체 인 ^{26m}Al에 의한 네온 합성 길과 실리콘 합성의 정확한 반응율은 아직도 오리무중이다. 그 이유는 이러한 방사성동위원소에 의한 직접 포획 반응 실험이 무척 힘들기 때문이다. 국내에서 성공하기를 손꼽아 기대해 본다.

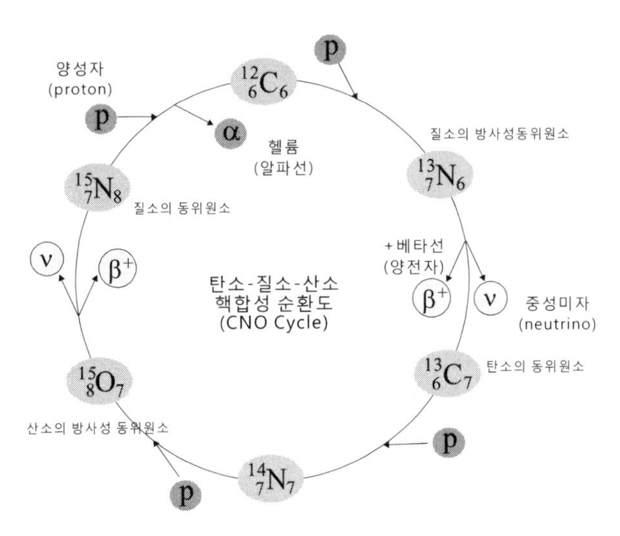

그림 5.17 탄소, 질소, 산소 핵합성 순환도. 주로 태양보다 10배 이상 큰 붉은 큰별에서 일어나는 핵합성 길이다. 원래 자리로 돌아가는 순환 과정에 속한다.

앞에서 소개한 KOBRA에서 실험할 수가 있을 것으로 본다. 필요한 방사성 핵종 빔들인 산소14(^{14}O), 산소15(^{15}O), 알루미늄26 이성질체 (^{26m}Al) 등은 코브라의 빔 비행 동위원소 분리기에서 직접 생산하거나 ISOL에서 생성시킬 수 있다. 그리고 이들 빔을 수소 표적 혹은 헬륨 표적에 충돌시켜 핵 합성을 일으킨다. 그림 5.3에 나오는 장치 중 속도분리기(Wien Filter)가 중요한 역할을 한다.

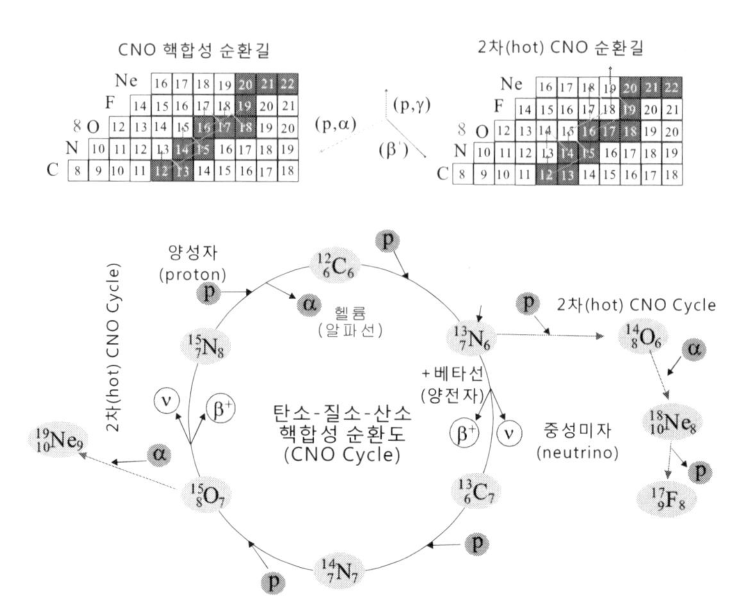

그림 5.18 탄소, 질소, 산소 핵합성 순환도에서 탈출되는 2차 CNO 순환. 상대적으로 온도가 높은 별에서 일어난다.

5.2.6 별난 핵들을 찾아서!

핵의 구조를 연구하다 보면 예기치 못한 현상을 발견하게 된다. 그 중 하나가 달무리 형이다. 그림 5.19를 보기 바란다.

여기서 달무리는 달이 있고 그 주위에 둥그런 띠와 같은 형태의 구조를 말한다. 사실 핵에 있어서 이러한 달무리 형태는 중성자수가 극도로 많거나 적은 핵들에서 나온다. 대표적인 핵종이 리튬 11(^{11}Li)이다. 글쓴이도 이 핵을 집중적으로 실험하며 연구한 바가 있다.

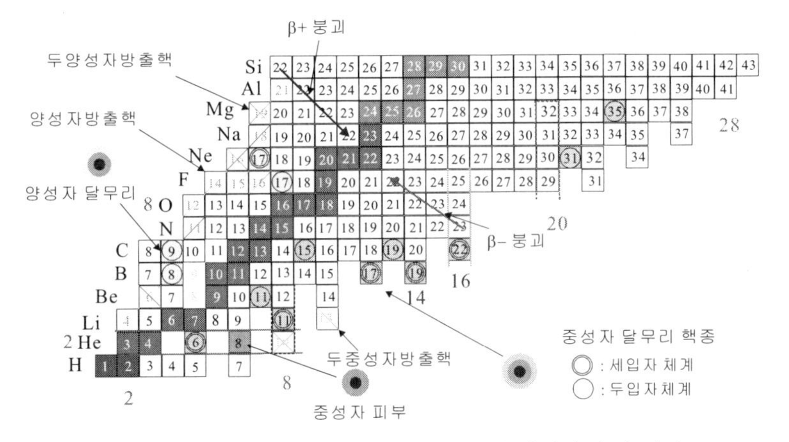

그림 5.19 다양한 핵들의 성질과 구조. 중성자 수가 양성자 수에 비해 극도로 많아지거나 적은 경우 베타 붕괴보다는 직접 양성자나 중성자를 방출하는 방사 성질이 나온다. 모두 핵자한계선 세계의 현상이다. 그리고 한계선 안에 있는 핵들에서 달무리 현상이 나온다. 혹은 핵의 단단한 표면에 살짝 입혀지는 피부형태도 관측되고 있다.

이러한 달무리는 가장 바깥에 있는 두 개의 중성자가 보다 딱딱한 표면(이 경우 리튬9, 9Li) 주위에서 마치 태양 주위를 도는 행성과 같은 운동을 한다. 이때 핵심핵과 두 개의 중성자가 서로 엉켜 붙은 사슬구조를 이룬다. 이를 세-입자 체계라고 부른다. 세 개의 고리가 서로 엉켜있다고 보면 이해가 갈 것이다. 만약에 이러한 달무리 형태의 핵이 핵반응에 참가하게 되면 핵융합, 핵붕괴, 핵전달 반응 결과들이 보통의 핵들과는 다르게 나타난다. 이러한 결과를 바탕으로 중성자별이나 핵매질을 연구하는데 이용된다.

5.2.7 존재 가능한 희귀 핵종의 종류는 얼마나 될까?

우리가 보통 경험하는 물질은 고체, 액체, 기체 상들이다. 그러나 이러한 물질 상은 극히 예외적인 경우이다. 왜냐하면 우주대부분을 이루는 물질은 별들이기 때문이다. 별들은 보통의 기체 상태가 아닌 플라즈마 상태이다. 플라즈마 상태는 중성의 원자상태에서 전자가 떨어져 나가 원자핵과 전자가 분리되어 존재하는 아주 뜨거운 기체 상태이다. 태양인 경우 대부분 수소이온 즉 수소 핵인 양성자와 전자가 분리된 플라즈마 상태이다. 이 조건에서 양성자-양성자 핵융합 반응에 의해 헬륨핵이 만들어지고 이로부터 태양 에너지가 나온다. 그러나 태양보다 더 크면 온도는 더욱 증가하며 무거운 원소가 합성되는 고온-고밀도 상태를 유지한다. 그리고 초신성 폭발과 같은 격렬한 과정을 거치며 무거운 원소들을 우주 전체에 내뿜게 된다. 별들은 또한 주로 중성자로만 이루어진 상상할 수 없을 정도의 고밀도를 가지는 중성자별이나 아니면 수수께끼로 남아 있는 검은 구멍(블랙홀)이 되기도 한다. 그럼에도 중성자별의 구조는 물론 철 이상의 중성자 과잉 핵종들의 원소 합성은 여전히 오리무중으로 남아 있다. 그림 5.20을 보면서 이야기 하자.

최근 들어 두 개의 중성자별이 중력으로 이끌면서 합쳐질 때 다량의 중성자 과잉 원소들-흔히 **빠른 중성자 포획 과정** (rapid neutron capture process; **보통** r-process로 표기된다)이라고 알려져 있다-이 생산되는 것으로 밝혀졌다. 그러나, 현재까지 이러한 극한 상황의 매질 구조는 별로 알려진 것이 없다. 희귀핵종 빔 가속기를 통하여 이러한 극단의 물질 상태를 재현 시켜 물질 고유의 성질을 파헤치며 새로운 무거운 원소들의 합성이 가능하기를 빌어본다. 특히 ISOL에서 생성된 중성자 과잉 희귀동위원소 빔을 빔-비행 동위원소 분리기 에 있는 표적에 충돌 시켜 극도로 중성자가 많은 핵을 합성시켜 중성자 내부 물질 구조를 연구한다면 세계적으로 각광을 받을 것이다. 이러한 물질 상태의 연구는 별들의 진화는 물론 지구에서 일어나는 다양한 상태들-지구 내부의 물질 상태, 글로벌 기후 변화 등의 연구에도 영감을 가져 줄 것으로 기대된다.

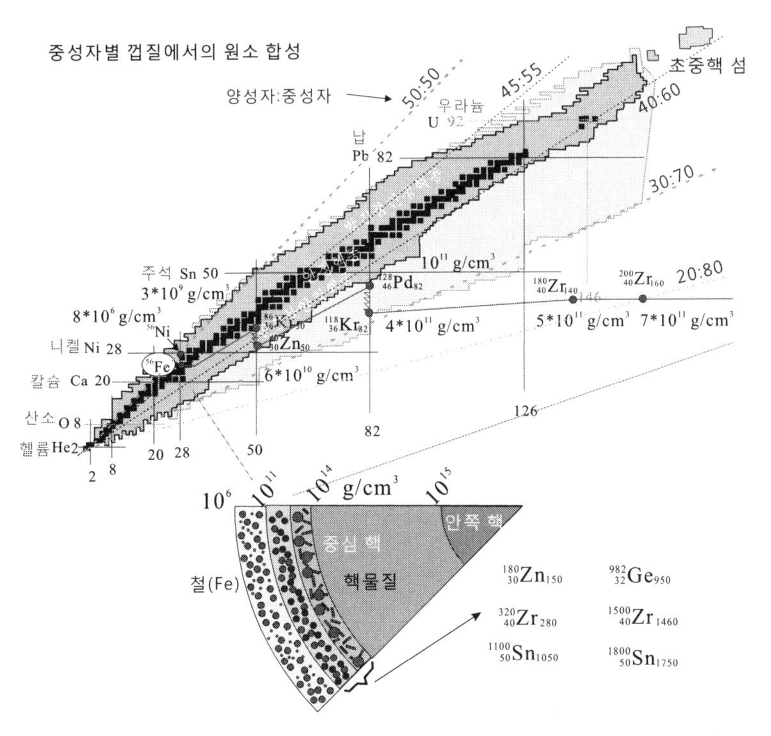

그림 5.20 중성자 별 내부와 핵 주기율표와의 상관성. 양성자수 대 중성자수의 비율 선을 눈여겨보기 바란다. 양성자 붕괴의 끝점은 각각 50일 때 1:1의 비율이 무너진다. 이와 반면에 중성자 과잉 쪽의 끝점들은 3:7 선을 따른다.

실험 주제로서는 우선 이중 마법 수 Z = 50, N = 82과 Z = 82, N = 126 이상의 중성자 과잉 핵종들의 수명을 측정하는 것으로 하여, 중성자별과 중성자별의 충돌과정에서 생기는 원소 합성 비밀을 캔다. 특히 중성자 별 내부에서 일어나는 빠른중성자 포획 반응의 비밀을 캔다. 빔 비행 동위원소 분리기 (IFS)에서 생산된 극도로 중성자가 많은 핵종들을 정지시켜 베타 붕괴를 관측한다. 즉 빔 정지 관측기(stopped beam station)를 만들고 그 주위에 베타선, 감마선, 중성자 등을 측정할 수 있는 검출 체계를 만들어 실험을 실시하는 식이다.

5.2.8 새로운 원소를 찾아서!

초중핵 원소 (Super Heavy Element, SHE)의 합성과 새로운 원소 발견

물질의 성질은 그림 5.21의 원소 주기율표에 보이는 원소들의 성질과 직결된다. 원자번호에 해당되는 원자들의 전자의 배치와 상관관계를 가진다. 그리고 이러한 전자들의 양자적 성질은 원자핵의 구조와 깊은 상관관계를 맺는다.

원소는 현재 공식적으로 118번까지 알려져 있으나 자연계의 속성상 더 높은 원자번호를 가지는 원소들이 존재할 것으로 예견되고 있다. 이러한 초중핵 원소는 많은 수의 핵자들로 이루어져 보통의 원소와는 다른 매질 형태를 가질 것으로 보이며 따라서 초중핵의 원소 성질도 다를 것으로 예측된다. 국내의 희귀핵종 빔 가속기가 아직 발견되지 않은 초중핵 원소 중 120번에서 126번 사이의 원소를 발견하는 데 기여를 할 것이다. 또한 초중핵 원소들이 가지는 특이 매질들이 함유하고 있을 매질의 구조와 그 성질을 파 해쳐 물질에 대한 새로운 해석을 해나가는 역할이 기대된다.

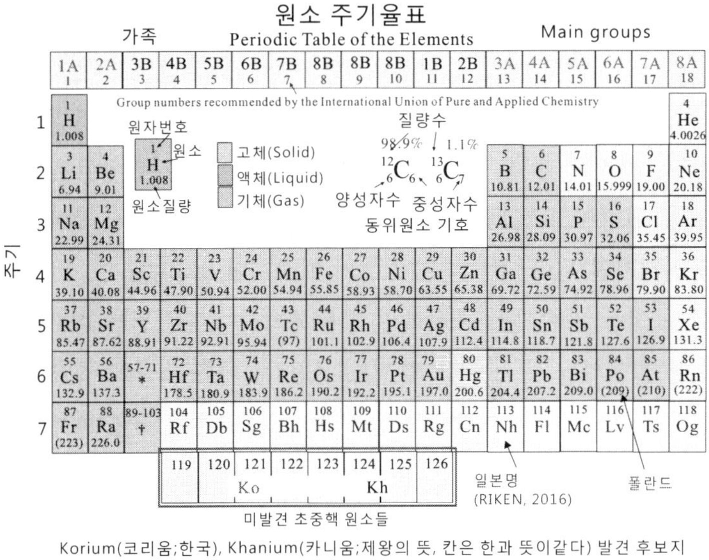

원소 주기율표

Periodic Table of the Elements

가족 / Main groups / 주기

Group numbers recommended by the International Union of Pure and Applied Chemistry

주기	1A 1	2A 2	3B 3	4B 4	5B 5	6B 6	7B 7	8B 8	8B 9	8B 10	1B 11	2B 12	3A 13	4A 14	5A 15	6A 16	7A 17	8A 18
1	1 H 1.008																	4 He 4.0026
2	3 Li 6.94	4 Be 9.01											5 B 10.81	6 C 12.01	7 N 14.01	8 O 15.999	9 F 19.00	10 Ne 20.18
3	11 Na 22.99	12 Mg 24.31											13 Al 26.98	14 Si 28.09	15 P 30.97	16 S 32.06	17 Cl 35.45	18 Ar 39.95
4	19 K 39.10	20 Ca 40.08	21 Sc 44.96	22 Ti 47.90	23 V 50.94	24 Cr 52.00	25 Mn 54.94	26 Fe 55.85	27 Co 58.93	28 Ni 58.70	29 Cu 63.55	30 Zn 65.38	31 Ga 69.72	32 Ge 72.59	33 As 74.92	34 Se 78.96	35 Br 79.90	36 Kr 83.80
5	37 Rb 85.47	38 Sr 87.62	39 Y 88.91	40 Zr 91.22	41 Nb 92.91	42 Mo 95.94	43 Tc (97)	44 Ru 101.1	45 Rh 102.9	46 Pd 106.4	47 Ag 107.9	48 Cd 112.4	49 In 114.8	50 Sn 118.7	51 Sb 121.8	52 Te 127.6	53 I 126.9	54 Xe 131.3
6	55 Cs 132.9	56 Ba 137.3	57-71 *	72 Hf 178.5	73 Ta 180.9	74 W 183.9	75 Re 186.2	76 Os 190.2	77 Ir 192.2	78 Pt 195.1	79 Au 197.0	80 Hg 200.6	81 Tl 204.4	82 Pb 207.2	83 Bi 209.0	84 Po (209)	85 At (210)	86 Rn (222)
7	87 Fr (223)	88 Ra 226.0	89-103 †	104 Rf	105 Db	106 Sg	107 Bh	108 Hs	109 Mt	110 Ds	111 Rg	112 Cn	113 Nh	114 Fl	115 Mc	116 Lv	117 Ts	118 Og
				119	120	121	122	123	124	125	126							

Ko / Kh

원자번호 / 원소 / 원소질량 (1 H 1.008)

고체(Solid) / 액체(Liquid) / 기체(Gas)

질량수 98.9% / 1.1% $^{12}_{6}C_{6}$, $^{13}_{6}C_{7}$ 양성자수 중성자수 동위원소 기호

일본명 (RIKEN, 2016)

폴란드

미발견 초중핵 원소들

Korium(코리움;한국), Khanium(카니움;제왕의 뜻, 칸은 한과 뜻이같다) 발견 후보지

그림 5.21 원소 주기율표와 새로운 원소를 가정한 코리움과 카니움. Kori는 크다의 '클'과 같으며 또한 '성채' 또는 '고을'과도 통하는 말이다. 고구려(커고리)와 고려(코리)가 이에 해당된다. 그리고 Khan은 '큰'의 뜻이며 '한'과도 같다. 그리고 'nium'은 '님'과 통한다.

참고로 113번이 일본 RIKEN의 중이온가속기 시설에서 발견되어 일본 국명인 'Nihonium'으로 명명되었다. 글쓴이는 이보다 더 무거운 새로운 원소를 발견하고 원소의 이름을 한국을 의미하는 코리움으로 하여 전 세계적으로 한국의 위상을 높이는데 역할을 하고 싶다. 즉 그림에서 보는 것처럼 원자번호 중 120번에서 126번까지의 원소를 찾는 실험이다. 원소명은 Korium (Koreanium으로 보통 이야기를 하는데 너무 영어 단어에만 매달리며 국수적인 냄새가 난다. 영어 자체가 고려에서 왔고 고려는 사실 골(고을)을 뜻한다. 고구려는 큰고을(커골)이라는 뜻이다) 하고 약자로는 'Ko'로 한다. 두 번 째 발견 초중핵 원소의 이름은 카니움으로 명명하는 것을 제안한다. 여기서 Khan은 큰, 제왕 등의 뜻이며 아시아를 중심으로 통용되는 말이다. 즉 **칸 혹은 한으로 한국의 한과 의미가 같다.** 그러나 현재 "희귀핵종빔 가속기"에서 초중핵 실험 장치는 없는 실정이다. 그렇다면 어떻게 해야 할까? 그것은 **SCL 1을 복귀시키면 된다.** 즉, 처음에 설치 예정이던 SCL1을 초중핵 원소 합성 전용 가속기로 구비하면 가능하리라 본다. 원래 계획대로 이온 발생기를 두 개 두고 초전도 선형가속기와 초중핵 특별 되튐 분리를 위한 분리기를 설치하는 방안이다. 그림 5.23을 보기 바란다.

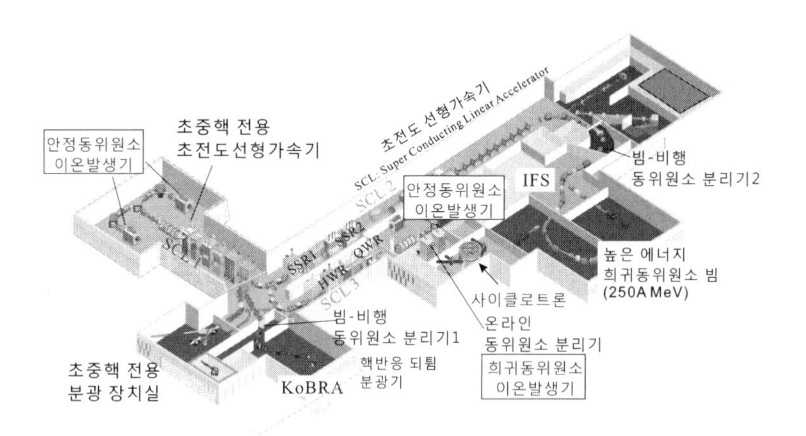

그림 5.23 초중핵 원소 발견을 위한 초전도 선형 가속기 시설. 원래 계획했던 SCL1을 부활시킨 모습이다.

5.2.9 핵의 새로운 이중 마법수를 찾아서!

그림 5.24는 원자핵 주기율표인 핵도표이며 양성자와 중성자의 번호에 따른 핵종들의 규칙성을 표시하고 있다. 기존에 알려진 마법수 핵들이 있는 반면 새롭게 정의되는 마법수 핵들이 보일 것이다.

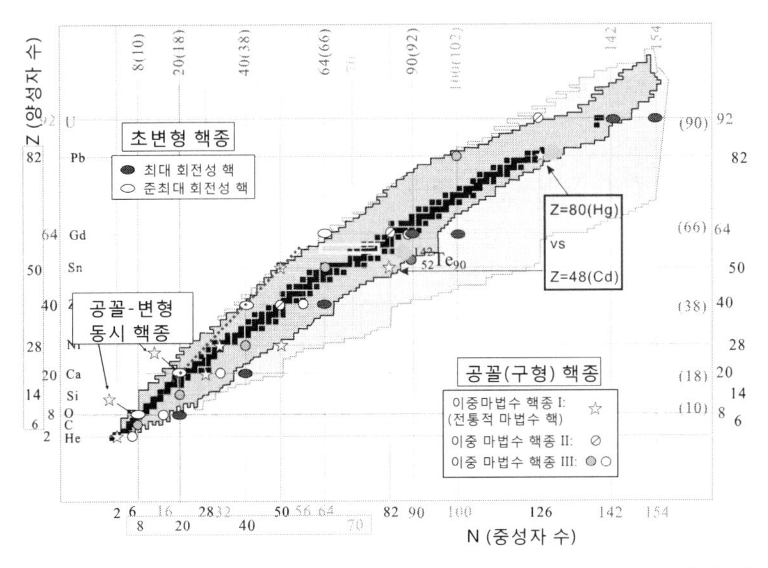

그림 5.24 핵 주기율표와 핵들의 모양. 양성자 수와 중성자 수들에 대한 번호 배열은 핵의 껍질 모형에 따른 핵력의 다른 점을 나타낸다.

그것은 새로운 둥근 공꼴(spherical shape; 구형(球形)) 마법수 핵들과 새롭게 정의된 찌그러진 형태(deformed shape;변형) 마법수 핵들이다. 이러한 분류는 **글쓴이에 의한 독립적인 견해**임을 밝혀둔다. 희귀핵종 빔을 이용하여 이러한 마법수 핵들을 증명하고 원자핵들에 대한 새로운 해석을 기하는 것이 목표이다. 정리하면 다음과 같다.

핵의 규칙성 (마법수, 껍질모형 등) 규명은 감마선 에너지, 핵 모양의 변화, 방사성 붕괴의 다양성 등을 조사하면 얻을 수 있다. 관측 사실로부터 핵 매질의 이중적 구조와 이에 따른 새로운 주기율표를 작성한다. 에너지 상태에 있어 바닥 상태가 아닌 두 번째 바닥상태 등을 체계적으로 측정하여 마법수에 대한 새로운 해석을 얻어낸다.

5.2.10 핵의 집단 운동: 진동과 회전

그림 5.25는 양성자와 중성자 수에 따른 다양한 핵종들의 모양 변화-공꼴, 타원꼴 등-를 보여준다.

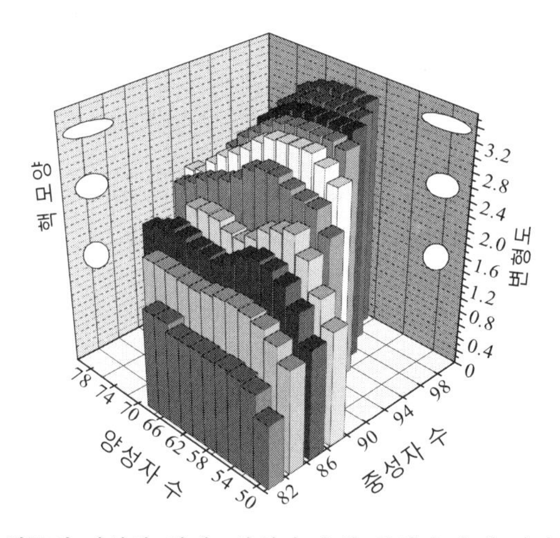

그림 5.25 핵들의 다양한 형태. 양성자 수와 중성자 수에 따라 핵들은 그 모양을 달리한다. 높이가 낮을수록 둥근 공 모양이며 높을수록 찌그러진 형태를 취한다. 50번과 82번은 마법수에 해당되며 따라서 가장 안정된 공 꼴을 갖는다.

앞 그림에서 나온 마법수 핵종 중 주석132에 해당된다.

그런데 핵들에서 나오는 에너지 상태를 분석해보니 핵자들 개개의 에너지 상태에서 벗어난 것들이 발견되었다. 이러한 에너지 상태들은 하나의 개별 입자에 의한 것이 아니라 핵자들, 즉 양성자나 중성자들이 결합하여 나오는 집단적인 운동에 의한 것임이 밝혀졌다. 이러한 집단 운동에 있어 대표적인 것이 진동 운동과 회전 운동이다. 진동 운동은 지구의 표면인 바다가 달의 중력인 인력 영향으로 받아 바닷물이 부풀었다 줄었다하는 것과 비슷하다. 그 다음이 회전 운동이다. 회전 운동인 경우 완전한 공꼴에서는 양자역학적으로 나오지 않는다. 이는 곧 핵이 변형되어 있다는 의미이다. 오늘날 알려진 바로는 공꼴 형태보다 거의 모든 핵들은 변형되어 있음이 밝혀졌다. 이러한 변형의 모양은 에너지 스펙트럼을 조사하면 알 수 있는데 그림 5.26이 핵들의 다양한 모습을 보여주는 그림이다.

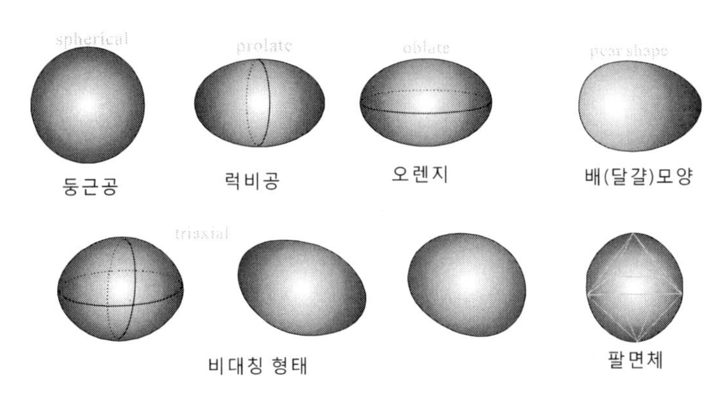

그림 5.26 핵들의 다양한 모습. 가장 안정된 모양이 대칭성이 가장 큰 공꼴이다. 마법수 핵들이 대부분 이 모양을 한다. 양성자 수와 중성자 수의 비율이 어긋날

수록 변형이 증가하며 비대칭성이 증가한다. 대칭축이 더 늘어난 형태의 긴 타원을 prolate라 하고 더 납작한 타원 모양을 oblate라고 하는데 한글로는 적당한 용어가 없다. 특히 배 모양이라고 하는 형태는 사실 달걀 또는 조롱박 모양이라고 하는 편이 더 나을 것 같다.

위와 같은 형태의 모양에서 우리는 핵매질의 흐름과 핵자들 간의 상호 작용을 그려낼 수 있으며 이를 바탕으로 핵융합과 핵분열을 효과적으로 제어할 수 있는 정보도 얻을 수 있다. 아울러 별들의 핵에너지 발생과 별들의 구조는 물론 중성자별의 내부 구조를 이해하는데 길라잡이 역할을 한다.

이렇게 핵이 공꼴에서 벗어나 변형되면 회전 운동 양상이 나타난다. 사실 핵들의 변형은 이러한 회전 운동에 따른 감마선들을 관측했을 때 알 수 있다. 에너지는 물론 시간에 대한 정보를 감마선 검출기에 의해 측정이 되고 그러한 데이터로부터 핵들의 회전 크기와 변형도를 이끌어 낸다. 그림 5.27이 변형 핵들의 다양한 회전 모양을 그리고 있다.

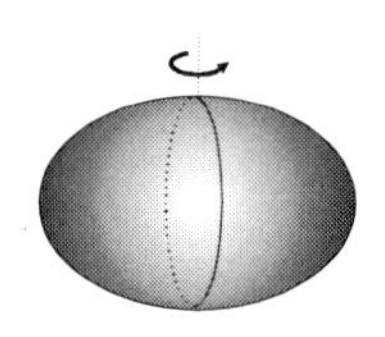
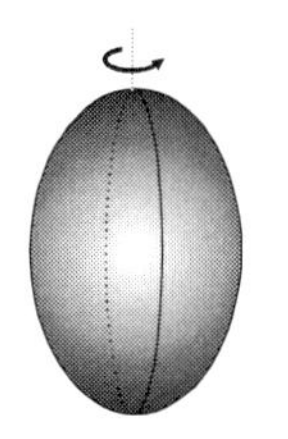
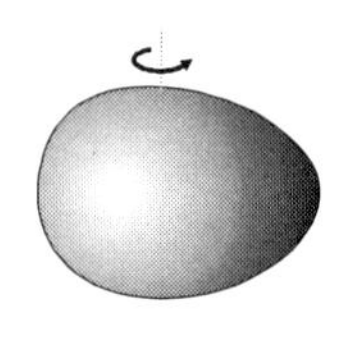

그림 5.27 핵의 회전 모습. 대칭축이 더 늘어난 형태와 납작한 형태의 회전 에너지는 서로 다르게 나타난다.

그렇다면 이러한 회전 양상을 어떻게 관측할 수 있을까?

그것은 핵의 들뜬 상태들에서 튀쳐나오는 감마선들의 특성을 분석하면 가능하다. 왜냐하면 회전 운동에 따른 스펙트럼과 진동 운동에 따른 스펙트럼 양상이 다르기 때문이다. 물론 개별적인 핵자들에 의한 들뜸 상황도 판별이 가능하다. 그림 5.28을 보자. 회전 운동과 진동 운동을 하는 특정 핵들에서 나오는 감마선 스펙트럼들이다. 진동 운동인 경우 들뜬 상태들에 의한 에너지 간격이 거의 일정하다. 따라서 각각의 들뜸 준위에서 바로 밑으로 떨어지며 나오는 감사선들의 에너지는 거의 같다. 스펙트럼을 보면 1과 2의 에너지는 거의 포개질 정도로 동등한 값을 보이고 있다. 이와 반면에 회전 에너지에 따른 들뜬 상태들은 들뜬 상태가 올라갈수록 단계별로 에너지가 증가한다. 오른쪽 스펙트럼을 보면 1번에서 5번까지의 감마선들의 에너지가 일률적으로 증가하는 것을 볼 수 있다.

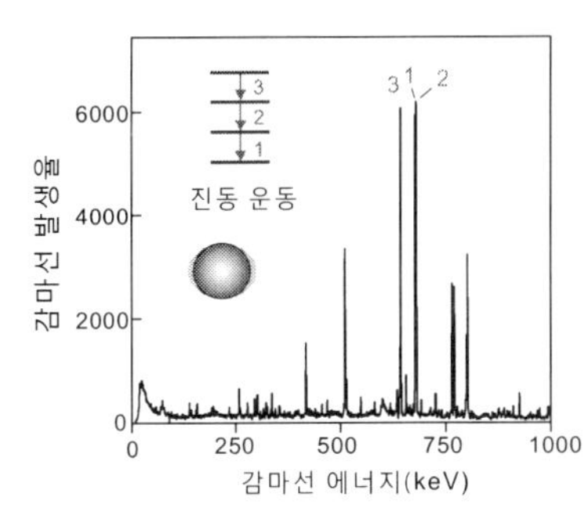

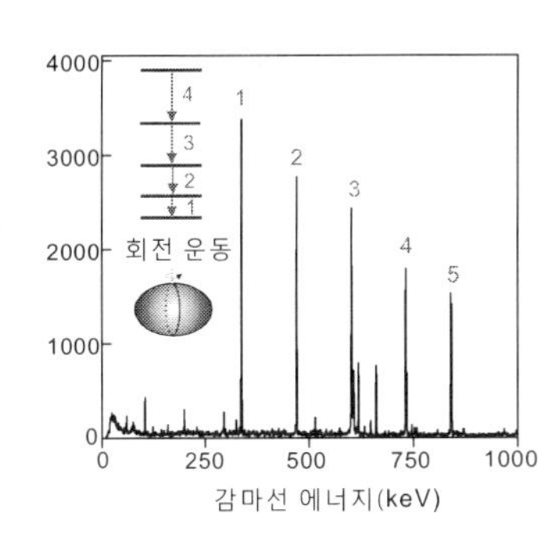

그림 5.28 핵의 집단적 운동에 따른 감마선 스펙트럼. 진동 운동과 회전 운동의 양상이 다르다. 분자의 진동과 회전 역시 같은 형태를 보인다. 다만 에너지 영역이 다를 뿐이다. 분자인 경우 주로 적외선 영역이다.

이러한 감마선 스펙트럼이 회전 운동에너지에 따른 공식을 만족하여 핵의 회전 상태가 파악하게 된다. 그리고 이와 같은 스펙트럼에서 핵이 어느 정도 변형되어 있는가도 찾아낸다.

재미있는 것은 핵들의 집단적 성질에 따른 변형은 사실상 천체들에서 발견된다는 점이다. 지구는 자체 회전한다. 이로 인해 원심력에 의해 적도부분이 더 부풀어 오른 모양을 지니게 되었다. 따라서 완전한 공꼴 형태가 아니다. 토성인 경우는 더욱 심하다. 이러한 모양은 과일에 있어 오렌지에서 발견되어 가끔 오렌지 형태라고도 부른다. 영어로는 oblate라고 한다. 그런데 이론적 계산에 따르면 이러한 형태에서 벗어나 럭비공 모양으로 변형되어 회전 운동을 할 수 있다는 사실도 밝혔다. 아울러 달걀 모양, 즉 어느 한쪽이 더 큰 원 모양으로 된 형태도 출현할 수 있다고 프랑스 수학자인 **쁘왕까레**에 의해 증명이 되기도 하였다 (그림 5.29). 아주 작은 세계인 원자핵의 집단 운동과 중력이 지배하는 천체들의 운동과의 유사성이 자못 흥미롭다. 그 만큼 원자핵은 핵자들-양성자와 중성자-의 개별적 운동과 더불어 집단적 행동의 상호 관계가 중요하다는 사실을 알 수 있다. 더욱이 달걀 모양은 핵의 분열과 직접 관련되는 형태-표주박 모양-이다. 사실 상 표주박 모양을 분리하게 되면 두 개의 원자핵으로 나오게 된다. 물론 하나는 질량수가 크고 다른 하나는 작다. 이러한 형태가 천체 매질에서도 나타날 수 있다는 것은 행성들의 형성과정에서 중요한 요인이 될 수 있다.

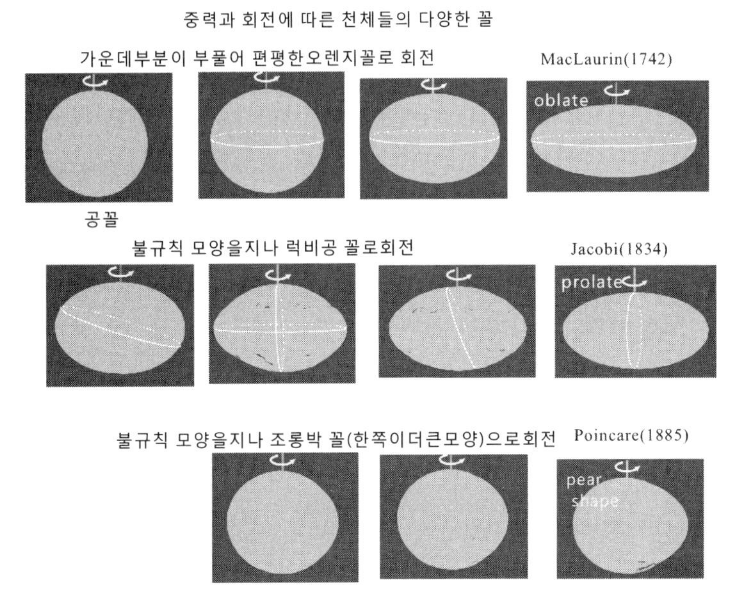

그림 5.29 지구와 같은 천체들의 다양한 모양과 회전 모습. 가장 흔한 것이 회전축이 조금 더 납작해진(앞에서 나온 오렌지 꼴) 형태의 회전이다. 물론 지구도 이에 속한다. 그러나 회전속도와 천체의 매질 상태에 따라 중력이 다르게 작용하면서 그림과 같이 다양한 모습으로 변할 수 있다. 수학적 계산 결과이며 해당되는 학자와 발표된 년도를 표시하였다. 특히 쁘왕까레의 달걀 즉 조롱박 꼴도 존재할 수 있다는 수학적 발상이 이채롭다.

5.2.11 알파핵과 알파별을 찾아서!

이제 앞에서와는 아주 다른 관점에서 핵의 기묘하고 별난 구조의 가능성에 대하여 언급한다. 그것은 기본 핵자와 그 결합성에 대한 분자적 관점이다. 일반적으로 핵자는 양성자와 중성자로 한정하였다. 이 점은 현재 핵물리학계에서 인정되며, 핵력을 기술하는데 기본 입자로 받아드리고 있다. 그러나 글쓴이는 다른 관점을 가지고 있다. 그것은 핵자로서 양성자와 중성자는 물론 알파핵도 그 범주에 넣어야 한다는 것이다. 따라서 알파핵이라는 용어 대신 **알파론(Alpharon)**으로 그 이름을 부르기로 한다. 이미 앞에서 나왔었다.

그 알파론이 핵자의 자격을 가지는지 살펴보기로 한다.

첫째, 양성자 4개와 중성자 4개로 이루어진 베릴륨8 (^{8}Be) 핵이 불안정 핵이라는 점이다. 그림 5.30을 보기 바란다. 반면에 리튬7 (^{7}Li, Z=3, N=4)은 물론 리튬6 (^{6}Li, Z=3, N=3)은 안정핵종이다. 그러면 당연히 ^{8}Be도 안정핵종이라야 한다. 왜냐하면 기본 핵자들인 양성자와 중성자가 각각 4개씩이 되어 서로 강하게 결합할 수 있는 조건이기 때문이다.

둘째, 이와 반면에 ^{9}Be은 안정핵종이다. 일반적으로 양성자와 중성자수가 모두 홀수 개인 핵들은 상대적으로 불안정하다. 즉 안정핵종이 아주 드물다는 것이다. 예외가 중수소핵, 즉 ^{2}H(이 핵은 듀트론(Deuteron)이라 부르며 D로 표시한다고도 했다.)이다. 아슬아슬한 결합에너지를 가지고 안정핵을 이룬다. 그리고 ^{6}Li (Z=N=3)도 안정핵이다. 이어 Z=N=5인 ^{10}B, Z=N=7=14인 ^{14}N까지가 안정핵을 이룬다. 그 이상이 되면 Z=N인 모든 핵종들은 불안정 핵종이 된다. 이 사실만 보더라도 ^{8}Be은 당연히 안정핵종이라야 한다. 그렇다면 ^{9}Be은 안정핵종이 되는가에 초점이 맞추어 질 수밖에 없다.

셋째, 핵자들의 상호 작용에 있어 두 물체 상호작용에 따른 결합은 안정하지 못하다는 점이다. 예외가 양성자 하나, 중성자 하나인 중수소핵이다. 이 경우 두 핵자는 동일한 것이 아니라 하나는 양성자, 다른 하나는 중성자라는 점이다. 여기서 핵자라는 공통의 기본 입자에서 두 핵자를 구분하는 양자적 호칭이 있다. 이를 아이소-스핀이라 부른다. 모든 기본 입자들이 자체적인 스핀 상태가 있는 것과 비슷하게 양성자와 중성자에게 이러한 아이소-스핀이라는 양자 수가 부여된다. 양성자는 -1/2, 중성자는 +1/2이다. 보통의 스핀 기호를 S, 아이소-스핀 기호를 T로 표기한다. 모두 1/2로 주어진다. 이렇게 반정수로 주어지는 입자들을 **페르미온**이라고 부른다고 하였다. 대단히 중요한 양자적 세계의 구분선이다. 이러한 페르미온들은 같은 양자번호를 가지면 같이 동거할 수 없는 조건이 붙는다. 이를 파울리의 배타 원리라고 부른다. 다시 말해 스핀 상태가 같은 두 개의 전자들은 같은 방에 들어갈 수 없다. 이 조건에 따라 일상생활은 물론 우주 전체에 존재하는 물질의 형태가 결정된다. 두 개의 페르미온이 하나는 S=+1/2, 다른 하나는 S=-1/2일 때 서로 결합할 수 있다. 아이소-스핀 양자 상태인 경우 양성자는 T = -1/2, 중성자는 T = +1/2이다. 따라서 비록 스핀 상태가 동일하더라도 아이소-스핀 상태가 달라 서로 안정적으로 결합될 수 있는 조건이 주어진다. 이 결과가 안정된 중수소핵이다. 다음에 다루는 거대공명 상태에서 이 두 가지 상태가 동시에 나오는 모습을 보게 될 것이다. 결국 기본 입자의 관점에서 볼 때 핵 속에서 두-입자 상호작용에 따른 결합은 불가능하다는 점이다. 여기에서 알파론의 존재가 드러난다.

마지막으로, 두 개의 알파론 결합은 불안정하다.

이제 알파 핵의 구조와 베릴륨 핵의 구조를 살피면서 알파론의 존재가 필수불가결하다는 점을 증명해 보이겠다. 그림 5.30을 보자.

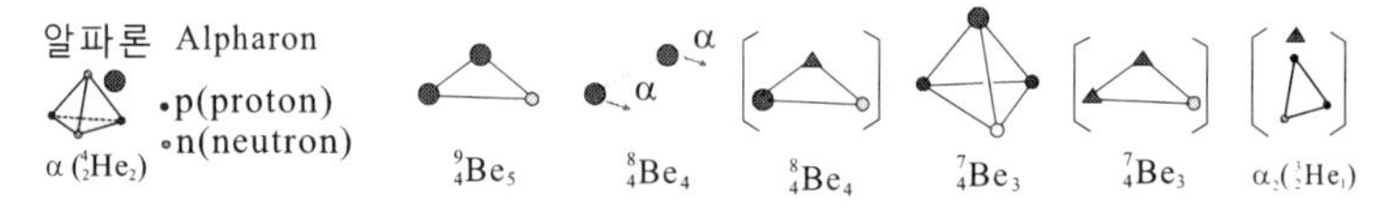

그림 5.30 알파핵이 핵자의 역할을 하는 기본 구도. 헬륨3인 경우 이 역할을 못한다. 두물체(two-body; 보통 이체(二体)로 번역됨) 상호작용의 불안정성과 그 이상의 상호작용의 안정성을 비교하고 있다.

알파 핵은 물론 두 개의 양성자와 두 개의 중성자로 이루어진 극도의 안정된 핵종이다. 이 알파핵 자체가 이제 그 이상의 질량수를 가지는 핵에서 핵자의 역할을 한다는 것이 핵심이다. 베릴륨8과 베릴륨9을 보자. **알파론**을 기준으로 보면 베릴륨8은 두물체 상호작용, 베릴륨9는 세물체(three-body system이며 보통 삼체라는 용어를 사용한다) 상호작용임을 알 수 있다. 베릴륨9인 경우 세물체 상호작용은 알파론-알파론-뉴트론이다. 세 개의 고리가 서로 엉켜있다고 보면 된다. 언어의 은율 상 중성자를 **알파론**의 발음과 조화롭게 하기 위해 뉴트론이라고 하였다. 여기서 하나의 의문점이 생긴다. 그렇다면 헬륨3도 기본 핵자로 볼 수 있지 않느냐하는 점이다. 그림에서 삼각형으로 표시하였다. 그 가능성은 있다고 본다. 그러면 베릴륨8도 안정핵이라야 한다. 왜냐하면 알파론-헬륨3-중성자의 삼체계이기 때문이다. 그러나 결과는 이 가능성을 배제한다. 따라서 헬륨3는 핵내에서 안정된 입자로 존재하지 못한다. 삼중수소 핵인 트리톤도 마찬가지 결론이 나온다. 따라서, **알파론**만이, **핵안에서**, 기본 핵자로서의 기능을 발휘할 수 있다는 결론이 나온다. 이 알파론이 삼중수소핵과 만나면 ^{7}Li이 합성된다. 그리고 헬륨3와 만나면 ^{7}Be이 된다. 그러나 ^{7}Be은 양성자가 많아 불안정하여 ^{7}Li으로 붕괴된다. 이 ^{7}Li이 양성자와 만나 포획 반응을 하면 ^{8}Be이 된다. 그러나 어찌하랴. 바로 알파론 2개로 되어 버린다.

이러한 알파론의 존재와 그 결합에 대한 속성은 빅뱅 이론에서 왜 ^{7}Li, ^{7}Be 까지만 원소가 형성되고 ^{8}Be이 탄생하지 못하는지에 대한 명쾌한 답을 준다. 또한 ^{7}Li에 대한 이론적 계산 결과와 관측된 원소 비율이 왜 다른지에 대한 해결의 길을 열어 줄 수 있다. 앞으로 원소 합성 길에서 반드시 알파론의 기여도를 포함시켜야 할 것이다.

이제 헬륨의 동위원소들, 그림 5.31을 보면서 더욱 흥미로운 구조를 살피도록 하겠다. 특이한 점은 헬륨6과 헬륨8의 반감기는 몇 백 밀리초인데 반해 헬륨5, 헬륨7은 거의 존재 가치를 부여하지 못할 만큼 짧은 10^{-21} 초 정도라는 사실이다. 극도로 중성자 수가 많은 헬륨10인 경우도 이 정도 값을 가진다. 보통 그 반감기가 10^{-22} 초 이하의 핵종들이 동위원소 존재의 끝점으로 분류된다.

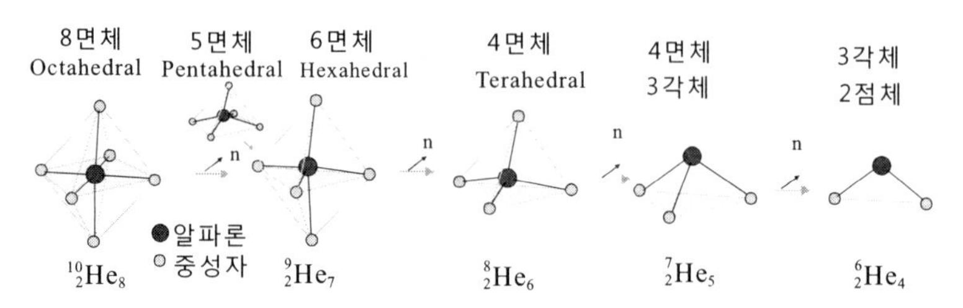

그림 5.31 알파핵 동위원소들과 알파론에 따른 다양한 입체적 구조. 알파론을 중심으로 중성자 수에 따른 3차원의 구조를 나타내고 있다. 물론 중성자들은 알파론을 중심으로 평면 구조를 가질 수도 있다. 6각형, 5각형 등이다.

이러한 결과로부터 우리는 흥미로운 사실을 알게 된다. 그것은 알파론을 중심으로 짝수개의 중성자가 결합을 하였을 때 홀수개로 결합하였을 때 보다 훨씬 안정적이라는 사실이다. 구조적인 관점에서 보면 8면체와 4면체가 안정된 상태라는 점이다. 그런데 이러한 8면체와 4면체의 구조가 분자들에서 많이 발견된다. 분자에 대한 것은 잠시 미루고 알파론 핵자에 의한 구조를 더욱 확장 시켜보겠다.

그림 5.32를 보자. 이 경우 모두 알파론 만으로만 형성된 핵들을 상정한 것이다.

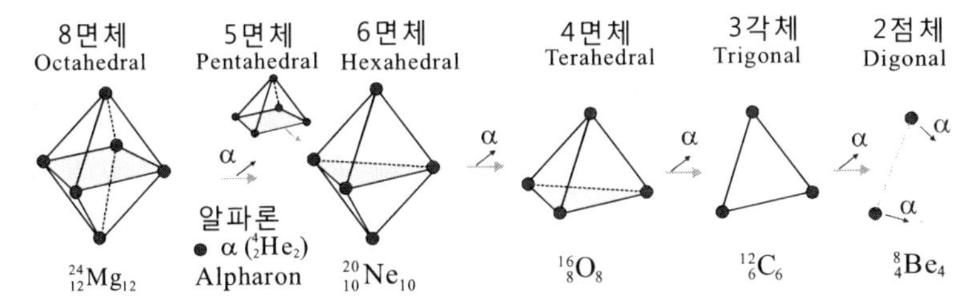

그림 5.32 알파론 핵종들. 알파론 입자가 6개인 마그네슘24(^{24}Mg)에서부터 2개인 베릴륨8(8Be)까지의 3차원의 입체적 구조와 알파 붕괴를 그리고 있다. 2차원적으로 그리면 6각형, 5각형, 4각형 3각형 등으로 된다.

즉 마그네슘24(^{24}Mg)는 6개, 네온20(^{20}Ne)은 5개, 산소16(^{16}O)은 4개, 탄소12(^{12}C)는 3개 인 경우이다. 모두 안정 핵종들이다. 이미 다루었던 베릴륨8도 넣었다. 이러한 알파론 구조를 학계에서는 무리 형태(Cluster)라고 부른다. 별들인 경우에도 별들이 조밀하게 모였을 때 이 용어를 쓰는데 여기에서는 이를 별무리라고 부른 바가 있다. 별자리를 다룰 때 플레이아데스를 언급했는데 대표적인 별무리(집단)이다. 핵물리학 세계에서는 이러한 알파론에 따른 알파 붕괴와 핵융합 반응에 있어 알파 포획 혹은 붕괴 과정은 잘 알려져 왔다. 그러나 근본적으로 이러한 입체적 구조에 따른 핵의 에너지 준위 혹은 운동 양상은 알려진 바가 없다. 다만 산소16은 '탄소12+알파', 네온20은 '산소16+알파' 등의 결합된 무리 구조로만 보고 연구되어 왔다. 핵에 있어 그 중심점이 없기 때문에 이렇게 각을 이루는 다면 구조는 상상하기 어려울 뿐만 아니라 실험적으로 밝히기는 더욱 난감한 과제이다.

우리가 핵의 구조를 다룰 때, 이미 앞에서 언급한 사실이지만 구속 에너지를 기준으로 핵반응과 에너지 준위 구조를 살피는 것이 기본이다. 알파론에 대한 것도 각 핵종에 있어 알파입자에 대한 구속에너지를 기준 삼아 핵융합과 융합핵에서의 알파 붕괴를 살피게 된다. 천체핵물리학에서 탄소12와 알파의 융합반응에 대한 반응율이 무척 중요한데-이를 $^{12}C(d, j)^{16}O$라고 표기한다-아직까지 직접 측정된 바가 없다. 탄소12도 알파도 안정핵종이기 때문에 실험은 얼마든지 가능하다. 문제는 이 반응 단면적, 즉 융합되는 율이 무척 낮다는 사실이다. 아무리 빔 세기를 높이고 감마선 검출기의 효율을 높이고, 몇 달이고 실험을 하여도 이 반응에서 나오는 감마선을 검출할 수 없다. 현재까지는 그렇다. 그 만큼 반응 단면적이 낮기 때문이다. 거꾸로 이야기 하자면 이 반응을 일으키는 별들의 수명이 무척 길다는 것이다. 태양에서 일어나는 양성자-양성자에 의한 핵융합 반응 역시 무척 느리게 수반된다. 우리가 지상에서 얼마든지 관측할 수 있을 정도로 반응단면적이 크면 태양의 수명은 몇 백 만년으로 짧아지게 된다. 가속기 편에서 태양 에너지와 그 수명에 얽힌 소동을 소개하는 자리가 마련된다. 여기서 글쓴이가 전달하고자 하는 핵심은 알파론의 구조가 존재하고 또한 현재 알려진 에너지 준위 상태에 영향을 미칠 수 있다는 점에 있다. 물론 가장 안정된 상태인 바닥상태가 이러한 알파론 구조는 아닐지라도 분명 바닥상태에도 그 영향은 가리라 생각한다. 따라서 앞으로 이론적으로 이러한 구조의 존재와 그에 따른 에너지 준위 그리고 집단적인 모양 등이 예측되기를 기대해 보겠다. 현재 마련된 껍질 모형은 양성자와 중성자 수에 따르고 페르미온이라는 양자적 성질과 스핀-궤도 각운동량 결합을 중심으로 전개되는 이론이다. 알파론인 경우 스핀이 반정수가 아니라 0 또는 정수인 점이 크게 다르다. 아울러 스핀-궤도 결합력이 무시될 수도 있다. 이러한 기본 골격으로 현재의 껍질 모형을 변형시키면 알파론에 의한 핵 구조의 윤곽이 드러날 것으로 예상한다.

이렇게 알파론 입자로 구성된 안정된 핵은 칼슘40(^{40}Ca)까지이다. 알파론이 10개이다. 그리고 ^{46}Ca도 안정핵인데 그렇다면 이 핵은 여기에 6개의 중성자가 붙은, 즉 10d+6n 으로 구성된 핵이라 할 수 있다. 11개인 핵은 티타늄인데 안정핵종이 ^{44}Ti이 아니라 ^{46}Ti이다. 이렇게 핵의 양성자 수가 20이 초과되고 그 수가 많아질수록 안정핵의 질량분포는 알파론에 중성자수가 점점 많아지게 된다. 물론 알파론 만을 볼 때는 양성자 수와 중성자 수가 같을 때이다. 글쓴이는 이제 알파론 만에 의해 발생할 수 있는 입체적 구조와 그 개수를 따져보는 과정에서 궁극적으로 분자에서 발견되는 탄소60인 플러렌-C_{60}- 구조까지 가게 된다. 그림 5.33을 보기 바란다.

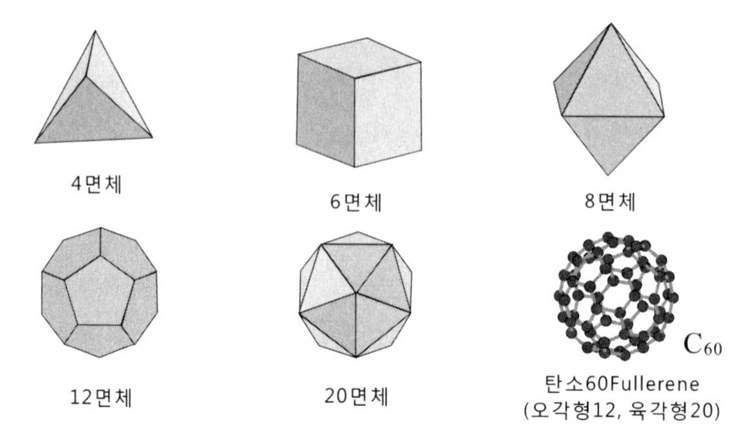

그림 5.33 탄소원자와 결합에 따른 다양한 분자의 입체적 모습. 탄소원자들의 결합이 공꼴은 물론 타원체, 원기둥과 같은 구조를 가질 때 플러렌(Fullerene)이라고 부른다. 특히 탄소60 (C_{60}으로 표기)이며 축구공과 같은 구조를 가지는 플러렌을 버키볼(buckyball) 혹은 버크민스터 플러렌(buckminster fullerene)이라는 별명이 붙는다. 이 분자는 1985년 미국의 화학자인 컬(Rober Curl Jr.) 교수에 의해 우연히 흑연에 레이저를 쏘았을 때 타고 남은 그을음에서 발견되었다. 그 구조가 축구 경기장의 돔 형태를 닮아 이를 설계한 미국의 건축가 버크민스터 풀러(Buckminster Fuller)의 이름을 따서 위와 같은 명칭이 부여되었다. 이러한 플러렌은 텅빈 공간을 가져 그 속에 금속을 넣어 다양한 응용-인공 광합성 등- 재료로 활용된다. 응용 분야가 실로 광범위하다. 우주성간 물질에서도 발견된다.

즉 60d+60n인 경우로 양성자 수가 120, 중성자 수가 180인 초중핵이다. 다음 그림 5.34가 그때 적어 놓았던 기록지의 모습이다. 순간적으로 들뜨고 뜨거운 흥분을 했던 것으로 기억한다. 또 한편으로는 이러한 구조가 과연 가능할까 하는 의구심이 들었던 것도 사실이다. 그리고 이와 같은 생각을 한 과학자가 과연 있을까하고 반문하게 된다. 설마 하면서 자료 조사를 해 보았는데 놀랍게도 글쓴이와 같은 생각을 한 과학자가 있었다. 그것도 핵물리학계에서는 알아주는 이론 학자였다.

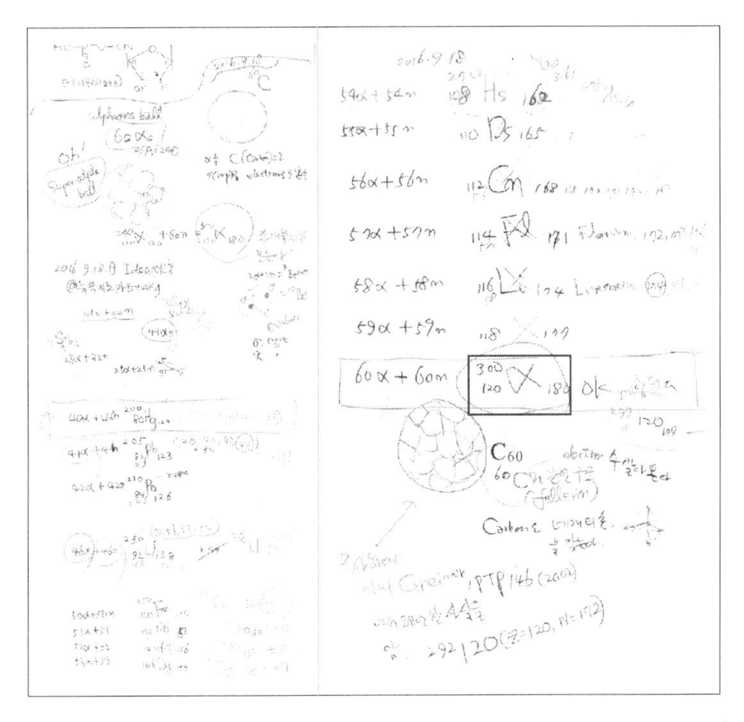

그림 5.34 알파론 핵자에 의한 핵종들을 탐구했던 기록지. 탄소60개로 축구공 구조를 가지는 분자를 버키 공(Bucky ball; C_{60})이라고 부르는 탄소60 분자, C_{60}과 같은 구조를 가지는 초중핵 존재 상상그림이 나와 있다. 그리고 이러한 상상력은 이미 다른 과학자에 의해 제기되었다는 기록도 적혀 있다.

그 이름이 그라이너(Greiner), 그리고 발표된 논문지가 PTP

(Progress of Theoretical Physics; 일본에서 발간되는 영문 학술지) 146호로 2002년도 출판이었다. 이미 이러한 독창적이며 특이한 발상을 한 사람이 있었다는데 실망이 꽤나 컸었다. 그러면서도 글쓴이가 과학자로서 동떨어진 사고를 한 것은 아니었다는 사실에 한편으로는 기쁘기도 하였었다. 이러한 이중적 기분에 젖었던 기억이 아직도 생생하다.

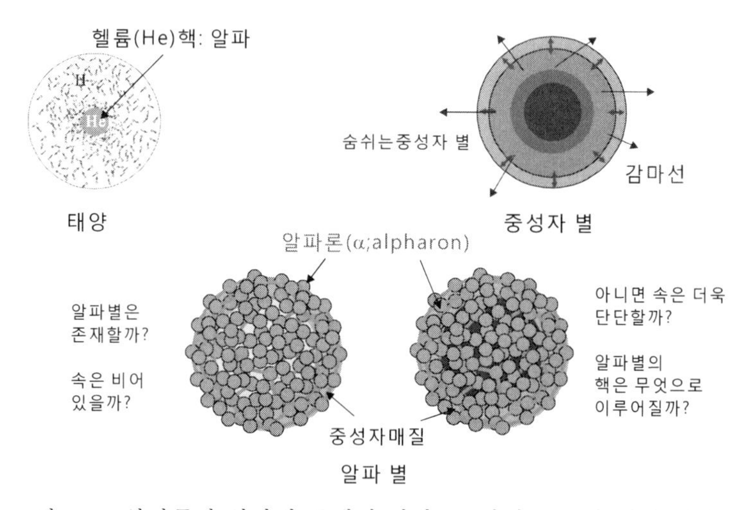

그림 5.35 알파론과 알파별 존재의 상상도. 이해를 돕기 위해 태양의 구조도 넣었다. 중성자별의 존재는 이론은 물론 관측에 의해 그 존재를 인정받고 있다. 그러나 그 구조의 해명에는 아직도 갈 길이 멀다. 알파별의 존재는 모른다. 과학계의 도전적 과제이다.

이제 별로 넘어간다. 이러한 알파론 입자는 사실 태양에서도 생산된다. 즉, 수소(양성자)-수소(양성자) 핵융합 과정이 끝나면 거의 이러한 알파론(헬륨 핵)으로 되면서 그 생을 마감한다. 우리는 이미 붉은큰별의 진화과정을 보았는데

(그림 3.57) 핵합성이 계속 이어지면서 원소들이 계속 만들어지고, 결국 별의 표면은 항상 알파론으로 덮이게 된다. 그러면 여기서 반문이 일어날 수밖에 없다. 별들은 단순하게 중심에서부터 무거운 원소, 예를 들면 마그네슘-네온-산소-질소-탄소-헬륨(알파론) 순서로 그 매질이 되어 있는가이다. 마치 원자의 전자 궤도 마냥 이러한 껍질 구조로 되어 있을까? 아니면 예외적으로 겉은 알파론이지만 그 속은 텅 빌 수도 있지 않을까. 그러면서도 중심에는 아주 무거운 원소, 가령 철로만 이루어지고 겉은 알파론 만으로도 이루어질 수 있지 않을까하는 물음이 계속 이어 진다 (그림 5.35). 아직 중성자별의 정체도 제대로 모른다. 모두 이론적, 즉 모형 이론과 열역학적인 관점에서 그 구조를 상상해보는 것이 고작이다.

알파론에 대한 기본 성질은 알파론과 알파론, 즉 알파-알파 충돌 실험에서 얻을 수 있다. 여기서 충돌이라고는 하였지만 일반적으로 산란(散亂;scattering)이라고 부른다. 그림 5.36을 보기로 하여 이야기를 전개시킨다.

기본 핵자인 양성자와 중성자에 있어 핵을 이루기 위한 상호 작용에 대한 정보는 우선 양성자-양성자, 중성자-중성자, 양성자-중성자 산란 실험으로부터 얻는다. 이를 바탕으로 기본 퍼텐셜 형태를 만들어 핵의 이론적 모형에 적용을 하면서 핵의 구조와 핵반응을 해석한다. 따라서 알파 입자를 기본 핵자로 설정을 하였을 때 가장 긴요한 실험이 바로 알파론-알파론 산란 실험이다. 이를 위한 실험 구상도가

그림 5.36이다. 이제까지 이렇게 알파 빔을 독립적으로 두 개 혹은 세 개로 만들어 실험을 시도한 적은 없다고 본다. 천체 핵물리학에서 중요한 발견이 탄소12 핵에서 3개의 알파론이 결합된 에너지 준위이다. 별 내부에서 알파론에 의한 핵합성이 직접 이루어지고 있다는 것을 보여준 유명한 사례이다.

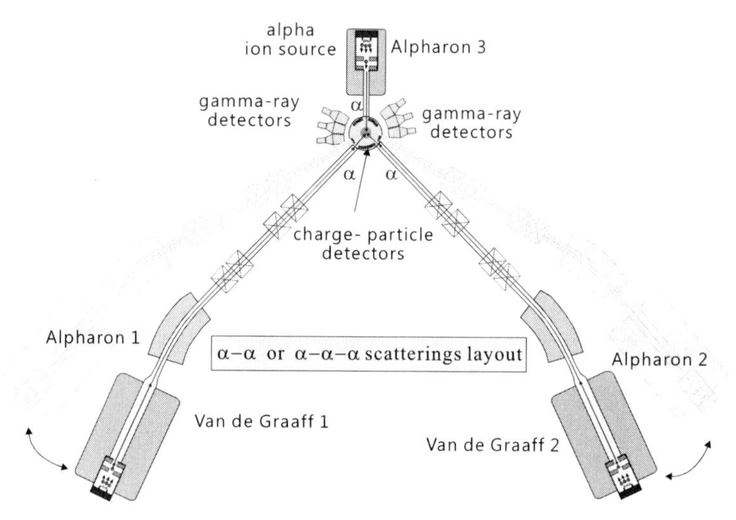

그림 5.36 알파론과 알파론과의 충돌(산란) 실험을 위한 제안도. 에너지는 10 MeV 이하 영역이다. 따라서 이 에너지에 알맞은 반데그라프 정전 가속기를 상정하였다. 그리고 제 3의 알파론 빔은 이온 발생장치만을 고려하였다. 만약에 탄소12와 알파-알파 포획 실험에 의해 네온20의 복합핵을 보고자 하면 탄소 표적을 설치하면 된다. 두 대의 가속기는 각도 조절이 가능하도록 하였다.

이미 앞에서 여러 번 언급을 했지만 이러한 알파론 핵자는 핵 안에서 독립적으로 움직이며 다양한 구조를 만들어 냄과 동시에 알파론 포획에 따른 원소 합성에 기여한다. 그리고 이 제안에서 주목할 부분이 헬륨(알파) 이온 장치이다. 헬륨은 물론 네온이나 아르곤 같은 불활성 기체의 원소인 경우 보통의 작은 실험실에서도 이온 빔으로 사용된다. 보기를 들면, 물질의 분석이나 이온 빔의 충돌에 따른 물질내부의 변화 등을 연구하는 경우이다. 주로 고체물리학(재료과학 영역)에서 이용된다. 천체핵물리학에서는 알파 포획 실험을 위해 헬륨 기체를 표적으로 사용한다. 그런데 기체이기 때문에 상자에 담아 밀봉하여야 하며 표적이 고체처럼 한 곳에 위치할 수가 없다. 따라서 해당 빔이 들어와 핵반응을 일으킬 때 넓은 범위에 걸쳐 일어나 분석하는데 많은 어려움이 따른다. 이를 극복하는데 그림에서 보는 알파이온 발생기를 사용할 것을 제안한다. 국내에서 이와 같은 실험 장치가 구축되어 세계 최초로 알파론-알파론-알파론의 핵융합 과정을 밝혀내기를 바라는 마음 간절하다.

5.2.12 8면체와 4면체에 얽힌 과학: 에너지와 생명

이 자리를 빌어서, 앞에서 보았던 8면체와 4면체 구조를 가지는 분자를 살피고 이 구조들이 생명체의 유지에 얼마나 중요한 역할을 하는지 알아보겠다. 먼저 8면체 구조를 더듬어 본다. 분자에 있어 8면체 구조로 유명한 것이 탄소동화작용에 관여하는 식물의 클로로필이다. 아마도 뜻밖이라고 여길 것이다. 더욱이 우리들의 피를 이루는 헤모글로빈도

이 구조를 가진다. 놀랄 것이다. 더 나아가면 휴대전화 발광 재료로 쓰이는 유기성분자들도 이 구조를 가진다. 기가 막힐 것이다. 이제 이러한 구조가 왜 중요한지 단계별로 쳐다보기로 한다.

우선 기초 화학에서 나오는 그림 5.37과 같은 분자의 공간적 배위 구조부터 이해를 하도록 하자.

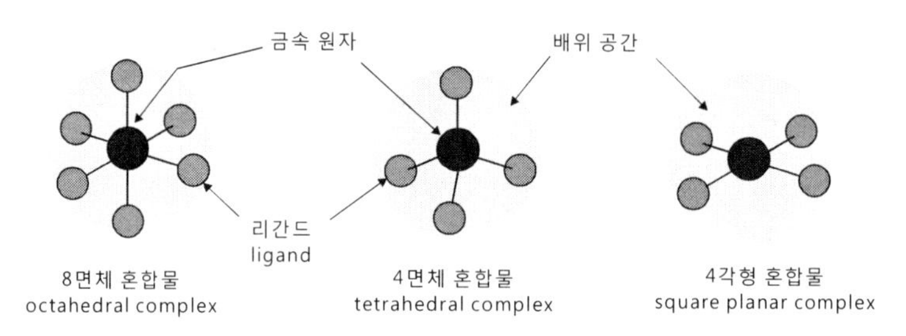

그림 5.37 금속과 유기분자의 배위(coordination) 결합에 의한 혼합물과 그 입체적 구조. 금속과 배위 결합을 하는 분자(리간드라고 부름)를 리간드라고 부른다.

배위 화학적 혼합물의 결합에 대한 유용한 모형 중 하나가 **결정장 이론(crystal field theory)**이다. 그림 5.38을 보기 바란다. 그림 5.37에서 소개한 8면체 혼합물을 상정하였다. 이 이론은 금속과 리간드간의 결합을 **이온결합의 관점**에서 설명하는 방법으로 리간드와 금속이온 사이에 공유되는 전자는 무시된다. 이러한 결정장 이론은 음전하를 띠는 리간드가 접근함에 따라 중심 금속 이온이 받는 건드림(섭동, perturbation)의 상호작용을 그 기초로 한다. 따라서 각각의 리간드는 점전하로 표현된다. 이러한 음전하들은 금속원자로 향하는 리간드 고립 전자쌍을 나타내며 혼합물의 전자

구조는 리간드의 점전하와 중심 금속간의 정전기적 상호작용으로 설명된다.

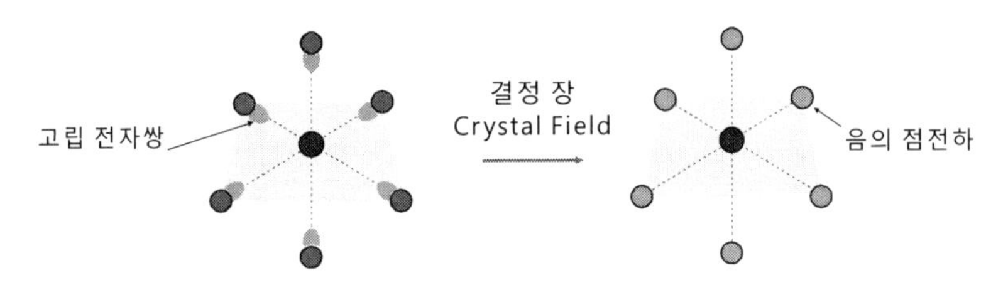

그림 5.38 금속 배위 혼합물 분자에 대한 결정장 이론 구조. 리간드 분자에 있는 고립 전자쌍이 음의 점전하로 취급받는다. 원자에 있어 전자들의 모습과 같다.

이제 가운데 원자가 d 궤도를 가지는 전이 금속 원자라고 하자. 보기를 들면 티타늄(Ti, Z = 22), 철(Fe, Z=26) 등이다. 이때 금속 원자는 보통 양으로 이온화 되는데 이는 d 궤도의 전자 배치 특성에서 나온다. 그리고 리간드는 전자 과잉 상태가 대부분이다. 따라서 양전하를 띠는 금속이온은 리간드가 제공하는 음전하를 끌어당긴다. 이러한 인력이 혼합물을 형성하는 원동력이다. 즉 금속 이온과 6개의 리간드 분자의 고립전자쌍으로 표현되는 6개의 음의 점전하가 서로 강하게 끌어당기며 **금속-유기 혼합물** (organomettalic complex)을 형성한다. 그런데 금속 이온에 존재하는 3d 전자가 5개의 d-궤도 중 어디에 위치하느냐에 따라 점전하 간의 상호작용이 달라진다. 그림 5.39를 보기 바란다. 팔면체 혼합물에 있어서 점전하로 표현되는 6개의 리간드는 중심 금속이온을 기준으로 하여 x, y, z 축 상에 위치한다.

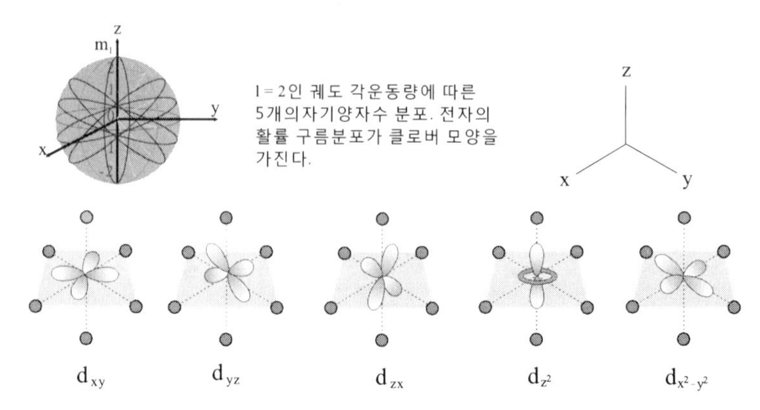

그림 5.39 중심 금속이 d 궤도를 가지는 경우의 전자 구름 배치도. 원소 주기율표에서 d-블록 원소인 경우이다. 원자에서 d 궤도를 가지는 전자의 분포를 참고로 넣었다. d_{xy}, d_{yz}, d_{zx} 궤도들은 리간드의 사이를 향하므로 리간드의 전자에 의한 반발력이 약하다. 따라서 낮은 에너지 상태를 가진다. 반면에 $d_{z^2}, d_{x^2-y^2}$ 궤도는 리간드에 직접 향하므로 상대적으로 높은 에너지 상태를 갖는다.

그림에서 보듯이 3개의 궤도함수(d_{xy}, d_{yz} , d_{zx})는 전자구름이 리간드 점전하의 사이로 향하고 있다. 이러한 3개의 d-궤도함수를 결정장 이론에서는 **t-궤도함수**라고 부른다. 나머지 두 개의 궤도 함수 (d_{z^2}, $d_{x^2-y^2}$)는 리간드 점전하로 곧바로 향하고 있으며 이를 **e-궤도함수**라고 한다. 여기서 t, e 등의 문자는 분자의 입체적 구조에 의해 부여되는 대칭성에 대한 분류 기호이다. 공간상에서 서로 다른 배치를 하고 있으므로 t-궤도의 전자는 e-궤도의 전자보다 리간드의 음전하에 대하여 약하게 반발한다. 따라서 t-궤도의 에너지 준위는 e-궤도의 에너지 준위보다 낮은 곳에 위치한다. 이러한 t-궤도와 e-궤도사이의 에너지 준위 차이는 중심 금속

이온과 리간드 간에 작용하는 전체 상호작용 에너지의 약 10% 가량이다. 따라서 금속-리간드 혼합물의 안정성은 대부분 중심의 양이온과 리간드간의 음전하 사이의 인력에서 나온다. 그럼에도 **t-궤도와 e-궤도 사이의 에너지 차이가 중요한 것은 이러한 금속-유기분자 혼합물의 색깔과 자기적 특성에 관여**하기 때문이다.

여기서 두 d-궤도간의 에너지 차이를 **리간드 장 분리 에너지 (ligand field splitting energy)**라고 부르며 이 에너지 차이가 가시광선 범위에 들고 그 가운데 특정의 색에 맞을 때 특유의 색깔이 나온다. 따라서 이러한 범위의 에너지를 가지는 광자가 흡수되면 t-궤도에 있는 전자가 e-궤도로 들뜰 수 있다 (그림 5.40). 이렇게 흡수된 빛의 파장(또는 진동수)을 조사하면 리간드장의 에너지 분리를 구할 수 있다. 이때 들뜬 전자가 다시 t-궤도로 전이되면 이러한 혼합물은 특유의 빛을 발하게 된다.

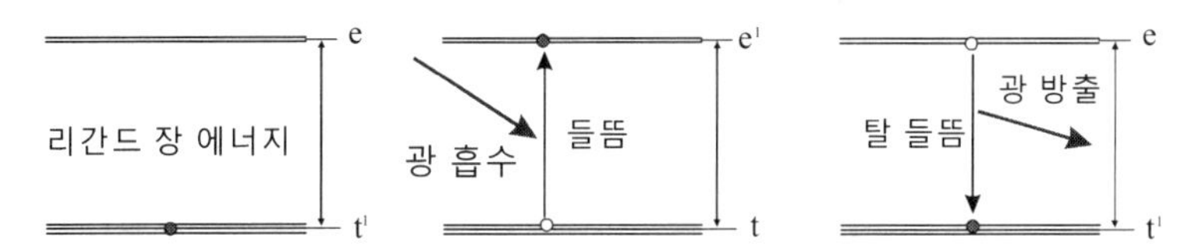

그림 5.40 중심 금속이 8면체 금속-리간드 혼합물의 광(빛) 흡수와 광(빛) 발광 모식도. 앞에서 d 궤도의 다섯 개의 부(아래)궤도는 크게 두 부분으로 나누어진다. 즉 d_{xy}, d_{yz}, d_{zx} 궤도들이 낮은 에너지의 t 준위이며, $d_{z^2}, d_{x^2-y^2}$ 궤도가 높은 에너지 상태인 e 준위에 해당된다.

그런데 팔면체가 아니라 사면체인 경우 에너지 준위가 역전된다.

아울러 에너지 준위들이 더욱 세분되어 나온다. 그 이유는 팔면체인 경우 마치 원의 둘레에 분포되어 있는 것처럼 되어 대칭성이 강한 반면 사면체나 사각형 형태는 공 꼴 대칭에서 벗어나기 때문이다. 이제 그 보기를 헤모글로빈 분자에서 찾아보기로 한다. 우선 헤모글로빈 분자의 구조부터 살피는데 그림 5.41에 자세히 설명되어 있다.

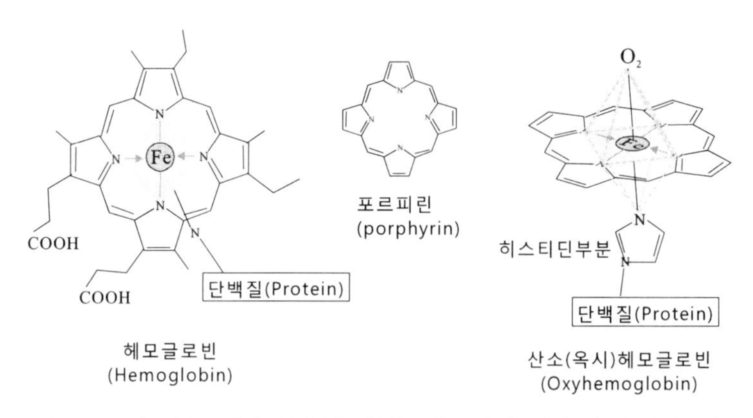

그림 5.41 헤모글로빈과 산소(옥시)헤모글로빈의 기본 분자 골격. 질소원자 하나와 나머지 탄소 네 개가 꼭지점으로 하여 이루어진 오각형의 구조를 피롤(pyrrole)이라 한다. 그리고 이 피롤 4개가 질소 원자를 안쪽으로 하여 탄소원자 하나와 사이를 두어 사각형으로 이루어진 분자구조를 포르피린(porphyrine)이라고 한다. 포르피린 구조는 생명체를 이루는데 기본 역할을 한다. 엽록소인 클로로필과 피의 성분을 이루는 헤모글로빈 등이 이러한 구조로 되어 있다. 그림에서 보면 알 수 있듯이 포르피린의 사각형 가운데 금속원소인 마그네슘과 철이 화합했을 때 클로로필과 헤모글로빈 분자로 된다. 사각 평면을 이루는 기본 분자를 헴(heme)이라고 한다. 더 엄밀하게는 철 이온이 2가일 때 헴, 3가일 때를 헤민(Hemin; Fe^{+++})이라 한다. 여기에 단백질 분자가 결합되어 입체적 구조로 되어 있는 것이 헤모글로빈이다. 포르피린 부분은 정사

면체, 즉 피라미드 구조를 갖는다. 글로빈은 단백질 분자를 의미한다. 그리고 여기에 산소분자가 결합된 것이 산소헤모글로빈이다. 따라서 8면체 구조가 형성된다. 이 분자가 허파의 산소 호흡의 주인공이다. 히스티딘(histidine; His)은 단백질에 존재하는 20개의 기본 아미노산 중의 하나이다. 분자 전체의 모습은 아니며 생략된 구조이다. 실제적으로는 대단히 복잡한 3차원 구조를 가지고 있다. 선의 꼭지점은 탄소 원소 자리를 나타낸다. 탄소는 네 개의 연결선을 가지며 따라서 이중선으로 그려질 때가 많다. 이를 이중 결합이라고 한다. 선의 끝점에 원소 기호가 없으면 탄소 원자 하나, 수소원자 3개가 달려 있는 경우가 많다. 즉 CH_3이다.

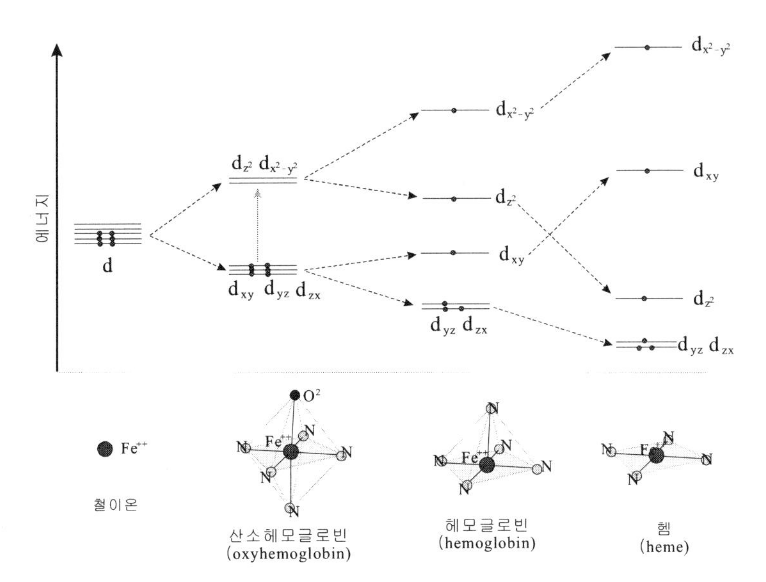

그림 5.42 산소헤모글로빈, 헤모글로빈, 헴의 에너지 준위 구조. 철 원자가 가지고 있던 공 꼴의 양자적 d 궤도의 다섯 개 부준위들이 차례차례 갈라져 나온다. 철은 d 궤도에 6개의 전자가 자리한다. 헤모글로빈과 헴은 대칭성에서 벗어나 에너지 준위가 더욱 분화되고 아울러 그 간격이 좁아져 전자들은 각 궤도에 하나씩 자리를 잡는다. 원자 궤도에서 나오

는 훈트의 법칙에 따른 것이다.

그림 5.42를 보자. 철은 d-블록 전이 원소의 대표주자라 할 만하다. Z = 26이므로 전자들은 3d 궤도에 6개, 4s 궤도에 2개가 들어간다. 2가의 철은 s 궤도의 2개 전자가 이탈된 상태이다. 따라서 d 궤도에 6개의 전자가 자리 잡고 있다. 6개의 전자들은 z 방향에서 벗겨져 있으므로 그만큼 전자들과의 반발력이 약하여 앞에서 나왔던 e 궤도가 바닥으로 가고 전자들이 이곳에 자리 잡는다. 외부에서 빛을 받아 에너지를 얻으면 높은 준위로 들뜨게 되는데 이때 광흡수 스펙트럼이 관측된다. 실험 결과에 따르면 그 파장이 550 nm 범주에 속한다. 색깔이 황록색에 해당되는데 그 **보색이 짙은 빨강으로, 이것이 피의 색깔**이다. 헤모글로빈에 의한 산소 호흡 작용의 양자 역학적인 해석은 이 정도로 해두자. 사실 산소 분자의 에너지 준위의 변화도 중요한 몫을 차지하는데 더 이상 다루지 않는다.

5.2.13 6각형 고리 분자 : 벤젠

우리는 앞에서 분자들의 입체적 구조를 살핀 바가 있다. 특히 탄소 2개, 수소 4개로 이루어진 에틸렌(Ethylene; Ethene) 분자는 탄소 4개의 결합 팔 중 세 개는 같은 평면에서 수소 및 탄소와 직접 머리를 맞대어 결합하고 나머지 하나는 평면에 수직한 p 궤도 두 개가 결합하는 형태로 되어 있는 구조-sp^2 결합-를 접하기도 하였다. 이러한 sp^2 결합이 탄소의 다양성에 일등 공신을 한다. 고리형 분자인 벤젠이 이러한 sp^2 결합으로 되어 있다. 그림 5.43을 보라.

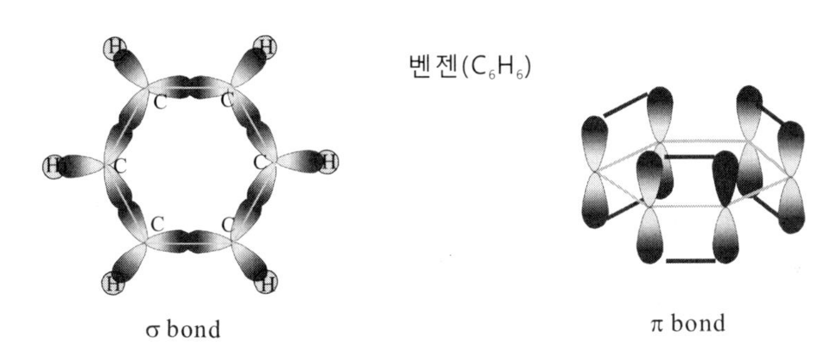

그림 5.43 벤젠(C_6H_6) 분자의 입체적 구조. 수소와는 정면으로 결합하며 시그마-결합이라고 부른다. 탄소와 탄소 결합은 이와 같은 정면 결합과 함께 측면 결합 등 두 가지로 이루어져 이중 결합을 형성한다.

벤젠은 탄소 6개와 수소 6개로 이루어진 고리 형 분자이다. 이 분자를 발견한 학자가 꽈리를 튼 뱀 꿈을 꾸어 비로소 구조를 밝혀냈다는 전설과 같은 이야기가 전한다. 앞에서 본 에틸렌 구조와 사실 상 동일하다. 다만 6 개가 서로 이어져 고리를 이룬 것만 다르다. 고리를 이루지 않고 늘어선 구조의 분자들 중 헥산과 헥센 그리고 헥사트리엔 등이 있다. 이제 파이-결합 상태에 주목하자. 6개의 결합선에 하나씩 걸러 이중 결합이 표시 되어 있다. 그렇다면 이중 결합이 없는 부분만 다시 이중 결합으로 할 수도 있는데 그렇다면 그 차이가 날까 하는 점이다. 차이가 없다는 것이 결론이다. 따라서 이 경우 사실 특정의 곳에만 이중 결합 표시를 하는 것은 의미가 없다. 따라서 둥그런 원으로 표시한다 (그림 5.44). 실상은 둥그렇게 전자들이 분포한 모습이 사실에 가깝다. 따라서 벤젠과 같은 고리형 분자는 이렇게 둥그런 표시로 이중 결합을 나타낸다. 그럼에도 불구하고 굳이 이중선으로 표기되는 사례도 많다.

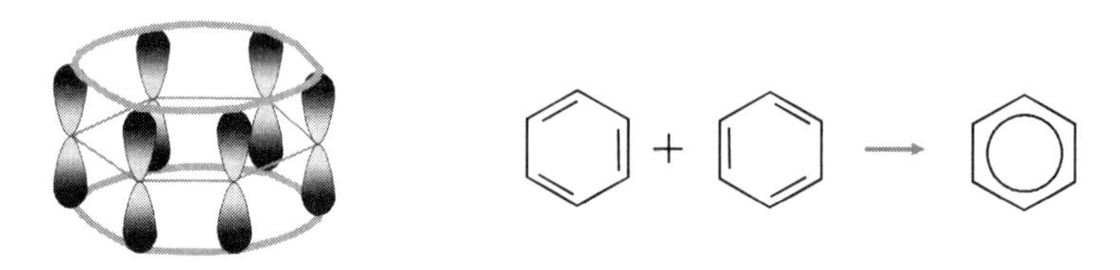

그림 5.44 벤젠(C_6H_6) 분자와 이중 결합 표기 방법. 파이 전자들은 어느 한곳에 고정되어 있지 않다. 이러한 분포에 따른 이중 결합을 켤레(쌍) 상태(conjugated)라고 한다. 화학 사회에서 보면, 이를 공액(共軛)이라는 용어를 쓰는데 우리 언어문화에는 맞지 않은 단어이다.

또 하나 기본적인 화학의 지식이 필요하다. 그것은 분자 표시 방법이다. 그림 5.45를 보자. 분자식을 많이 사용하다 보면 조금이라도 생략한 기호를 선호하게 된다. 분자의 구성 원소 중 탄소와 수소가 가장 많은 편이다. 따라서 탄소와 수소 원자는 특별 취급 받는다. 그림 5.45를 보면 탄소가 있는 곳은 꺽은 점으로만 표시되고 수소는 아예 연결선을 생략한다는 사실을 알 수 있다. 이때 수소의 개수는 탄소지점에 있는 연결선의 개수로 판단될 수 있다. 선의 끝에는 선이 하나이며 따라서 수소가 3개 달려 있다는 뜻이다. 벤젠을 보면 이러한 간추린(보통 **축소**라고 부름) 기호가 얼마나 편한지 알 수 있다.

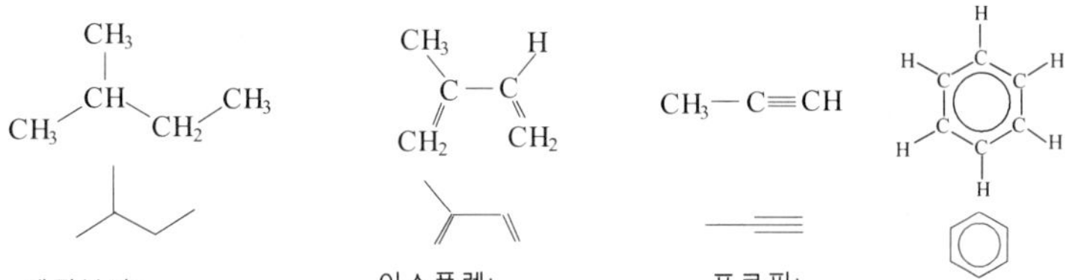

메틸부탄: $(CH_3)_2CHCH_2CH_3$

이소플렌: $CH_2C(CH_3)CHCH_2$

프로핀: CH_3CCH

벤젠: C_6H_6

그림 5.45 분자 구조식 표기 방법. 간추린(축소) 구조식에서 구부린 점이나 끝점은 탄소 위치를 말한다. 탄소인 경우 모두 네 개의 선이 필요하다. 탄소에 수소가 결합한 경우 아무런 표시가 없다. 따라서 벤젠에서 각을 이루는 6개의 탄소와 결합된 수소의 모습은 간추린 구조식에서는 없는 것으로 나온다.

그림 5.46은 벤젠 분자에 있어 파이 전자들이 어떻게 분포하는지를 보여준다. 이러한 파이 전자의 분포가 벤젠 분자 성질을 좌우한다. 엄밀하게는 6개의 상태가 존재하나 실제적으로는 4개의 에너지 준위가 나타난다. 아래 두 개의 준위에 6개의 전자가 차지하며 안정된 상태, 즉 바닥상태를 형성한다. 외부에서 에너지를 받으면 위로 들뜨면서 벤젠 특유의 에너지 스펙트럼을 발한다. 에너지 준위 b와 c 사이 간격이 고체를 다룰 때 사용하였던 물질의 에너지 간극(energy gap)에 해당된다. 물론 분자에서도 통용된다. 그럼 이것으로 끝이냐 하면 그렇지가 않다.

이제 전자 하나가 에너지를 받아 높은 에너지 준위로 들떠 자리를 잡는 모습을 보자. 여기서 중요한 것이 전자의 스핀 상태이다.

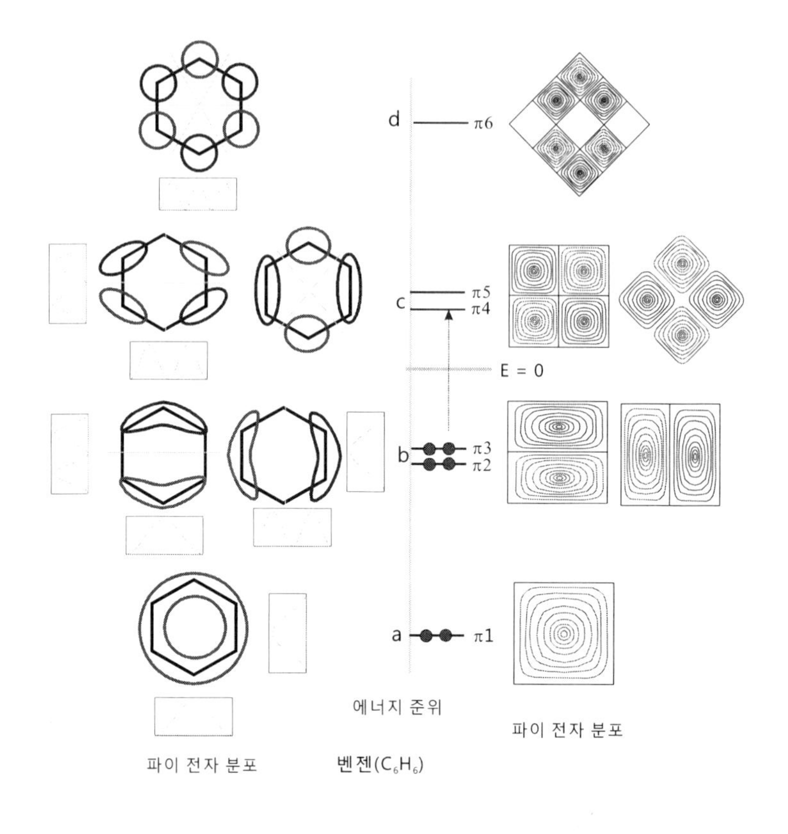

그림 5.46 벤젠 분자의 에너지 준위 구조. 왼쪽은 벤젠 분자 구조에다 파이 분자가 분포할 수 있는 배열과 파동함수적인 곡선을 나타낸다. 양자화의 세계에서 상자 속의 전자를 가정한 것이다. 3장의 그림 3.9를 참고 바란다. 여기서 분포의 색을 두 가지로 나눈 것은 스핀 상태에 따라 서로 포개지는 경우와 마디를 이루는 상태가 나오기 때문이다. 포개지는 경우 서로 스핀 상태가 다르며 갈라지는 경우 스핀 상태가 같다. 오른쪽 그림은 평면 상자를 가정하여 전자의 분포를 등고선 형태로 나타낸 것이다. 가운데가 그 정점을 이룬다. 사인 곡선의 제곱에 해당된다. E = 0 곳이 전자 6개가 채워지는 에너지 높이를 말한다. 이 기준 에너지를 페르미 에너지라고 부른다.

한 궤도에 있었던 두 개의 전자가 아래와 위 두 준위에 분포하는 상황이 한 가지가 아니라 두 가지로 갈라진다. 한 가지는 바닥에 있는 전자와 들뜬 전자의 스핀 상태가 서로 달라 스핀 합이 0일 때이고 다른 한 가지는 스핀 상태가 서로 같아 스핀 합이 1이 되는 경우이다. 원자의 구조를 논할 때 헬륨 원자에서 이 상태가 현저하게 나타났었다. 왜냐하면 전자 두 개를 가지는 구조이기 때문이다. 그러면 도대체 이 두 가지 상태는 어떻게 다를까? 먼저 스핀 상태가 같은 전자가 다시 밑으로 떨어질 때 어떠한 상황이 벌어질까를 생각하는 것이 중요하다. 한 궤도에 스핀 상태가 같은 두 개의 전자는 자리 잡을 수 없다. 따라서 원래 자리로 돌아갈 수없는 운명에 처한다. 엄밀하게 말하자면 그렇다. 그러나 모든 것이 완벽, 앞에서 이야기 했던 이상적인 상황은 존재할 수 없다. 다시 되돌아 갈 수는 있다. 그러나 한참 시간이 걸린다. 한참 시간이 걸린다는 것은 이 상태의 들뜬 준위는 오래 존속될 수 있다는 뜻이다. 원자나 분자 수준에서 들뜬 상태는 보통 10^{-8} 초 동안만 유지될 수 있다. 그러나 이러한 특이한 경우 그 존속 시간이 몇 초까지도 가능하다. 그야말로 독립적인 원자나 분자라고 보아도 좋다. 이러한 분자상태를 **아이소머**라고 부른다고 하였다. 보다 정확한 학술적 용어는 **준안정 상태**(meta-stable state)라고 해야 옳다. 이 아이소머라는 명칭은 화학 분자식에 있어 분자를 이루는 원자들의 수효는 같으나 그 구조가 다른 분자를 말할 때 쓰이는 용어인데 이제는 이 용어가 이러한 준안정상태를 이루는 경우까지 폭 넓게 쓰이게 되었다. 물론 핵물리학에서도 쓰인다.

두 번째 특이한 점은 총 스핀 값이 1에서 나온다. 사실 각운동량이 1이기 때문에 3개의 그림자 값-앞에서 자기 양자수라고 했던 것-에 해당되는 준위로 세분된다. 물론 그 간격들은 아주 좁다. 이 상태를 **삼중항(triplet)** 상태라고 부른다. 그리고 스핀이 달라 총 스핀 값이 0인 준위를 **단일항(singlet)** 상태라고 부르며 구별한다고 하였다. 에너지를 저장하는 장소로 이러한 아이소머 분자나 원자를 이용한다. 빛을 오래도록 발산하는 인광 현상이 이러한 준위에서 탄생한다. 그리고 **레이저 광도 아이소머 상태를 응용한 경우이다**. 대단히 중요하다. 3장에서 소개한 헬륨 원자의 에너지 준위를 다시 보기 바란다.

5.2.14 우주 분자와 우주(천체)화학

글쓴이가 핵의 영역과는 다소 동 떨어진 분자의 구조와 그 작용을 들이 데는 이유가 있다. 여기에서 다루고 있는 입체적 구조들-8면체, 4면체, 6각체 등-이 핵의 변형에서 나올 수 있는 형태일 뿐만 아니라 앞에서 제안 했던 알파론의 존재와 그 유사성을 찾을 수 있기 때문이다. 더욱이 3차원 구조에서 속이 비었을 때 금속 원자 경우처럼 핵 매질에 있어서도 다른 핵 덩어리가 자리를 잡을 수 있는 상황도 자연스럽게 상상해볼 수 있지 않은가 하는 점이다.

또 하나 중요한 점은 우주에서 발견되는 분자들이다. 여기서 핵심적으로 다루고 있는 별들에서의 원소의 합성은 곧 원자로 발전하며 원자는 다시 분자로 뭉쳐진다. 우주공간에서 별 사이에 존재하는 구름에는 다양한 분자들이 발견되고 있다. 약 140여 종에 달한다. 특히 붉은큰별 주위에 형성되는 분자 구름에서는 흑연을 비롯한 규산염 가루-산소와 실리콘이 철이나 마그네슘과 같은 원소로 이루어진 입자-와 같은 것이 풍부하게 관측되고 있다. 더욱 놀라운 것은 성간 물질에서 **탄소60인 버크민스터플러린도 발견**된다는 사실이다. 특히 유기물 합성에 필수적인 작용기들이 포함된 분자들이 다량 발견된다는 점에서 생명의 기원 추적에 불길을 당기고 있다. 그중에서도 글리신, NH_2CH_2COOH-은 아주 중요하다. 왜냐하면 아미노산의 한 종류이기 때문이다. 생명에 필수적인 단백질이 아미노산이 길게 결합된 중합체이기 때문이다. 여기서 NH_2를 아미노기라고 부른다. 이 아미노기가 반대편 꼬리에 있는 카르복실기-COOH-와 결합하면서 긴 사슬-펩티드 결합-을 형성한다. 이 결합에 의해 단백질은 물론 유전자가 형성된다. 이 분자는 2003년 성간분자에서 처음 발견되고 나서 혜성의 꼬리에서도 발견되었다는 보고가 있었다. 그러나 현재까지 완전히 인정받은 것은 아니다.

그림 5.47은 실제적으로 천체의 분자 구름 영역에서 발견되는 분자들의 스펙트럼이다. 이때 **중요한 것이 분자들이 진동하거나 회전할 때 나오는 빛의 스펙트럼 양상을 분석하여 분자의 종류를 판별**한다는 점이다. 오리온자리는 이래저래 관심을 끄는 별자리이다.

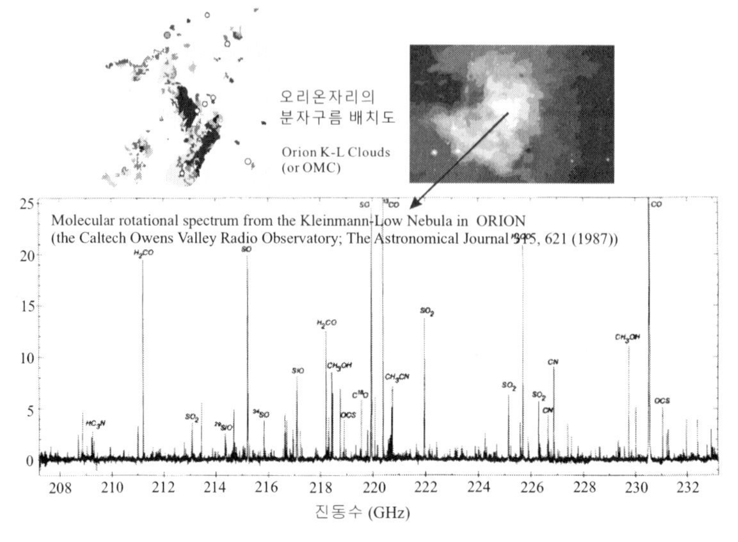

그림 5.47 우주에서 관측되는 분자들의 보기. 오리온자리의 분자구름, 클라인만-로우 성운이라고 부른다-에서 나오는 분자들의 스펙트럼. 이 경우에는 특정 분자들의 회전 운동에 따른 회전 에너지 스펙트럼을 나타내고 있다. 이러한 회전 스펙트럼은 핵에서도 무수히 발견된다. 서로 닮은 점이 많으며, 핵의 구조 연구가 얼마나 중요한지 반증하는 사례이다.

앞으로 희귀핵 연구 영역인 핵천체물리학과 이러한 우주 분자를 다루는 천체화학이 서로 협동하여 생명의 기원을 밝히는데 일등 공신이 되기를 기대해 본다. 핵물리학을 전공하면서도 분자의 구조와 화학 반응에 깊은 관심을 가져주기를 바라는 마음 간절하다. 높이 올라 전체를 조망할 수 있는 능력을 선사하기 때문이다.

5.2.15 핵의 별난 집단 성질: 거대 2극자 공명, 거대 4극자 공명, 거대 단극자 공명 반응

이 영역은 핵 매질 전체가 집단적으로 어떻게 움직이는가 하는 주제에 속한다. 즉 핵의 집단성인 거대 진동 현상을 조사하여 핵 매질의 흐름을 보는 영역이다. 이때 핵자들이 가지는 스핀 상태의 조합에 따라 그 운동 양상이 다르게 나타난다. 더욱이 양성자-중성자 핵자의 구분에 따른 또 하나의 양자 부여 수-아이소스핀이라고 했다-에 따른 핵의 운동이 다양한 모습으로 나온다.

이를 위해, 거대 2극자 공명 반응, 거대 4극자 공명 반응, 거대 단극자 공명 등을 살피기로 하겠다. 일반 독자들은 이해하기 어려운 학술적 용어들이다. 그럼에도 불구하고 이 용어들을 내세우는 것은 이 분야에 관심을 가질 독자들을 위한 것이다. 왜냐하면 나중 이 분야에서 일을 할 때 반드시 알아야 할 현상들이기 때문이다. 여기서 거대(Giant)는 핵 매질 전체가 움직여 핵 표면만 진동하는 현상과 구별하기 위해서이다. 2극자, 4극자, 공명 등의 이름들은 앞에서 이온 발생기 혹은 가속기 장치 등을 설명할 때 나왔던 터라 낯설지는 않으리라 생각한다. 물론 Giant는 붉은 큰별(적색 거성; Red Giant)을 다룰 때 나온 단어이다. Giant가 사람을 가리킬 때 거인(巨人)이라고 부른다.

이를 위한 반응은 희귀동위원소 빔을 헬륨 표적, 혹은 수소 표적에 충돌시켜 만든다. 이때 발생하는 고에너지 감마선과 함께 알파 혹은 양성자를 측정한다. 이와 같은 현상들은 양성자와 중성자들이 서로 집단적으로 운동할 때 나타난다. 서로 독립적으로 움직이며 부딪치기도 하고 서로 엉클어져 같이 움직이기도 한다. 때에 따라서는 가운데가 빈 공간을 만들며 마치 도넛처럼 되기도 한다.

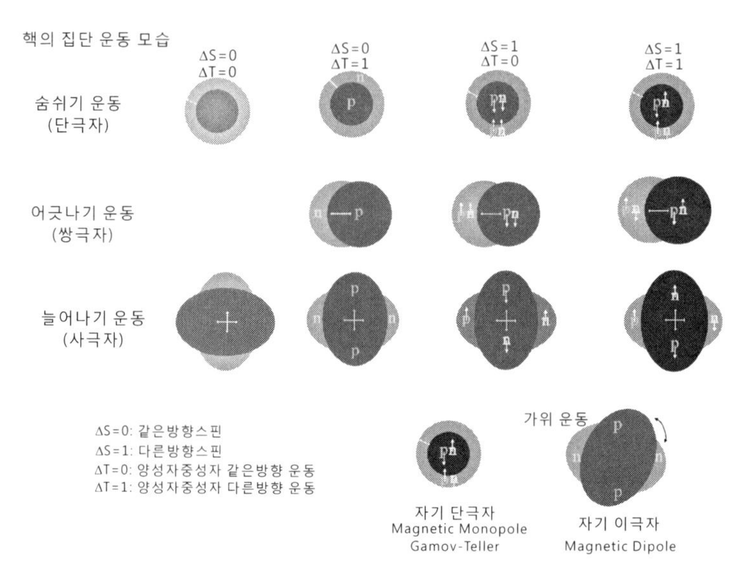

그림 5.48 핵의 거대 집단 운동 모습. 양성자와 중성자들의 집단적인 흐름이 다양하게 출현한다. 서로 독립적으로 움직일 수도 있고 섞여 움직이기도 한다. 회오리바람처럼 서로 교차하기도 한다. 이러한 상태들을 면밀히 조사함으로써 핵의 매질의 성질을 파악하고 이로부터 별들 내부의 상태를 알아낸다. 스핀 상태와 아이소스핀 상태의 결합에 따라 모두 4가지로 분류된다. 그 합이 아니라 차를 고려한 것으로 역시 0과 1이 나온다.

특히 단극자 공명 현상은 부풀어 올랐다가 꺼지는 숨을 쉬는 형태로 핵 매질이 얼마나 단단하게 이루어져 있나 가늠하는 중요한 단서를 제공한다. 이러한 정보를 바탕으로 극도로 매질이 높은 별들의 내부와 특히 중성자 내부 매질의 성질을 알아낸다. 맥동 변광성이라는 별이 이러한 부풀고 오물고하는 운동을 하고 있다. 그림 5.48이 핵 매질이 일으키는 다양한 집단적 진동 운동과 회오리 운동 등을 묘사하는 그림이다. 무척 복잡하다고 생각할 것이다.

여기에서 중요한 것이 전기와 자기라는 표현이다. 전기라 함은 앞에서 나온 양전하와 음전하 사이에서 나오는 전기적인 힘 즉 전기장이며 자기라함은 양성자와 중성자가 교차하면서 일어나는 자석과 같은 힘을 의미한다. 즉 전류가 원형으로 흐르면 자석이 되는 현상이다. 그런데 매질이 어느 한곳에 비어 있으면서 회전을 하는 경우도 있다. 물이 구멍 속으로 빠져드는 현상을 생각하자. 사실 지구의 속만 하더라도 우리가 상상하지 못하는 매질의 다양한 흐름과 운동이 존재할 것으로 추측되고 있다. 물론 태양속도 마찬가지이다. 하물며 중성자별 속이야 말할 필요도 없다. 그러한 극단적인 상태의 매질 상황을 알아내는 일 중에서 이러한 핵 매질의 성질을 연구하는 것만큼 중요한 것이 없다.

5.3 희귀동위원소 빔 활용 과학: 생명과학, 의학, 재료과학

희귀동위원소 빔은 치명적인 질병들—암, 치매, 단백질 관련 뇌 질환병 등—에 대한 원인 규명과 치료에도 상당한 역할을 담당한다. 아울러 재료과학 전반에 걸쳐 물성 연구에 대단한 힘을 발휘하기도 한다 (그림 5.49). 사실 암 치료 보다는 암세포를 영원히 사멸시키거나 아주 초기에

발견하여 제거하는 보다 근본적인 연구가 더 중요하다. 암의 종양 세포, 뇌질환–대표적으로 치매라고 부르는 알츠하이머 성 뇌질환–등의 극복은 중이온 빔 특히 방사성핵종 빔을 사용한 유전자 연구에 있다고 해도 과언이 아니다.

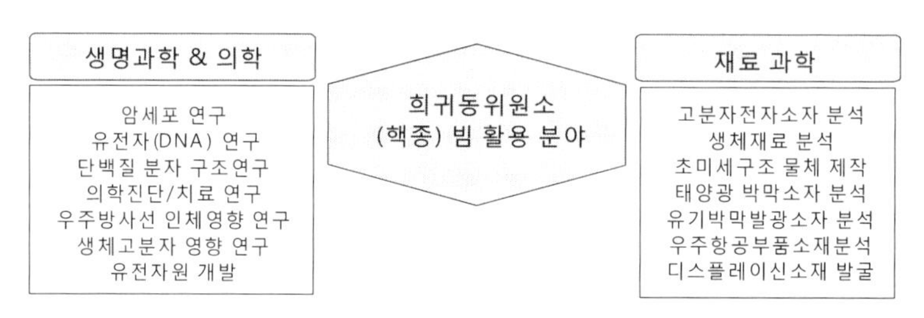

그림 5.49 중이온에 따른 희귀동위원소 빔 활용 연구 보기. 순수 연구 분야인 핵과학은 이미 앞에서 다루었다.

유용한 유전자원 개발에도 중이온 빔이 활용된다. 중이온 빔을 미생물이나 식물체 등에 쏘여 돌연변이를 유발시키면 유전적 다양성을 유지하는데 도움을 줄 수 있기 때문이다. 이때 환경 친화적 유전자원을 개발하게 되면 최근 이산화탄소 증가에 따른 환경악화와 지구 온난화에 따른 생물학종 파괴를 미연에 방지할 수 있다. 아울러 바이오 에탄올, 생분해성 플라스틱 재료 등의 개발에도 유용한 유전자원 획득에도 공헌을 할 수 있다. 정리를 하자면

- 중이온 빔 조사에 따른 생리학적 효과와 산소 상관성 및 독립성 관계 연구
- 중이온 빔에 의한 세포 변화, 파괴, 재생 등의 연구

- 중이온 빔에 의한 유전자 손상과 돌연변이와 재생에 대한 연구
- 중이온 빔에 의한 환경학적 변화에 내성이 강한 생물종 개발

등이다. 여기서 중이온은 희귀동위운소 빔도 포함된다.

5.3.1 생명과학 · 의학

방사성동위원소와 추적자

그림 5.50을 보자. 그림은 방사성 핵종을 하나의 탐침으로 사용되는 보기들인데 여기서 방사성 핵종은 가속기로 직접 빔을 만들어 인체에 쏘아주는 것이 아니라 방사성 동위원소 자체를 몸속에 투여하여 조사하는 방법이다. 이러한 핵종들을 특별히 추적자(tracer)라고 부르기도 한다. 이미 병원에서 암의 초기 진단이나 영상을 얻는데 사용되고 있다. 특히 **양전자를 방출하는 방사성 핵종은 양전자와 전자의 쌍-소멸에 따른 감마선을 발생시켜 악성 종양 제거 및 영상 얻기에 다중 적으로 사용된다.**

따라서 방사성 동위원소는 의학에서 진단용으로 각광을 받는다. 감마선은 에너지가 아주 높아 투과력이 강하다. 방사성동위원소를 몸속으로 투여하면 몸속에서 감마선이 나오고 그 감마선을 밖에서 검출하게 되면 몸 안의 위치를 알게 된다.

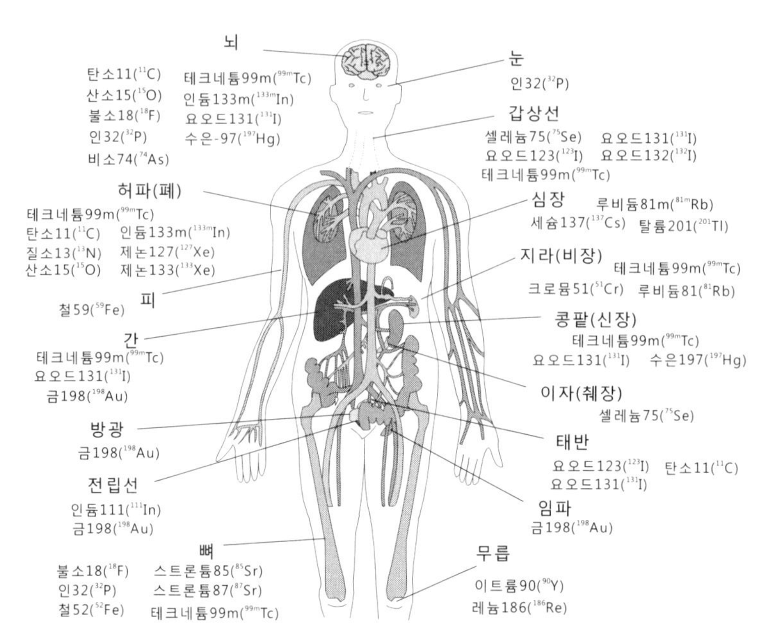

그림 5.50 방사성(희귀) 핵종이 추적자로 사용되는 모습. 보통 딸핵에서 나오는 감마선이나 양전자-전자 쌍 소멸에 따른 감마선 방출에 의해 특정 부위의 치료 혹은 영상을 얻는다. 이와 같은 방사성 동위원소 정보는 핵 주기율표인 핵 도표에 모두 나온다.

이러한 의미로 몸속으로 투여되는 방사성 동위원소를 방사성 추적자(radioactive tracer)라고 하는 것이다. 방사성 추적자는 보통의 화합물에 붙여 몸속으로 투여되는데 이에 따라 몸의 기능적 체계에 의해, 가령 혈류의 흐름을 따라 추적자가 돌아다니게 된다. 그러면 몸속에서 나온 감마선을 감마카메라라고 부르는 장치를 이용하여 검출하고 검출된 신호를 디지털화시키는 컴퓨터에 의해 몸속의 영상을 만들어 낸다. 그림 5.51이 이러한 방법으로 찍어낸 뼈에 대한 영상이다. 여기서 추적자인 방사성 동위원소는 뼈에 집중되어 있음을 알 수 있다. 그림은 테크네튬99m을 사용한 경우이다.

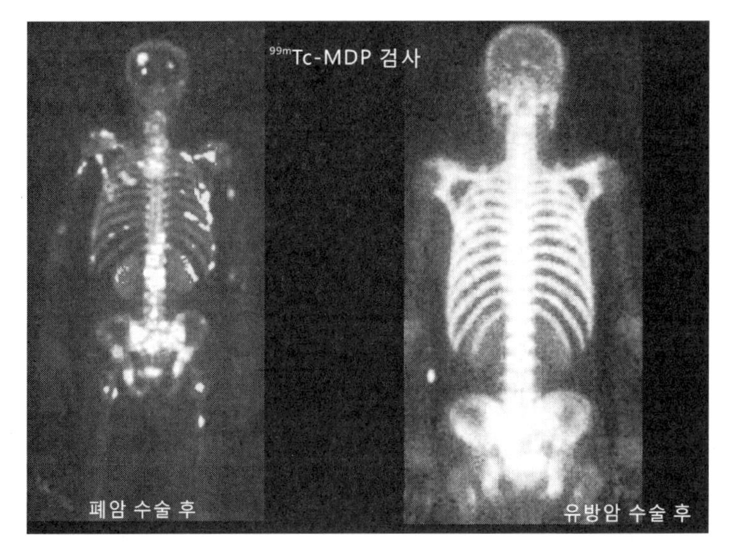

그림 5.51 테크네튬99m(^{99m}Tc) 주입에 따른 뼈 검사 영상. 왼쪽은 폐암 수술 후의 모습으로 이미 암세포가 뇌 속까지 전이되었음을 보여주고 있다. 오른쪽은 유방암 수술후의 영상으로 전신에 걸쳐 뼈에 암이 퍼져 있다. 여기서 MDP는 methylene diphosphonate이라는 분자식의 약자이다. 이 물질은 뼈 친화성 화합물이다. 인이 함유된 화합물로 P-C-P 결합 형태로, 뼈에 집적되는 율이 높으며 주사 후 2-3 시간 내에 배설이 되어 가장 많이 사용되는 표지화합물 중 하나이다.

그런데 테크네튬99가 아니라 테크네튬99m (^{99m}Tc)임을 눈여겨보기 바란다. 그러면 질량수에 m이 왜 보태진 것일까? 여기서 m은 준안정상태를 뜻하는 meta-stable의 앞머리 철자를 딴 것이다. 이미 설명을 했지만 준안정상태가 아이소머이다. 자료를 보면

이 아이소머의 반감기가 6시간이다. 이제 그림 5.52를 보기 바란다. 먼저 알아둘 것이 핵도표에 있어 유일하게 안정된 상태가 없는 핵종이 Tc 이다. 그리고 이 핵종이 인공적으로 만들어진 최초의 원소이다. 즉 사이클로트론 가속기에서 중수소 빔을 몰리브덴에 때려 만들어진 최초의 방사성 동위원소이다. 반감기는 약 20만년이다. 이러한 바닥상태의 반감기는 너무 길어 추적자로 사용되지 못한다. 그 대신 6시간에 해당되는 아이소머 상태가 추적자로 사용되는데 이때 감마선이 방출되면서 영상을 만들어 낸다. 여기서 감마선의 에너지는 143 keV이다. 암 세포가 뼈에 전이되었는지를 조사할 때 이용된다. 뼈에 암세포가 몰려 있는 부위에서는 테크네튬이 많이 몰려 검게 나온다. 아주 비율이 낮기는 하지만 이 아이소머 상태는 또한 루테늄으로 베타 붕괴를 하기도 한다. 결국 안정 동위원소인 루테늄99에서 방사성붕괴는 끝난다.

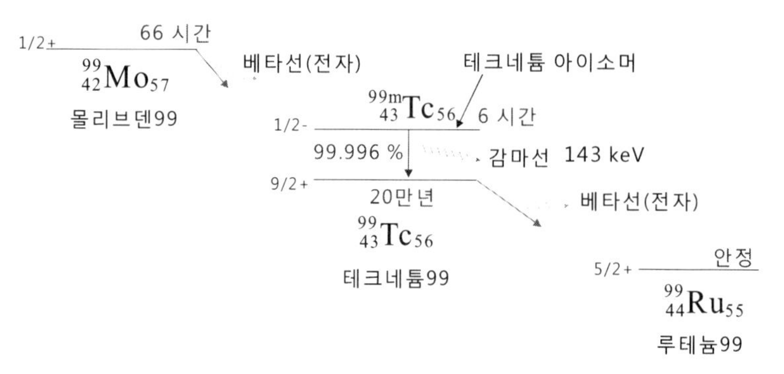

그림 5.52 방사성 핵종 테크네튬의 아이소머 상태와 붕괴 과정. 그림 5.50에 나와 있는 테크네튬99m (^{99m}Tc)에 대한 핵변환 붕괴 과정을 그리고 있다. 몰리브덴99가 붕괴하면서 테크네튬99로 변환될 때 82%가 테크네튬 아이소머, 즉 $1/2^-$ 상태로 간다.

여기서 주의할 점은 원래 몰리브덴99를 만들어 테크네튬99m을 얻는다는 사실이다. 즉 몰리브덴 방사성 핵종을 가속기를 이용하여 만들고 이를 재빨리 병원으로 이동시켜 사용한다. 만약 몰리브덴 1g 이면 66시간이 지난 후 0.5g의 테크네튬이 형성된다. 여기서 중요한 것이 몰리브덴과 테크네튬은 전혀 다른 원소이며 따라서 화학적 성질이 다르다는 사실이다. 이를 이용하여 두 방사성 원소를 화학적으로 분리하여 사용한다. **탄소와 질소를 비교해보라.** 이렇게 추적자로 사용되는 방사성 동위원소들은 주로 사이클로트론을 이용하여 생산한다. 감마선은 감마선 검출기로 측정이 되는데 병원에서는 이러한 감마선 측정 장비를 **감마카메라**로 불린다.

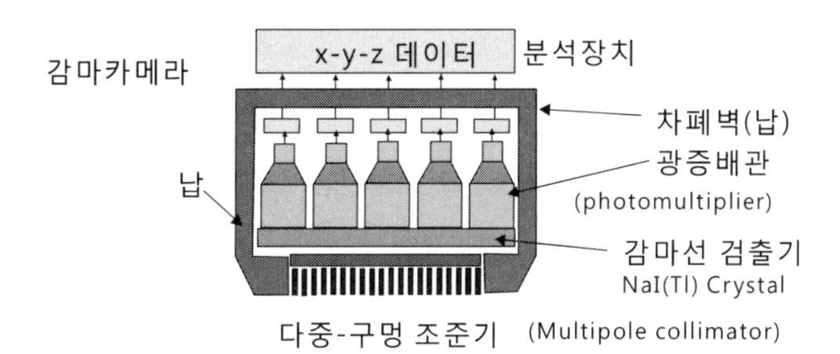

그림 5.53 감마카메라의 기본 구조. 탈륨이 가미된 요오드화나트륨 결정, NaI(Tl) crystal,이 감마선 검출기에 해당된다. 광 증배관은 감마선에 의해 생성된 전자들의 수를 모우며 증가시키는 역할을 한다. 테크네튬99m 등에서 나오는 감마선을 x, y, z 방향으로 측정하여 입체적 영상을 얻는다. 3장에서도 소개를 한 바가 있다.

병원의 진료실에 가면 감마카메라라고 하는 표말을 볼 수가 있다. 그것이 감마선을 검출하는 일종의 감마선 검출기로 그림

5.53과 같은 구조로 되어 있다. 여기서 나오는 NaI(Tl)는 이미 소개한바가 있는 탈륨이 섞인 요오드화나트륨 검출기이다. 글쓴이도 핵구조 연구를 위한 실험을 하면서 감마선을 검출할 때 이 종류의 검출기를 자주 사용하여 왔다. 이러한 NaI 검출기는 300 keV 이상의 에너지에서는 분해능이 썩 좋은 편은 아니다.

방사성 핵종빔과 암치료

질문 "가장 무서운 병은 무엇?"
사람과 처해진 환경에 다르겠지만 아마도 '암'이라고 답하는 사람들이 많을 것이다. 왜냐하면 걸리면 고치기 힘들고 죽음으로 이어진다는 사실을 알고 있기 때문이다. 그림 5.51을 보면 암 수술 후에 암세포가 전신에 퍼져 있는 모습을 볼 수 있다. 사실 암의 공포는 이러한 암세포의 전이에 있다. 수술을 하여도 전이가 되면 걷잡을 수 없는 상태가 된다.

> '암'이라는 질병은 고대에도 존재했으며 사실상 살아있는 모든 동물에게 나타나는 것으로 알려져 있다. 다만 현대에 와서 암환자가 증가한 것은 수명이 연장된 것이 가장 큰 이유이다. 나이가 들수록 기계가 낡아 고장이 잦아지듯이 몸의 세포들의 기능이 저하되면서 고장이 나면 복구가 잘 안되기 때문이다. 이러한 공포의 병이 극복되는 것은 병원이 존재하고 의사가 있고 첨단 의료기기들이 갖추어져 있어서이다. 그렇다면 의료용 진단기와 의료용 치료기는 물론

원자력발전까지 모두 순수 과학 연구에 의해 탄생된 것인지를 알고 있는 사람들은 얼마나 될까?

병원에 가면 엑스선 촬영, 엑스선 컴퓨터 단층-촬영 (CT), 자기 공명 영상 (MRI), 양전자 방출 단층-촬영(PET), 뼈 촬영(조영제 사용) 등에 대한 것을 보거나 직접 경험한 사람들이 많을 것이다. 그럼에도 불구하고 그 장치들이 병의 진단이나 치료를 위해 만들어진 것이 아니라 원래 원자핵 연구를 위해 물리학자들이 발명하였다는 사실은 모르는 경우가 많다.

더욱이 암 치료 용에 쓰이는 엑스선 치료기, 양성자 치료기, 중입자 치료기 등도 모두 핵물리학자들이 연구를 위하여 만든 입자 가속기들이다. 특히 방사성 동위원소는 암 등의 치료는 물론 단백질, 유전자 등의 이상 형질 변경에 대한 연구에 필수적이며 뇌의 연구는 물론 신물질 개발 연구에도 큰 역할을 담당한다. 순수과학이 얼마나 사회의 건강과 에너지 개발에 기여하는지를 보여주는 사례이다.

암의 치료 즉 암세포를 제거하는 방법 중 이제까지 가장 흔하게 사용되어 온 것이 엑스선을 암부위에 쏘는 조사(照査) 방법이다. 여기서 '조사'는 빔을 쏘아 조사한다는 뜻이다. 엑스선의 높은 에너지를 암세포 파괴에 이용하는 것으로 암세포 덩어리에 엑스선을 쏘아 암세포들의 결합을 끊어 종양을 파괴시키는 원리이다. 엑스선이 발견되고 나서 얼마 후 사용되어 암과의 전쟁에서 혁혁한 전과를 올린 주인공이다. 그런데 이 엑스선은 정확하게 암세포에만 작용하는 것이 아니라 다른 부위의 정상 세포마저 파괴하는 경우가 많다.

그 이유는 엑스선이 정확하게 암세포 부위에 멈추면서 에너지를 잃어버리는 것이 아니라 들어가는 과정에서 암세포의 앞에 있는 세포 혹은 암세포의 뒤에 있는 세포에서도 그 에너지를 잃어버리면서 정상세포들을 파괴시켜 버리기 때문이다. 이것은 엑스선이 갖고 있는 물질과의 반응 성질로 피할 수 없는 현상이다.

이러한 엑스선의 단점을 보완해주는 방사선이 전하를 띤 에너지 입자이다. 대표적인 것이 양성자이다. 빛에 해당되는 엑스선과는 달리 전하 입자는 물질과의 반응 성질에 있어 암 부위를 보다 정확하게 겨냥시킬 수 있는 특성을 가지고 있다. 따라서 양성자를 가속시킬 수 있는 가속기를 가지고 양성자를 방출 시켜 암세포를 파괴시키면 보다 안전하게 치료를 할 수 있다.

그림 5.54는 물질 내에 투여된 엑스선, 감마선, 중성자, 양성자, 탄소 빔 등의 상대적 흡수선량이다. 여기서 보면 엑스선과 감마선은 물론 중성자는 넓은 영역에 걸쳐 분포하는 반면 탄소 빔인 경우 어느 한곳에서 집중적으로 분포함을 알 수 있다. 이때 이러한 방사성 효과를 **상대적 생물학적 효과** (Relative Biological Effectiveness; RBE)라고 한다. 입자나 빛이 물질 내에 분포하는 전자들과의 상호작용에 따른 에너지 손실 결과이다. 만약 이 위치에 암세포 덩어리가 있으면 이러한 집중적인 선량에 의해 암세포가 쉽게 파괴될 수 있다. 이와 반면에 다른 부위는 그다지 손상시키지 않는다. 이것이 탄소 빔을 사용하면 암 치료에 '**효과적이다**'라는 결론이 나오는 이유이다. 이러한 방사성에 대한 것은 부록에서 더 알아보기로 한다.

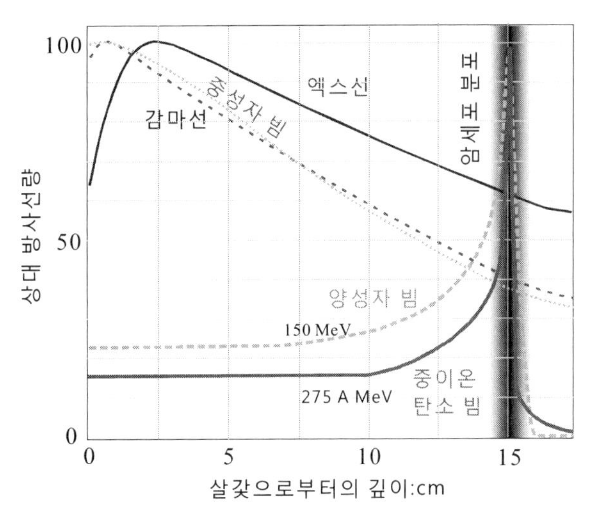

그림 5.54 여러 가지 방사선들에 의한 상대적 방사선량. 여기서 방사선량(dose)이란 해당 방사선이 위치에 따라 에너지를 잃으면서 축적되는 양이다. 빛의 일종인 엑스선과 이온빔인 탄소와 양성자의 차이가 뚜렷함을 알 수 있다. 탄소 빔이 암부위에 정확하게 많은 양으로 폭격하고 있음을 알 수 있다. 중성자 역시 넓은 범위에 걸쳐 세포를 파괴할 수 있음을 알 수 있다. 전하가 없기 때문이다. 중성자는 원자력(핵) 발전을 하는 과정에서 많이 발생한다.

그런데 이러한 계산은 어떻게 가능한 것일까? 이온빔이 물질내에서 에너지를 잃으며 정지하는 현상을 전문 용어로는 **저지능(stopping power)**이라고 부른다. 핵반응을 측정하기 위해서는 이온 빔이 필요하고 그 이온 빔을 특정의 표적, 예를 들면 실리콘 등에 충돌시켜야 한다. 이때 가장 중요한 것이 이온 빔이 표적 물질 내에서 에너지가 손실되며 안에서 멈추는가 아니면 표적 두께를 넘어가는가를 알아내는 것이다. 이를 위해 이온 빔과 물질 내부의 상호 작용에 따른 에너지 손실을 계산하게 되는데 거의 모든 재료에 대한 계산 결과가 나와 있다. 핵물리학자들이 거둔 성과로 이제는 의료 기관에서 응용되는 셈이다.

이제 이것에 대하여 좀 더 자세히 알아보자. 원리를 알아야 창조적인 과학과 기술이 탄생하기 때문이다.

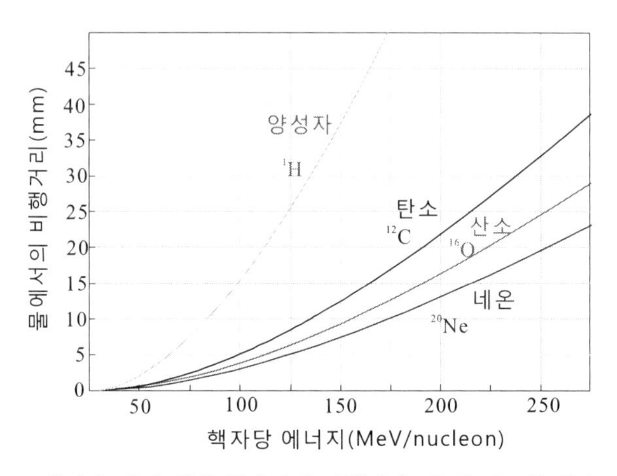

그림 5.55 중이온 빔에 대한 물에서의 비행거리. 물의 밀도와 산소 및 수소 분자에 대한 것을 고려하여 각각의 이온빔 에너지에 대한 저지능 계산으로부터 나온 결과이다. 비교를 위해 양성자의 결과도 포함 시켰다.

그림 5.55는 중이온 빔들에 대한 물에서의 침투 거리를 나타낸다. 이러한 결과는 핵물리학에서 사용되는 저지능 계산에 의한 것으로 인체와 밀접한 물을 대상으로 하였다. 비교를 위해 양성자(수소 이온)도 포함시켰다. 이 결과를 보면 암 치료를 위해 몸속으로 15cm 정도에 암세포가 분포되어 있다면 탄소 빔인 경우 핵자 당 약 170 MeV, 산소 빔인 경우 180 MeV, 네온 빔인 경우 250 MeV의 에너지가 필요하다는 사실을 알 수 있다. 여기서 탄소의 핵자당 170 MeV이라는 사실은 탄소12(^{12}C)의 질량수 12로 나눈 것이기

때문에 결국 총 에너지는 12×170 MeV = 2040 MeV이다. 양성자인 경우 15cm까지 침투하는데 약 150 MeV 에너지가 요구된다. 이러한 사실에서 보면 이온 원자들의 질량수가 클수록 같은 깊이까지 비행하는데 상대적으로 더 큰 에너지가 필요하다는 사실을 알 수 있다. 그림 5.56을 보면 이해가 더 가리라 본다.

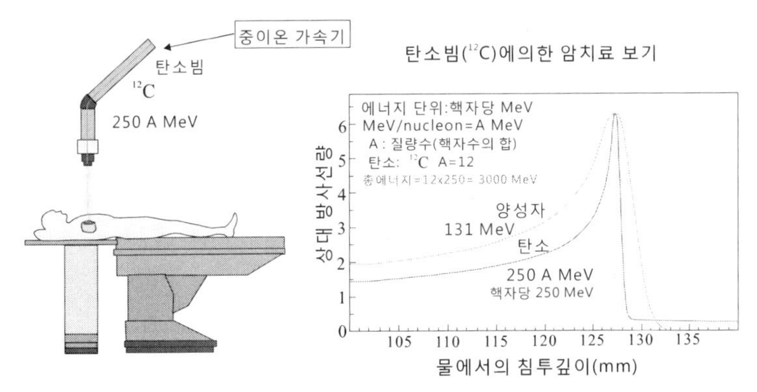

그림 5.56 탄소 빔에 대한 물에서의 비행거리 계산. 핵물리학에서 사용되는 물리법칙에 따른 계산 방법에 의해 얻어진 자료이다. 암 부위가 신체 속 약 125-130 cm에 위치한 경우를 상정한 것이다.

여기서 중요한 결론이 나온다. 암세포를 박멸하는데 있어 한 가지 종류의 빔이 아니라 몇 개의 중이온 빔을 한꺼번에 쏘여 치료하는 것이 더 효과적일 수도 있다는 사실이다. 그렇다면 위와 같은 중이온 빔들의 인체 내에서의 에너지에 따른 궤적을 상세히 계산하여 치료에 응용될 수 있다는 결론에 다다르게 된다. 이 역시 순수과학이 얼마나 사회적 요구에 크게 기여하는지 보여주는 사례이다. 글쓴이가 욕심을 부려 조금 더 이 분야에 있어 알아야할 과학 지식을 덧붙이고자 한다.

앞에서 언급한 내용들은 물질 내에서 에너지를 가진 이온들에 대하여 얼마나 비행할 수 있느냐 하는 것과 함께 에너지 손실(잃음)에 대한 것이다. 이러한 양들은 원자 번호는 물론 질량수에 따라 모두 다른 값을 가진다. 더욱이 특정의 재료 예를 들면 금, 실리콘, 탄소 등에 있어서 각각의 이온빔들에 대한 계산은 실험적인 자료가 모두 갖추어져 있다. 그러나 복잡한 물질, 대표적으로 인체에 대한 것은 그러하지 못하다. 다만 물을 가지고 실험을 하거나 컴퓨터 계산을 하여 실제적인 경우와 비교를 하면서 계산식을 계속 수정 보완해 나가는 것이 현실이다. 이때 중요한 요소가 이온의 에너지에 따른 에너지 손실률이다. 이러한 손실률은 밀도와 밀접한 관계를 가지며 아울러 입사하는 이온빔들의 에너지에 따라 다른 값을 지닌다. 그림 5.57을 보자.

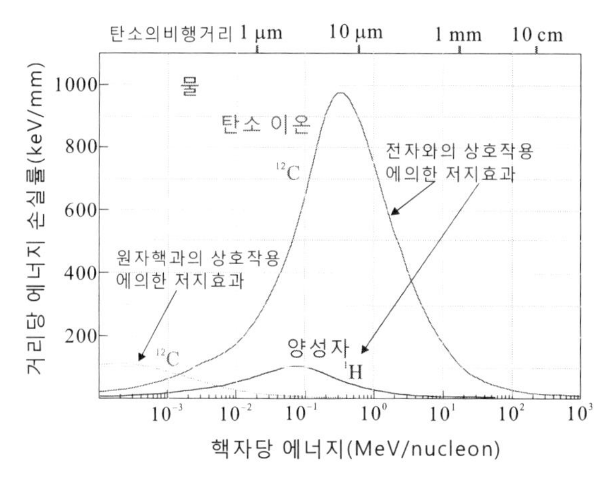

그림 5.57 물에 있어서의 탄소의 에너지 손실률. 대부분의 에너지 손실은 물질내의 전자와의 상호작용에 의해 일어난다. 하지만 원자핵과의 상호 반응에 의한 에너지 손실도 일어난다. 거리 당 에너지 손실률(정확한 표현은 −dE/dx

임)을 선형 에너지 전달(Linear Energy Transfer; LET)이라고도 부른다.

탄소가 물에 침투를 할 때 핵자 당 0.5 MeV일 때 가장 빠르게 에너지가 손실 된다는 사실이 드러난다. 여기서 손실된다는 것은 손실된 만큼 물질내의 전자에게 **전달**된다는 의미이다. 그리고 그 거리는 약 0.5 마이크로미터(10^{-6} m)이다. 10cm 정도 비행하려면 에너지는 대략 핵자 당 200 MeV임을 알 수 있고 에너지 손실률은 마이크로미터 당 10 keV 정도임을 알 수 있다. 이러한 자료를 바탕으로 하여 앞에서 나온 그래프들이 만들어진 것이다. 몇 번이고 강조하지만 이러한 계산은 이미 물리학자들이 모두 만들어 놓았고 이를 기반으로 수식 화하는 컴퓨터 프로그램을 통하여 손쉽게 계산이 가능하다. 과학은 어렵고 힘든 과정이 깃든 학문이다. 되도록이면 어렵다는 인식을 주지 않기 위해 수식은 거의 모두 피했지만 실상 속을 들여다보면 모두 물리법칙에 따른 수학 공식에 의해 이루어진다는 현실을 강조하여 둔다.

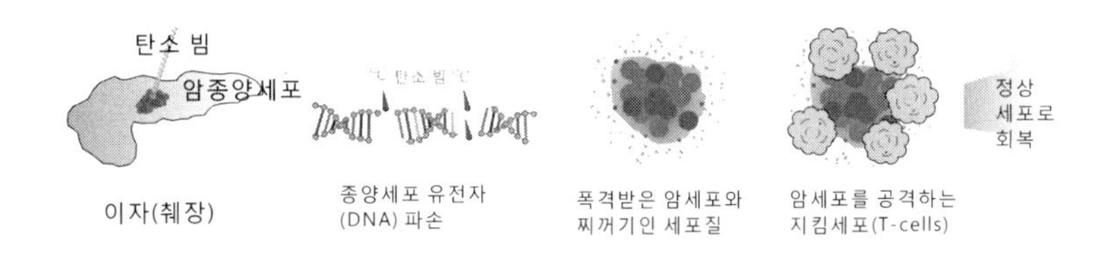

그림 5.58 이자(췌장)에 발생한 암세포를 중이온 탄소 빔이 파괴하는 모습. 탄소 빔의 에너지에 의해 종양 세포의 유전자의 고리가 끊어지면 뭉쳐있던 종양세포질들이 끊어져 나간다. 이때 생체에서 자동적으로 작동하는 수선 세포가 다가와 종양 세포를 공격한다. 그러면 면역성이 증가하면서 정상적인 세포가 자라나 회복된다.

독자들의 흥미를 끌기위해 탄소 빔이 암세포를 파괴하는 모습을 그림 5.58에 보인다. 물론 소기의 성과를 달성하는 데에는 다양하고 복잡한 절차가 필요하다. 그 모든 것이 기초과학에 기반 된 계산 결과를 토대로 하면서 현장에서의 각종 경험과 기술적 축적에 의해 종합적으로 이루어진다.

그러나 중이온 빔이나 방사성 핵종 빔의 진정한 가치는 순수 생명·의학 연구에 있다. 암 치료를 위한 것과 순수 생명과학 연구는 그 길이 다르다. 인류의 건강과 보건에 더욱 큰 영향을 미치는 것은 단순한 치료가 아니라 모든 생명과학 산업에 파급을 미칠 수 있는 순수 연구이기 때문이다. 그 중에서도 **유전자와 단백질에 대한 생체 내 환경에 따른 반응 성질 연구**는 대단히 중요하다. 암은 물론 아직도 극복되지 않은 질병들은 많다. 그 중에서도 뇌 질환성 병들은 거의 불치에 가까운 실정이다.

이 글을 읽는 일반인이 통상적으로 이해를 하면서 고개를 끄덕인다면 지은이로서는 큰 힘이 된다. 그러나 이 분야에 종사하는 과학자들이나 의사들-화학, 생물, 의학 분야-은 최소한 그러한 기초 과정의 이해와 기본적인 물리 지식은 갖출 필요가 있다는 것을 거듭 강조하고 싶다. 치료를 위해 들여오는 암 치료 용 가속기들도 그 원리는 물론 중이온 빔이나 엑스선 등에 의한 물질 내에서의 물리적 상호작용을 이해하고 있어야 독창적인 연구나 치료 성과가 나오기 때문이다. 더욱이 그러한 타 학문에 대한 수용성과 함께 기초과학에 대한 폭넓은 지식이 곧 상호 협력 연구의 가장 중요한 힘으로 작용하게 된다는 점도 강조하고 싶다 희귀동위원소 빔 생산을 하는 중이온 가속기는 이러한 순수 생명·의학 분야 연구 분야에 크게 공헌하게 된다. 가속기의 활용 연구 장치 중 빔조사 실험실이 그 역할을 담당할 수 있다. 더욱이 중이온 빔 조사실은 다양하게 설치될 수 있다. 초저 에너지 구간, 저에너지 구간, 고에너지 구간 등에는 여유로운 공간들이 산재하는 바 이러한 공간을 빔조사 실험실로 활용하면 된다. 빔 에너지에 따라 재료나 생체 조직의 표면, 연결면, 내부 등에 대한 연구가 모두 가능하다.

새로운 육종 개발

방사선이 인체에 미치면 다양한 현상이 일어나며 세포 변이에 따른 암세포의 발생도 흔하다. 이것이 원자력 발전의 사고나 핵무기에 의한 방사성 방출이 인간에게 공포감을 유발하는 이유이다. 물론 방사선이라 함은 굳이 감마선, 엑스선, 베타선, 알파선뿐만이 아니다. 중이온 빔도 이에 속한다. 그런데 방사선은 해를 가하기도 하지만, 즉 나쁜 역할도 하지만 좋은 일, 즉 착한 역할도 한다. 여기에서 이야기하는 가속기는 방사선의 역할 중 좋은 것들만 고르는 장치이다.

사람은 흔한 것에는 그저 그렇고 무언가 이상하거나 드문 것, 즉 희귀한 것에 더 큰 관심을 가진다. 꽃도 마찬가지이다. 흔한 얘기로 돌연변이종을 좋아하고 또 비싸게 거래된다. 그러면 중이온 빔을 식물체에 쏘아 돌연변이종을 만들 수 있을까? 물론 가능하다.

방사성 핵종이 발견되고 난 후 방사선을 식물체에 쏘여 새로운 품종을 개발하거나 환경에 강한 유전자원을 개발하는 연구는 활발하게 이루어져 왔다. 그러나 중이온 빔에 의한 돌연변이 육성과 그에 따른 과정과 결과를 해석하는 연구는 최근에야 각광받고 있다. 이러한 돌연변이에 대한 유전자원은 국익에 상당한 영향을 미친다. 왜냐하면 각종 농업 작물들은 모두 품종에 대한 유전자 특허를 가지고 있기 때문이다. 우리나라도 맛있는 과일이나 질 좋은 벼를 생산하는데는 일가견이 있는 나라 중의 하나이다. 그러나 그 속을 들여다보면 아직도 외국의 유전자 특허를 지닌 것을 가지고 생산하는 경우가 많다. 당연히 많은 특허료를 지불하고 있는 실정이다. 물론 원예 작물도 예외는 아니다. 국내의 굴지의 대기업이 멋진 휴대전화기를 만들어 전 세계적으로 수출하고 있지만 뇌에 해당되는 메모리 반도체는 특허를 가진 미국 회사에 엄청난 돈을 지불하는 실정이다. 그만큼 창조적이고 우리들만의 고유한 제품 혹은 품종을 만들어야 한다.

돌연변이에 의한 육종 개발은 중이온 빔이 유효하다. 우리는 앞에서 **선형 에너지 전달**에 대해 알아보았다. 엑스선은 **선형 에너지 전달**이 낮다. 따라서 식물에 쏘이면 유전자인 DNA의 두 가닥 사슬을 동시에 끊기 보다는 한 가닥 사슬만 파괴시키는 것이 다반사다. 이와 반면에 중이온 빔은 **선형 에너지 전달**이 높다. 높은 **선형 에너지 전달**은 특정 부위에만 닿을 수 있어 표적의 DNA 영역의 사슬을 정확하게 계량하여 파괴 시킨다. 즉 동시에 이중 띠를 끊어 세포의 대량 파괴 없이 유전자 형질을 바꾸어 놓을 수 있다. 따라서 대상 식물이나 동물 세포에 큰 영향 없이 쉽게 돌연변이를 유발 시킬 수 있다. 참고로 엑스선이나 감마선들에 의한 식물의 돌연변이를 유도하기 위해서는 50% 정도의 치사율이 나오는 것으로 알려져 있다. 이것은 그만큼 방사선량이 높기 때문이다. 엑스선을 가지고 암 부위를 파괴시킬 때도 이러한 일이 벌어진다. 결국 주위 세포들을 많이 파괴시켜 또 다른 암을 유발시키는 결과를 초래한다. 이것은 재료 분석을 할 때도 마찬가지이다. 분석을 위하여 방사선량이 많이 투입되어 내부 구조가 파괴되어 버리면 원래의 구조는 볼 수 없게 된다. 따라서 아주 적은 양의 방사선량으로 물질 분석이 이루어져야 하며 이는 중이온 빔에 의해 가능하다.

5.3.2 중이온 빔과 재료과학: 꿈의 소재 개발

우선 다음 질문을 듣고 생각해 보자.

"과학자들 중 재료과학에 종사하는 비율이 높고 연구 결과가 눈길을 끌 때가 많다. 그 이유는 무엇일까?"

답하기 전에 우리들이 가지는 다니는 휴대 전화를 한번 쳐다보자. 그리고 이번에는 다음과 같은 질문에 답해보자.

"휴대 전화에서 가장 중요한 요소는 무엇일까?"

아마도 문자 교환, 음성 교환(기존의 전화기 역할) 혹은 사진기 역할 등이라고 답하는 사람들이 많을 것이다. 생각해보자. 전화기가 왜 동작을 하는지를. 전기 에너지 즉 배터리가 있기 때문이다. 아무리 기가 막힌 역할을 하는 휴대 전화라 할지라도 에너지가 없으면 무용지물이다. 자동차가 늘 상 그냥 움직이니까 에너지에 해당하는 석유 혹은 전기 배터리에 대한 존재를 잊어버리는 경우가 많다. 현대 사회에서 가장 중시 되는 산업은 에너지 분야이다.

특히 현대에는 휴대하거나 휴대하는 기기에 들어가는 전기 저장 장치, 즉 전지(電池; 배터리)가 아주 중요한 국가 전략 산업에 속한다. 이때 결정적인 것이 에너지를 효율적으로 생산하거나 저장하는 물질을 찾아내는 것이다. 즉 전기를 적게 소비하는 재료를 가지고 배터리를 만들면 그만큼 경쟁력에서 우위를 점할 수 있다. 따라서 재료과학의 연구 범위는 광범위하며 그 파급효과가 크다.

또 다른 중요한 요소가 기억(메모리) 저장 능력이다. 다시 휴대전화를 생각하자. 영화 같은 동영상이나 사진 등을 저장하려면 큰 저장소가 있어야 한다. 그것도 아주 좁은 공간에 많은 정보를 저장할 수 있어야 요즘 같은 인터넷 시대에 저장메모리로서의 경쟁력을 확보할 수 있다.

이러한 산업계에서 중요한 역할을 하는 과학 분야가 재료과학이다. 조금 더 좁게 들어가면 응집물리학이며 좀 더 구체적으로 이야기한다면 초전도체 혹은 반도체 물리학이라 할 수 있다. 이 분야는 특정의 재료에 있어 전자들의 동향을 파악하여 전자들이 전기를 만들어 내는데 (즉 전류이다) 얼마나 일사분란하게 움직이는 구조를 만드는가, 혹은 전자들이 일사분란하게 왔다 갔다 하면서(즉 진동하면서) '이것' 아니면 '저것' 상태로 만드는가에 대한 연구가, 그 대상들이다. 여기서 '이것'과 '저것'은 전문적으로 말한다면 on-off, 숫자로 말한다면 0과 1의 상태이며 이를 디지털화하여 정보 저장기를 만든다.

이와 같은 역할에 있어 주목받는 재료가 **위상학적 절연체**라는 물질이다. 정사각형의 구조를 생각했을 때 그 속은 전기를 통하지 않는데 그 표면에는 전기가 아주 잘 흐르는 조건을 구비하고 있다.

그것도 초전도체처럼 한번 전기가 흐르면 방해를 받지 않고 흐르는 상태를 지닐 수 있다. 두말할 필요 없이 소비 전력이 획기적으로 줄어들 수 있는 재료이다. 또한 전자들이 집단적으로 흐르면서 특이한 성질-전문적으로는 플라즈몬이라고 부른다-을 나타내는 재료들이 있는데 그 중에서 진동 운동을 빠르게 반복적으로 하는 재료가 있다. 이러한 재료를 가지고 기억 소자를 만들면 그야말로 나노 크기에서도 대용량의 메모리칩을 만들 수 있다.

여기서 다루는 중이온 빔이 이러한 신 재료의 개발과 구조 그리고 특성을 연구하는데 최적합 탐침 역할을 할 수 있다. 물론 탐침 역할을 하는 것은 다른 빔들도 있다. 대표적인 것이 엑스선이며 중성자 빔 역시 이러한 연구에 사용된다. 그리고 뮤온빔도 최근 각광받는 탐침 빔에 속한다. 여기에서는 뮤온빔과 중성자 빔에 의한 것은 생략한다. 하지만 연구 방향은 같다.

그림 5.59는 중이온 빔에 의한 희귀동위원소, 즉 방사성핵종을 가지고 활용되는 연구 방법과 그 수단 방법을 체계화한 흐름도이다. 여기서 방사성핵종은 가속기로 직접 빔을 만들어 재료 또는 인체에 쏘아주는 것과 함께, 방사성동위원소 자체를 재료나 몸속에 투여하여 조사하는 방법 등이 있다. 이 경우 앞에서 나왔지만 추적자 역할에 해당된다.

최근 들어서는 방사성핵종 빔을 반도체 등의 재료에 쏘아 붙여 차세대 에너지 저장 장치, 메모리 저장장치, 차세대 디스플레이장치 등에 쓰일 수 있는 신물질 개발이 각광을 받고 있다. 방사성을 내는 중이온 빔을 재료에 투입시키면 베타선, 감마선은 물론 알파선 등의 각종 방사선이 나오고 이러한 방사선들을 측정하면 물질 내부의 구조가 영상처럼 찍혀 나오는 원리를 이용하는 것이다.

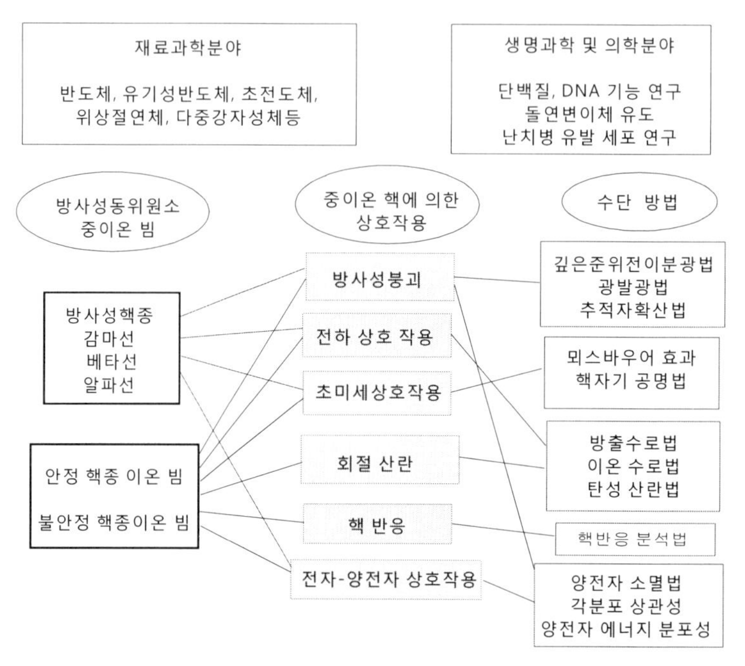

그림 5.59 중이온 빔에 의한 응용 연구 영역. 특히 수단과 방법 등에 있어서 물질 연구에 사용되는 많은 분석법을 눈 여겨 보기 바란다.

그림 5.60은 반도체 재료인 산화아연 (ZnO)에 방사성 동위원소 나트륨24(반감기 15시간)를 쏘여 여기에서 나오는 베타선을 측정하는 실험이다. 다양한 방향에서 측정을 하여 입체적인 영상을 얻으면 내부 구조는 물론 반도체에서 일어나는 전자들의 동향을 파악할 수 있다. 그 결과 이 재료가 에너지 저장, 메모리 저장 등을 위해 다른 재료들과 함께 어떻게 조합을 하면 가장 효율이 좋은 소자를 만들 수 있는 것인지 아니면 소형화 할 수 있는지를

알 수 있게 된다. 물론 이러한 소자들의 소형화는 나중 신체 내부를 조사하는 마이크로미터 급 로봇을 제작하는데도 활용될 수 있다.

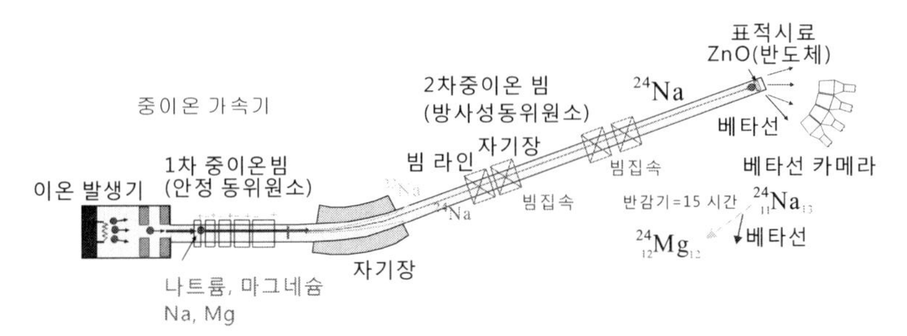

그림 5.60 중이온 가속기에 의한 물질 분석. 2차 중이온 방사성 핵종 빔을 반도체 재료인 산화아연에 쏘이고 베타선을 측정하는 실험이다.

물론 중이온 빔을 사용하면 다양한 재료들, 심지어 유기성 재료는 물론 살아 있는 세포 속 까지 분석을 할 수 있다. 우리나라는 아직 빛에 의한 빔, 즉 엑스선이나 레이저를 이용한 물질 분석이 주를 이루고 있다. 그러한 엑스선 분석법을 보충해주거나 더욱 뛰어난 분석을 할 수 있는 것이 중이온 빔이라는 점을 다시 한번 강조해 둔다. 특이한 재료들의 구조와 이와 같은 측정에 따른 전자들의 분포 그림들의 보기는 생략한다. 어렵기도 하지만 특수한 그림들이 되어 대부분 전문 논문에 나오기 때문이다. 이해 바란다.

5.3.3 우주 탐사체와 중이온 가속기

미국은 2019년 7월, 50년 전 (1969년 7월) 달에 인류의 발자국을 남긴 것을 기념하여 '다시 달에!'라는 기치아래 원대한 계획을 알린다. 이름 하여 **아르테미스 프로그램**(Artemis Program)이다. 2019

년에 시작하여 2033년에 종료되는 계획이다. 우선 달에 인류를 착륙시키고 여세를 몰아 화성에 인류를 안착시키는 꿈을 실현시키는 우주 탐사 과학 프로그램이다. 이 프로그램에는 미국을 필두로 하여 유럽연합과 일본 등이 참여한다.

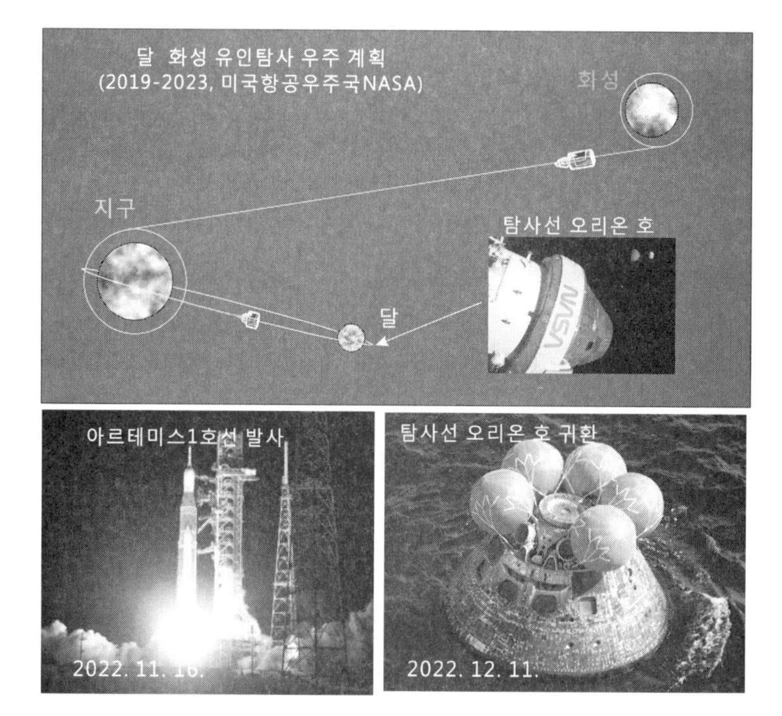

그림 5.61 미국의 유인 달 탐사와 화성 탐사를 위한 대장정. 2033년 화성에 인간을 착륙시키는 원대한 계획이다. 그 첫 비행이 2022년 11월 16일 이루어졌다. 달 탐사선 오리온이 최대 거리에 있을 때 찍은 달과 지구의 모습이 인상적이다.

그 첫 비행이 2022년 11월 16일 오후 3시 47분(한국 시간) 미국기지에서 "아르테미스1호"에 의해 이루어졌다. 그리고 달 탐사선인

오리온 호가 달 선회를 무사히 마치고 12월 11일(현지 태평양 시간) 무사히 귀환하였다 (그림 5.61).

사실 항공우주 과학기술은 국가 경쟁력을 좌우하는 전략기술로 국민 안전과 국민 생활에 매우 중요한 분야이다. 우리도 늦었지만 우주를 향한 국가적 차원의 계획과 우주 강국의 꿈을 이루기 위한 대장정에 나서고 있다. 이를 실현하기 위한 기관이 한국항공우주연구원이다. 이미 우주발사체 분야에서 나로우주센터 건립 (전라남도 고흥), 나로호와 시험발사체 발사 등을 통하여 항공 우주 기술 확보를 위한 발걸음을 내딛고 있다.

그림 5.62 한국 고흥 우주기지에서 발사되는 누리호 로켓 2차 발사 장면. 지구 600-800 km 상공에 안착하여 남극 기지극과 통신하면서 성공을 알렸다. 위성 궤도 그림은 실제가 아니며 지구 크기를 고려하면 아주 가까운 곳에서 돌고 있다.

특히 2022년 6월에는 독자기술로 개발한 로켓 엔진이 장착된 '누리호' 발사 (2차) 성공으로 우주 탐사에 대한 기대를 모우고 있다 (그림 5.62). 특히 차세대 이동통신 6G 확보, 정찰 위성,

한국형 위성 기반 항법 장치, 미래의 달 탐사선 개발 등을 위한 발판을 마련했다고 본다. 우리나라도 미국의 달 탐사 계획에 참여하고 있다. 이 프로그램에의 참여는 달 탐사선을 개발하고 궤도선, 착륙선, 과학연구용 탑재 체는 물론 깊은 우주 통신 등 달 탐사에 필요한 기반기술을 확보해야한다는 의미이다.

여기서 중요한 점 하나가 있다. 그것은 우주 탐사체의 재료에 관한 것이다. 지구 주위를 돌며 방송 통신이나 날씨 예보 등에 이용되는 인공위성은 물론 달에 가는 우주 탐사체는 지구와는 전혀 다른 환경에 처하게 된다. 이른바 **우주 방사선**이다. 우주 방사선에는 많은 종류가 있지만 그 중에서도 고에너지 양성자와 감마선이 대표적이다. 더욱이 태양으로부터 직접 오는 강력한 방사선도 위성을 이루는 재료에 치명타를 가할 수 있다. 우주 강국인 미국과 러시아 등은 이러한 살벌한 우주 환경에 견디는 재료 개발에 사활을 걸고 매진해오고 있다.

이러한 극한 환경(저온, 방사선 방출 등)에서 견딜 수 있는 재료 개발에 우선적으로 이용되는 것이 이온 빔 쏘임이며 이를 통틀어 **이온 빔 분석법**이라고 부른다. 여기서 이온 빔은 양성자 빔은 물론 중이온 빔을 말한다. 특히 중이온 빔에 의한 다양한 분석방법이 전 세계적으로 폭넓게 활용이 되어 왔다. 그러한 가속기들 중 탄뎀형 반데그라프가 중이온 빔 가속기로써 대학이나 국가 연구소에서 큰 역할을 담당하고 있다. 불행하게도 우리나라에는 연구를 위한 반데그라프 가속기는 존재하지 않는다. 다만 연대 측정을 목표로 하는 특수 형태의 반데그라프 가속기가 상용으로 들여와 운영 되고 있을 뿐이다. 앞에서 나왔던 가속기질량분석기가 이에 해당된다.

희귀핵종 빔 가속기는 국내 유일의 중이온 빔 생산 가속기이다. 따라서 이제까지 국내에서는 행하지 못한 중이온 빔 분석을 신재료 개발이나 우주 발사체의 재료 분석과 개발에 활용될 수 있다. 중이온 빔 분석법은 해당 재료, 예를 들면 반도체 재료인 실리콘 등에 빔을 쏘아 다양하게 반응되는 2차 이온 빔을 검출하여 내부 구조는 물론 중이온 빔에 의한 내부의 변화를 들여다보는 방법이다. 여러분들은 은연중에 **'비파괴 검사'**라는 말을 방송 등에서 들어보았을 것이다. 고속철도를 지탱해주는 콘크리트 기둥이라든지, 중요한 건축물의 기둥, 혹은 다리 등의 기둥이나 상판 등에 내부 균열이 생겼는지를 조사할 때 사용되는 방법이다. 여기에는 무엇이 쓰일까? 놀라지 마시라. 고에너지 빛인 '감마선'이 사용된다. 엑스선이 우리들의 이빨이나 갈비뼈를 찍는 것과 같은 원리이다. 다만 감마선은 투과력이 더 강하여 엑스선이 들어갈 수 없는 더 깊은 곳까지 침투하여 그 속의 모습을 영상 처리하여 사진처럼 나오게 한다

중이온 빔에 의한 물질 분석 방법들을 보면, **중이온빔 탄성산란법, 중이온빔 러더포드후방산란법, 중이온빔 수로법(channeling), 중이온빔 유발 엑스선 분광법** 등이다. 다소 전문적인 용어들이다. 따라서 일반인들에게는 잘 알려지지는 않았지만 이러한 방법으로 반도체 공정이나 디스플레이 공정 등에서 이용되고 있다. 물론 이러한 방법은 중이온 빔의 종류-탄소, 산소, 아르곤 등-에 따라 물질 내에서 에너지를 잃어버리는 성질이 다른 점을 이용한다. 더욱이 중이온 빔들의 에너지에 따라 분석하는 재료의 표면이나 속을 분석하는데 차별적으로 적용된다. 제발 복잡하다고 하지 말자. 과학은 물론 첨단 기술은 이런 것이며 그 만큼 머리

싸매며 일하는 것이 과학자들의 몫이기 때문이다. 이러한 노력이 있기에 생명을 구하고, 휴대 전화도 나오고 멋진 동영상도 나올 수 있었다. 희귀동위원소 가속기에서 생산되는 핵자당 200 MeV 에너지의 중이온 빔이 특히 우주 발사체의 재료 분석에 뛰어난 역할을 할 수 있다고 본다. 따라서 우주 탐사에 필요한 핵심 기술을 확보하는 데 큰 기여를 할 것으로 기대된다. 더욱이 이러한 분석을 하는 데는 분석 사용료가 크게 드는데 경제적 파급효과도 크리라 생각이 든다.

5.4 특별 주제: 희귀 질병과 중이온 빔

5.4.1 유전자와 단백질

생명의 본질은 외부로부터 에너지를 받아 자기 자신을 복제하는 데 있다. 이때 복제를 수행하는 단위체를 유전자라 하며 우리의 몸을 이루는 세포의 핵 안에 존재한다. 에너지가 필요한 것은 생명체의 유지에 필요한 정보의 획득에 있으며 이른바 DNA라는 유전자 속에 소위 디지털 형태로 저장된다. 이때의 디지털 기호는 A, T, G, C라는 네 개의 염기로 이루어져 있다. 사람에게는 60조에 이르는 세포들의 핵 속에 존재하는 두벌로 된 23쌍의 유전체 (모두 46개)에 들어있다. 염색체라고 하는 것은 쌍으로 배열된 긴 DNA 분자이다. 세포 하나에 있는 모든 염색체의 DNA 분자를 이으면 무려 183 cm가 된다고 한다.

여기서 사람의 염색체를 자세히 들여다보자. 하나의 염색체는 긴팔을 다른 하나는 짧은 팔을 가지며 이 두 팔은 중심체(동원체; centromere)라고 부르는 부위로 연결되어 있다. 이 염색체 안에 A(아데닌), T(티민), G(구아닌), C(시토신) 등의 염기가 길게 배열되어 있다. 예를 들면 AGC의 배열이 100 번 일정하게 연속적으로 이어질 수 있는데 이러한 단락이 이른바 유전자로 활약하게 된다. 100개의 알파벳은 복제되면서 짧은 RNA 가닥이 되고 RNA는 단백질과 함께 DNA를 해독하여 새로운 리보솜이라는 해독 기계를 만들어 낸다. 그리고 단백질은 다시 DNA 복제를 활성화 시킨다. 단백질과 유전자는 생명을 유지하기 위해서는 서로 없어서는 안될 조합인 것이다. 즉 생명은 DNA와 단백질이라는 두 종류의 화학물질의 상호작용으로 만들어 진다. 단백질은 화학반응, 생활, 호흡, 대사, 행동 등 표현형의 기능을 발현시키고, DNA는 정보, 복제, 교배, 성 등의 유전형의 기능을 발현시킨다.

그렇다면 DNA가 먼저일까? 아니면 단백질이 먼저일까?
둘 다 아니다.
생명 고리의 열쇠는 RNA가 갖고 있다.

RNA는 DNA와 단백질을 잇는 화합물이며 DNA 정보를 단백질 합성에 필요한 해독 과정에 관여한다. RNA는 DNA와 단백질과 달리 스스로 복제할 수 있으며 가장 기초적인 기능을 수행한다. 즉 RNA가 DNA나 단백질 분자보다 먼저 발생했다고 볼 수 있다. 앞에서 이미 언급했지만 유전자 DNA로 만들어진 메시지를 전달하는 것도 해독하는 것도 모두 RNA를 가지는 효소와 리보솜이며 해독한 후 필요한 아미노산을 가지고 오는 것도 RNA이다. 더욱이 RNA는 자기 자신 뿐만 아니라 다른 분자를 자르고 붙이는 촉매작용도 한다. RNA의 약간 다른 형태가 DNA에 해당된다.

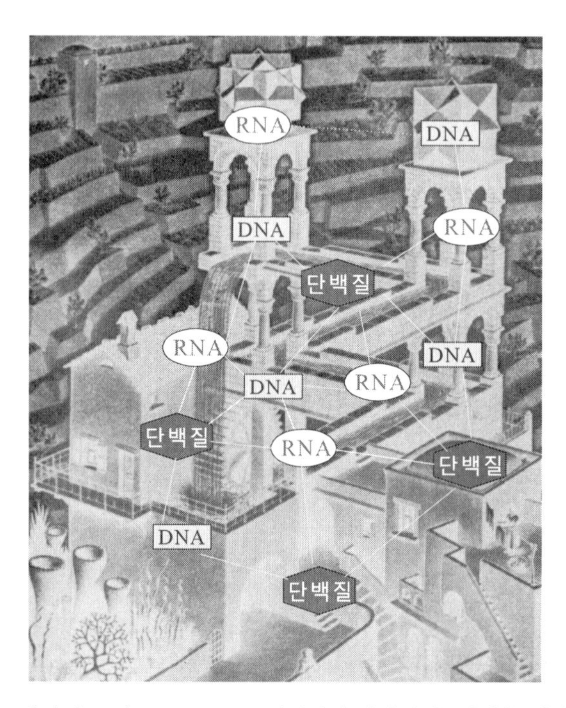

그림 5.63 생명의 고리. DNA-RNA-단백질의 삼각관계. 배경은 에셔(Escher; 에세르)의 '폭포'이다. 물줄기를 따라 가다보면 원래의 자리로 돌아온다. RNA는 RiboNucleic Acid의 약자로 리보-핵산이라고 번역된다. 여기서 Ribo는 Ribose의 약자로 당 분자에 해당된다. DNA는 RNA의 당분자인 ribose에서 산소 원자 하나가 떨어져 나간 구조를 갖는다. 이를 탈산소를 뜻하는 deoxy(산소의 영어는 oxygen) 단어에서 D를 취한 경우이다. 즉 탈산소-리보-핵산이라는 의미이다.

긴 기간을 통해 오늘날과 같은 복잡한 생명체의 발현도 결국 RNA로부터 시작하여 생명의 고리가 탄생하면서 이루어졌다고 볼 수 있다. 생명은 RNA-DNA-단백질-RNA 등으로 상호작용하여 세포를 복제시키는 닫힌 고리라고 할 수 있다. 그림 5.63을 보자. 이 그림은 네덜란드의 '에세르(영어 발음으로 보통 **에셔**라고 부른다)'라는 화가가 묘사한 '폭포'라는 그림인데 자세히 보면 물줄기가 고리를 이루고 있음을 알 수 있다. 즉 물줄기를 따라 가다보면 원래의 자리로 되돌아온다. 이 화가의 천재성은 이러한 닫힌 고리를 다양한 형태를 빌려 묘사한 데 있다.

생명 현상 역시 그 근원을 찾아가다 보면 결국 원래의 자리로 돌아오고 만다. 너와 나의 구별은 애초부터 없는 것이다. 우주 역시 마찬가지이다.

5.4.2 프리온 단백질

그러면 암보다 더 무섭고 치명적인 병이 있을까? 있다. 그것은 흔히 단백질 병이라고 불리는 '프리온성 뇌질환 병'이다. **광우병**이라고 하면 금방 고개를 끄덕일 것이다. 우리나라에서 몇 년 전 광우병 파동이 일어 온 나라가 그 파도에 휩쓸리며 들썩인 적이 있다. 미국산 쇠고기를 먹으면 광우병에 걸려 바로 미친 사람으로 되고 얼마 후 죽는다는 소문의 장본인 광우병. 그러한 공포감을 확산시켜 어린 학생들까지 촛불을 들고 나와 시위를 하게 했던 소에게 걸리는 스폰지 형태 뇌질환 광우병. 어찌 보면 **뜬소문-을 퍼뜨리는 사람들-이 더 무서운 바이러스**가 아닐까 한다.

이 병의 내력과 원인은 아직도 제대로 모른다. 인간이 품고 있는 병의 세계에서 이 병을 퇴치하는 것은 아직도 미래에 속한다. 암과 더불어 이러한 병을 소개하고 이야기하는 것은 치명적인 병이라는 공통점에서 우러나오는, 그 가공할 죽음에 대한 공포와 더불어 인간 능력의 무한함을 드러내어 희망을 가지기 위한 것이다. 그리고 이러한 희망은 오직 인간 능력 중 과학의 영역에서만 얻을 수 있다는 것을 은연 중 강조하기 위해서이다. 단백질은 아미노산이라는 분자가 결합된 유기분자들의 커다란 집합체이다. 앞으로 이러한 단백질에 대한 보다 근본적인 연구가 생물학은 물론 화학, 물리학 등의 기본 원리에 입각하여 이루어진다면 '암'은 물론 프리온 성 병들도 정복이 되리라 믿는다. 물론 여기서 단백질 병이라고 하였지만 대부분 유전자 변형과 관련이 된다. 보통 유전자라 함은 세포의 복제에 명령을 가하는 DNA를 뜻하게 되는데 특정의 염색체에 들어 있는 DNA의 서열이 특수하게 반복, 예를 들면 'CAG' (여기서 CAG의 염기배열은 아미노산 중 글루타민을 뜻한다) 등으로 되는 경우 그러한 불치병으로 이어지는 것으로 알려져 있다.

다음의 이름들을 보자.

광우병, 스크라피(양의 광우병), 알츠하이머, 파킨슨, 루게릭, 쿠루(파푸아뉴기니아 원주민에서 발병된 질병), CJD (크루츠펠트-야콥 질병;Creutzfeldt-Jakob disease), CWD (만성소모성질병;chronic wasting disease).

물론 공통점은 병의 종류이다. 그리고 조금 좁게 공통점을 파들어 가면 하나 같이 불치의 병 즉 치명적인 병이라는 점이다. 현대의 뛰어난 의학과 기술로도 치료가 불가능한 무서운 병이다. 그리고 가장 중요한 공통점은 이 병들은 한 이름을 가진 단백질과 관련을 갖는 것으로 알려져 있다. 그 단백질의 이름이 프리온이다.

원래 프리온은 스탠리 프루시너 (Stanley Prusiner) 박사가

"small *pro*teinaceous *in*fectious particles; 작은 단백질 형 전염성 입자"

에서 따왔다. 원래대로 라면 proin이 맞는데 듣기 좋은 음운을 고려하여 prion이라고 명명한 것이 인기를 얻어 그대로 사용되고 있다. 발음은 pree-on 즉 '프리온'이다. 종종 프라이온이라고 부르기도 하는데 잘못된 인식(미국식 영어 발음 선호 성)에서 나온 발음이다. 이 프루시너 박사는 이러한 프리온 연구로 노벨상을 받는데, 단백질 형 질병을 연구하는 사회에서는 많은 논란을 불러일으킨 장본인이기도 하다. 왜냐하면 이전에는 병을 일으키는 장본인이 유전자를 갖지 않은 경우가 없었기 때문이다.

이러한 프리온은 유전자 즉 DNA에 의해 생성 변형되는 것이 아니라 자체적으로 변형되고 변한다. 그것도 거꾸로 세포 안으로 파고들어가 특정의 DNA 코드를 이용해 증식하는 특이한 단백질이다. 모든 질병의 원인을 따지면 결국 유전자 특히 DNA로 고착이 되는 것이 일반적이며 학계에서도 그렇게 통용되어 왔다. 더욱이 유전 생물학은 소위 중심도그마라고 하는 원리를 중심으로 해석되고 연구되는 것이 대세이다. 간명하게 표현하자면, "DNA는 RNA를

만들고 RNA는 단백질을 만든다 (the central dogma: DNA makes RNA makes protein)"는 원리이다. 프리온 단백질은 이러한 중심 원리에서 벗어나 질병을 일으키는 것으로 해석이 된 바 학계에서의 반발은 이루 말할 수 없었다. 물론 보다 진실에 가까운 것은 앞에서 언급했지만 닫힌 고리이다.

하나 더 단백질과 관련된 질병의 종류! 그것은 자가 면역 질환성 질병이다. 여기서 자가면역질환이란 면역세포가 자기 몸을 공격하는 증상이다. **알레르기**와 **아토피**가 대표적이다. **류머티스**, **크론병**, **천식** 등이 있으며 장기이식 거부 반응도 이에 속한다. 그 종류만 하더라도 70가지가 넘는데 대책이 없는 실정이다. 난치병인 것이다.

이제 단백질의 특징을 보자. 각각의 단백질은 아미노산이라고 하는 분자들의 연결로 이루어진다. 그리고 아미노산들의 연결은 이리 저리 겹친 상태로 되는데 이렇게 겹친 상태로 다시 그 주위의 분자들을 끌어 당겨 더 큰 단백질을 형성해 간다. 프리온 단백질인 경우 질병을 일으키는 원인이 이러한 아미노산의 잘못된 겹침에 의한 것으로 해석되고 있다.

프리온은 약 250개의 아미노산으로 이루어져 있는 거대 분자 단백질에 속한다. 그런데 불치의 병을 제공하는 이 단백질 분자는 묘하게도 아무해가 없는 단백질 분자 다시 말해 정상 프리온 분자와 상종한다. 그렇다면 같은 종류의 단백질이 하나는 불치의 병을 일으키는 단백질 (비정상 프리온)이고 다른 하나는 정상적인 조직에 상주하는 같은 종류의 단백질이다.

학자들의 연구 결과에 의하면 프리온 단백질은 즉 병을 일으키는 단백질은 정상적으로 단백질 증식을 끊어버리는 효소에 저항하는 것으로 밝혀졌다. 반면에 착한 프리온형 단백질은 대부분 보통의 단백질처럼 그러한 효소에 잘 적응한다. 그 차이는 단백질의 구조를 변하게 하는데 있는데 이는 곧 아미노산의 연결 구조 특히 접힘이 정상에 비해 잘못된 구조에 있다. 이러한 잘못된 접힘의 구조에 의해 효소에 의한 소화력에 저항하는 방향으로 다른 단백질과 꼬이며 변형된다. 그 결과 원래의 프리온형 단백질 분자의 원형 구조는 아직도 모르고 있다. 왜냐하면 그렇게 변형되면서 다른 종류의 단백질과 강하게 결합되고 결국 원래의 개개의 단백질 분자들을 갈라놓는 것은 불가능하기 때문이다. 그리고 원래의 개개의 프리온 단백질은 단독으로 존재하고 있지 않기 때문이다. 따라서 보통의 생화학적 기술, 즉 엑스선 등을 통한 개개 원자와 원자 간의 자세한 구조를 밝히는 것은 불가능하다. 그런데 정상의 프리온형 단백질인 경우 꼬임에 의한 화합물과 코일형태의 감김에 의한 화합물인데 반하여 프리온 단백질인 경우 코일 감김이 붕괴되어 다수의 코일 감김 분자들이 납작한 시트(sheet)형태를 이루며 앞뒤 공히 접힘 구조를 갖게 된 형태를 지닌다. 결국 이 시트가 효소에 의한 단백질 와해를 방해하는 저항력으로 작용하게 되며 그 주위의 단백질과 강하게 결합하면서 같은 모양으로 변형시키며 세력을 키워나간다.

중요한 것은 정상 프리온 단백질은 뇌의 뉴런에 다수 분포하며 기능 상 장기 기억에 관여하는 것으로 추측되고 있다는 사실이다. 그리고 단기 기억에는 영향을 주지 않는 것으로 알려져 있다. 자 위와 같은 비정상 프리온 단백질이 뇌의 뉴런에 나타나면 어떠한 일이 벌어질까? 그것은 수많은 작은 구멍을 만들어지면서 마치 스폰지 형태로 되어 버리는 것이다. 이것이 광우병에 걸린 소들의 뇌에서 나타나는 스폰지 형태의 뇌의 구조이다.

그런데 프리온 단백질에 의해 다른 종으로 전염되는 경우-가령 소에서 인간, 인간에서 침팬지 등-원래의 증상과는 다르게 나타난다. 그 이유는 전염된 곳에서 이 단백질이 다르게 변모되기 때문이다. 물론 아미노산의 수와 배열은 같다. 정상적인 프리온 단백질이 가장 안정된 상태를 유지하는 것은 당연하다. 그러나 비정상 프리온 단백질이 비록 안정된 상태는 아니지만 그것들도 그 상태를 유지하고 이웃에 다른 단백질이 있으면 철저하게 결합하려고 한다는 사실이 중요하다.

그리고 여기서 주목할 것은 정상 그리고 비정상 프리온 단백질이 분자구조는 같다는 사실이다. 모양만 다를 뿐이다. 즉 아이소머의 존재이다. 글쓴이는 여기서 비정상 프리온을 정상 프리온에 비해 에너지 상태가 높은 **프리온 아이소머라**는 명칭으로 부르고자 한다. 일종의 입체 이성질체라고 할 수 있다. 생체의 거대분자 수준에서는 전자의 분포를 논하지 않지만 아미노산의 배열이 다르게 되고 단백질분자가 겹쳐지는 등의 변형에는 필연적으로 전자들의 분포와 밀접한 관계가 있을 것으로 추측된다. 사실 원자들이 결합하여 분자를 이루고 분자들이 결합하여 거대분자를 이루는 것은 원자핵의 주위에 분포하는 전자들의 상호작용이 극히 중요한 역할을 한다. 특히 파이 결합 전자들의 역동성에 주목해야 할 것으로 보인다. 이러한 아주 작은 세계에서는 양자 물리학이 적용되는데 그러한 양자적 에너지 상태와 전자들의 운동 양상 등에 대한 기초적 연구가 필요할 것으로 생각된다.

프리온 아이이소머는 프리온 분자와는 모양만 다른데 만약 정상 프리온 분자를 prolate prion, 비정상 프리온 단백질을 oblate형 프리온 아이소머, 즉 oblate prion이라고 한다면 지나친 비약일까? 정상 프리온은 길쭉하고 비정상 프리온은 보다 납작한 형태를 가정한 것이다.

이제부터 대표적인 프리온성 질병들을 살펴보기로 하자.

크루츠펠트-야콥 병 (CJD)

백만 명 당 한명의 확률로 나타나는 인간의 뇌질환 병이다. 유전이나 감염에 의한 것보다 돌발성의 특징을 지닌다. 즉 갑자기 그리고 예기치 않게 출현한다. 대부분 발병된 후 일 년 이내에 사망한다. 처음에는 우울증 비슷하나, 시간이 자나면서 다리가 흔들리고 치매 현상이 나타나며 눈이 멀어지고 곧 죽음에 이르게 되는 무서운 뇌질환 병이다. 프리온 분자의 돌연변이가 원인인 것 같다. 즉 프리온 단백질의 잘못된 접힘에 따른 뇌 뉴런조직의 파괴에 있다고 하겠다. 이러한 종류의 질병에는 치명적인 가족성 불면증도 포함된다. 이 병은 이탈리아의 한 가족에게만 걸려 유전되는 병으로 가족 중 어느 정도 나이가 들었을 때(대부분 55세 전후) 나타나는 병으로 잠이 오지 않는 특이한 증상을 보인다. 이러한 CJD의 원인 규명에 있어 소의 광우병(BSE)과의 연관성을 더듬어 연구하기도 한다. 그러나 아직도 이 병의 돌발성의 출현과 그 원인 그리고 처음 발생한 원인의 원천은 오리무중이다.

쿠루

21세기에 발견된 신종 뇌질환 병이다. 뉴기니아 원주민에서 나와 확산되었는데 많은 때는 일년에 200명의 사람을 죽게 만들기도 했다. 원주민들의 식인 습관에서 비롯된 것으로 알려져 있지만 진짜 이유는 아직도 모른다. 이 병의 증상은 처음에 걸음걸이가 불안정해지며 운동 조정의 저하를 가져온다는 것이다. 그리고 급격히 그러한 증세가 악화되고 결국 걷는 것이 불가능해지면서 사망에 이르게 된다. 쿠루병에서 살아남은 사람은 없다! 그런데 죽을 때까지 정신은 멀쩡하다. 따라서 쿠루병은 뇌 중에서 운동을 제어하는 소뇌의 손상과 관계된다. 이 병의 원인을 CJD와 연관시켜보기도 하지만 이 병의 발병의 정체는 아직도 수수께끼에 쌓여 있다.

광우병 (소과 스폰지형 뇌질환증, bovine spongiform encephalopathy; BSE)

영국에서 처음 발견되었는데 1980년대에 대 유행하였다. 원래 영국에는 오래전부터 양의 뇌질환인 스크라피(scrapie)가 잘 알려져 있었다. 따라서 처음에는 양의 스크라피가 소에게 전염된 것으로 판단하기도 하였다. 광우병에 걸린 나이가 든 소에서는 인간이 갖고 있는CJD와 유사한 유전자 형태가 존재하는 것으로 밝혀지기도 했다. 즉 전염성이 가능하다는 의미이다. 이러한 광우병 역시 그 발병 원인은 오리무중이다.

만성소모성질병 (chronic wasting disease, CWD)

이 병은 북아메리카의 야생 동물에 만연된 질환이다. 즉 사슴과 영양 등에서 발병된 것으로 처음에는 미국의 한 주에서 발견되었는데 점차 북쪽으로 전염이 되면서 캐나다로 확산되었다. 이 질병의 프리온 단백질의 구조는 스크라피나 광우병 등의 단백질의 변형(strain)과는 다르다. 사냥을 한 사슴고기를 먹은 사람들에게 전염되었다는 보고도 있으나 진짜 원인은 확실하지 않다.

프리온 질병은 아니지만 프리온 단백질과 어느 정도 관련이 있는 인간에게 나타나는 치명적인 뇌질환들의 성질과 특징을 살펴보기로 하자.

루게릭병 (Lou Gehrig's Disease)

이 병의 공식 명칭은 근위축성축색경화증(amyotrophic lateral sclerosis)이라 하며 ALS로 불린다. 미국의 미식축구 선수인 루게릭(Lou Gehrig)이 이병에 걸려 유명해진 것이 계기가 되어 루게릭병이라는 별명을 얻었다. 미식축구 선수들처럼 서로 돌진하는 과정에서 머리를 서로 부딪치고 그로 인한 반복적인 머리에의 충격이 이병에 걸릴 확률이 높은 것으로 조사 되었다. 연구 결과에 따르면 머리에 대한 반복적인 충격이 뇌의 뉴런 조직 중 구동 뉴런(motor neuron)을 손상케 하는 것으로 알려졌다. 이러한 구동 뉴런은 근육의 운동-이완 수축 등-에 관여하는데 이 구동 뉴런이 반복적인 충격에 의해 함몰되면서 근육으로 명령하는 메시지가 차단되는 결과를 가져온다. 이로 인하여 근육이 약해지면서 꼴사나운 모양으로 변질되고 경련으로 이어지게 된다. 그리고 사지에서 출발하여 움직임의 능력이 현저하게 쇠퇴하게 되며 마비로 이어지는 것으로 알려졌다. 또한 언어 능력에 영향을 주며 삼킴과 숨쉬는 것에도 악 영향을 미친다. 보통 발병하고 나서 5년 내에 사망하는 것으로 보고되고 있다. 물론 유명한 물리학자인 호킹(Stephen Hawking) 박사와 같이 예외적인 경우도 있다. 호킹 박사의 모습을 보면 이 병의 증상이 쉽게 떠오를 것이다. 프리온성 질병과의 연관성은 그리 크지 않는 것으로 보고되고 있다. 이 병에 직접 관련되는 것으로 알려진 단백질이 초산화 억제무타제 (superoxide dismutase; SOD)라고 하는데 세포들이 자유 라디칼의 공격에 따른 파괴로부터 보호해주는 역할을 한다. 그런데 이 SOD의 돌연변이들이 루게릭병의 원인으로 보는데 이 단백질의 변형 즉 비접힘(unfolding)에 따른 비정상 단백질들이 이웃 단백질과의 다양한 방법으로 연결되면서 발병되는 것으로 보인다.

만성외상섬유뇌질환 (chronic traumatic encephalophathy; CTE)

루게릭병과 유사하다. 권투선수들에게 잘 걸린다하여 펀치-드렁크 (punch-drunk) 라는 속명을 갖고 있다. 되풀이 되는 머리충격 (blows to the head) 에 따른 뉴런축퇴 (neurodegeneration) 에 의해 발병된다하여 CTE로 명명되었다. 미국의 미식축구선수, 캐나다의 하키선수 등에서 자주 발병된다. 이는 이러한 운동선수들이 연습 때 머리를 받으며 운동하는 과정에서 머리에 자주 충격이 가해져 발병되는 것으로 추측되고 있다. 증상은 기억력 감퇴, 신경질 유발, 호전성, 자기제어 상실, 우울증, 약물중독 등이다. 그런데 이러한 CTE에 의한 증상은 한번 일어나면 설령 더 이상의 머리에 대한 충격이 없다하더라도 무자비할 정도로 계속 증상이 이어지며 악화된다는 사실이다. 뇌를 검시하여 보면 뇌의 가장 자리가 검게 되어 있다는 사실이 드러나는데 이는 소위 '타우'라는 단백질이 꼬이면서 계속 축적된 결과로 해석되고 있다.

우리는 누구나 나이를 먹음에 따라 기억력의 감퇴를 느끼며 산다. 나이를 먹어 중년 이상이 되었을 때 걸핏하면 금방 놓아둔 물건을 어디에 놓았는지 모르고 방황하는 경우가 많다. 이러한 기억의 감퇴 심하면 치매로 이어지는 이유는 무엇일까? 한 연구 결과에 따르면 나이를 먹음에 따라 나타나는 보통의 기억력 상실은 그 사람이 산 햇수와는 상관이 없는 것으로 조사되었다. 즉 350 여명의 뇌를 조사해본 결과 뉴런축퇴 질병의 양상이 없는 사람들인 경우 나이에 상관없이 살아온 햇수에 따른 기억력 쇠퇴의 경험은 없었던 것으로 판명되었다. 기억 상실에는 두 가지 유형이 있다. 하나는 천천히 진행되면서 질병으로 분류되지 않는 경우이다. 다른 하나는 물론 알츠하이머처럼 급속한 기억력 감퇴가 따르는 질병이다. 그런데 두 가지 모두 잘못된 접힘 단백질 축적에 의해 발생되는 것으로 조사되었고 축적이 심할수록 기억력 상실은 더 나빠지는 것으로 알려졌다. 물론 통계적인 조사와 그 연구 결과에 따른 결론이지만 아직도 기억력 상실의 주 원인은 명확하지 않은 것이 사실이다. 개인적 편차는 물론 처해진 상황들이 너무도 다양하며 한 원인을 나타내는 명확한 통계 또는 과학적 근거의 자료도 부족하기 때문이다. 어쩌면 아무리 자료가 많다 하더라도 근원적인 단백질 분자의 에너지 적 활성 동향을 양자 역학적 기반에 둔 물리적, 화학적 수준에서 밝히지 못한다면 근본 원인은 오리무중으로 남을 것이다. 결국 프리온 분자의 근원적 구조에 대한 분석이 수반되어

야 하는데 멀고도 험한 길이라고 하겠다. 물론 암의 정복을 위한 길도 비슷하다. 왜 그렇게 상황에 따라 증폭이 되는지에 대한 근원적인 원인규명이 따르지 않으면 암과의 전쟁은 언제나 상처가 큰 승리 혹은 어쩔 수 없는 패배로 끝날 확률이 높다.

알츠하이머 병 (Alzheimer's Disease)

미국의 레이건 전 대통령이 알츠하이머 병의 발병을 알려 더 유명해진 병이다. 우리나라에서 흔히 **치매**라고 불리는 병종에 속할 수 있다. 연구에 따르면 85세 이상의 노인 중 두 명의 한명 꼴로 이 병이 나타날 수 있다는 통계 결과가 있을 정도로 흔히 접하는 질병이다. 일찍이 프루시너가 1982년도 프리온 단백질 가설을 내세울 때 알츠하이머성 치매, 다중 경화증, 파킨슨병, ALS, 당뇨병, 홍반성 난창(피부결핵), 류머티즘성 관절염 등이 프리온성 질병이라고 갈파한 바가 있다. 그 당시는 물론 지금도 학자들 사이에서는 너무 나간 것 아니냐는 비판이 일지만 필자가 보기에는 프루시너의 견해에 수긍이 가는 편이다. 왜냐하면 지금도 이러한 질병들의 발병 원인과 치료는 멀기 때문이다. 이는 프리온성 단백질의 정체가 아직도 명확히 드러나지 않았기 때문이라고 볼 수 있다.

알츠하이머와 인간의 프리온성 질병과는 약간의 유사성이 있는 것은 사실이다. 둘 다 뇌를 공격한다는 점과 그로인해 뇌세포가 변형되면서 죽어간다는 사실에서 그렇다. 알츠하이머 병에 걸린 뇌를 보면 뇌 세포 속과 세포 사이에 검은 반점들이 관측된다. 뇌세포 사이에 있는 검은 점들이 곧 잘못 접힌 프리온 단백질 덩어리

형태의 반점(plaque)이다. 그 모습은 CJD, vCJD, 쿠루에서 발견되는 것들과 유사하다.

이 병에 대해서는 다음과 같은 흥미로운 연구결과가 보고되고 있다. 우리가 책을 읽으며 책의 내용을 인지하는 경우 두 가지로 나누어 볼 수 있다. 첫째는 아이디어 밀도-즉 한 문장에 있어 정보의 양을 나타냄-와 문법적 복잡성- 즉 문장 문장에 들어있는 절들의 수-이다. 아이디어 밀도는 주어진 10개의 단어를 가지고 얼마나 많은 아이디어를 표현할 수 있는가에 대한 척도이다. 반면에 문법 복잡성 테스트는 소위 작용기억(working memory)에 주안점을 둔다. 만약에 어떤 문장을 보았던 경험이 있는 경우, 나중 그 속에 담긴 내용을 어느 정도까지 인식하느냐 할 때의 뇌의 인식 기능이다. 이는 그 문장을 보고 난 후 사고의 맥락을 잃어버렸다는 것을 통하여 인식하는 능력이라고 할 수 있다. 작용기억은 금방 들었던 전화번호를 기억할 때 사용된다. 이러한 작용기억은 나이가 듦에 따라 쇠퇴하며, 그러한 쇠퇴는 쓰여진 문법복잡성에 대한 이해도에서도 마찬가지이다. 우리가 나이가 듦에 따라 기억력이 감퇴하는 경우이다. 글쓴이는 어릴 적 보통 초등학교 시절에는 유행가 가사를 두어번 들으면 바로 암기해버렸던 기억이 아직도 생생하다. 그러나 지금의 나이에서 같은 크기의 문장이나 무슨 전화번호를 외우려고 하면 두 세 번은 커녕 20-30번을 하여도 제대로 암기할 수가 없다. 그런데 위와 같은 연구 결과는 알츠하이머병인 경우 어느 날 갑자기 나타나는 것이 아니라 일생에 걸쳐 서서히 진행된다는 것을 의미하고 있다. 1932년도에 스코틀랜드에서 11살된 어린이들을 상대로 IQ 조사를 한 바가 있다. 나중 이

어린이들을 대상으로 일생에 걸친 알츠하이머병과의 연관성을 조사하였는데, IQ 점수가 높을수록 알츠하이머 병의 위험도가 낮다는 결과가 나왔다. 알츠하이머는 어느 한 특정의 증상으로 설명되지는 못한다. 아직도 신비에 쌓여있으며 소름이 끼칠 정도로 복잡한 양상을 지닌다.

파킨슨 병 (Parkinson's Disease)

파킨슨병은 알츠하이머병에 비해 단순한 편이다. 즉 뇌의 어느 한 부분이 죽어가고 그에 따라 뉴런전달자 중의 하나인 **도파민**이 감소되면서 질병이 발병되는 것으로 알려졌기 때문이다. 이러한 도파민의 결핍은 떨림, 경직, 균형감각 상실, 느린 움직임 등의 증상으로 나타난다. 더욱이 뇌의 다른 영역으로 번지면 어김없이 기억력 상실 즉 치매 현상으로 발전된다. 도파민의 결핍이기 때문에 도파민 공급에 의해 일시적으로 치료는 가능하다. 그러나 이 경우 도파민 투여가 조금이라도 과잉이 되면 정신 분열증으로 이어지고 낮으면 병이 그대로 유지된다. 장기간에 걸친 도파민 투여는 뇌로 하여금 도파민 분비를 더욱 약화시켜 나가는 악순환이 이어진다. 이 병은 특정의 제초제나 살충제에 장기간 노출되었을 때 발병되는 것으로 알려져 왔다. 이와 대조적으로 담배 혹은 커피는 파킨슨병의 예방에 유효한 것으로 조사되었는데 그 이유는 니코틴과 카페인 성분 때문인 것으로 밝혀졌다.

5.4.3 이성질체와 프리온 단백질

자! 이제 이성질체라는 것을 조금 더 자세히 드려다 보면서 한 가지 흥미로운 사실을 알아보자. 위와 같은 두 종류의 프리온 단백질, 인간의 기준으로 보면 하나는 좋은 놈 다른 하나는 나쁜 놈인 이 두 개의 분자는 사실상 분자의 구조는 같다고 하였다. 다만 그 입체적 구조가 다른 것이다. 그림 5.57을 보기 바란다. 이러한 이성질체는 구조 이성질체와 입체 이성질체로 나뉠 수가 있고 입체 이성질체는 다시 기하 이성질체와 광학 이성질체로 나뉜다.

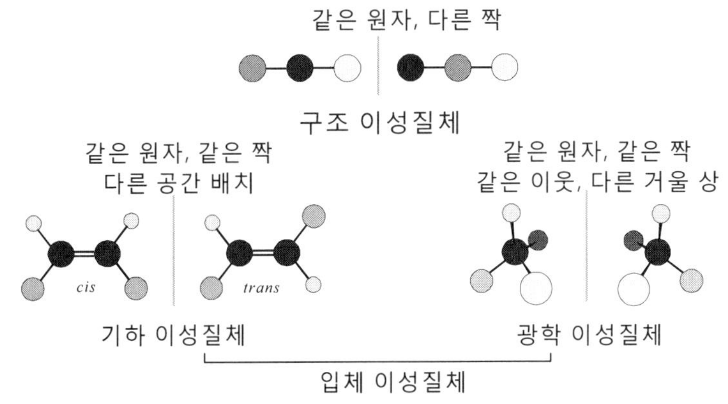

그림 5.57 분자의 이성질체(Isomer)와 그 종류. 광학 이성질체는 거울상 이성질체(enantiomer)로 손대칭 이성질체라고도 한다. 탄소가 네 개의 팔에 각기 다른 원자나 분자를 가질 때 나타나며 이러한 비대칭 탄소를 키랄성(chiral, 보통 카이랄이라고 발음한다) 탄소라고 부른다. 여기서 chiral은 그리스어로 손방향(handed)을 뜻한다. 왼손과 오른손은 거울에 비추었을 때 서로 겹쳐지지 않아 이러한 호칭이 붙었다. 광학이라는 명칭은 이러한 거울상 이성질체는 빛을 오른쪽(right-handed) 회전 혹은 왼쪽(left-handed) 회전으로 편광시키는 능력에서 비롯되었다. 그리고 오른쪽 회전을 R(Rectus, 라틴어로 오른쪽의 뜻), 왼쪽 회전을 S(sinister, 라틴어로 왼쪽의 뜻)로 표기한다. 기하 이성질체는 앞에서 언급되었던 분자의 결합 구조가 cis-형(같은 곳에 나란한 경우), trans-형(가로질러 나란한 경우)인 경우이다.

기하 이성질체는 원자들이 똑 같은 이웃에 연결되어 있으나 공간배열이 다른 분자들이다. 광학 이성질체는 서로 포갤 수 없는 거울상 이성질체이다. 아무리 분자를 돌리거나 비틀어도 거울상체를 원래의 분자에 포갤 수가 없다. 이것은 마치 오른손 거울상이 왼손으로 되지만 오른손과 왼손은 결코 포갤 수 없는 것과 같다. 거울상이성질체는 다른 거울상 혼합물과 반응할 때를 제외하고는 서로 화학적 성질이 동등하다. 이와 같이 거울상 이성질체 혼합물에 대한 반응성이 다르므로 **거울상 이성질체들은 냄새와 약리작용이 다르게 나타난다.** 냄새를 맡는 수용체나 효소에 작용하려는 분자가 공동이나 어떤 모양에 맞아야 하는데 단지 거울상이성질체 중 한 개만이 맞아 작용할 수 있기 때문이다. 따라서 이성질체에 따라 하나는 우리 건강이나 약품으로 쓰이는 좋은 놈으로 작용하고 다른 하나는 건강에 해롭거나 독약으로 작용하는 나쁜 놈의 역할을 한다.

따라서 프리온 단백질 역시 정상적인 프리온과 비정상 프리온은 서로 이성질체라고 볼 수 있으며 하나는 좋은 놈 다른 하나는 나쁜 놈으로 나타난다고 볼 수 있다.

이때 프리온 아이소머는 전기적으로 중성이면서도 분포는 고르지 못하여 어느 한쪽으로 양의 전기가 다른 쪽에는 음의 전기가 세 개 작용할 수 있다. 이러한 전기적 성질에 의해 주위의 다른 단백질과 강한 상호작용을 일으켜 크게 변형시키면서 잘못된 결합을 해 나간다고 추측해볼 수 있다. 2019년도 말에 발생하여 2020년부터 대유행한 **코로나 바이러스인 경우 음의 전하**를 가지고 있다는 점과 연관이 되는 부분이다.

그렇다면 **암**은 어떠한 상황일까?
오늘날 암은 인간의 생활에 있어 점점 보편성의 터로 자리를 잡고 있다. 무슨 말씀이냐 하면 그 만큼 발병률이 점점 커지고 있다는 뜻이다. 첫째는 수명의 연장이다. 다음은 정신적인 스트레스와 더불어 외부의 다양한 요인들 즉 음식과 생활 습관 등의 급격한 변화가 큰 원인이라고 하겠다. 암을 완전히 정복하기 위한 전쟁은 현재 진행 형이다. 암의 정복을 위한 미래의 전쟁은 어떠한 방향으로 흘러갈 것인가 하는 것은 현재의 가장 큰 화두이다. 현재는 악성 종양 제거 수술, 화학 요법 그리고 방사선 치료 등 세 가지로 요약된다. 그러나 미래는 화학요법이 주를 이룰 것으로 추측이 된다. 마치 만성 질환에 걸린 사람이 일생동안 그것에 맞는 약을 먹으며 병과 함께 생을 가듯이 말이다. 이런 경우 표적 항암 치료제는 필수적이다. 모두 **단백질학** 연구와 직결된다. 결국, 암과의 전쟁에서 승리하기 위해서는 유전자의 수준에서가 아니라 그 보다 더 근본적으로 분자 수준, 즉 단백질 분자를 쳐다보아야 하지 않을까 한다. 사실 유전자가 발견되고 DNA나 RNA등의 구조와 그 기능이 밝혀졌는데도 어떻게 유전자가 외부의 침입에 대하여 그렇게 반응하고 어떻게 명령을 내리는지에 대한 근본 원인은 알려진 것이 없다. 그렇게 작용한다는 사실을 알 뿐이다. 그것은 유전자 배열에 있어 상이성이 발견되기 때문이다. 그리고 외부로부터의 자극을 받아 의식의 기능을 하는 뇌의 활동이 결국 우리들의 육체

(결국 단백질)는 물론 유전자의 기능에 직접적으로 영향을 주는 것 또한 사실이다. 앞으로 단백질 및 유전자의 신체적 환경에 따른 반응성과 결합성 등이 라온 가속기의 방사성핵종 빔에 의해 밝혀지기를 기대해본다.

이러한 단백질의 역동성을 연구하는 데는 방사성 동위원소가 필수적이다. 왜냐하면 방사능에 의한 분자들의 결합성 파괴와 함께 방사선에 따른 영상을 동시에 얻을 수 있기 때문이다. 특히 해당 단백질 분자와 연관되는 특별 방사성 핵종을 빔으로 쏘아 단백질 분자에 침투시키는 실험이 요구된다. 왜냐하면 방사성 핵종이 붕괴되면서 다른 원소로 변화되는 과정에서 분자들의 결합 양태가 다르게 변할 수 있기 때문이다. 분자의 결합이 어떻게 달라지는지 관측하면 단백질의 총체적인 결합 양태를 추적할 수 있는 실마리를 얻을 수 있을 것이다. 그러나 생리학적 연구는 해당 조사 물질이 생체라는데 큰 어려움이 따른다. 이 분야에 많은 젊은 학자들이 참여하여 노벨상 도전에 임하였으면 한다.

참고 문헌

- **기원의 탐구 (Origins)**, 짐 바고트(Jim Baggott), 박병철 옮김 (반니, 2017).
- **게놈(Genome)**, 메트 리들리, 하영미, 이동혁 옮김 (김영사, 2000).
- **The Physics of Medical Imaging**, S. Webb (Institute of Physics Publishing, 1988).
- **Fatal Flaws**, Jay Ingram (Harper Collins, Toronto, 2012).

6장

세계의 희귀동위원소 빔 가속기

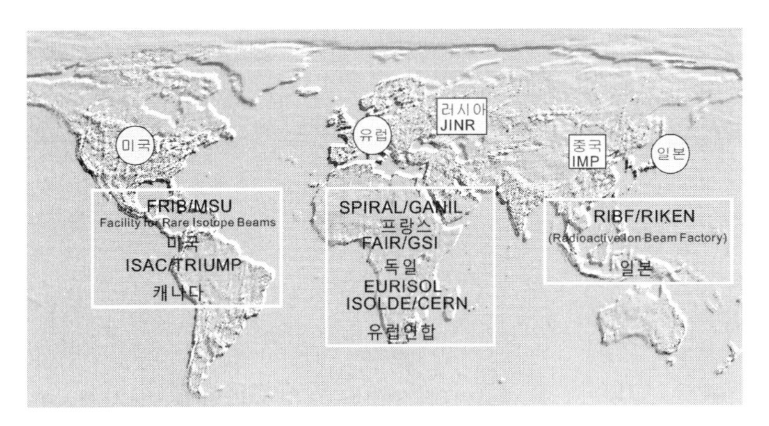

그림 6.1 희귀동위원소 빔을 생산하고 있는 가속기 시설 국가 분포도. 미국과 캐나다, 유럽(프랑스, 독일 등), 일본 등이 그 정점에 있다. 그리고 러시아와 중국 역시 이 방면에서는 선진국이라고 할 수 있다. 우리나라도 최근 희귀동위원소 빔 생산 가속기 시설이 가동에 들어가 선진국 대열에 합류할 수 있는 길을 열었다.

이 장에서는 희귀 핵종 빔을 생산하는 세계적 가속기 시설들을 소개한다. 그림 6.1은 희귀 동위원소 가속기가 설치된 세계 지도이다. 사실 미국, 유럽, 그리고 일본이 그 주인공들이다. **경제적 번영은 물론 민주화가 성립**된 과학의 최고 선진국들이다.

그림 6.1에서 나오는 외국의 가속기 시설들은 역사가 깊다. 특히 유럽, 미국, 일본은 이 방면에 있어 경제력과 민주화의 최상 선진국답게 역사와 연구가 가장 길고 깊은 편이다. 아울러 러시아도 어깨를 나란히 한다. 중국 역시 이 분야에 있어 수준이 높다. 국가 차원에서 순수 과학은 물론 응용 연구를 위한 가속기 시설 구축에 심혈을 기울여 왔기 때문이다. 이제부터 차례대로 우리보다 훨씬 앞서 출발한 선진국들의 가속기 시설들을 둘러본다.

6.1 아시아

먼저 아시아에 설치되거나 설치될 희귀동위원소 빔 시설들을 살펴보기로 한다. 아시아는 일본을 제외하면 이 분야에 있어 후발 주자이다. 최근 들어 우리나라는 물론 중국이 희귀동위원소 가속기 구축에 발 벗고 나서면서 주목을 받기 시작하였다. 경제력이 뒷받침되었기 때문에 가능한 일이다.

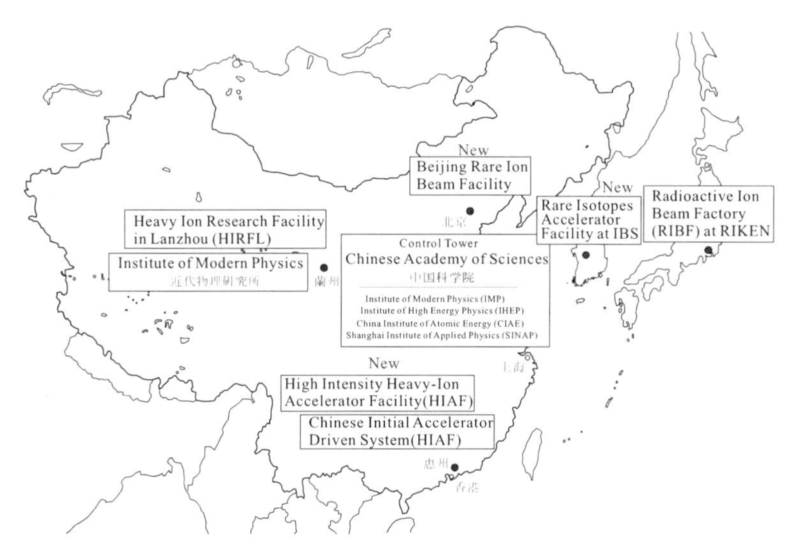

그림 6.2 아시아의 중이온 가속기 시설 현황. 희귀동위원소 빔 생산 시설 위주이다. 안정 동위원소 빔 중이온 가속기 시설들은 일본, 중국은 물론 인도의 대학이나 연구소에 많이 설치되어 있다. New로 표시된 시설들은 2021년 후에 가동되는 새 시설들이다. 한국의 가속기 이름과 시설 명에 있어 모호한 점을 감안하여 일반적인 이름을 붙여 놓았다. 오해가 없기를 바란다.

여기서 중이온 가속기 시설에 대하여 한 가지 강조하고 싶은 것이 있다. 그것은 일본은 말할 필요 없지만 중국과 인도 등에는 이미 중이온 가속기 시설들이 존재해왔다는 사실이다. 일본인 경우 국가 연구소는 물론 대학의 연구소에 수많은 가속기 시설들이 존재한다. 가속기 종류도 다양하며 빔의 종류도 다양하다. 여기에서는 다루지 않고 있지만 세계적으로 알려진 시설들이 있는데 그 중에서도 오사카 대학의 핵물리 연구 센터(Research Center for Nuclear

Physics; RCNP로 잘 알려져 있음)의 가속기 시설은 유명하다. 중국도 란조우(蘭州)의 가속기 시설을 필두로 하여 탄뎀형 반데그라프 가속기 시설들이 있으며 핵과학 분야에서 많은 실험들이 이루어지고 있다. 인도 역시 이 분야는 우리나라를 압도한다. 비록 희귀동위원소 빔 가속기는 존재하지 않지만 탄뎀형 반데그라프와 사이클로트론 가속기 시설들이 설치되어 많은 실험들이 이루어져 왔다. 부연 설명하자면 현재 시점에서 보자면 우리나라는 이 분야에 있어 한참 뒤떨어져 있다. 현재도 순수 연구용 중이온 가속기는 존재하지 않는 것이 우리나라의 현 주소이다. 대전 기초과학연구소 산하에 건설된 중이온 가속기가 희귀동위원소 빔을 본격적으로 생산하게 되면 이러한 단점을 일거에 극복될 것으로 기대한다. 먼저 일본을 방문하고 중국을 탐방한다.

6.1.1 일본: RIKEN-RIBF

RIBF는 Radioactive Ion Beam Factory의 영문 약자이다. 말 그대로 방사성 핵종 빔 생산 공장이라는 뜻이다. 여기서 말하는 희귀동위원소 빔 혹은 희귀 핵종 빔하고 같은 의미이다. 방사성 핵종 빔이라는 단어를 피하여 더 얻기 힘든 불안정 동위원소를 강조하는 의미에서 희귀 동위원소(Rare Isotope)라고 명명한 것은 미국이다. **글쓴이가 보기에 이러한 가속기의 이름에 있어 가장 걸맞게 주어진 것이 RIBF라고 본다. 특히 공장, factory,이라는 단어를 선택한 것은 그야말로 탁견(卓見)**이라고 본다. 그리고 RIKEN은 이화학연구소의 한자 (理化學硏究所)에서 理와 연구소의 硏의 일본식 한자 발음을 딴 명칭이다. 즉 영문하고는 상관이 없는 명칭이다. 여기서 **이화학은 물리학과 화학**을 지칭한다. 이 역시 참고로 알아두기 바란다. 방사성 핵종 빔이든 희귀동위원소 빔이든 이제부터 그 약자를 RI로 하여 자주 사용하기로 한다.

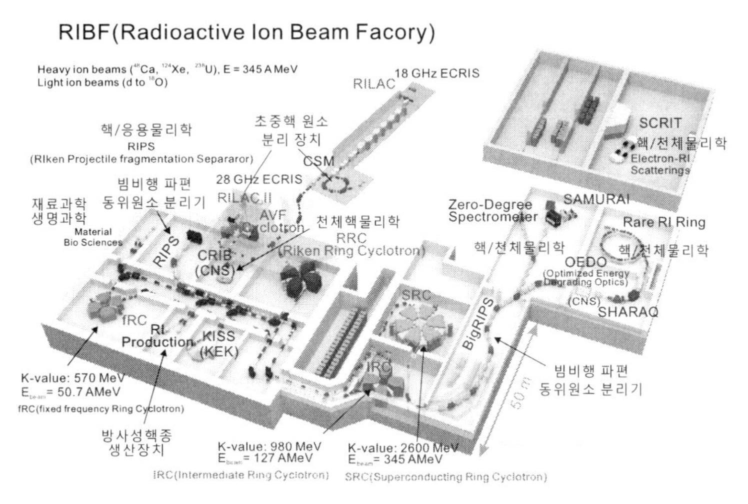

그림 6.3 일본 이화학연구소의 방사성 이온빔 생산 공장 시설, RIBF. 핵과학 분야 실험 장치가 주류를 이른다. 빔 비행 파편 분리기인 RIPS는 현재 편극 중이온 빔 시설로 거듭나고 있다. 수도인 Tokyo(東京)에서 멀지 않은 Wako(和光)시에 있다. https://www.nishina.riken.jp/RIBF/

RIKEN에서의 RI 빔은 1980년대 중반에 시작이 되었고 본격적인 생산은 후반부터이다. 원래 RIBF의 이름은 1997년에 시작이 되었다. 그전 이름은 리켄 가속기 연구 시설 (RIKEN Accelerator Research Facility; RARF)이었다. RARF의 총아는 단연 RIPS라는 동위원소 분리 분광 장치였다. 여기서 RIPS는 **RI**ken **P**rojectile-fragmentation **S**eparator의 약자이다. 1990년부터 세계 최고의 RI 빔을 생산하면서 이름을 날렸다. 물론 지금도 사용되고 있다. 그림 6.3에서 왼쪽 부분이 2000년 이전에 가동되었던 시설 영역인데 가속기는 RRC (RIKEN Ring Cyclotron)라 하여 역시 최고 수준의 에너지를 생산한 사이클로트론이었다. RRC의 전단 가속기는 두 개다. 하나가 선형가속기인 RILAC 다른 하나가 AVF 사이클로트론이다. 이러한 가속기 조합과 RIPS에 의해 질량수 60 이하의 RI 빔을 만들어 다양한 희귀동위원소 빔 실험으로 이름을 날렸다. 가장 유명한 빔이 리튬11(^{11}Li)인데 그 세기가 프랑스 GANIL이나 미국 NSCL의 것 보다 무려 100 배 이상 많았다. GANIL이나 NSCL에서 100 시간 걸려 실험한 것을 1시간에 가능하다는 의미이다. 그 차이는 상상을 넘는다. 왼쪽의 실험 영역에는 RIPS 외에 많은 실험실(Experimental Room)들이 있었는데 남아 있는 것은 RIPS와 빔 조사 응용실험실 뿐이다. 나머지는 RIBF가 성립되면서 새로이 조성된 실험실들이다. 이곳에 새로이 사이클로트론이 들어선 것이 이채롭다.

오른쪽 영역이 2000년대 초반에 조성된 새 시설들로 그 규모가 방대해졌음을 알 수 있다. 여기서 주목되는 시설들이 두 개의 커다란 사이클로트론과 BigRIPS라는 RI 빔 분리분광장치이다 (그림 6.4). BiGRIPS는 이름에서 알 수 있듯이 RIPS를 더욱 키워 그야말로 희귀한 동위원소를 생산할 수 있는 시설이다. 이 시설로 인하여 일본은 여전히 세계 선두를 달리고 있다. 최종적으로는 중이온 빔인 경우 핵자 당 350 MeV까지 가능하다.

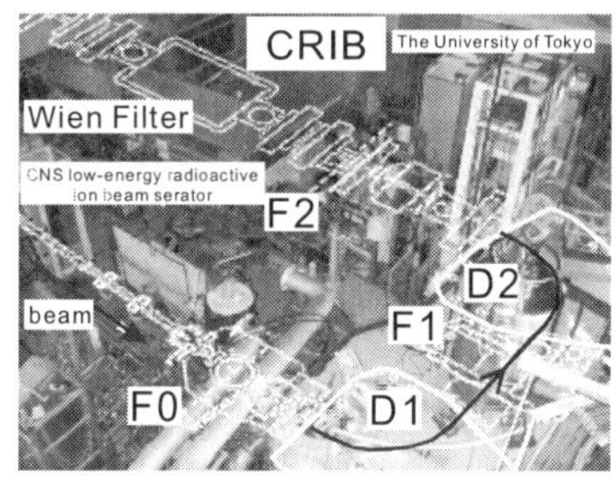

그림 6.4 RIBF의 가속기와 희귀 동위원소 발생 장치. BigRIPS는 희귀핵종 빔을 걸러내는 분리기로 핵물리학 연구에 있어 세계 최고의 수준을 자랑하는 장치이다. 이와 반면에 CRIB은 천체핵물리학에 중요시 되는 핵합성 실험을 위한 희귀핵종 빔 생산 전용 장치이다.
https://www.nishina.riken.jp/RIBF/

활용 장치 대부분은 핵물리학 실험용들이다. BigRIPS를 통한 희귀동위원소 빔 실험들이 주를 이룬다. 한 가지 특이한 사항은 2010년 이후에는 유럽에서 많은 이용자들이 참여하여 높은 성과를 거두고 있다는 점이다. 그 이유는 게르마늄 감마선 검출기들에 의한 감마선 분광기의 미확보에 있다. 감마선 분광기가 핵물리 실험에서 가장 중요한데 이를 간과한 것이다. 이를 보완하는 길이 유럽이나 미국의 검출체계를 빌어다 사용하는 것인데 소위 캠페인 성 실험이라고 부른다. 많은 캠페인 성 실험이 이루어지면서 RIBF

의 RI 빔 우수성을 인정받았지만 질적 논문들은 유럽의 학자들에 의해 출판되는 경우가 많다. 우리가 반면교사로 삼을 일이다. 다음에 나오는 유럽 시설들을 보면 그 차이점을 알 수 있다.

가속기 시설 중 RILAC II와 이온원 28 GHz 장치가 보일 것이다. 바로 초중핵 원소 합성을 위한 새로운 전용 장치이다. 113번 원소의 일본 측 발견이 인정받고 나서 범정부 차원에서 적극 지원이 이루어져 118번 이후 원소 합성을 위해 투자된 결과이다. 러시아와 경쟁에 들어갔다고 보면 된다. 러시아 시설에 대해서는 유럽 가속기 시설에서 소개한다.

여기서 독특한 시설이 CRIB이다. 원래 이 시설은 동경대학의 핵물리학 연구소 (Center for Nuclear Study; CNS)에서 가동되던 것이었다. CNS가 통합차원에서 RIKEN 시설로 옮기며 시설 자체도 이사를 하게 된 것이다. 그림 6.4에서 보면 빔-라인에서 2극 전자석 2개가 있고 이로 인하여 빔이 180도 휘어진다는 사실을 알게 될 것이다. 빔 에너지 자체가 낮은 관계로, 대략 핵자 당 4 MeV 이하, 이러한 방향 선회가 가능하다. 주로 천체핵물리학에서 주목 받는 빠른 양성자-포획 핵반응을 위한 희귀동위원소 빔이 생산된다. 관련되는 현상이 초신성, 신성 폭발체이다. 국내의 희귀핵 연구단에서 적극 참여하여 뛰어난 성과를 내고 있다.

6.1.2 중국

중국의 RI 빔 생산 시설은 현재 난주(蘭州; 란조우, 한자 발음 자체는 '란주'이나 난주로 표기하였다. 식물의 이름 중 '난'을 연상하면 된다. 일반적으로 처음 r 발음은 힘들어 두음 법칙에 따라

r이 n으로 변하는 것이 한국어의 특징이다.) 소재 근대물리연구소(Institute of Modern Physics; IMP)의 중이온 가속기 시설이 유일하다.

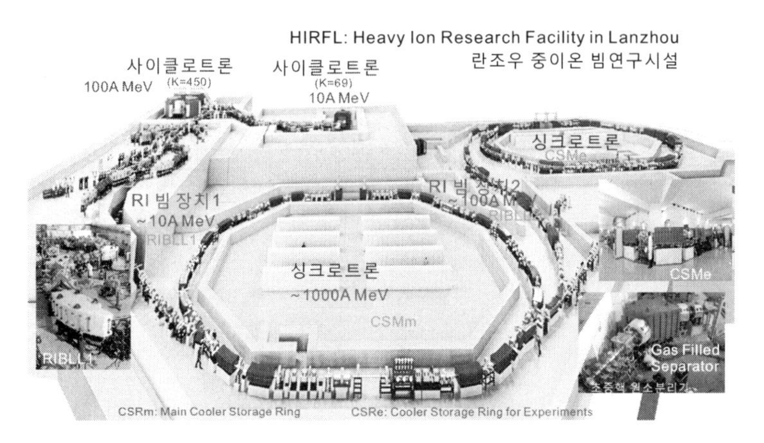

그림 6.5 중국 과학원 산하 근대물리 연구소의 중이온가속기 연구 시설. 두 개의 사이클로트론이 주 가속기인 싱크로트론의 전단 가속기 역할을 한다. http://english.imp.cas.cn/

IMP 연구소는 중국 정부가 범정부 차원에서 지원하는 중국의 순수과학 시설 중 자부심을 표하는 대표적 핵 과학 연구 기관이다. 국가 주석이 방문하여 격려하는 모습에서 그 위상을 가늠해 볼 수 있다. 특히 이 연구소는 그림 6.6에서 보는 것처럼 시내 복판에 자리를 잡고 있어 접근성이 좋다. 이 점에서는 RIKEN 연구소와 궤를 같이한다.

그림 6.6 란조우(蘭州; 난주) 시내에 위치한 중국 과학원(中國科學院) 산하 근대물리연구소(近代物理硏究所) 사진. 파란색 지붕 건물 안에 가속기 시설이 설치되어 있다.

가속기 시설명은 중이온 빔 연구 시설 (Heavy Ion Research Facility in Lanzhou; **HIRFL**)이다. 이 가속기 시설은 핵자 당 1 GeV (기가 전자볼트) 에너지까지 가능하다. 두 개의 사이클로트론, Sector Focusing Cyclotron (SFC), Separated Sector Cyclotron (SSC), 을 전단 가속기로 사용하며 두 개의 싱크로트론을 주 가속기로 사용된다. 여기서 CSRm은 주 냉각 저장 링(the main Cooler Storage Ring)이란 의미이며 CSRe는 실형용 냉각 저장 링 (Cooler Storage Ring for Experiments)의 약자이다. 희귀동위원소 빔 생산은 두 곳에서 이루어진다. 그림에서 보듯이 하나는 RIBLL1 (Radioactive Beam Line in Lanzhou)으로 핵자당 수십 MeV로 상대적으로 낮은 에너지 영역을 담당하며 다른 한쪽인 RIBLL2가 높은 에너지 영역을 담당한다. 최근에 희귀동위원소 핵종들에 대한 정밀한 질량 측정을 연거푸 성공시켜 이 분야에서 세계적으로 인정받고 있다. 또한 큰 관심사인 초중핵 원소에 대한 실험도 하고 있다. 그림 6.5에서 보는 기체 관 동위원소 분리기(Gas Filled Separator)로서 비록 새로운 초중핵 원소는 아직 합성하지 못했지만 이를 위한 발판을 꾸준히 만들어가고 있다.
주요 연구 분야는 다음과 같다.

- **이온빔 가속기 물리학 및 기술**
- **중이온 빔 물리학**

  희귀동위원소 질량 측정, 핵구조, 핵반응, 초중핵 연구 등.
- **중이온 빔 응용학**

  동위원소 생산 (의료용), 이온원 개발, 암 치료 등.

연구 분야에 대한 자세한 기술은 피한다. 최근 중국의 이 분야 전문가들은 오랜 기간의 경험과 기술력을 바탕으로 자신감을 나타내고 있다. 우리의 희귀 동위원소 빔 가속기의 구축에 있어 이용자 확보와 기술력 창출의 문제에 대하여 다음과 같은 의견을 보이기도 한다.

"IMP의 가속기 시설은 세계적인 시설로의 입지가 굳어졌다고 본다. 사실 IMP의 존재 이유는 어디까지나 순수과학 연구에 있으며 응용 연구·기술들은 파급적인 요소이다. 그리고 가속기 시설에 있어 활용연구자 확보에 대한 문제는 시설구축 자체가 성공하면 자연스럽게 해결된다고 본다. **조급하게 생각할 필요가 없다**. 아울러 한국이 구축하는 희귀동위원소 빔 생산 가속기 역시 순수과학을 최상위에 두어 활용연구자를 확보하여야 성공할 수 있다."

우리 모두 귀를 기울여야 할 것으로 생각한다. 이러한 자신감을 바탕으로 중국은 희귀핵종 연구를 위한 가속기 시설을 구축하는데 박차(拍車)를 가하고 있다. 아울러 가속기 견인 핵-분열에 의한 원자력발전체계 (Advanced Driven System; **ADS**)의 구축도 시작하였다. 이른바 고-전류 중이온가속기 (High Intensity Heavy-Ion Accelerator Facility; **HIAF**)와 가속기 견인 원자로 시스템 (Chinese Initial Accelerator Driven System; **CIADS**)이다. 핵의 연쇄 분열을 임계점 이하(subcritical) 에너지에서 일으켜 핵 발전에 대한 위험성을 없애는 것이 최대 목적이다. 그림 6.2에서 보듯이 이 시설들은 홍콩과 멀지 않은 혜주(惠州; Huizhou) 지역에 세워진다.

그리고 북경(北京; 베이징 혹은 페킹)에는 중국 원자력연구소(CIAE)에 의해 RI 빔 시설이 들어설 예정인데 ISOL 형태이다. 양성자 빔은 사이클로트론을 사용하며 그 에너지는 100 MeV이다. 그리고 ISOL 이온발생기를 통하여 희귀동위원소 빔을 생산할 가속기는 탄뎀 반데그라프 (15 MP형) 가속기이다. 또한 지하에 400 kV 가속기를 설치하여 천체핵물리학에서 중요한 반응, 예를 들면 ^{25}Mg(p, gamma)^{26}Al 실험 (이미 앞에서 그 중요성과 스펙트럼을 보여준 바가 있다)을 극도로 낮은 수십 keV 에너지에서 반응 단면적을 측정할 예정이다. 이렇게 **중국 원자력 연구소(우리나라의 원자력 연구원과 같은 조직)에서 중이온 물리학, 천체핵물리학, 핵물리학 이론은 물론 순수 핵반응 자료(data)-중성자 빔에 의한 것이**

아님- 등에서 주도를 하는 중국의 과학 방향을 주목할 필요가 있다. 우리나라에서 간과하는 것이 중국의 순수과학 분야의 우수성이다. 특히 핵물리학에 있어서는 실험뿐만 아니라 우수한 이론학자들이 다수 존재하며 세계적인 연구 업적을 많이 생산하고 있다. 이러한 점은 러시아도 마찬가지이다.

여기서 원자력 연구소라는 명칭에 대해 일본, 한국, 중국의 경우를 들어 흥미로운 사실을 말해 보겠다. 일본의 원자력 연구소의 명칭은 Japan Atomic Energy Research Institute, 줄여서 JAERI로 불렸다. 현재는 그 명칭이 바뀌었는데 Japan Atomic Energy Agency, JAEA이다. 그러면 우리나라는 어떠한가? KAERI이다. Japan이 Korea로 바뀌었을 뿐이다. 그런데 흥미로운 사실은, 연구소에서 연구원으로 한글 이름은 바뀌게 된다. 한국원자력 연구원뿐만 아니라 연구소라는 명칭의 국책 기관들의 이름이 대부분 연구 '원'으로 바뀐다. 우리나라에서만 일어나는 명칭의 형식주의와 그로 인한 언어의 인플레이션 현상이다. 물론 중국은 이미 언급했다시피 China Institute of Atomic Energy, 즉 CIAE이다. 이 글을 읽는 독자는 어떠한 생각이 드는지 궁금하다.

일본은 물론 중국과 함께 미래 중이온가속기 구축 현황 및 활용연구 교환 등에 폭넓은 상호 협동 관계가 구축되어 세계를 이끄는 동북아 3국 체계가 이루어지길 바라는 마음이 간절하다.

6.2 유럽

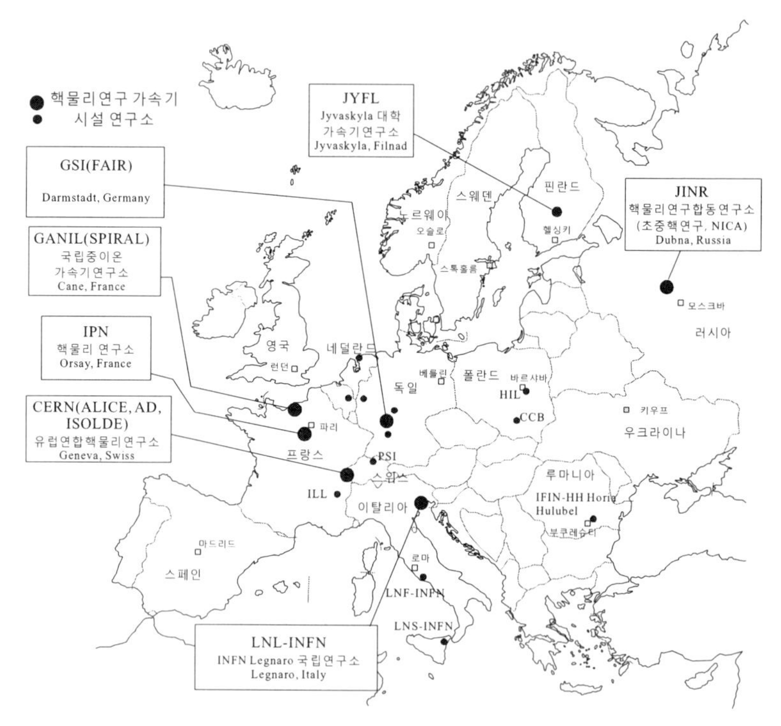

그림 6.7 유럽에서의 중이온 빔 생산 가속기 시설 및 해당 연구소. 구체적으로 표시된 시설들이 중이온 가속기 시설들이다. 이 중에서도 GANIL, GSI, CERN 가속기 시설이 희귀 핵종 과학 연구와 직결된다. 다음의 사이트를 방문하면 유럽 연합의 전체 시설들이 자세히 나온다.
http://www.nupecc.org/

유럽은 누구나 인정하는 이 분야의 선두 주자이다. 가속기가 만들어지기 시작하는 시기부터 다양한 시설들이 들어서기 구축되어 핵물리학 분야를 주도하고 있다. 사실상 유럽에서 중이온 빔에 의한 핵반응 실험이 대부분 시작되었다고 해도 과언이 아니다. 처음에는 안정동위원소에 의한 중이온 빔 실험들이 다각적으로 이루어졌는데 영국, 프랑스, 독일, 덴마크, 이탈리아, 핀란드 등 헤아릴 수 없을 정도이다. 주로 탄뎀 반데그라프 가속기와 사이클로트론 가속기가 그 역할을 담당하였다. RI 빔 생산은 프랑스가 주도권을 잡는다. 그 시설이 GANIL이다.

그림 6.7에서 나오는 핵물리학 실험 가속기 시설 희귀동위원소 빔을 생산하는 GANIL과 GSI에 대하여 좀 더 구체적으로 살펴보기로 하자.

6.2.1 프랑스: GANIL

프랑스 정부가 의욕적으로 세계적 연구 성과를 위해 제공하는 대표적 연구시설이다. 핵물리학에서 있어 가장 기본이 되는 핵구조, 핵반응을 수행하기 위한 가속기 복합 (accelerator complex) 시설이다. GANIL(Grand Accelerateur National d'Ions Lourds, Caen, France) 가속기 연구 시설은 그림 6.8과 같다. 현재는 보통 GANIL/SPIRAL2로 표기하고 있다. 즉 기존의 중이온 빔 가속시설은 GANIL로 희귀동위원소 생산을 주목적으로 하는 SPIRAL(Syst me de Production d'Ions Radioactifs en Ligne)-2로 나눈다. 물론 이제까지의 RI 빔 생산은 LISE(Ligne d'Ions Super Epluches; Line of Super Stripped Ions)가 담당해 왔다. SPIRAL2가 본격 가동되면 비교적 낮은 에너지 분야에서의 희귀동위원소 빔 과학을 주도할 것으로 예견된다.

그림 6.8 GANIL 연구소의 가속기 시설. LISE는 기존 시설로 RIKEN의 RIPS와 비슷한 동위원소 분리 장치이다. 왼쪽 부분이 새롭게 추진되는 희귀 핵종 빔 생산 장치 시설 영역이며 그 중심이 SPIRAL2 와 S^3 (super separator Spectrometer) 이다. http://www.ganil-spiral2.eu/.

주요 연구 시설과 활용연구 분야는 다음과 같다.

◇ **최상 이온빔 분리 장치**(Super-Separate Spectrometer; S^3): 무거운 이온들의 전하 상태를 고도로 분리하여 원하는 희귀동위원소를 얻는 분리 장치이다. 특히 이 분광기는 초중핵 원소를 합성하는 역할을 한다. 한국에서 초중핵 탐사를 위한 시설

을 구축할 때 중요한 이정표가 될 수 있는 중요한 시설이다.

◇ **방사성 핵종 저장 장치(Disintegration, Excitation and Storage of Radioactive Ions; DESIR)**: 저에너지 희귀동위원소 빔을 이용하여 가장 기본적인 원자핵의 성질을 규명한다. 핵의 질량, 반감기, 베타붕괴 성질들이 이에 속한다. 이를 바탕으로 별의 진화, 중성자별의 구조 등이 밝혀지며 원소합성의 비밀을 파헤칠 수 있다. 국내 가속기 시설에서도 궁극적으로 이와 같은 시설이 구축되어야 할 것으로 본다.

◇ **중성자 과학 장치(Neutrons For Science; NFS)**: 소위 중성자 물리학을 위한 시설이다.이른바 학제간(Interdisciplinary) 연구 - 핵물리학, 재료과학, 공학 등-를 위한 최적의 장치이다.

◇ **동위원소 이온 분리장치(Ligne d'Ions Super Epluches; Line of Super Stripped Ions; LISE)**: 이미 35년 전부터 사용되는 중이온 빔 라인이며 희귀동위원소 빔(RIB)도 생산하는 세계적인 시설이다. 국내의 KoBRA를 연상하면 이해하기 쉽다. 핵반응, 핵구조, 핵매질, 천체핵물리학 관련 각종 핵반응 수행을 하고 있다. RIKEN의 RIPS, BigRIPS, MSU의 NSCL, GSI의 FRS 시설과 비슷하며 거의 대등한 연구결과를 도출하고 있다.

그림 6.9는 GANIL이 확보 중인 핵반응 검출 장치들이다. 국내 가속기 시설에서도 앞으로 이와 같은 다양한 검출기들을 확보해야 한다. 질적인 연구 결과와 직결되기 때문이다. 아울러 시급한 과제 중 하나가 이러한 검출 체계를 다룰 수 있는 젊은 과학자 육성이다.

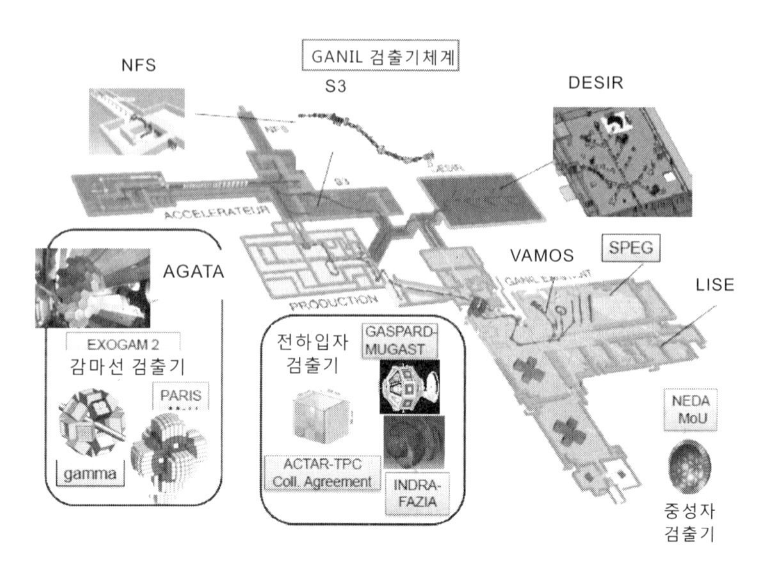

그림 6.9 GANIL의 검출기 체계들. 다양한 검출기들이 감마선, 전하입자, 중성자 등의 관측 분광기 역할을 담당한다. http://www.ganil-spiral2.eu/.

6.2.2 독일: GSI

보통 GSI(Gesellschaft für Schwerionenforschung mbH) 헬륨홀츠 중이온 연구소라 한다. 세계적으로 잘 알려진 중이온가속기 연구 사설이다. 상대적으로 높은 에너지, 핵자 당 1000 MeV의 에너지를 만들어 원자핵을 이루는 핵자 속의 구조와 매질을 연구한다. 다른 중이온 가속기 시설보다 에너지가 높은 영역을 다룬다. 희귀동위원소 빔은 이미 FRS (the Fragment Separator)에서 생산하면서 많은 실험들이 수행되어 왔다. **FRS도 대표적인 비행파편(projectile fragment) 동위원소 분리장치**이다. 마치 GANIL의 LISE 입장과 같다. FAIR는 미래의 시설로 의욕적으로 추진되고 있는 유럽최고의 빔 입사 시설이다.

FAIR (The Facility for Antiproton Research): 유럽의 가속기 장기 계획도(Roadmap) 중 가장 중요한 기획 사업이다. 10 개국이 참가 중이다. 이 시설은 다음의 네 가지 과학 꼭지들 (pillars)에 대한 실험 프로그램을 수행하는 유일한 가속기 복합 시설(complex)이다.

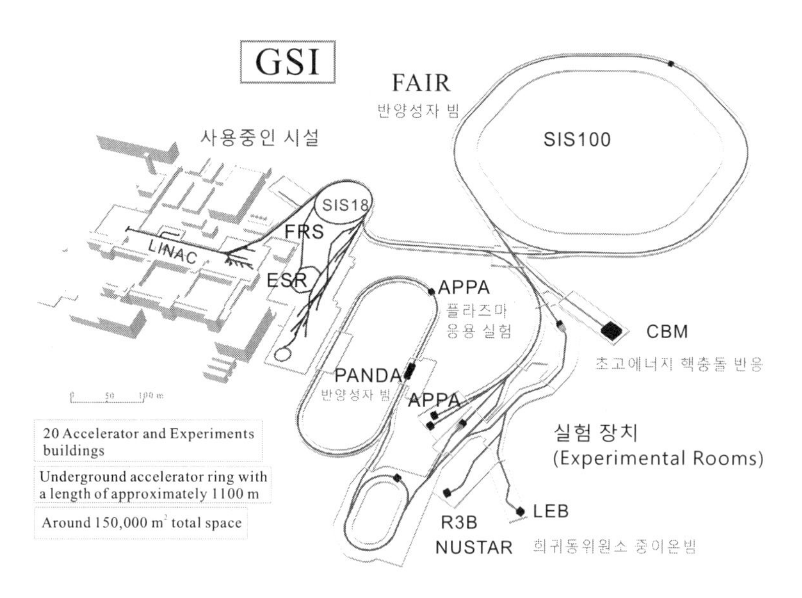

그림 6.10 독일 헬름홀츠 중이온 가속기 연구소 시설. 사용중인 시설에서 FRS가 빔 비행 파편 동위원소 분리기이다. RIKEN RIBF의 RIPS혹은 BigRIPS와 유사한 활용 장치이다. https://fair-center.eu/

1. APPA(atomic, plasma and applied physics): 원자, 플라즈마, 응용 물리학 분야. RAON의 활용연구 확장에 직접적으로 연관되는 중요한 시설이다.

2. CBM(quarks and hadrons in extreme conditions): 핵자(양성자 및 중성자) 내부구조를 이루는 쿼크 및 핵자 자체의 성질 및 매질 상태 연구. 중성자별의 중앙 내부 구조를 규명하는 길잡이 역할을 한다.
3. NUSTAR(nuclear structure, reactions and astrophysics): 핵구조, 핵반응, 천체물리학 분야 시설. 국내 희귀 동위원소 가속기 시설의 활용연구와 직결되는 가장 밀접한 장치이다.
4. PANDA(exotic hadron structure and behaviour): 핵자 너머에 있는 강입자 구조 및 성질 연구를 한다.

6.2.3 유럽연합: CERN-ISOLDE

CERN은 'Conseil Europ enne pour la Recherche Nucleaire'의 약자이다. 영어가 아니라 프랑스어이다. 영어로 하자면 European Organization for Nuclear Research이다. **유럽 연합 핵물리 연구소**라는 뜻이다. 아마도 이 글을 읽고 있는 독자들 중 CERN-우리나라에서는 이를 보통 '선'이라고 발음한다-이라는 말을 들어본 적이 있을 것으로 생각한다. 새로운 입자를 발견하여 노벨상을 받았다는 뉴스가 나오기 때문이다. 핵물리 연구소라 하지만 실제적으로는 핵을 이루는 핵자들, 즉 양성자와 중성자의 속을 들여다보는 실험을 주로 한다. 혹은 중이온 빔을 아주 높은 에너지로 서로 충돌시켜 극도로 밀도가 높은 핵 매질의 성질을 연구하는 실험을 한다. 이러한 영역을 강입자 물리학(hadron physics)이라고 한다. 입자 물리학이라는 영역과 대비되지만 사실상 고에너지 물리학의 범위라고 보면 된다. 여기서 다루는 중이온 가속기는 실상 핵자로 이루어진 원자핵의 구조와 매질 그리고 서로의 핵반응에 따른 원소 합성의 영역과는 영역이 다르다. 이 점 주의 바란다. 다만 CERN 시설 중 ISOLDE가 바로 여기에서 다루는 주제와 부합되는 시설이다.

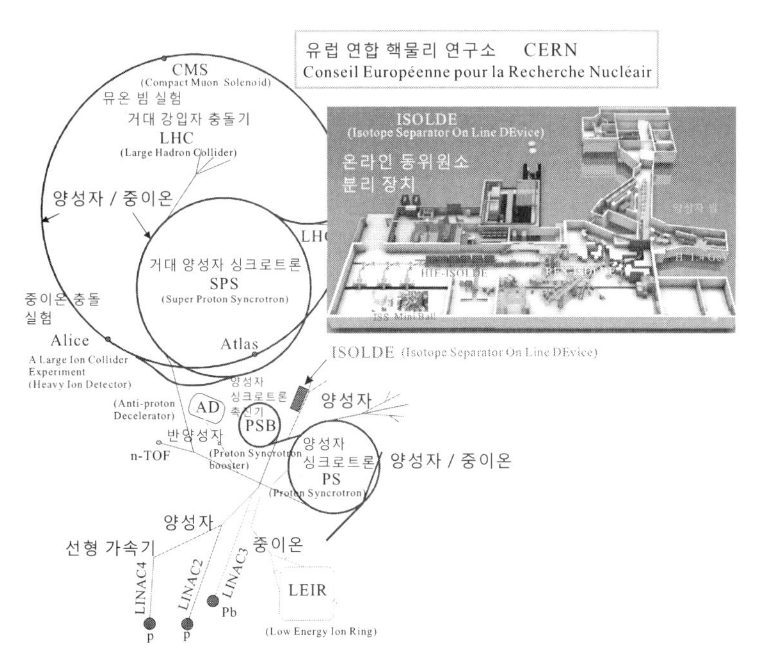

그림 6.11 유럽 연합 핵물리 연구소(CERN)와 ISOLDE. ISOLDE는 ISOL 장치(Device)를 말한다. CERN은 고에너지 핵물리 혹은 입자물리 실험을 주요 목적으로 하는 거대 원형 가속기(싱크로트론) 시설이다. ISOLDE는 양성자 빔을 받아 우라늄 표적을 사용하여 희귀동위원소 빔을 생산한다. HIE-ISOLDE는 고강도-고에너지의 희귀동위원소 빔을 생산할 수 있는 새로운 시설이다. https://isolde.web.cern.ch/

그림 6.11을 보자. CERN 가속기 시설 전체와 ISOLDE의 위치가 그려져 있는 것을 볼 수 있을 것이다. ISOLDE는 국내 가속기

시설에서 ISOL 이온발생기를 출발점으로 하여 KoBRA에 이르는 영역과 비슷하다. 그러나 ISOLDE는 상대적으로 에너지가 비교적 낮다. 우리나라 사람들은 이러한 과학 영역에 종사하는 학자들도 무조건 높은 에너지를 선호하는 경향이 있다. 그러나 **에너지 영역에 따라 연구의 방향과 그 내용은 다르며 오히려 낮은 에너지에서 더 질적인 연구 결과가 나오기도 한다**. 이 점 역시 글쓴이가 여러 번 강조하는 중요한 사안이다. ISOLDE에서의 핵물리 연구 업적은 실로 대단한 편이다. 새로운 불안정 핵종 발견, 새로운 베타선 붕괴 길, 다양한 핵반응 등에 있어 핵 주기율표인 핵도표에 ISOLDE에 의한 결과들이 즐비하다. 여기에서는 자세한 연구 주제와 그 실험들에 대해서는 생략하기로 한다. 국내 젊은 과학자들에게 적극적으로 권할 수 있는 희귀동위원소 시설 중 하나이다.

6.2.4 러시아: JINR

러시아는 이 분야에 있어 서양과 대비되는 다른 한편의 핵심 국가이다. 특히 원자력 에너지 분야에서는 일찍부터 독립적인 체계를 갖추어 연구와 실험이 활발하게 이루어져 왔다. 대표적인 기관이 **핵연구 합동연구소** (Joint Institute for Nuclear Research; JINR)이다. 앞으로 이 연구소를 JINR로 표기하기로 한다.

사실 JINR은 거대 연구소이며 다음과 같이 7개의 큰 실험연구실로 구성되어 있다. 비록 각각의 연구실이 마치 실험실(laboratory)로 표기되어 있지만 하나하나가 우리나라의 독립적 연구소와 버금한다. 덧붙인다면 유럽연합의 CERN과 필적하는 시설로 러시아도 이 점을 강조하고 있다. 이름 자체가 CERN과 거의 동일한 의미를 가진다. 두 곳 모두 입자 물리학이 아니라 핵물리학이라는 명칭에 주목 바란다.

1. **플레로프 핵반응 연구실** (Flerov Laboratory of Nuclear Reactions) (그림 6.12)
2. **베크슬레르/발딘 고에너지 연구실** (Veksler and Baldin Laboratory of High Energy Physics)
3. **프랑크 중성자 물리학 연구실** (Frank Laboratory of Neutron Physics)
4. **드체레포프 핵문제 연구실** (Dzhelepov Laboratory of Nuclear Problems) : 핵재처리 연구
5. **보골리우보프 이론 물리학 실험실** (Bogoliubov Laboratory of Theoretical Physics)
6. **방사성 생물학 연구실** (Laboratory of Radiation Biology)
7. **정보 기술학 연구실** (Laboratory of Information Technologies)

위와 같은 실질적 연구실 차세대 연구자 육성과 국제협력을 위한 교육 기관으로 JINR 대학 센터 (JINR University Center)가 있다.

JINR에서 중이온 가속기와 희귀동위원소 빔 실험과 관련되는 연구실은 물론 플레르보 핵반응 연구실이다. 특히 이 연구실에서 많은 초중핵 원소를 합성하여 러시아의 이름을 드높인 것은 유명하다. 그림 6.12가 플레로프 핵반응 연구실 가속기 시설이다. 라온

시설에 대비되는 장치들이 즐비하다. 여기서 DC-280, U-400, U-400M, IC-100 등은 모두 사이클로트론 가속기이다.

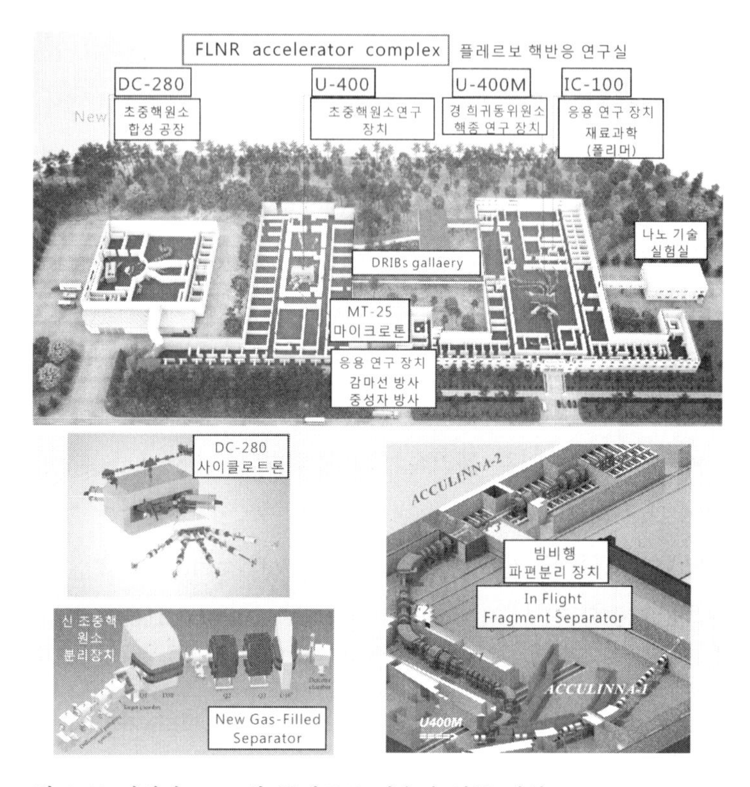

그림 6.12 러시아 JINR의 플레로프 가속기 연구 시설.
http://flerovlab.jinr.ru/flnr/

이 연구실의 주요 연구 목표는 초중핵원소 발견 및 구조 연구, 가벼운 특이 핵 연구 등이다. 아울러 중이온 빔에 의한 방사성 물리, 방사성 화학, 나노기술 연구 등에서 뛰어난 연구 결과를 내고 있다. 그림에서 보듯이 비행 파편 동위원소 분리기가 두 대

설치되어 있는데 특히 질량수 20 이하의 비교적 가벼운 희귀동위원소 핵의 특이한 성질 연구에서 이름을 높이고 있다.

이 연구실의 진가는 뭐니 뭐니 해도 초중핵 원소 합성에 있다. 이제까지 이 연구실에서 발견한 새로운 초중원소들(Super Heavy Elements)은 다음과 같다.

두브니움(dubnium; Db, **원자번호** 105): 두브나(Dubna) 지명을 땄으며 바로 JINR 소재 도시 이름이다.

플레로피움(Flerovium; Fl, **원자번호** 114): 플레로프 인명. 본 플레로브 연구 시설 명과 같다.

모스코비움(Moscovium; Mc, **원자번호** 115): 모스크바 지명.

리베르모리움(Libermorium; Lv, **원자번호** 116): 미국 리버모와 연구소 명. 미국과의 공동 연구 산실을 나타낸다.

테네신(Tennessine; Ts, **원자번호** 117): 인명.

오가네손(Oganesson; Og, **원자번호** 118): 인명. 생존해 있으며 초중핵 발견 실험 주도자이다.

아마도 이 글을 읽고 있는 독자들이 놀랄 것으로 생각한다. '이렇게 많은 원소를 러시아에서 합성하고 그 이름을 붙이다니!'하면서 말이다. 앞에서 나온 주기율표를 다시 보기 바란다. 그런데 위에서 보면 113번이 빠져 있는 것을 알 수 있을 것이다. 113번의 이름이 '일본'이라는 뜻인 니호늄(Nihonium)이다. 일본(日本)의 일본식 한자 발음이 '니혼'이다. 덧 붙여 말하자면 이 113번의 원소 합성을 두고 러시아와 일본이 서로 우리가 성공했다라고 주장하면서 장시간 원소명 부여가 보류되었었다. 최종적으로는 일본에 그 발견의 공이 돌아갔다.

국내의 중이온 가속기를 통하여 새로운 원소를 합성하기 위해서는 넘어야 할 산들이 많다. 그림 6.12에서 보면 FLNR에 새로운 초중핵 합성 시설이 들어서 있다는 사실이 눈에 들어올 것이다. 2018년도에 시운전을 하였다. 물론 119번, 120번 등의 초중핵 원소 합성을 위한 시설이다. 일본 역시 이 경쟁에 뛰어든 상태이다.

다음으로 눈여겨 볼 연구 분야가 응용 영역이다. 그림에서 보면 IC-100 사이클로트론과 마이크로트론 장치가 이에 해당됨을 알 수 있다. IC-100 사이클로트론은 핵자당 1 MeV 정도의 에너지를 가지는 네온(Ne), 아르곤(Ar), 철(Fe), 요오드(I), 제논(Xe), 텅스텐(W) 등의 빔을 생산하다. 이러한 빔들은 재료들에 대한 중이온 빔 상호 작용 연구에 이용된다. 이를 통하여 폴리머나 반도체 등의 변화 연구와 함께 우주선에 탑재되는 전자 장치 등에 대한 면밀한 영향성을 조사한다. 대단히 중요한 연구이다. 고부가가치 기술 확보에 직결되기 때문이다. 그리고 마이크로트론인 경우 고에너지 빛인 감마선을 생산한다. 더욱이 중성자 빔도 생산한다. 감마선의 방사와 빠른 중성자 빔의 방사에 따른 재료들의 영향 등을 연구한다. 이 역시 차세대 원자로 및 원자력 발전 기술에 직결되는 재료 평가성 연구들이다. 우리가 나가야 할 가속기 응용 방향성을 보여준다.

JINR에서 가장 큰 가속기 시설은 고에너지 물리학을 위한 시설이다. NICA라고 부른다 (그림 6.13). 핵자 충돌 거대 가속기의 시설로 핵자들의 속, 그러니까 양성자나 중성자의 내부 매질의 성질을 보고자 하는 고에너지 원형 가속기 시설이다. CERN의 원형가속기가 추구하는 연구 목적과 비슷하다. 현재 건설 중이다. 극한 핵자 매질 연구를 위한 중이온 충돌 실험과 이를 뒷받침하는 검출 체계 등에 있어 공동 연구를 할 분야가 많다.

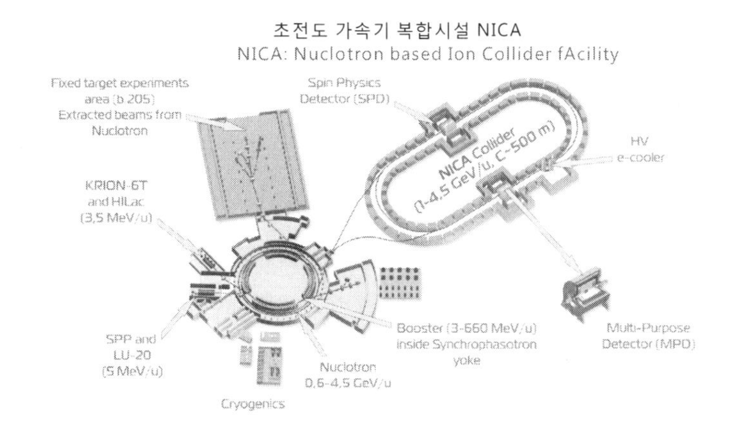

그림 6.13 고에너지 물리학 실험을 위한 초전도 가속기 시설.
https://nica.jinr.ru/

6.3 북아메리카

6.3.1 미국: FRIB

미국에는 수많은 가속기가 설치되어 운영되고 있다. 보통의 탄뎀형 반데그라프, 사이클로트론에 의한 중소형 연구 시설은 물론 입자 물리학 (최근에는 고에너지 물리학으로도 부른다)을 위한 초거대 선형 가속기 혹은 원형 싱크로트론 가속기 시설들이 즐비하다. 이러한 거대 가속기 시설들은 말할 것도 없이 입자 물리학, 다시 말해 원자핵을 이루는 입자들이 아닌 기본 입자들의 연구를 위한 시설들이다. 여기에서는 피하고 간다.

그러면 중이온 가속기 시설 그것도 희귀동위원소 빔 생산 연구소는 어디에 있을까? 두 군데가 있다. 하나는 미시간 주립대학에 설치된 국립 초전도 사이클로트론 시설 (National Superconducting Cyclotron Laboratory; NSCL)이며 다른 하나가 아르곤 국립연구소 (Argon National Laboratory; ANL)의 가속기 시설이다. 이 중에서 NSCL 시설이 사실상 희귀동위원소 빔 가속기 본류이다. 지난 30여년 간 NSCL, GANIL, RIKEN이 분야에서 3총사 역할을 해왔다. 그리고 RIKEN의 RIBF를 선두로 다시 경쟁이 시작되어 새로운 희귀동위원소 가속기 시설들이 구축되고 있다. 여기서 다루고자 하는 FRIB, 즉 희귀동위원소 빔 시설 (Facility for Rare Isotope Beams)은 미국에서 의욕적으로 추진하는 국가적 중요 실험 시설이다.

그림 6.14는 미시간 주립대학의 캠퍼스와 NSCL 그리고 FRIB의 위치 및 시설에 대한 개요도이다. FRIB은 새로운 이온원과 초전도 선형 가속기를 필두로 하여 기존의 빔 라인 시설들을 아우르게 된다. 두 대의 초전도 사이클로트론은 새롭게 태어나는 초전도 선형가속기들에게 가속기의 자리를 내주게 된다. 이 시설은 2022년도부터 가동이 시작되었다.

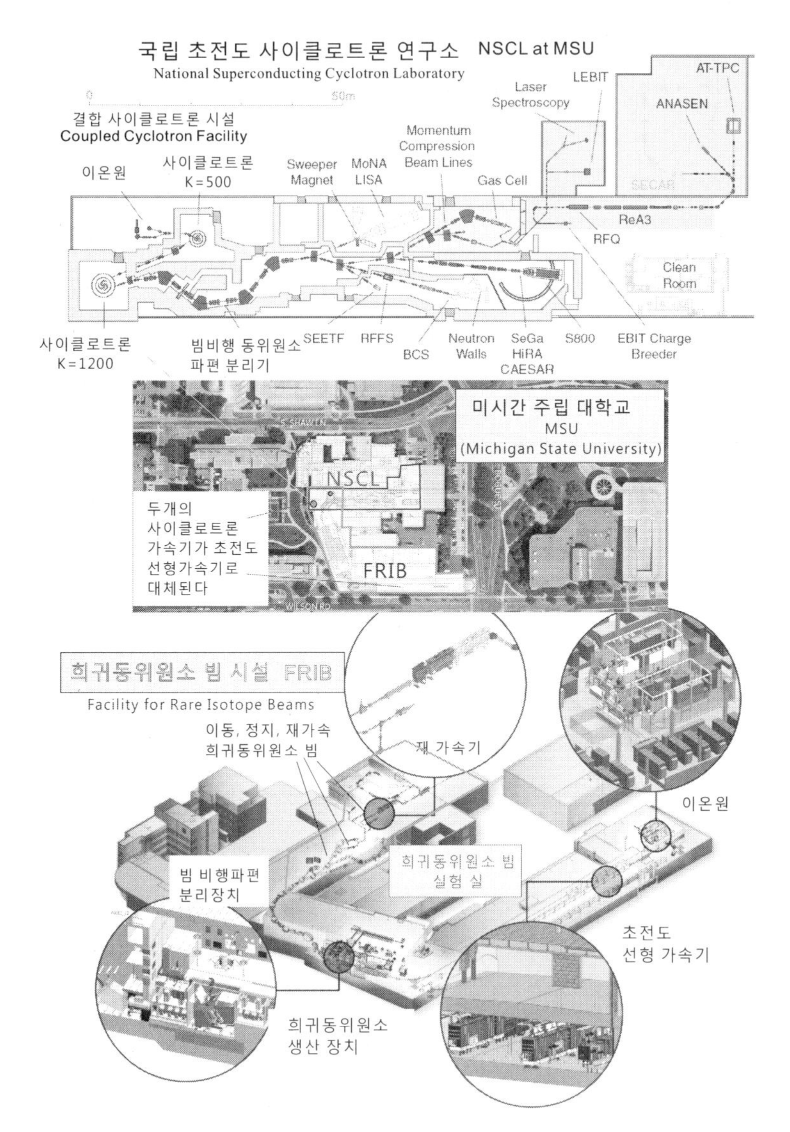

그림 6.14 미국의 국립 초전도 사이클로트론 연구소와 희귀동위원소 빔 시설, FRIB. 미시간 주립 대학에 있으며 미국 에너지 성(department of energy)

관할 국가 연구시설이다. 이온 발생기, 초전도 선형 가속기, 빔 비행 파편 분리기 등은 라온 시설과 비슷하다. 기존의 두 대의 사이클로트론은 FRIB에서 초전도 선형가속기로 대체되었다. https://frib.msu.edu/

초전도 선형가속기는 세대가 설치된다. 그리고 이미 사용되고 있는 실험 장치와 그 실험실들은 새롭게 단장된다. 특히 천체핵물리학과 관련된 별에서의 원소 합성 실험들이 의욕적으로 추진된다. 물론 핵 구조와 핵 매질에 대한 다양한 실험들도 계획되어 있다. 이러한 실험들에서 특히 중요한 것이 검출기 확보이다. 검출기 체계의 중요성에 대해서는 이미 유럽의 시설들을 다룰 때 강조한 바가 있다. 미국에도 유럽과 같이 많은 검출 분광 체계들이 이미 확보되어 있는데 그 중에서도 감마선 검출 장치가 유명하다. 그 이름이 GRETA인데 게르마늄 검출기에 기반 된 360도 전체를 둘러싸는 초민감 감마선 측정 장치이다. 2025년도에 완성된다. 그리고 그림 6.14에서 NSCL 빔 선로(beam line) 중 SECAR가 보일 것이다. 일종의 되튐 분광 장치로 원소 합성 핵반응을 측정하는 곳이다. 가장 중요한 장치 중 하나이다. 그리고 이동, 정지, 재가속 희귀동위원소 빔 (fast, stopped, re-accelerated beams) 이라는 영역이 있는데 이러한 종류의 빔들이 확보되어야 입체적인 실험들이 가능하다는 점을 강조해 둔다. 활용장치와 그에 따른 연구 주제들에 대한 자세한 설명은 피하도록 하겠다.

그 대신 주목해야할 중요한 사실을 언급하고자 한다. 그것은 우리처럼 FRIB이 2022년도에 갑자기 시작하는 것이 아니라 기본의 시설을 바탕으로 RI 빔 생산과 실험들이 이어진다는 점이다. 사실 현재의 NSCL 가속기 시설만으로도 희귀동위원소 빔 종류와 세기에는 일본의 RIBF에는 뒤지지만 연구 결과의 질적인 면은 결코 떨어지지 않는다. 따라서 FRIB이 본격적으로 가동되어 실험이 시작되면 최고의 실험 결과들이 줄을 이울 것으로 예상된다.

6.3.2 캐나다: TRIUMF

캐나다의 대표적 가속기 시설은 TRIUMF이다. 우선 도대체 TRIUMF가 무슨 뜻인지 부터 알아보자. TRIUMF는 the Tri-University Meson Facility의 약자이다. '세 개 대학 메존(빔) 시설'이라는 의미이다. 여기서 3개의 대학은 캐나다 벤쿠버 시가 속한 주에 있는 대학들이다. 그럼 메존(중간자라는 뜻)은 무엇인가? 앞에서 여러 번 나온 뮤온 빔의 어미핵인 파이온이다. **중간자**인 파이온이 붕괴되면서 뮤온이 나오기 때문이다. 그럼 왜 메존 생산 가속기 시설일까? 그것은 이 가속기 시설 자체가 처음부터 입자물리학을 위한 시설이었기 때문이다. 즉 사이클로트론을 통하여 고에너지 양성자 빔을 만들어 메존 빔을 생산하고 이 메존에 연관된 입자물리학을 연구하기 위해서이다. 물론 양성자 빔에 의한 핵반응 실험도 병행된다. 이 사이클로트론은 설치 당시 세계에서 가장 규모가 큰 시설 중 하나로 핵물리학 교과서에도 자주 등장할 정도로 유명한 가속기이다. 분리 섹터 형으로 마치 바람개비처럼 생겼다 (그림 6.15).

그림 6.15 TRIUMF 가속기 시설의 사이클로트론 완성 모습. 바람개비 형태이다. 지금은 방사성 방지를 위하여 콘크리트로 둘러싸여 볼 수 없다.

그럼 ISAC은 또 무엇일까? ISAC은 Isotope Separator and ACelerator의 약자이다. 이 시설은 양성자 빔을 입사 빔으로 하여 ISOL 장치를 가동시켜 희귀동위원소 빔을 만드는 장치이다. 사실 ISAC은 CERN의 ISOLDE의 위치와 비슷하다. 그림 6.16에서 이러한 TRIUMF의 가속기 시설의 다양한 빔 선로들과 함께 활용 장치들이 복잡하게 얽혀 있는 것을 볼 수 있다. ISAC I에서 유명한 장치가 DRAGON이다. 이름들이 참 근사하다. 이렇게 학자들도 장치는 물론 새로운 입자들에 사람들의 이목을 얻기 위해 좀 무리하게 이름을 붙이기도 한다. 어쩔 수 없는 인간의 성향이라 하겠다. 이 장치는 국내의 KoBRA (이 이름 역시 주목을 받기 위한 이름이다!)와 일면 상통되는 동위원소 분리기이다. 자세한 것은 언급을 피한다. ISAC II는 초전도 선형 가속기를 새로이 설치하여 희귀동위원소 빔을 얻고자 구축되는 장치이다.

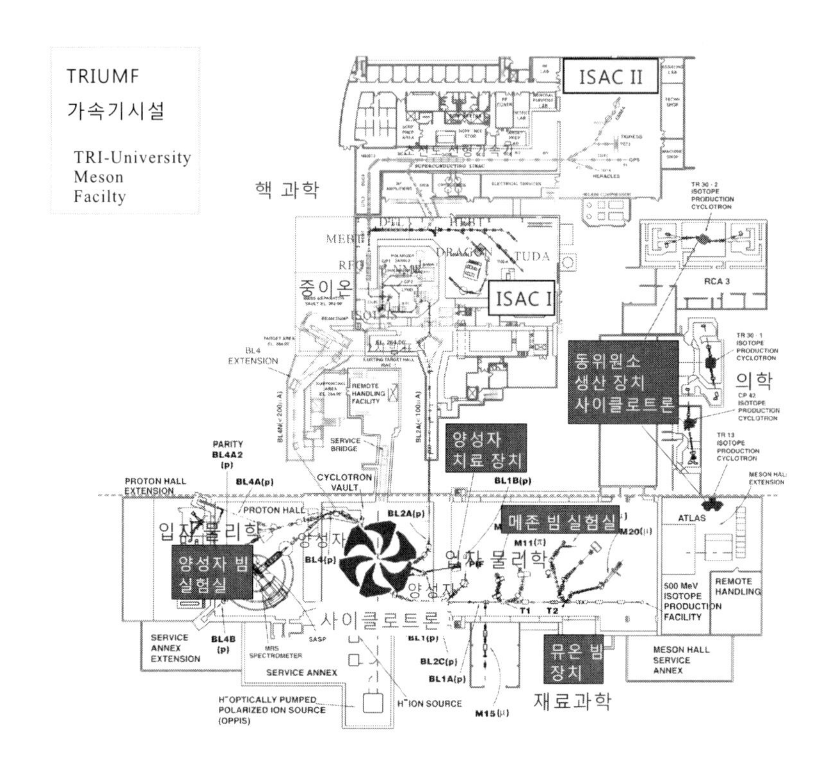

그림 6.16 TRIUMF 가속기 시설. 주 사이클로트론을 중심으로 아래 영역이 양성자 빔에 기반 되는 입자물리학 실험실들이다. 메존은 중간자의 뜻이다. 메존은 고에너지 양성자 충돌에 의해 나오며 다시 메존 붕괴를 통하여 뮤온빔이 생성된다. 뮤온빔을 이용한 재료과학 장치가 이곳에 설치되어 있다. 의료용 방사성 핵종을 생산하기 위하여 여러 개의 사이클로트론을 운영하는 것이 특징이다.

https://www.triumf.ca/research-program/research-facilities/isac-facilities

방사성 진단과 영상법

희귀 핵은 방사성 핵종이다.
방사성 핵종은 오늘날 병원에서 광범위하게 사용된다.
치료는 물론 병의 진단에 탁월한 능력을 발휘하기 때문이다.
부록이라 하지만 일반인에게는
가장 긴요한 정보를 담은 보물 상자라 하겠다.
글쓴이가 병원에서 보며 느끼며 겪은 경험을 바탕 삼아
보따리를 만들었다.
부디 보따리를 풀어보기 바란다.

A.1 진단 영상 장치

방사성 핵종인 특수 동위원소들은 병원에서 폭넓게 사용되고 있다. 즉 병의 진단용으로 사용이 되는데 이때는 빔으로 사용되는 것이 아니라 마치 약물처럼 몸속에 투여되어 그 기능을 발휘한다. 물론 여기에서 다루는 엑스선은 예외이다. 예를 들면 암 치료를 위해 받는 진단용 검사 종목은 초음파, X-ray, CT, 핵의학 (뼈검사 ;bone scan), MRI 등이다. 그림 A1이 위와 같은 검사를 위해 병원에서 발부되는 안내장들이다.

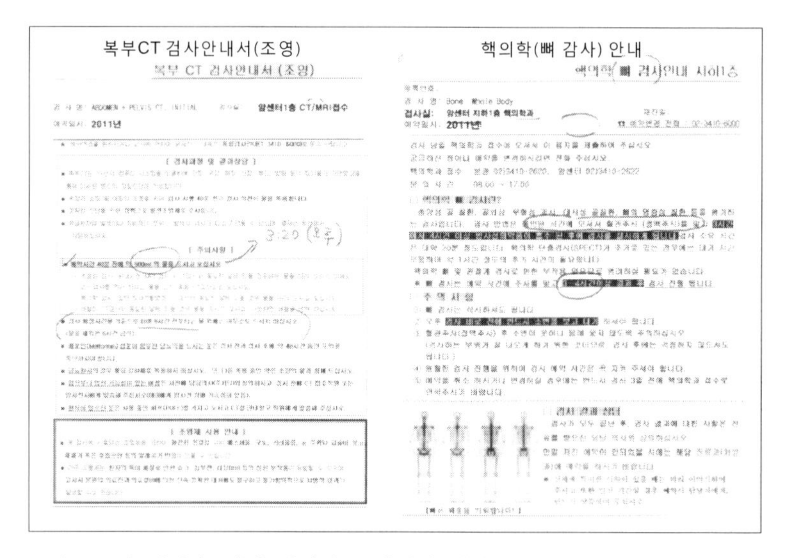

그림 A1 암 진단을 위해 실시되는 다양한 검사 안내서.

CT는 엑스선 투과 컴퓨터 단층 촬영법 (X-ray transmission computerized tomography)을 의미하며 기본적으로는 엑스선 영상에 속한다. 여기서 tomo는 그리스어로 자른면(section)을 뜻한다. 단면적(cross section)의 의미이다. 그리고 뼈 검사의 영상은 방사성핵종(radionuclides) 혹은 방사성 동위원소 (radio isotopes)로부터 방출되는 방사선-주로 감마선-을 이용하여 얻는다.

여기서 한 가지 알아둘 것은 CT와 더불어 핵의학에 있어 이러한 방사성동위원소의 방사선을 이용한 영상은 다수의 검출기가 동원된 특수 장치라는 점이다. 그리고 그 분석은 결국 컴퓨터에 의해 이루어진다는 사실에 있다. 따라서 (방사선) 방출 컴퓨터화 단층촬영 (emission computerized tomography) 즉 ECT가 정확한 표현이다. 지금은 그냥 CT라 하며 C도 computed의 약자로 이해되고 있다. 방사성동위원소 영상 장치 중 PET(positron emission tomography)라는 것이 있는데 이를 양전자 방출 단층촬영법이라고 부른다. 크게 보아 ECT의 일종으로 병원마다 PET 장치를 갖추었다고 하는 광고를 많이 접하게 된다. 나중 설명하기로 한다. 우선 이 영상장치들에 대한 쓰임새와 그 장단점을 알아보고 나서 이러한 영상장치들에 대한 자세한 내용을 다루기로 한다.

표 A1은 의학용 영상장치들에 대한 종류와 그 쓰임새를 정리한 것이다.

표 A1 의학용 영상장치들에 대한 쓰임새와 대비표.

	초음파 검사 (ultra-sonography)	엑스선 영상 (X-ray imaging)	컴퓨터단층촬영 (X-ray transmission computed tomography; CT)	방사성동위원소 영상 (radioisotope imaging)	자기공명영상 (magnetic resonance imaging; MRI)
뼈	부적합	최적합	정교한 영상 시	초기 진단시 유용; 전체 암진단 시	특별한 경우 외는 부적합
뇌	부적합	제한적임	MRI를 위한 뼈의 영상 제공에 적합	부적합	최적합
가슴	부적합	최적합; 폐 영상	정교한 영상 시 적합	최적합; 공기 및 혈류의 기능 연구	제한적임
심장 및 혈액 순환	최적합	needs contrast medium(조영제)	제한적; 디지털영상법으로 진보	혈류 연구에 적합	적합; 상세한 영상 가능
연(한)조직; 근육, 힘줄, 관절 등	가능, 단 뼈 있는 곳은 불가능	적합하나 낮은 대조비 (poor contrast)	적합; MRI에 뼈 영상 제공	적합; 기능 정보 제공	최적합; 근육, 힘줄, 연공조직 등.
연조직; 복부	최적합; 특히 조산(산파)술	적합하나 조영제 필요	적합; 전체 복부 영상	적합; 간장, 신장(콩팥)의 기능성 연구. 종양 성장 연구.	별로 사용안됨. 특별 부위에 대한 정교한 영상 가능.
안전성	안전	낮은 방사선량	높은 방사선량	방사성핵종에 의한 보통의 방사선량	심장박동기, 임플란트 등에 위험. 밀실공포증 유발 가능
조사시간	보통	빠름	보통	추적자 분포에 따른 대기로 길어짐	느림
분해능	1-5 mm	0.1 mm	0.25 mm	5-15 mm	0.3-1 mm

A.1.1 초음파(ultrasound) 진단: ultra-sonograph

초음파 진단은 음파가 물체에 부딪치면 반사되어 되돌아 나오는 원리를 이용한다. 메아리를 연상하면 된다. 산에서 큰 소리를 외쳤을 때 메아리가 들리는 것은 음파가 반대편 산에서 반사되어 나오기 때문이다. 파(sound)는 횡파와 종파로 나뉘는데 음파는 종파에 속한다. 횡파의 대표 주자는 빛이다. 파는 속성 상 파장 혹은 진동수로 나타내며 진동수나 파장의 영역에 따라 이름을 달리하여 부른다. 여기서 초음파라 하면 사람이 들을 수 있는 음파의 영역보다 진동수가 높은 음파를 말한다. 보통 초당 2 만번-이를 20 kHz로 표기한다 - 이상의 음파가 이에 속한다. 그러나 초음파 검사에 쓰이는 음파는 이보다 훨씬 높은 파로 보통 1-50 MHz이다. 여기서 M은 백만을 뜻한다. 이러한 초음파를 우리 몸의 피부에 쏘이면 피부 혹은 피부 안의 특정 부위에서 음파가 반사되고 이 반사된 음파를 전기적 신호로 바꾸어 영상을 만들어 낸다. 이때 음파를 전기적 신호로 바꾸는데 사용되는 물질이 압전성 결정(piezoelectric crystal)이다. 우리가 귀로 소리(음파)를 받아 그 소리를 인식되는 것은 소리 신호가 전기신호로 바뀌고 신경전달 물질을 통하여 뇌의 뉴런 조직에 도달하기 때문이다. 이러한 역할을 하는 장치를 보통 변환기(transducer)라 하며 귀에는 음향변환기라는 특정의 세포(단백질 분자)가 존재한다. 우리가 영상을 얻는 것도 마찬가지이다. 즉 눈을 통해 들어온 빛(이종의 전파)이 망막에 도달하면 빛의 전파가 전기적 신호로 바뀌어 지고 이 신호가 뇌의 영상 뉴런에 도달하여 시각을 얻는 것이다. 여기서 공통점이 결국 **전달 신호는 모두 전기**

적인 신호(펄스)라는 점이다. 초음파는 물론 모든 파들은 물체에 도달하면 반사하거나 흡수가 되는데 흡수 능력에 따라 물질의 반사율이 다르다. 이러한 다른 반사율 혹은 흡수율에 의해 명암성(contrast)이 생기며 영상이 만들어 진다. 흡수율 즉 반사율은 물질의 밀도와 밀접하게 연관된다.

이러한 초음파에 의한 물체 영상을 잡는 것은 세계 대전 때 잠수함을 잡을 때 사용된 초음파 탐지기가 유명하다. 즉 배에서 발사된 초음파가 바다 속에 있는 잠수함의 표면에 도달하면 반사되어 나오는 음파로 그 위치를 식별하는 것이다. 음파 탐지기의 원리와 임신 중인 엄마 뱃속의 아기를 촬영하는 초음파 탐지기의 원리를 그림 A2를 통하여 나타내었다.

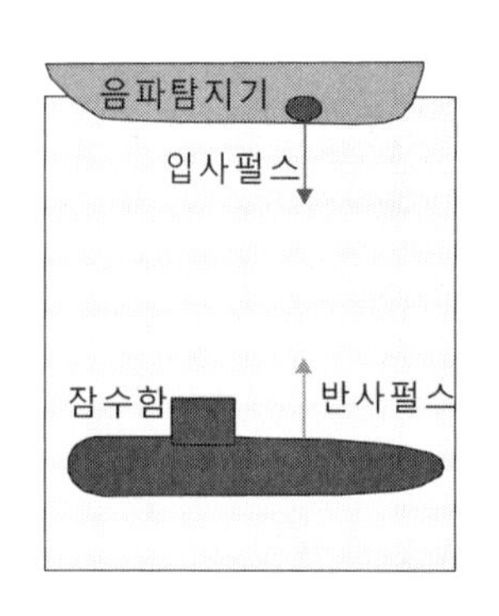

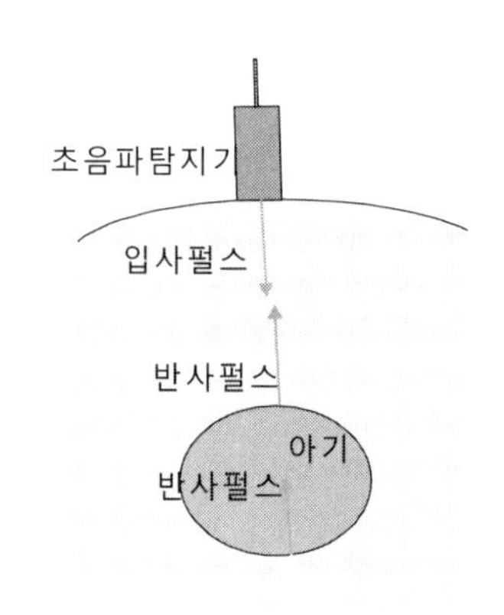

그림 A2 초음파 영상과 진단의 원리.

반사된 거리는, 거리 = 속도×시간의 원리에 의해 계산된다. 여기서 거리는 왕복 거리이다. 우리가 병원에서 초음파를 찍을 때는 탐지기를 스캔하는 형식으로 영상을 얻는다. 혈액의 흐름 등의 정보는 소위 **도플러 효과**를 이용하며 이를 도플러 영상이라고 부른다. 도플러 효과는 달려오는 자동차의 경적소리가 속도에 따라 달라지는 원리이다. 그림 A3에 이에 대한 영상을 담았다.

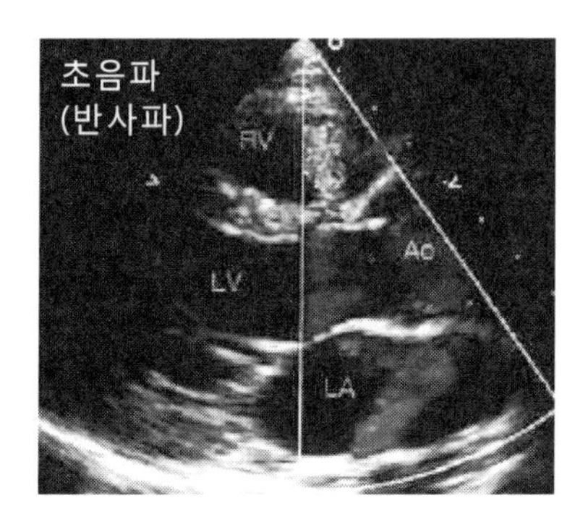

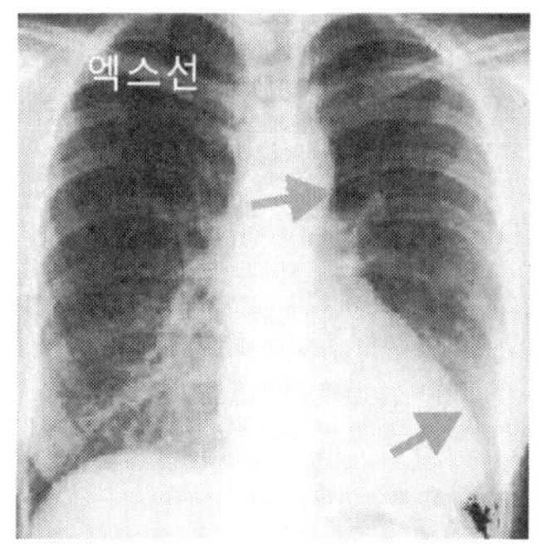

그림 A3 초음파 영상 (왼쪽)과 엑스선 영상. 이 환자인 경우 선천성 심장 질환의 일종인 심실의 가운데 간극이 결손 되는 병이다. 왼쪽방(좌심실;左心室)에서 오른쪽방(우심실)으로 허파의 피가 흐르는 과정에서 가운데 격실이 결손되어 피의 흐름이 모자이크 식으로 끊어지는 모습을 담고 있다. 여기서 빨간색은 피의 흐름이 가까이 올 때를, 파란색은 멀어져 갈 때를 나타낸다. 도플러 효과에 의한 것이다. 오른쪽 사진은 다음에 소개할 엑스선(X-ray)에 의한 같은 환자의 가슴 모습이다. 화살표가 손상된 부분이다.

A1.2 엑스선 (X-ray) 진단

엑스선은 빛의 일종으로 가시광선보다 훨씬 높은 에너지를 가진다. 이러한 높은 에너지를 가진 엑스선은 신체 내부를 뚫고 들어갈 수 있으며 이로 인해 신체 내부의 영상을 얻는데 사용된다. 아울러 암세포를 파괴시키는 능력도 갖고 있어 치료용으로도 사용된다.

우리는 이러한 엑스선을 이용한 촬영에 익숙해져 있다. 폐는 물론 갈비뼈가 나와 있는 영상을 본 적이 있을 것이다. 이는 엑스선이 피부를 통과하여 폐를 관통하고 갈비뼈에서는 관통하지 못하여 엑스선 즉 빛의 명암 차이가 영상으로 재현된 결과이다. 처음 엑스선을 발견한 뢴트겐이 부인의 손을 찍어 손가락 뼈를 보인 사진이 유명하다. 그림 A4를 보기 바란다.

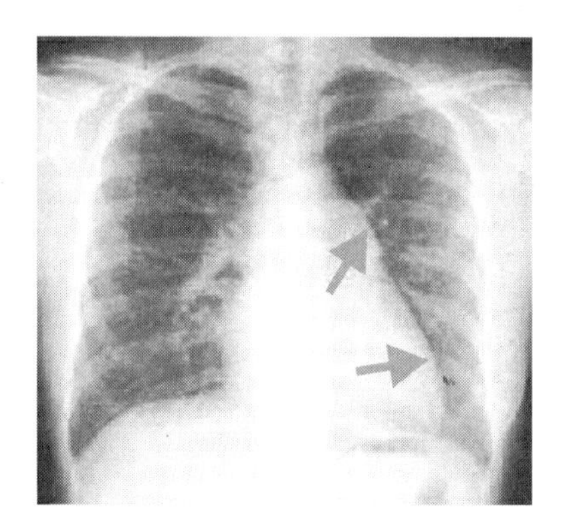
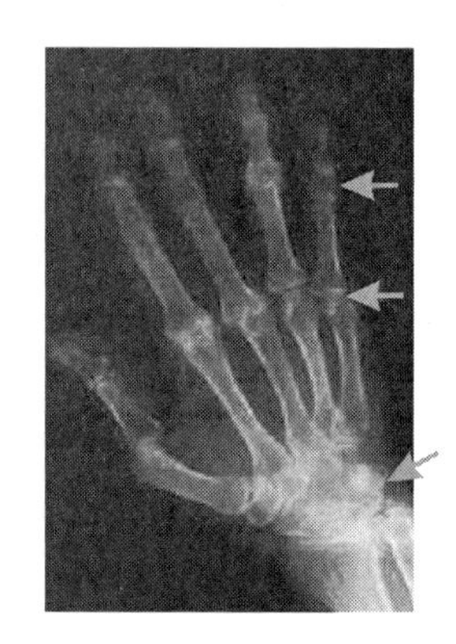

그림 A4 엑스선 영상의 보기. 왼쪽은 선천성 심장 질환에 따른 심방 결손을 보여주고 있다. 그리고 오른쪽은 관절 류마티즘(rheumatoid arthritis)에 걸린 모습이다.

엑스선은 아주 빠른 전자가 물체에 부딪치며 발생되는 원리로 생산된다. 그리고 전자는 소위 전자총이라고 하는 장치로 발생시키는데 보통 텅스텐 필라멘트에 고전압을 가하여 만든다 (그림 A4). 그리고 이와 같이 발생된 전자를 열전자라고 부른다. 이러한 열전자가 양극으로 연결된 표적에 부딪치면 엑스선이 발생한다. 전자의 대부분의 에너지는 사실 표적 물질의 열로 사라지고 극히 작은 영역만이 엑스선을 발생시키는 역할을 한다. 그림 A5에서 표적판을 회전시키는 것은 전자가 때린 부분은 온도가 상당히 높기 때문이며 따라서 고정되어 있다면 물질이 녹아버릴 수 있기 때문이다. 오일은 열을 식히는 역할과 함께 전류의 흐름을 차단시키는 몫을 담당한다.

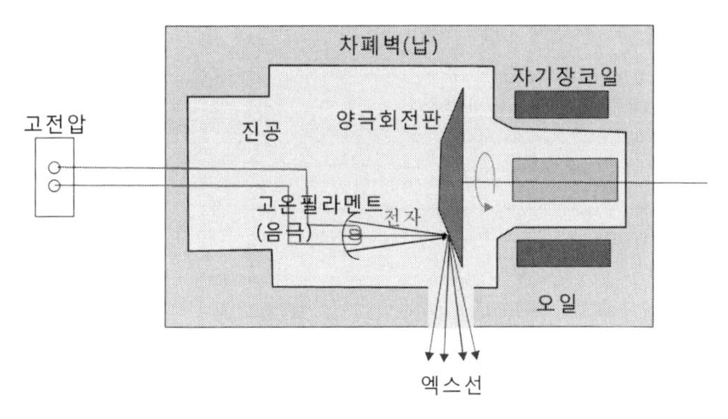

그림 A5 진단용 엑스선 발생장치의 개략도. 일종의 엑스선관이다.

엑스선에 의한 영상은 엑스선이 물질 내에서 에너지에 따라 그 세기가 약해지는 감쇠율을 이용한다. 엑스선이 매질 내에서 감쇠되는 데는 세 가지 반응에 의해 일어난다. 첫째, 광전 효과, 두 번째가 콤프턴 산란, 마지막으로 쌍생성 작용이다. 그리고 에너지가 낮은 경우에는 단순 산란이 일어난다. 이러한 작용은 모두 매질의 종류에 따라 다른데 더 근본적으로는 원자의 종류에 따라 다르다. 여기에서는 더 자세한 것은 삼간다. 영상에 가장 민감하게 적용되는 반응은 광전효과이다. 왜냐하면 원자번호에 따라 그 감쇠율이 뚜렷하게 다르기 때문이다. 뼈의 매질에서 엑스선이 쉽게 흡수되는 것, 다시 말해 감쇠율이 높은 것은 이러한 광전효과 때문이다. 따라서 열전자의 에너지는 엑스선이 콤프턴 산란이 일어나는 데 적합한 에너지가 되도록 조절하게 된다. 보통 전압을 60-125

kV 범위에서 조절되는데 일반적으로 70 kV가 가장 널리 사용된다. 다음의 표는 일반적 조사 대상에 따른 엑스선관의 조건과 조사 시간이다.

표 A2 엑스선 조사에 따른 전압, 전류의 조건과 쬐는 시간.

조사 대상	전압/kV	전류/mA	쬐는시간/s
가슴	80	400	0.01
골반 및 복부	70	400	0.1
두개골	70	400	0.05
손	60	300	0.01
유방	30	300	0.25

그런데 엑스선 촬영 시 엑스선의 에너지는 보통 30 keV 인데 이 정도의 에너지는 엑스선의 영역에서는 낮은 에너지에 속한다. 앞에서 잠간 언급했지만 에너지가 낮을 경우에는 엑스선이 단순히 부딪치며 그 에너지를 간직한 채 다른 방향으로 튀어 나갈 수 있다. 이러한 탄성 산란된 엑스선에 의해 피부 근처에서는 세포들이 쉽게 파괴되기도 한다. 이것이 치료 과정에서 나타날 수 있는 피부암 발병의 원인이다. 표 A3은 몇 가지 매질에서의 엑스선의 감쇠율과 그에 따른 명암비를 나타낸다.

표 A3 여러 가지 매질에서의 엑스선의 감쇠율과 이에 따른 필름에서의 명암비.

매질	감쇠율	필름에서의 명암비
공기	무시	검정
지방	작음	진한 회색
연조직	중간	회색
뼈	높음	흰색

A1.3 CT (엑스선 컴퓨터 단층-촬영; X-ray transmission Computerized Tomography)

정확한 명칭은 엑스선 투과 컴퓨터화 단층촬영법이다. 보통의 엑스선 진단에 의해서는 신체 내부의 조직에 대한 입체적 영상은 얻을 수 없다. 엑스선 영상은 우리가 카메라로 찍는 사진과 사실상 다름없다. 그러면 신체 내부의 특수 부위에 대한 3차원 영상은 어떻게 얻을 수 있을까? 그것은 엑스선을 한 방향으로가 아니라 여러 가지 방향으로 쏘이는 방법을 이용하면 가능하다. 이러한 경우에는 영상을 얻는 것이 복잡하여 컴퓨터화를 시켜 만드는데 이를 CT라고 부른다. 이미 언급을 한 바가 있지만 C는 컴퓨터의 의미인 computed 더 정확하게는 computerized이고 T는 tomography의 약자이다. 그러나 더 정확한 용어는 엑스선 투과 컴퓨터 단층촬영(X-ray transmission computerized tomography)이다. CT에서는 필름을 쓰는 것이 아니라 엑스선을 직접 감지하여 그 에너지를 판별할 수 있는 검출기를 사용하게 된다. 이러한 검출기는 사실 핵물리학 실험에서 주로 사용되는데 지은이도 이러한 검출기를 사용하여 원자핵에서 나오는 감마선이나 엑스선을 측정하여 핵의 구조를 연구하고 있다. 그림 A6은 CT 중 가장 간단한 모델의 일종으로 스캔하는 방법으로 영상을 얻는 장치를 보여주고 있다. 3차원의 정교한 영상을 얻기 위해서는 상하 좌우로 스캔하여야 하는데 그럴수록 엑스선의 조사량은 많아지며 그 만큼 정상 세포를 파괴시켜버리는 위험성이 커지게 된다.

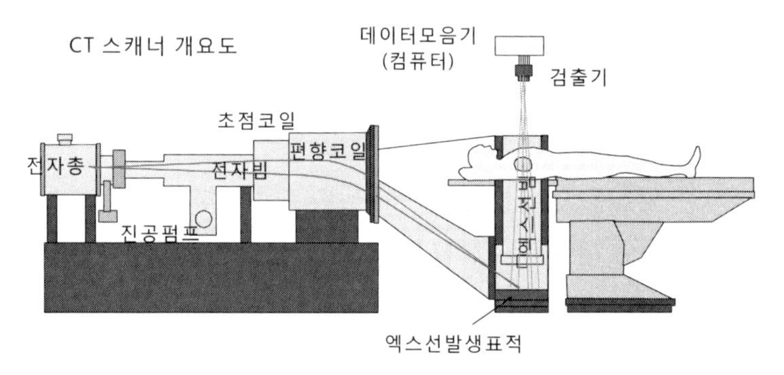

그림 A6 간단한 스캔 형 CT의 개략도.

A1.4 조영제(artificial contrast medium)

병원에서 나누어준 검진표에 보면 CT 등에 있어 조영제라는 용어가 나온다. 말 그대로 명암비를 강화시켜주는 매질이라는 의미이다. 사실 엑스선에 의한 영상에 있어 뼈 같은 경우는 뚜렷이 찍힐 수 있으나 연조직 같은 것은 뚜렷이 구별되어 찍히는 것이 어렵다. 이때 사용되는 물질이 조영제인데 이는 엑스선을 잘 흡수하는 매질이다. 보통 바륨(Ba)이 사용되며 혈액 조직, 위나 창자 등의 촬영 시에 이용된다.

A1.5 MRI (자기공명영상; Magnetic Resonance Imaging)

'자기 공명 영상'의 영어 약자이다. 그런데 실제적으로 이 이름은 NMR (Nuclear Magnetic Resonance)에서 출발한다. 이른바 '**핵자기 공명**'이 원래 이름이다. 나중 의료계 혹은 산업계에서 '핵'이 주는 부정적인 이미지를 벗어던지기 위해 살짝 Nuclear라는 단어를 빼 버린 결과이다. 이는 '원자력 발전소'라는 이름이 생겨난 것과 비슷하다. 원래는 원자력이 아니라 핵력이 맞고 따라서 핵발전소라고 해야 하는데 이 역시 '핵폭탄'의 부정적인 이미지를 불식시키고자 원자라는 단어를 가져다 쓴 것이다. 물론 핵 자체가 원자의 씨 즉 원자핵을 의미하므로 원자라는 단어를 쓰는 것도 맞는 듯하다. 그러나 에너지라는 측면에서 보면 엄연히 구분 되어야 한다. 원자가 갖고 있는 에너지에 비해 원자핵이 갖고 있는 에너지는 그 수십만 혹은 수백만 배에 달하기 때문이다. 태양 에너지도 사실 상 이러한 핵에너지로부터 나온다.

원리는 그림 A7과 같다. '자기(磁氣)'는 말 그대로 자석과 같은 성질을 말한다. 양성자 하나하나가 자석과 같다. 자기적인 성질은 전하를 띤 입자가 움직일 때 나타나는 현상으로 자석 역시 그 물질을 이루는 기본 입자 중 전자들의 고유 운동과 관련이 된다. 이러한 고유 운동은 지구의 자전 운동처럼 본래 타고 난 것이며 이를 '스핀'이라고 부른다. 이때 나타나는 자석의 크기를 전문 용어로 '스핀자기모멘트'라고 한다. 이러한 자기모멘트는 물론 외부로부터 자기장을 걸어 주면 즉각 반응을 일으킨다. 그러한 반응은 그네를 타고 있을 때 그 그네가 돌아오는 주기에 정확히 맞추어 밀어주면 그네의 폭이 점점 커지는 원리와 같다. 이를 공명 반응이라고 부른다.

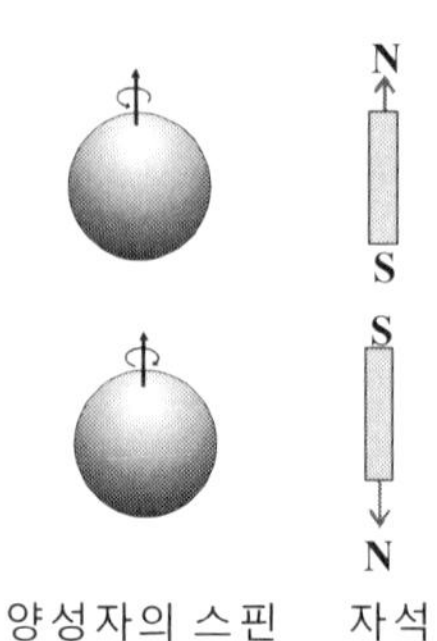

양성자는 스핀이라는 운동을하고 있으며
오른쪽 스핀과 왼쪽 스핀 두가지가 존재한다.
스핀에 의하여 양성자는 자석과 같은 성질을
가진다.

그림 A7 수소의 핵인 양성자와 그 스핀의 모습. 스핀에 의해 양성자는 자석과 같은 성질을 갖는다. 스핀에는 두 가지 종류가 있다.

그러면 어째서 이러한 핵자기공명 현상이 우리 몸의 구조를 파악하는데 이용되는 것일까? 그림 A8을 보면서 설명하겠다. 우리 몸의 대부분은 물 분자로 이루어져 있다. 그리고 물 분자는 수소와 산소 원자로 구성되어 있다. 여기서 중요한 것이 수소원자이다. 수소원자 중 70%가 물에 20% 정도는 지방 나머지는 단백질에 분포된다. MRI는 수소원자의 씨에 해당되는 양성자의 스핀모멘트를 외부 자기장을 걸어주어 공명을 일으키게 하여 몸 안에 분포되어 있는 분자들의 분포를 알아내는 것이다. '암'세포가 있는 부분은 탄소원자가 많이 분포하고 물 분자의 분포가 정상 세포에 비해 다르게 되어 있다. MRI는 이러한 차이를 알아내는 것이다. 아울러 뇌의 작동에 있어 미세한 흐름 역시 이러한 핵자기 공명에 의해 감지 될 수 있으며 뇌의 기능성에 대한 지도를 작성하는데 결정적 역할을 한다.

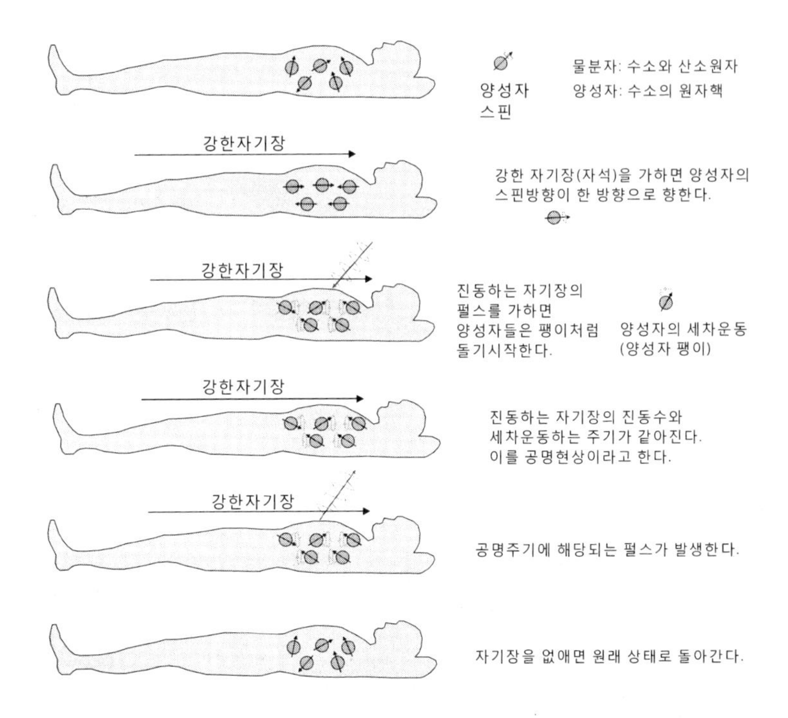

그림 A8 핵자기 공명 현상. 몸 안에 있는 물 분자 중 수소원자 핵에 해당되는 양성자는 외부에서 아무런 자기장이 없으면 스핀 방향이 멋대로 분포되어 있다. 외부에서 한 방향으로 자기장(자석)을 걸어주면 양성자들의 스핀 방향이 자기장의 방향으로 정렬된다. 자석과 자석을 가져다 실험해보면 이해가 될 것이다. 이 자기장에 주기적으로 다르게 약한 자기장을 걸어준다. 보통은 주 자기장의 방향에 대하여 구부러진 방향으로 보내주는데 전문적으로는 구배 자기장(gradient field)이라고 한다. 그러면 양성자가 팽이처럼 **세차운동**을 하게 된다. 이러한 세차운동의 방향은 두 가지로 나오는데 두 가지는 에너지를 다르게 갖는다. 이 에너지 차이가 곧 공명을 일으키는 에너지에 해당된다. 이때의 진동수는 42.5 MHz로 라디오파의 영역이다. 그리고 자기장의 세기는 보통 1 테슬라 정도이다. 1장 지구의 세차운동과 비교해보기 바란다.

그림 A9를 보기 바란다. 자석은 전류의 흐름과 같다. 초등학교 시절 에나멜선을 못에 감고 건전지를 통하여 전류를 흐르게 하면 자속이 된다는 실험을 해 보았을 것이다. 핵자기공명 장치 즉 MRI 역시 전류를 통하여 강력한 자기장을 만드는 영상 장치이다. 따라서 이 촬영 장치에 들어가기 전에 **몸에 쇠붙이가 있으면 위험**하게 된다. 이제 이해가 갈 것이다. 상상 이상으로 큰 전류를 걸어주어야 하며 에너지 소모가 큰 장치에 해당된다. 따라서 고가의 장치이기도 하다.

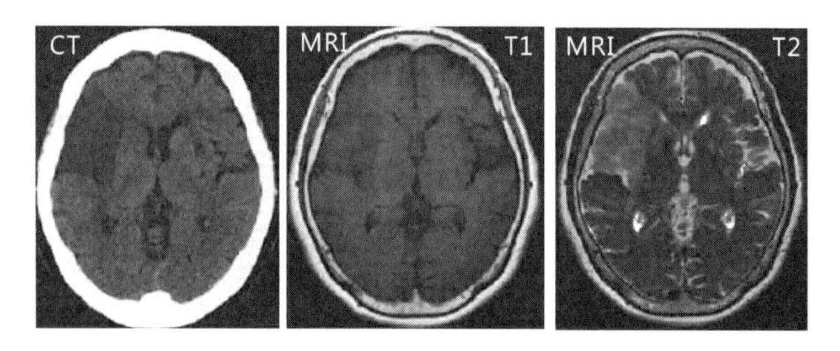

그림 A9 핵자기 공명법 화상에 따른 병의 진단. 비교를 위해 CT와 MRI 화상을 동시에 실었다. 뇌의 왼쪽 부분이 마비 된 경우로 의식 장애가 뒤따르는 환자이다. MRI에서 T1 화상은 세로 방향으로 자기장을 완화 시켜 얻는 영상이며 T2는 가로 방향으로 완화시키며 얻은 영상이다. 여기서 T1인 경우 물(분자)이 고인 부분이 검게, T2인 경우 하얗게 보인다.

A1.6 방사성동위원소 영상법 (Radioisotopes Imaging)

방사성 동위원소는 의학에서 다양하게 응용되고 있다. 특히 진단용으로 각광을 받고 있는데 그 이유는 신체의 기능면을 촬영할 수 있기 때문이다. 여기서 다루는 진단용 방사성 동위원소는 감마선을 방출하는 동위원소이다. 이미 앞에서 몇 번 언급을 했지만 감마선인 경우 에너지가 아주 높은 빛의 일종으로 투과력이 강하다. 방사성동위원소를 몸속으로 투여하면 몸속에서 감마선이 나오고 그 감마선을 밖에서 검출하게 되면 몸 안의 위치를 알게 된다. 따라서 이러한 영상법을 방사선 방출 컴퓨터 단층-촬영(emission computed tomography)라고 부른다. 앞에서 이미 언급을 하였다.

최근에 사용되는 영상은 주로 PET/CT에 의한 방법이다. 물론 PET는 양전자 방출 단층촬영(**Positron Emission Tomography**)을 의미한다. 그리고 정맥 주사에 의해 투여되는 방사성 약품을 FDG라고 부른다. 여기서 F는 플루오르(Fluorine)를 의미하는데 이 원소 중 방사성 핵종인 플루오르18(^{18}F)이 사용되기 때문이며 이 방사성원소를 포도당과 유사한 탈산포도당(deoxyglucose)에 소량 첨가하여 만든 것이 **FDG**(Fludeoxyglucose)이다. 보다 정확한 표기는 ^{18}F-FDG이다. ^{18}F는 반감기가 정확히는 109.77분이며, 이를 $T_{1/2}$ = 109.77 m로 표기한다. FDG를 주사하고 나서 1-2시간이 지나면 온 몸에 퍼지게 되고 방출되는 방사선 및 CT 촬영이 PET/CT 기(scanner)에 의해 이루어진다. 암세포는 포도당 분자와 잘 결합하는데 이로 인해 종양세포가 있는 곳에서는 FDG가 많이 축적이 되고 결국 영상에서 다르게 나타난다.

PET는 주로 뇌 속의 모습을 정교한 영상으로 얻고자 할 때 사용된다. 감마 카메라를 CT에서 처럼 환자의 주위를 돌리는 형태의 기기를 SPECT라고 부른다. 여기서 SPE는 single photon emission의 약자이다.

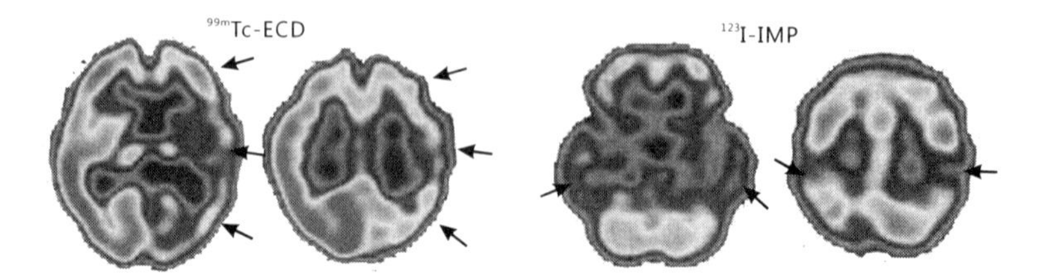

그림 A10 방사성 동위원소 추적자 ^{99m}Tc (왼쪽)와 ^{123}I (오른쪽)에 의한 방사성 단층 촬영 영상. 모두 SPECT에 의해 촬영 된 것이다. 왼쪽인 경우 뇌경색증으로 화살표 부분에서 피흐름이 현저히 저하되고 있음을 알 수 있다. 그리고 오른쪽 사진은 알츠하이머 병을 나타내고 있다. 소위 뇌의 두정엽(頭頂葉; 머리 위 영역) 손상에 의한 것이다. 여기서 99m-Tc-ECD에서 ECD는 첨가분자인 ethyl cysteinate dimer 의 약자이다. 또한 ^{99m}Tc-HMPAO도 광범위하게 사용되는데 HMPAO는 'hexamethyl-propylene-amine oxime'의 약자이다. 그리고 ^{123}I-IMP에서 IMP는 'impact management project'의 약자이다.

우리는 앞에서 의학에서 사용되는 방사성 진단에 사용되는 핵종들이 어느 부위에 사용되는지를 보여주는 인체 지도를 살펴 본 바가 있다. 표 A4에 핵의학 진단에 쓰이는 핵종들 중 대표적인 것을 골라 정리해 놓았다.

표 A4 의학 영상에 쓰이는 방사성 동위원소 및 그 조사 기능. 반감기들은 주로 몇 시간에서 며칠에 해당된다.

조사 기관	방사성 추적자	조사 내용
뼈	^{99m}Tc ^{45}Ca	뼈의 신진대사 및 암 위치 판별 칼슘 흡수 연구
갑상선	^{123}I ^{99m}Tc ^{131}I	갑상선 크기 사정평가(evaluation) 감상선 기능 평가(assessment) 감상선암 치료
간	^{99m}Tc	폐의 질병 및 피 공급의 무질서 연구
심장 및 혈류	^{99m}Tc ^{201}Tl	표식적혈구에 의한 심장박동, 혈관 크기 및 순환 검사, 혈전증 식별. 심장근육 기능
폐	^{133}Xe ^{99m}Tc	표식에어로졸에 의한 통풍 연구 혈류 모니터
신장 및 방광	^{99m}Tc	피와 오줌의 흐름
뇌	^{99m}Tc ^{123}I ^{15}O, ^{18}F (PET)	뇌의 혈류 와 기능 치매 진단, 타박상 진단 모니터 약에 대한 뇌의 수용성과 반응
종양	^{18}F, ^{68}Ga, ^{111}In, ^{123}I, ^{201}Tl	종양 위치 추적자

A.2 방사성 동위원소와 방사능

원자핵은 같은 원자번호를 가지면서도 중성자수가 다른 동위원소들이 다수 존재한다. 이들 동위원소들 중에는 원자핵이 안정적이지 못하고 입자나 광자를 방출하며 다른 핵종으로 붕괴되어 버리는 것들이 있다. 이러한 원자핵을 **방사성 동위원소**라고 부르고 이 현상을 **방사성 붕괴**라고 한다고 하였다. 이때 방사성 핵들이 방출하는 입자로는 알파, 베타, 감마 등이 대표적이다.

한 방사성 핵종(어미핵이라고 부름)으로 이루어진 물질이 붕괴를 시작하여 다른 핵종(딸핵이라고 부름)으로 변환되는 비율이 있는데 흔히 반감기로 주어진다고도 하였다. 만약 어미핵 1g이 0.5g으로 줄어들며 딸핵 0.5g을 만들 때까지의 시간에 해당된다. 그리고 **방사능**(radioactivity)은 시간에 따른 시료의 붕괴율이며 초당 한번의 비율로 떨어지는 단위를 **베끄렐**(Becquerel, Bq)이라고 한다. 그러면 방사성의 세기에 따라 인체에는 어떠한 영향이 끼칠까? 방사능의 단위와 연관시켜 알아보기로 한다.

자외선을 쬐이게 되면 위험하다고 한다. 왜일까? 그것은 자외선의 에너지가 가시광선에 비해 높아 피부를 침투하여 우리 몸을 이루는 분자의 구조를 파괴할 수 있고 이로 인해 세포가 손상을 입기 때문이다. 앞에서 언급한 방사선들인 알파, 베타, 감마선들은 자외선과는 비교할 수 없을 정도의 높은 에너지를 갖는 경우가 많다. 따라서 이러한 방사선들에 노출이 되면 세포들이 파괴되어 심각한 피해를 입게 된다. 이때 방사선들에 의한 인체의 영향은 방사선들의 **흡수선량**(absorbed dose)과 각 방사선들에 의한 인체의 **상대 생리학적 효과** (Relative Biological Effectiveness; RBE)와 관련이 된다. 여기서 RBE는 방사선 종류에 따른 인체 피해효과를 말하는데 보통 방사선의 **질적 인자**(Quality Factor)라고 불리운다. 따라서 흡수선량은 방사선의 양을, 질적인자는 방사선의 질적인 성질을 규정하는 방사선 단위라고 할 수 있다.

방사선의 흡수선량은 흡수되는 생체조직의 kg 당 Joule의 에너지로 정의 된다. 이 단위를 gray라고 하며 Gy로 표기된다. 즉

흡수선량; Gy = 1 Joule/kg

이다. 한편 각 방사선들에 대한 질적인자는 표 A5와 같다. 이러한 질적 요소는 방사선들이 생체조직에서 어떠한 상호작용하는가에 대한 척도이다. 그것은 에너지에 따른 침투 깊이, 방사선들의 운동에너지에 의한 생체조직의 파괴 정도 등이다. 여기서 보면 알파 방사선의 생물학적 피해가 가장 크다는 것을 알 수 있다. 그 이유는 알파입자는 양이온을 갖고 있으면서 무겁기 때문에 세포조직을 강하게 파괴하기 때문이다. 여기서 중성자들인 경우 보통 원자력발전소의 원료인 우라늄에 의한 핵반응으로부터 다량 생산된다. 이러한 중성자들에 노출이 되면 상당히 위험하다는 것을 표 A5에서 확인할 수 있을 것이다. 그 이유는 중성자는 물 분자에 함유되어 있는 수소원자 핵인 양성자와 충돌하는 과정에서 에너지를 쉽게 전달하고 이로 인해 조직 생체 조직이 쉽게 파괴되기 때문이다.

표 A5 방사선들에 의한 인체의 생리학적 효과 인자.

방사선 (Radiation)	질적인자 (Quality factor)
알파(α)	20
베타(β)	1
감마(γ)	1
느린 중성자	2.3
빠른 중성자	10

위에서 든 흡수선량과 생물학적인자의 곱을 **등가선량(Dose equivalent)**이라고 한다. 이때의 단위를 시버트(sievert)라고 부르며 Sv로 표기된다. 즉

등가선량; Sv = 흡수선량 × 질적인자

이다. 이러한 Sv 단위는 방사선의 피해 규모를 가늠하는 기준으로 방송이나 신문 등에 종종 등장한다. 한편 'rem'이라는 단위도 쓰이는데 이 단위는 Sv와 다음과 같은 관계를 갖는다.

1 rem = 0.01 Sv.

표 A6은 방사선의 인체 흡수에 따른 생리학적 증상을 보여주고 있다.

표 A6 방사선의 양과 인체에 끼치는 생리학적 영향.

등가선량 (Sv)	생물학적 증상
20	주요 신경조직 손상에 따른 심각한 방사선 병 유발
10	피부 물집 발생
5	복부, 장내 손상에 따른 병 유발
5	눈 손상
3	피부 손상
2	골수 등에 피해
1	일시적 생식 불임 유발(여성)
0.5	혈액감소
0.1	일시적 생식능력 저하(남성)

한편 우리가 일 년 동안에 받는 자연 방사능에 의해 나오는 방사선의 양은 대략 0.002 Sv 이하이다. 자연 방사선들은 빌딩의 콘크리트 (0.0004 Sv), 우주선(cosmic rays; 0.0003 Sv), 공기 (0.0006 Sv), 음식물(0.0004 Sv) 등에서 발생된다.

참고 문헌

- **Medical Physics Imaging,** Joan Pope (Heinemann, Oxford, 1999).
- **The Physics of Medical Imaging**, edited by Steve Webb (IOP, Bristol, 1998).
- **화상 진단 (畵像診斷)**, 모모시마 수케타카 (百島祐貴) (醫學敎育出版社, 2011).

닫는 글

교육과 연구에 매진해온지 35년 만에 정년(65)을 맞았다.
마무리 차원에서 그리도 평생 연구해왔던 원자핵에 얽힌 과학을
정리하게 되었다. 어쩌면 글쓴이도 2년 6개월 전 인생길에서
탈바꿈을 하였는지도 모르겠다.
30여년 정들었던 대학을 떠나 국가 연구소로 옮기었으니...
그렇게 탈바꿈을 하는데 일등공신을 한 한 인식 교수에게
깊은 믿음을 보낸다.
연구실 바로 옆 휴게실에서 낭랑하게 흐르는 젊은 연구원들의
웃음 섞인 말들,
그건 영원한 우주의 숨결이다.
이 젊은 과학자들이 희귀 핵을 짊어지고,
우주와 호흡을 같이 하며,
새로운 기초과학의 길을
힘차게 열리라.

찾아보기

ㄱ

ㄴ

ㄷ

ㄹ

ㅈ

ㅊ

ㅋ

ㅌ

ㅍ

ㅎ

기타

희귀 핵에 담긴 우주

별의 일생과 원소 탈바꿈 이야기

초판 1쇄 인쇄 | 2023년 5월 10일
초판 1쇄 발행 | 2023년 5월 15일

지은이 | 문 창범
펴낸이 | 조 승식
펴낸곳 | (주)도서출판 북스힐

등 록 | 1998년 7월 28일 제22-457호
주 소 | 서울시 강북구 한천로 153길 17
전 화 | (02) 994-0071
팩 스 | (02) 994-0073

홈페이지 | www.bookshill.com
이메일 | bookshill@bookshill.com

정가 25,000원

ISBN 979-11-5971-509-9

Published by bookshill, Inc. Printed in Korea.